# 国家社科基金后期资助项目
# 出版说明

后期资助项目是国家社科基金设立的一类重要项目，旨在鼓励广大社科研究者潜心治学，支持基础研究多出优秀成果。它是经过严格评审，从接近完成的科研成果中遴选立项的。为扩大后期资助项目的影响，更好地推动学术发展，促进成果转化，全国哲学社会科学工作办公室按照"统一设计、统一标识、统一版式、形成系列"的总体要求，组织出版国家社科基金后期资助项目成果。

全国哲学社会科学工作办公室

U0295782

国家社科基金
GUOJIA SHEKE JIJIN HOUQI ZIZHU XIANGMU
后期资助项目

# 修山：川渝地区明清墓葬建筑艺术研究

罗晓欢　著

上海三联书店

# 目　　录

# 序　小民的丰碑

岳永逸

> 哦，那烤得焦黄的胜利纪念碑，
> 浸染着冬日童年里的甜蜜！
>
> ——[德]瓦尔特·本雅明

一

> 南北山头多墓田，清明祭扫各纷然。
> 纸灰飞作白蝴蝶，泪血染成红杜鹃。
> 日落狐狸眠冢上，夜归儿女笑灯前。
> 人生有酒须当醉，一滴何曾到九泉。

这首是南宋人高翥（1170—1241）的诗，《清明日对酒》。

根据晓欢的调查，该诗颔联"纸灰飞作白蝴蝶，泪血染成红杜鹃"和尾联"人生有酒须当醉，一滴何曾到九泉"常常作为楹联出现在川渝两地乡野的坟茔，以寄墓主之思、家人之情、士子之才和匠工之艺。这些坟茔，有的是逝者生前就处心积虑、兴师动众修建好的。在川渝多地的方言中，人们多把建造坟墓叫作"修山"。多年来，在乡野大地，一个人在生前就能将自己的寿域、寿材以及寿衣都准备好，那是其人生成功的标志之一。当然，修山也可能是子孙后代为了表达自己孝顺而有的作为。

在人们的精神世界中，寿域直接关涉到香火的延续、子孙的福祉、家业的兴旺、与天地自然的和谐，等等。所以，涉及生死两界并同时指向死与生的"修山"，其重要性丝毫不逊色于阳宅的修建。俨然高人或隐士修"道"，因为修"山"的符征与符旨，一个人终老了，川渝两地的人们也惯称"上山了"。这些或者都是晓欢用"修山"二字作为其新著书名的原因。

在此引用高翥的诗，而非流传度更广的唐代杜牧的"清明时节雨纷纷"，是因为后者已经被世人诵读得太过诗意与浪漫，诵读得太过幸福和欢愉。

1

仿佛一次任性的踏青、远足，有些乏困而找酒家的诗人-行者，即使不是春风得意，也是一片祥和与心理理得。与此不同，高翥《清明日对酒》明显多了分沉重，多了些感慨，放得下又放不下。于是，生缠绕着死，死咬合着生；生者知道自己死后的情形，死者则在坟茔笑看生者的哭；生者会伤痛如啼血杜鹃，死者也会安然与狐同冢而眠。

"纸灰飞作白蝴蝶，泪血染成红杜鹃"强调的是生者祭奠死者的悲，是真情，但何尝不是不同坟头生者之间的一种表演和攀比？"人生有酒须当醉，一滴何曾到九泉"则是曾经的生者——已亡人和未来的死者——当下的生者，对人生的一种感悟、调侃、戏谑，看透也想得开的游戏精神满满。其中，有蓦然回首，有幡然醒悟；有回天乏力，有怅然无奈；有对子孙墓前祭扫的殷殷期许和镜像展望，生如死；有独守坟茔的凄然认命和对儿女灯前欢笑的人生之乐的祝福，死如生。

其五味杂陈、欲说还休、一哭一笑、生如鸟、死同兽、生死缠绕，剪不断理还乱，更是思量难忘，不思量也难忘。这些让杜牧的清明时雨、行人、牧童、杏花和酒家更显清爽、单薄。丝雨无痕。其原本要抒发的淡淡的羁旅之怅、人生之叹，益发地淡了。当然，这或者也是绝句和律诗的体裁之别、之限，是中国历史上唐宋这两个同样伟大朝代的别与限。显然，对杜牧《清明》和高翥《清明日对酒》迥然有别的日常化阅读体验和再利用，源自后人对这两个过往"盛世"的拟构。这种拟构既是充满集体无意识、辩证色彩的梦境意象，也是一帧帧相互叠加的动态显影。

二

事死如事生，事亡如事存！

从晓欢这本《修山》的呈现可知，虽然历经千年，但受儒家学说传衍教化的国人的生死观并没有多大变化。哪怕今天川渝两地的子民主要是清初湖广填四川的移民的后裔！阴宅阳宅比邻，甚至无缝对接，在坟头雕刻精美的墓碑晾晒衣物，小孩子们玩过家家、捉迷藏……这些或许是今天城市子民万难想象的情景。生死的绝对区隔，将生与死锁闭在固定的空间——产房和太平间，是今天光鲜亮丽的都市生活的基本特征。

这种区隔、锁闭，重塑着人们对死亡的感知，重塑着人们对街坊邻里、长辈的情感，重塑着人们对生命体的理解。在时间、空间、心意等多重维度上，车水马龙、灯火辉煌的城市的生命都呈现出有序而规整的断裂，如刀切斧砍。生是生，死是死。生命，不再是一个你中有我，我中有你的连续体。人生，也真正成为人之生，难回望，也不愿前瞻。少了对死的敬畏和日常亲昵与凝视,无论功成名就还是辛苦恣睢,个体的生命也轻漫起来,随意挥洒,甚或如断线风筝,来去自如。生不一定伟大,死却越来越像凌空飞舞的鸿毛。

以重生、现代和文明的名义,葬礼,也被迫、继而主动地从敬畏土地的农耕时代的"厚"演进为远离土地的后农耕时代的"薄"!

就生死而言,在工业化、现代化之前的"乡土"中国,因共享的生命观、价值观和伦理道德,汉族人主导的城乡的差别并不是太大,甚至并无质的不同,而且一定是一丝不苟、厚重与厚实的,也是繁琐冗长的。1940 年前后,燕京大学社会学系的本科生陈封雄对北京郊区前八家村一带的丧仪进行了参与观察和真切记述。其完成于同年的学士毕业论文《一个村庄之死亡礼俗》对村民践行的生死一体观有着细腻的呈现。

在前八家村,长者面对质佳的寿衣,会倍感欣慰,也不乏自己准备寿衣者,"直若备办行装,处之泰然"。陈封雄写道:

> 制作或购买寿衣须择闰月中之吉日,择闰月乃延寿之意,寿衣之质料绝不得用缎,因"缎子"与"断子"音同。乡人制寿衣多用布,又不宜制皮衣,恐死者来世全身生毛,亦不需衣领与纽扣(以布条代之),因"领子"有领去子孙之讳,纽扣俗呼"纽子"将子孙扭去当属大忌。衣袖宜长,不使手掌外露,恐死者来世沦为乞丐,寿衣层次之总和应为奇数,乃忌重丧也。普通乡民所备寿衣多为白布衬衣衬裤各一,蓝布夹袄夹裤各一(无裤带,因有"带子"之忌),夹袍一件,此外尚有白布袜,腿带,布鞋各一只,瓜皮帽一顶。妇女无长衫与帽。

在死者尸身入棺之后,人们会在尸体上以"陀罗经被"盖之,下垫黄色褥子,取"铺金盖银"之意。陀罗经被,是黄色布上印有朱字番经,多是北京城鼓楼东的双盛染坊所制,各寿衣铺都有代售。盖陀罗经被时,人们有时会将其移到尸体足部,尸身不盖一物,谓将来死者托生时不至于妨碍其"起立"。此外,村民们还有给亡者"开光""开口"和去绊脚丝等多种仪式化行为。陈封雄写道:

> 继由孝子用茶盅盛净水,以新棉花沾之,揩拭亡人面部与眼睛,谓之"开光",谓使来世眼不瞎,实则乃使亡人目瞑之法,因有人死后尚睁目,以水拭之可使合目。开光时,孝子呼"开光啦!"乃相信死者仍有感觉,故以对生者之态度待之,拭毕将茶盅自脑后掷而碎之。
>
> 亡人口中之茶叶包亦须取出抛弃,否则来世成哑子,谓之"开口"。

足部之绊脚丝亦须除去，以免来世不会行路，是故婴儿学步时，有人持刀在其后作斫物状，乃恐其前生未除绊脚丝也。亡人之手掌应向下，否则来生为乞丐。

事实上，这些丧仪还影响到幼儿的养育礼。在抓周仪式举行之后，人们要为幼儿举行一个附属的仪礼，剁绊脚丝。与陈封雄在燕京大学社会学系同年毕业的王纯厚在其学士毕业论文《北平儿童生活礼俗》中写道："小儿由人扶着两臂，在地上站着，由另外一个家人在小儿两脚间用力剁着。扶着的人问：'剁什么哪？'剁的人答道：'剁绊脚丝哪。'连说数遍，这样小儿就容易学步了。"之所以如此，就是因为人们相信人是由死人转世托生的，死人脚上的绊脚丝，会阻碍小儿学步。

墓穴的布置与洞房，尤其是婚床，亦有相似之处：在避邪的同时，指向吉祥与子嗣香火。陈封雄注意到：墓穴中预先埋有一缸北京城内外阳宅中常有的金鱼，以示"吉庆有余"；墓穴的四角埋有枣、栗，并用红纸包裹，以求子孙众多；撒在墓穴中的小米、玉米、高粱、红豆等五谷，用来避土中的"邪气"。有的墓穴中，尤其是大户人家的墓穴中，还会放置或绘制有避火图，意在避免狐兔穿穴和蛟龙侵犯，使亡者"安生"。

在前八家村一带，婚仪中，尤其是铺床时使用的筷子，象征着"快生儿子"，有着生育繁衍的符旨。与此相类，人们辞灵时，在给亡者准备吃食"布罐"用的新筷子，同样有着红事上有的符旨。陈封雄注意到：如果死者年少，布罐用的新筷子会被直接扔掉；如果亡者高寿，这双布罐用的新筷子，就会留与儿童使用，而且经常还会出现人们哄抢这双新筷子的行为。反之，根据陈封雄在燕京大学同学石堉壬的调查，在平郊村一带，包括婚礼在内，遇到喜事时，人们要在坟头烧纸，告诉老祖宗家中喜事，这即"烧喜纸"。而且，在迎娶当天，在婆亲花轿启程后和返回前要摆设好的天地桌，在其上将女家陪送的油灯——"长命灯"点上，不能吹灭，只能待其油尽自灭。

显然，哪怕是京城近郊，在那个年代关涉生死的乡风民俗中，人们不仅践行着"事死如事生"的古训，还反向实践着"事生如事死"的辩证法。

三

其实，一直到二十世纪晚期，无论是城市还是乡村，无论是江南还是西北边陲，日常生活中的生和死对绝大多数受儒家伦理教化的国人而言，都还是一体的。

对晓欢在《修山》中强调的墓葬的形制、艺术，我绝对外行，不能置喙。

嘱我作序,应该是因为我出生、成长的故乡正好在他这十多年来墓葬调查的地域范围之内。此外,或者还有对我从事的所谓民俗研究的归类。也即,他应该有敦促我反思、重品家乡父老乡亲生死的美意。

保存还相对完好的四川剑阁县迎水乡天珠村享堂式的何璋墓,修建于道光十年(1830),占地280多平方米。这是晓欢书中数次提及的案例之一。何璋墓距离我家仅仅十余公里。三十多年前,在老家教中小学时,我还去迎水乡中心校监考过。骑自行车往返途中,我自然遇到路边众多或新或旧、繁简不一、规模不等的坟茔。那时,一心想逃离故乡的我,对这些坟茔不以为意,从未驻足。通过晓欢的大作,我才知道何璋墓和它别样的意义。借此机会,我仅能给《修山》中呈现的正在消失的涵括生的死和包裹死的生,也即晓欢已经充分注意到的萦绕着这些有着沧桑感的众生坟茔——文物抑或废墟——的无形文化,提供点个人的体验、家乡的佐证,也借此向名不见经传却魂牵梦绕的父老乡亲致敬!

因为碑铭和族谱都毁于热烈的"文化大革命",按照有限的口传记忆,我们岳姓祖上倒不是湖广填四川"填"来的,而是从陕西迁来的。从陕西迁来的老祖先是落脚绵阳市魏城镇,后来有兄弟三人再从魏城迁到了有清云河(现在官名"葫芦坝河")环绕的"岳家坝"这个地方,繁衍生息。我们这一支所在的背山面水的小山坳,因槐树得名,叫槐树地。

在槐树地,山脚下的阳宅和阴宅比邻守望是常态。出门只要不是下河而是上山,百十米范围内左左右右都是高高低低、大小不一的坟墓。儿时,上山给地里干活的父母送工具、放牛,离家翻山上学,都得在大小坟堆间穿梭。墓地的树少有人砍伐,植被不错,行走其间,不时能碰见进出坟茔的蛇、兔子、黄鼠狼和锦鸡等动物。在阳宅,黑漆漆寿材基本都靠墙停放在厅房(堂屋)之中。我上小学三年级时,因村小学垮塌重新修建,我们这个十多人的班就借了一家人的厅房做教室。"教室"内,除放黑板的正前方,其他三面墙都停放的是棺材。换言之,寿材、坟墓是我们自小朝夕相处的物事与景观,也很早就知道一个人最终的归宿在哪里。小伙伴之间当然常会拿墓地夜晚不时闪烁的磷火炫耀胆大,也会编造些故事吓唬胆小的。

在年届四十时,父亲买了两棵大柏树,请木匠给他自己和母亲"割木头"——做棺材。家中使木匠的数月,正值暑假。当时,往来的邻里不是在谈论木材的好坏、棺材的大小,就是感叹父母的能干和作为子女的我们的好命。如同众多邻里一样,父母没有丝毫的惧意,有的是对木匠的殷勤周到,有的是对邻里的谦逊。当然,他们也确实有着时值壮年就能自己为自己准备好寿木而不用给子女增添负担的自豪。但对那时还年少的我而言,父母真的会死这个意念却深刻在了意识之中。一天天看着父母亲的棺材从无到有，我有着不知将来会怎样的隐忧和恐惧。这也激发了自己必须寻摸咋活的意识，读书反而用功些了。

虽然早已经有了体系化也不乏成功的学校教育制度，但那个年代在槐树地的人生更像是门手艺活儿。生是怎么回事，死是怎么回事，人该怎么活，不是学校里的先生苦口婆心教出来的，而是家人、长辈、邻里、比邻的阴宅阳宅和日常也见惯不惊的生与死给熏出来的。老旧的俗话"穷人的孩子早当家"，或者说的就有这层意思。代际的更替、生死的必然，沉重与轻盈，一个人不论年龄大小，真的领悟到了，人生就特别踏实、从容，生命就显得坚韧、坦然：有梦想，却很难有非分之想；会努力，但又舍得，随心随性，拿得起放得下，不钻牛角尖儿，不一根筋地死磕；怨天尤人的同时也安贫乐道，笑口常开。

在槐树地，一个人生前给自己做寿材，绝非仅仅是当事人的坦然与成功。对于家庭、邻里、亲戚来说，它都是一件大事，会引起三亲六眷的广泛关注。只要财力允许，随之而来在家族或自己所属房支的墓地繁简不一地修山也就自然而然，至少会将坟台石早早地找石匠打好。在此意义上，槐树地乡邻的生不但与死是一体，也是指向死的，好像生就是为了按部就班的死。这种指向、交融是个体的、家族的，也是地方的。也因此，只要是儿孙绕膝的寿终正寝，丧礼都不乏喜庆的色彩。

直至二十世纪九十年代，槐树地的小孩对红白喜事宴请时才有的各种干果、拼碗、糯米片子、甜烧白、龙眼肉和夹沙肉的盼望是常态。对于坐在席桌上嘴馋的小孩子而言，生死本身又不那么重要了，哪怕也会在大人的教诲、带动下鞠躬、磕头。当然，妇女、老少等弱势群体，也不乏以死的极端方式抗争和求生，即"我死给你看！"民工潮未兴起之前，投河觅井、悬梁上吊、喝农药在槐树地是不时会有的突发事件。好在，多数是有惊无险、虚惊一场。在邻里亲戚的关注与哄劝下，弱者也好，强者也罢，人们都有了面子。日子该怎么过还怎么过，没有过不去的坎儿。

老人一旦故去，在邻里亲戚的主动帮助下，儿孙后辈们会按照自小耳濡目染的既定仪礼，在端公（阴阳生）、知客先生的指导下，一丝不苟地将老人送上山。在择定的日子天明前出殡时，鞭炮齐鸣，纸钱翻飞，金鸡开道，孝子抱着遗像、神位，大人小孩擎举的花圈、旗罗伞盖、纸人纸马，起起伏伏，俨然声势不小的皇家仪仗。按既定程序安埋好逝者，生者再次聚首主家坐席吃喝，日子如常。对变化多端、求新求异的都市文明熏染出来的强调个人主义且自我中心的子民而言，槐树地围绕死亡的这一切，可能是愚昧落后的，或者是因循守旧以致不屑一顾、嗤之以鼻的。

因为地处山野，虽然早已有人外出打工、有都市文化不停地浸透与吞噬，但老家人坦然面对死亡的这种心态，至今也没有多少变化。清楚地记得，2012年春节，年过花甲、在城市乡村两地换住多年也喜欢打麻将的堂姐，被诊断说得了癌症，且预判时日不多。回到乡下的堂姐没有一蹶不振，只是叮嘱与我同龄的外甥马上给她做棺材。去探望她的那天，天气阴晦，堂姐家正在使匠人割木头。堂姐没有化疗，只是到镇医院打打点滴。老家不缺木材，做棺材也总是力所能及地挑上好的木料。好棺材讲究一块木料做成的整底、整盖。在我见到堂姐时，她满脸笑容，爽朗地说："我们买的好料，匠人把料砍多了，棺材给我做小了，还不知道躺进去舒不舒适?!"这反而让原本伤感的我，多少有些轻松自然起来。

其实，不仅老家的父老乡亲是这样。在陕甘宁一带，过六十大寿的老人当天要在自己的寿木躺躺这一习俗近年还不时能碰到。在当地，"合木"就是专门用来指称这一仪式性行为的方言。沈燕的新著《假病：江南地区一个村落的疾病观念》（2022），言说的就是当下江南的乡野，人们是如何坦荡地面对生死交错的日常，尤其是吃斋念佛的蹒跚老者如何与死亡打交道与管理死亡。

## 四

在《修山》中，晓欢通过川渝乡野的众多现存墓葬的形制、营造、艺术、守护、使用以及偷盗的释读，全方位地展现了迥异于现代都市中国的乡土中国抑或说传统中国、民俗中国，尤其是西南中国的生死观和相应的实践，呈现出了乡野中国的小民百姓丧葬中的肃穆与喜庆热闹的杂合性。同时，他也特别强调祖坟对于乡民心性、情感、故乡认同和乡村振兴的不可缺失性。

一百多年前，法国人谢阁兰（Victor Segalen，1878—1919）曾经到过川北，并拍摄过那时川北的墓葬、石碑和石窟等。这些行走和拍摄，是谢阁兰后来出版其诗集《碑》的基础。在《修山》中，晓欢不无景仰地引用了《碑》"序言"中的文字。因痴迷中国而探秘并尝试揭秘中国的谢阁兰在《碑》序言开篇写道：

> 这是一些局限在石板上的纪念碑，它们刻着铭文，高高地耸立着，把平展的额头嵌入中国的天空。人们会在道路旁、寺院里、陵墓前突然撞上它们。它们记载着一件事情、一个愿望、一种存在，迫使人们止步伫立，面对它们。在这个破烂不堪、摇摇欲坠的帝国中，只有它们意味

着稳定。

　　铭文和方石,这就是整个的碑——灵魂和躯体,完整的生命。碑下和碑上的东西不过是纯粹的装饰,有时是表面的华丽。(车槿山、秦海鹰译)

　　其实,夹杂着一张张庶民墓碑、坟地图片的《修山》,何尝不是一座让我等枯守斗室的宅男羡慕嫉妒恨的"丰碑"? 而且,这座丰碑是给川渝大地如蝼蚁般的小老百姓树立的!

　　十多年来,利用教学之余的空档和假期,晓欢在川渝乡野不疾不徐、探头探脑地踏访、测量、采录、拍摄、描绘、思考与书写。这些行动本身同样有着巫鸿定义和强调的纪念碑性(monumentality)! 毫无疑问,晓欢不辞辛劳踏查的川渝乡野残存的这些"生基",完全是皮埃尔·诺拉(Pierre Nora)意义上的"记忆之场"(Les Lieux de mémorie)。然而,正是晓欢的劳作与凝视,小民的生死才具有了纪念碑性,小民们的坟茔、墓碑才成为对个体、宗族、地方、民族和国家都不可替代的记忆之场,成为中华文化原生态的露天博物馆。事实上,这些散落乡野,如星火般存在的墓碑、坟茔,更加坚实地赋予中华文明以一体性、绵长性以及恒定性,意味着谢阁兰所言的"稳定"。

　　"打断骨头连着筋"。父母和子女之间、祖宗和后人之间、传统和现代之间、都市和乡野之间,都是如此。在此意义上,墓碑、祖坟,不是阴阳的阻隔,而是通道,是守土的小民百姓和流动的农民工我行我素、自然切换和穿越的元宇宙(Metaverse)。作为永恒之物,或者说小民欲念中的永恒之物,它"调节着围绕它呼啸而过的精神往来"!

　　乡村振兴,肯定在人。但正如晓欢在《修山·后记》中所示:祖坟,或者是在外漂泊的乡民回乡的最后理由! 晓欢告诉我,他遇到的那位在外打工大姐深深触动他的原话是:"农村老家我们不回去了,祖坟都没有了!"

　　哪怕是个例,这都多少有些残酷!

　　以此观之,晓欢的《修山》更加意义非凡。或者,今后人们再提中国人的墓葬时,不会再只是念叨妇好墓、各种皇陵,抑或武梁祠、三星堆。或者,今后人们提及西南乡野的墓葬碑铭时,不只是会想到柏施曼(Ernst Boerschmann,1873—1949)、谢阁兰等洋人和晓欢称赏有加也确实伟大的建筑师梁思成(1901—1972)。

　　过去,是未来的前奏。未来,是过去的后效应。在《柏林童年》(*Berliner Kindheit um neunzehnhundert*)开篇,本雅明有言:

哦,那烤得焦黄的胜利纪念碑,
浸染着冬日童年里的甜蜜!(王涌译)

正视身边寻常的生死,做我们力所能及的事,这应该更有意义。为了更好地活着,我们也只能如此。

人,终将归于泥土!

二〇二二年七月七日初稿
二〇二二年九月十日再改

# 前　　言

西周初年的青铜器何尊铭文"宅兹中国"，是"中国"一词的最早来源。"宅"在这里就是居住。《释名》曰："宅。择也，择拣吉处而营之"。宅，还有安定、寄托和顺应之意。因此，中国人自古以来尤为重视宅地的选择和营建，其对"宅"的想象和营造实践途径有三：其一曰家，其二曰园，其三曰墓，三者共同构成了中国人为寻求身体和生命的安顿。

墓葬建筑又称为阴宅，是中国人关于死后世界及其生活的理想而建的"地下之家"。在生、养、死、葬的人生四部曲中，葬，被视为永恒的归宿，是对灵魂之家的营造，一直以来都备受重视。人们在"事死如事生，事亡如事存"的观念下建造并装饰出一个个实实在在的"家居空间"并尽量配置以完完整整的"生活器用"。由此，数千年来的墓葬建筑及其装饰以及埋藏物，也就逐渐累积成考古信息最为丰富的一个综合性艺术系统。它包含了建筑、器物、绘画、雕塑、装饰、葬具、铭刻书法以及对身体的处理等，支撑起了围绕墓葬建筑、随葬品以及丧葬习俗而展开的社会历史、文化艺术、观念习俗等的系统学术研究。

由芝加哥大学巫鸿，中央美术学院郑岩和北京大学朱青生等学者倡导的"墓葬美术"研究作为艺术史研究的重要一隅，近年来十分活跃。这种通过完整、仔细、深入地阅读墓葬材料，将墓葬放置在更大的历史文化背景下来理解其内部的各种元素和外部的各种联系的研究方法突破了传统美术史的写作框架，为我们提供了重新观察、梳理、整合中国古代墓葬艺术的新视角，由此有可能触及一种属于所有人的美术史，从而成为更具普遍意义的文化史。

明清以降，在四川、重庆、鄂西、陕南等广大地区，伴随着"湖广填四川"移民社会的发展而产生了独特的葬俗，一改地下墓室营建的传统，开始在地上修建仿木结构的石质墓葬建筑，并逐渐发展成为形制和数量都堪称壮观的遗存。如清代县志所载：

葬则造坟，谓之"修山"；未死预修者，曰"生基"。坟前多用石旗杆
及石狮子，不自知其僭。（《巴州志》十卷　清道光十三年刻本）

其营兆域，亦求吉地，饰坟垄，动辄数百金。（《绵阳县志》）

这些耗费数年时间和大量资财修建的墓葬建筑，形制结构复杂、雕刻装饰精美、碑刻铭文丰富，故而成为极富特点的历史文化遗存。对于"湖广填四川"的移民而言，祖先墓葬与家族祠堂、同乡会馆一起形成了移民"家族构建"和"来源地构建""三位一体"的物质载体和精神空间。早在 20 世纪初，就有德国的建筑师恩斯特·柏斯曼（Ernst Boerschmann），法国汉学家谢阁兰（Victor Segalen）等西方学者关注过它们，留下了最早的影像。20 世纪 40 年代，著名建筑学家梁思成在考察西南地区传统建筑过程中，对他所见的清代墓葬建筑也做了最早的学术考察和记录，并留下"妍妙天成""甚足珍异""意匠灵活"等溢美之词，但这之后很多年都没有得到应有的重视。

2000 年前后，这些荒野之中的地上墓葬建筑似乎重新走进人们的视野。特别是全国第三次文物普查以后，大量的精美建筑和重要的地方名人墓葬被发现，才逐渐引起较多的关注。《四川省第三次全国文物普查重要新发现》一书中这样评价道："特别是明清墓葬的墓前建筑，其保存完整，规模宏大，雕刻精美，具有鲜明的地域特色……真实地反映了汉代以来四川地区典型的葬俗葬制，具有较高的历史、艺术、科学价值。"《巴渝记忆重庆文脉——重庆市第三次全国文物普查》也谈到："值得注意的是，在本次普查中登录了大量结构完整、规模宏大、雕刻精美的清代普通墓葬，成为我市普查重要发现的一抹亮色……"在随即公布的四川省第八、第九批省级重点文物保护单位中，明清墓葬建筑占有很大的分量，这表明，川渝等地的明清民间墓葬建筑的历史文化和艺术价值得到了进一步的认可。

2010 年以来，笔者带领团队对川渝地区的明清墓葬建筑进行了大量的田野考察。10 多年来，足迹遍及数百个乡村，搜集、记录了近千座墓葬的测绘数据、影像图片资料、碑刻铭文、口传故事，完成了 40 多万字的考察笔记。通过对这些建筑形制、雕刻彩绘、戏曲图像、墓志铭文以及相关口述史的梳理和研究，得出了大致的学术判断。

第一，它们是中国传统建筑的特殊形态和传统石构建筑的集大成者，代表了中国民间石构建筑营建技艺及其装饰艺术的最高水平。明清是中国建筑发展第三个高潮期，该地区的这些石构建筑已然发展出相对独立的营建技艺、装饰工艺和建筑文化传统。

第二，碑体上丰富的雕刻、彩绘、书法等图像，较为完整地保留了我国明

清以来的传统装饰纹样、民间民俗艺术、戏剧演出、民间书法等资料。

第三，墓葬建筑上大量的戏曲雕刻，是研究戏曲（川剧）演出与流播、戏曲舞台表现技艺、戏剧与丧葬之关系中国传统艺术跨媒介表现的重要材料。

第四，墓葬碑志、墓联诗词、碑序铭文、族谱、乡规民约、争讼、界畔等石刻文献以及有关墓主和其家族的种种传说故事等，是研究区域经济、社会发展、家族变迁、乡村治理等问题的一手材料。同时，这些由地方官员、乡绅和底层文人参与的活动也是乡村文化生产和观念传承的重要组成部分。

第五，"聚族而葬""阴阳杂处"是"湖广填四川"后的移民地区乡村聚落形态的典型特征。延续数百年的家族墓地和墓葬建筑既是具有历史文化价值的重要遗存，更是传统乡村聚落形态逐渐演化的结果，这为乡村聚落形态和人居环境研究、乡村历史文脉和传统文化挖掘、乡村规划发展建设等提供了样本，是特定区域乡村振兴不可忽视的存在。

第六，墓葬作为家族的礼仪性建筑，特别是其中大量关于传统道德教化、家风家训的表达，保留和传承了中华民族传统优良家风、家训等的内容和形式，是当代"加强家庭、家教、家风建设"的重要资源，也是当代基于乡风传统，构建新型乡风文明和乡村治理的重要资源。

因此，对这一地区传统村落中的家族墓地，重要的传统墓葬建筑的保护、研究和利用，可以为乡村文化振兴，为中华优秀传统文化的传承、历史文脉的延续，移风易俗以及乡村精神文明建设服务。具体说，可以成为乡村文旅发展、连接乡愁乡情、建立家族认同感、培养新乡贤等方面的可能路径。

总之，数百年来的家族墓地，立体化地凝固和呈现了一个"长时段"的家族和社会发展的历史状况，或者说是一部乡村社会经济和家族历史的立体书写，倘若详加探究，想必可以成为历史文化研究的一个新的面向。为此，本书从以下八个方面对明清川渝地区的墓葬建筑艺术进行了初步的讨论——

厚葬明孝：建于地上的"地下之家"。

务为观美：墓葬建筑的雕刻彩绘艺术。

魂兮归来：墓碑亡堂的结构与意象。

高台教化：墓葬建筑上的戏曲雕刻。

报先贻后：乡绅与地方文人的碑刻书写。

两界互酬：见微知著的墓葬口传故事。

阴阳杂处："聚族而葬"的乡村聚落。

慎终追远：家族构建与来源地构建的观念信仰。

"丧不哀而务为观美"是明人谢肇淛对其时葬俗的质疑，因为这明显有悖墨子所言的"丧虽有礼，而哀为本"惯例。而明清以来的长江上游地区，民间勃兴的"修山"活动，"务为观美"似乎就是其动机和目的。这些耗费大量的资财和数年时间来修造的墓葬建筑，多形体高大、结构复杂、碑志铭文内容丰富、雕刻和彩绘工艺繁复，但与前代那些极力避免外人打扰的地下封闭墓室不同，它们就是为引人"观看"而建的。因此，这个对生者而言的肃穆恭敬的祭拜之地，对亡者而言的幽微深邃的灵魂居所，也因此有着复杂的文化逻辑和艺术呈现。在观看的愉悦背后，反映了人们对于由建筑营造的"礼仪场所"也是一个关于观看的"艺术空间"的特殊理解。可以说，这些墓葬建筑保留了有关中国古代社会对于图像及其观看、制作技艺、表达模式、观念信仰的最后传统。

修墓，从来都不是一件小事。尤其是那些大型墓葬建筑，其选址立基、形制规模的决定，雕刻装饰题材内容的选择，墓志铭文的表达叙述等，都要经过深思熟虑。因为墓主知道，这一切将成为后世子孙乃至远乡近邻"认识"自己的重要载体，墓主或建墓者无不处心积虑地考虑哪怕是每一个细节，以塑造出一个理想化的自我形象。从这个意义上讲，这些民间的墓葬建筑不仅是墓主为自己打造的纪念碑，也是他和匠师共同完成的一件艺术作品。这不难理解，正如巫鸿先生在《武梁祠》一书中提出的那样，武梁生前参与了自己墓祠的"设计"，并将其意图抱负以及对历史文化、观念信仰乃至艺术审美等的理解融入其中。

回乡祭祖，是中国人延续千年的情感洄游。祖坟尚在，是他们回乡的最后理由！我们还应该看到，这些经历数百年的墓葬建筑，面对人为和自然的破坏而有幸留存至今，成为偏远乡村本就不多的历史文化遗存和家族记忆，也是远离乡村的当代人似乎还在牵挂的载体。有学者甚至说："没有传统丧礼，中国文化就彻底没了希望。"因为丧礼中蕴含着中国五千年的文化传统，最能体现我们优秀传统文化中的"爱"和"敬"。可以说，传统家族墓地的保留也是乡情、亲情的保留，是特定族群认同的保留。

# 第一章 厚葬以明孝:建于地上的"地下之家"

## 第一节 宅之想象与建墓传统

四川地区修建墓葬的传统可谓久远且延续不断,很有代表性的汉代崖墓、汉阙,川南宋墓等都成为国内外备受重视的历史文化遗存,其研究也相对较多。近年来,由"湖广填四川"移民后裔而修建的大量地上石质仿木结构墓葬建筑也越来越多地受到学界的关注。这种修建于地上的"地下之家",独具地域文化特色,可以视为中国传统建筑的特殊发展形式,也是中国传统建筑史不该遗漏的部分。

"慎终追远,民德归厚",营建墓葬就是这种观念最直观、最重要的表达。川渝地区的这些明清墓葬建筑大体从形态结构、空间组合、雕刻装饰等各方面,极力模仿高等级礼仪建筑,借助"置换与替代"的手法来实现其作为家、宅、堂的综合功能和象征意义。不仅如此,在墓葬建筑上还会雕刻各式的建筑图像,更有围绕这些建筑图像而展开的活动场景。这些刻意凸显和强调的"建筑中的建筑"的图像无疑是传统中国人心目中宅之理想图式的呈现和营造实践,它代表的不只是一个居家处所,更是一种关于"家"的综合想象和理想设定。

中国人素来就有"事死如事生,事亡如事存"的观念,因此,阴宅的修建,包括建筑形制、墓葬装饰、陪葬物等各方面都依照或模仿现实的建筑样式和空间格局,并尽可能地高等级化和理想化。皇家贵胄自不待言,即使在民间乡野,人们也往往不惜耗费大量的人力、物力、财力,不惜冒着"僭越"的风险以追求一种个人及家族的"纪念碑性"。

明末清初,大批的湖广、山西、陕西等地的移民进入西南地区,逐渐形成了崇修地上墓葬建筑的丧葬习俗。至清中后期,这一地区地上石质墓葬建筑经过数百年的发展演变,在营建技术、形制和装饰上都已经非常成熟,已然形成了造型独特、形制多样、图像内容丰富、雕刻装饰工艺精湛的具有典型区域特色和艺术风格的墓葬建筑系统。从某种意义上讲，这些墓葬建筑已经成为中国传统建筑的特殊形态，也是中国传统石构建筑的集大成者。

众所周知，明清是中国传统建筑的最后一个发展高潮期，在这个大潮中，陵墓建筑、碑坊建筑、塔楼建筑等石构建筑也获得了极大的发展，而西南地区的石质墓葬建筑虽然在偏远的山区，但经过数百年的发展演进，其数量规模、造型样式、营建技艺、雕刻工艺等都达到了很高的水平，由此成为了具有较高社会历史和文化艺术价值的区域性重要遗存。在全国文物"三普"工作以后，不少的大型墓葬已经被纳入省、市级重点文物保护单位，得到了一定程度的保护。

这一地区的地上墓葬建筑都是就地取材，多为青石、砂石、石灰石等，个别讲究的会选用大理石或花岗石刻写碑板（即明间内的墓志字板）。但令人吃惊的是，这一地区的墓葬建筑形制如此多样，从简单的单体墓碑，如神主碑、工字碑、四方碑，到以复杂的多间、多柱、多层的牌楼式墓碑为主体，并配以墓坊、陪碑、茔墙、靠山、字库塔、桅杆、石狮等组合。很多时候还会修建一座穿斗结构的大瓦房来将墓碑保护起来，或者墓葬与祠堂合一，建成墓祠一体的木石综合建筑群。除了建筑形制，墓葬上还有大量的雕刻彩绘图像、纹饰，涉及内容广泛的书法碑刻铭文等，它们不仅是重要的美术遗产和历史文献，更是传统建筑装饰、传统观念习俗的重要反映。

《说文》有："碑，竖石也。"这只是说到了一个方面，而"记事纪功"才是碑得以受到中国人重视的重要缘由。就四川地区的墓葬建筑而言，专门为纪念先祖而立的墓碑已经从竖石、从神主牌位的基本样式发展出非常丰富的造型样式，并且这些不同的墓碑既各自独立，又可以相互组合搭配，成为大中型墓葬群落中的有机组件，共同组成一个有序对称的礼仪空间。而同样形制的墓碑，又因尺度体量和装饰工艺的不同显示出完全不同的样貌，极为丰富多变，极少雷同，以至于想要从建筑类型学的角度进行整理都并非易事。

为何在这一地区会有如此特殊的习俗，这些墓葬建筑的发展演化背后有着什么样的社会历史背景？这些墓葬建筑的形制和营建技艺是如何发展演变的？这些基于死后世界而修建的墓葬建筑对于今天的价值和意义是什么？该如何有效地保护这些墓葬建筑、雕刻图像、碑刻铭文？等等，都是值得探讨的问题。

墓地是一个特殊的存在。中国人素有保护和敬重坟墓的传统观念，也正是因为如此，很多明清墓葬建筑得以相对完整地保存下来，这对我们研究西南地区明清时期的社会历史、观念信仰和工艺传统而言是非常难得的原始档案。除了建筑形制上的丰富多样，这一地区的家族墓地与生活空间的交错关系，墓葬建筑与民居建筑之间的空间关系也比较特殊。我们可以用"聚族而葬""阴阳杂处""群而有分"来概括之。这种关系在山区乡村聚落形态中并不少见，甚至是传统乡村聚落的基本样态，是一个值得关注和研究的样本。关于西南地区明清民间墓葬建筑艺术的研究，大可以从形制、雕刻图像、碑刻铭文等的局部考察，进入中国传统建筑史，特别是石构建筑的整体视域。可以说，这些民间的墓葬建筑是中国传统建筑的特殊组成部分，延伸和丰富了传统建筑的历史和文化。

## 第二节 墓葬建筑的形成和演化

古代墓葬的地下墓室，作为"地下之家"，一般都会封闭墓室，不予示人。而川渝地区的墓葬的重心则是位于土冢前的石质碑坊，这高大的建筑就是供在世之后人的祭拜、瞻仰，是要引人观看。而在竞争激烈的移民社区，这种观看还有着诸如攀比、竞争、昭示等多重的现实需求和社会意义。也就是说，这些高大的墓葬建筑从修建开始到完成，都是地方上的大事件，家族墓葬建筑也成为了乡村的重要景观，由此留下很多的传说故事。因此，这些地上墓葬建筑不管是客观上还是主观上，都需要在"视觉上"构造出可以观瞻的形象和内容。

民国时期《绵阳县志》上有："其营兆域，亦求吉地，饰坟垄，动辄数百金。"[①]"饰坟垄"就是对墓碑及其附属建筑进行装饰。这就与前朝主要为逝者"描述"和"表现"的地下世界的情形不同，即地上墓葬建筑首先有了一个明确的观看预设。只要稍有条件，人们都会修建豪华大墓，不仅从规模形制上，当然也在雕刻装饰上不遗余力。《巴州志》上说："葬则造坟，谓之'修山'；未死预修者，曰'生基'。坟前多用石旗杆及石狮子，不自知其僭。"[②]也就是说，好些人在生的时候就将自己的墓地建好了，甚至不惜冒着"僭越"的风险，在尺度和装饰内容上完全超越礼数的豪华墓葬的情形并不少见。在当地人们的口头语中，常用"山"来说墓的高大；而用"花碑"来表达墓的装饰繁复漂亮，而在我们考察的过程中常常听到的地名干脆就用坟墓来指代，如

①　《绵阳县志》十卷，民国二十一年刻本。
②　道光《巴州志》十卷，清道光十三年刻本，引自丁世良、赵放等编《中国地方志民俗资料汇编》西南卷（上），北京书目文献出版社，1991年版，第348页。

"花坟山""花坟湾"等。

清代四川地区的墓葬,以土坑墓为基本葬式,土坑深度约1—2米处,棺木或直接埋于土坑内,或置于石板围起的石室内,其上堆土形成坟垄土冢,一般头高足低,讲究者常有条石砌挡墙,石质墓碑就立在土塚前数十公分处。在川南、重庆等地多用条石围砌出平面呈椭圆、四方、束腰的围墙,高2—3米,叫作"鸡蛋坟""元宝坟""圈坟"等,然后在坟前立墓碑和其它类型的附属建筑。也有碑坊与挡墙一体,即挡墙的正面部分建碑。墓碑既可以生前预修,多为墓主自建,曰"自营生圹",也有埋葬数年甚至数十年后,由子孙来建。碑上主要刻有墓主身份、世系等文字信息以及各种图像装饰。

明清以来,川渝等地的"打碑",也叫"修山"的活动非常盛行。当地人将那些雕刻繁复、装饰华丽的墓碑称之为"花碑",而将那些规模巨大的墓葬建筑称之为"山"或"世业"。直到今天,这一地区的很多乡镇的马路边都可以见到墓碑加工厂,甚至引进了电脑雕刻机,生意还很不错。考察中也常常见到近年新立的碑,有越立越大,越来越"豪华",这当然不值得提倡,但这也说明这一地区墓碑修建的习俗尚存。

笔者多年的考察发现,这一地区的墓葬碑刻、家谱和口传故事中,都频繁提及"湖广填四川"这一大的历史背景。大量的学者和文献也都表明,明末清初,四川地区因战乱、瘟疫等原因人口稀少,社会凋敝的状态。清康熙初年,四川巡抚张德地赴任,目睹自广元县"沿途瞻望,举目荆榛,一二孑遗,鹑衣菜色";"境内行数十里,绝无烟爨;追至郡邑,城鲜完郭,居民至多者不过数十户,视其老幼,鹄面鸠形。及抵村镇,止茅屋数间,穷赤数人而已";"及明末兵燹之后,丁口稀若晨星。"(《四川通志》)民间墓志也有:"蜀人受祸惨甚,死伤殆尽,千百不存一二"的记载。(《史氏程夫人墓志》)这些记载可以表明,这一时期的人们很难有修建像样墓碑的能力。只有在经过几代人的积累后,移民后裔逐渐兴旺发达,人口增加之后,再开始续写家族的历史,他们常常通过彰显先祖的功业来塑造家族的荣光,于是将前代只能草草掩埋的坟墓加以整修,并在土塚前树碑立传。在这一地区纪念和维修"入川一世祖""入川二世祖"坟墓的情形比较多见,尤其是在续写族谱的过程中,人们往往会尽最大的努力找到自己家族的源头,追溯到"入川始祖",而很多时候,他们的坟茔都是经过了历史上的多次陪修的。"湖广填四川"的移民后裔在家族历史的书写和构建过程中,"入川"是一个极为重要的节点,在移民后裔心中留下了不可磨灭的记忆,并由此成为家族历史的书写和家族构建的新篇章。

考察发现,这一地区的地上墓葬建筑在乾隆之后日渐增多,嘉庆道光时期多大型墓葬,而道光直至光绪就越发的普遍,这里面当然有历史久远而湮没的可能,但这一地区留存的明代石室墓反而比康熙之前的墓还要多,这一事实可能说明地上墓葬建筑,特别是土塚前建石质仿木结构墓碑的历史并不是太久远,且与移民到来之后有密切的关系。如果做一个简单的分期,清乾隆、嘉庆时期可以算作早期,道光、咸丰、同治是盛期,而光绪至民国初年是晚期。

## 一、从地下到地上

在川渝地区,明代墓葬还比较常见。这些墓葬多以半地下式墓为主,往往多间并列,一字排开,石板封门。大型家族墓墓室还有前厅,作为享堂。享堂空高有两米左右,人可进入。而在石室外则建有出露地表的庑殿顶样式的出檐。在檐下的额枋上往往会刻卷草、花卉、钱币等纹饰,有些前厅还设置石门,可开闭,石门的尺度、造型和装饰与家居住宅的隔扇门类似,有些墓室的侧壁和里间也会有花卉纹饰的雕刻。四川省巴中市巴州区大和乡双河村的程伯山夫妇墓(明万历二十八年,1600年)的石室为三间并列,有前厅,庭前的墓碑还比较小,形制也比较简单,其上为墓主夫妇生卒年及家置田产等碑文,这是比较典型的明代墓葬。(图1-1)实际上,川渝地区像程氏墓这样带有"前厅"的明代家族墓并不多,大量遗存只是由多间并置的石室一字排开,多者可达十多间,条石或石板围砌长方形石室,前面石板封门,在石室里间正壁(后壁)有简单减地雕刻的"灵位""云门"等,侧壁或有花卉纹饰。通江县龙凤场乡的刘万鄂墓在出露地表的墓门额枋顶部建多重檐,周边有茔墙,墓前另立较小的墓碑(该墓前的其它碑是清代所建),其形制可能对后世产生较大影响。(图1-2)

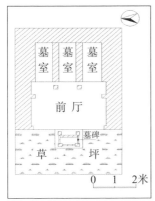

**图1-1　程伯山夫妇墓及平面图(巴中市文物局提供)**

更典型的则是像万源市走马坪村的明代墓。该墓为两间并立,墓室的侧壁、梁柱上浮雕云纹、花卉等,而墓室的里壁往往会雕刻一个壁龛,并常用

图1-2　通江县龙凤场刘万鄂墓全景及墓室内景(通江文物局供图,汪晓玲描线)

浅浮雕的套层"云门"或"灵位",这可能是宋代延续下来的传统。(图1-3)可以看到,明代的墓葬建筑总体上比较低矮,呈半地下式,其装饰的重点是在地下墓室内,以云纹、花卉和钱币纹为主,也有鸟类等动物形象,但几乎没见到人物形象的雕刻。墓葬文字比较少,刻写的位置并不固定。

图1-3　宣汉县走马坪村明代墓墓室及侧壁的花卉雕刻

这时的墓葬土塚和墓前的建筑并没有截然分开,像旺苍县木门镇境内的明万历时期的明墓那样,在土塚前另外建墓碑、墓坊的情形并不多见。从这些变化之中,不难看出其与清代墓葬建筑样式的某种延续。(图1-4)

至清代,川东、川北等地的墓碑几乎都是建于土塚之前,而且地上建筑的形制和雕刻都趋于复杂,地下则只是土坑或简单的石室置放棺木了,全部的雕刻装饰都放到了地上。不管是简单的单体小墓,还是复杂的大型墓葬

图1-4　旺苍县木门镇的明代墓(旺苍县文物局提供)

建筑群莫不如此。(图1-5)

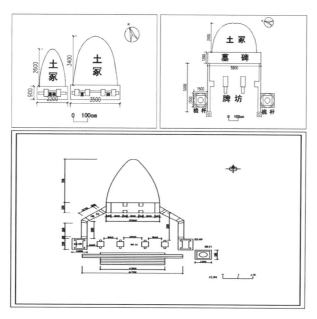

图1-5　土塚与墓碑的关系平面图(平昌县文物局提供)

　　除了土塚前的墓碑,还形成了另建若干附属建筑的格局,形成了包括土塚前主墓碑在内的建筑群。附属建筑类型众多,包括碑前的拜台、左右陪碑、字库塔、墓园中间的四方碑、比主墓碑还要高大复杂的墓坊、桅杆[①]、石

---

① 桅杆,也称旗杆、望柱等,中国古代传统寺庙、祠堂等礼仪性建筑前面常见。在川渝等地的大型墓葬地中也常用,墓主常常为有功名者,多竖立在墓地的最前面,作为建筑组群的一种配置,由石材雕琢成圆柱,柱顶一般有一个四方的"斗",柱顶削尖,有说是毛笔笔尖,也有挂双斗的,谓之"文武双全"。从一些图像资料可见到桅杆桅杆顶还有旗子悬挂。川渝等地明清墓地中的望柱,柱身一般为方柱或棱柱,柱面也有刻长联,柱顶有石狮等动物坐兽,所以细究起来,桅杆和望柱差异还是比较大的。

狮等。

有些墓地还建有华丽高大的茔墙，将这些墓葬建筑围起来，形成一个占地超过上百平方米的墓园。在川南等地，茔墙的正后方再建多重檐的"靠山"，并刻上巨大的匾额或装饰图像，看起来蔚为壮观。

更有甚者，会在墓碑之上另外建穿斗结构的瓦房，将墓碑整个置于室内，这个瓦房被称为"坟亭"，或"坟罩子"。小的坟亭仅两三米高，大的与一般民居住宅无异，有的干脆围绕墓碑建起一座祠堂，形成多开间的墓祠一体的院落。

尽管经历了明末清初的萧条和凋敝，但移民的到来，很快又让这一地区变得富庶而有活力。几代人的努力积累下繁盛的人口和相对优裕的生活条件，允许将资财用于墓葬的修建。相较于前代，移民似乎更加注重外在的表达，即墓葬地上部分的修建和装饰成为了重点。发达后的子孙也不忘为入川先祖重建墓葬，出于便利，就在先祖的土塚前直接修建其墓碑。这样既能告慰逝去的祖先，也能彰显自己的实力，表现自己的孝道。而在充满激烈竞争的移民社区，显示个人和家族的实力不仅仅是为了炫耀、攀比，更是一种有效的竞争策略。墓葬营建的重点从地下转移到了地上，全新的葬俗和葬制由此形成。

## 二、墓葬、祠堂、会馆三位一体

对于移民而言，同乡总是具有更多的亲近感和认同感，加上语言、生活习惯、民俗传统的一致性，很自然地就形成了一些互相帮助、互相慰藉的团体——同乡会，并在共同祭祀原乡神祇的场所筹建乡籍会馆。川渝地区由此兴起了大量的祠庙、宫观和会馆建筑。湖北籍的禹王宫、江西籍的万寿宫、广东的南华宫等等。全国各地会馆不少，而四川的会馆更是"分布广、数量大、类型多"。清人吴好山有《竹枝词》写道："秦人会馆铁桅杆，福建山西少者般。更有堂哉难及处，千余台戏一年看。争修会馆斗奢华，不惜金银亿万花，新鲜翻来嫌旧样，落成时节付僧家。"形象地说明了当时会馆建筑的盛况。可以看出，会馆不仅仅是同乡交流、互助的场所，同时也是祭祀乡神的重要所在。

其次就是祠堂。移民会馆是源自共同的来源地，而祠堂则是因有共同的先祖。

在以血缘为纽带的传统社会中，祠堂中的列祖列宗就是家族共有的神灵。在我国的东南、华南等地区宗族延续数百年，聚族而居的大家族都会有一个家族祠堂。祠堂除了祭祀祖先，还是商议和决定家族重大事件、裁决家族纷争、分割祖产、帮助族人的场所。在"皇权不下县，县下惟宗族"的时代，祠堂俨然具有司法和行政的职能，在国家的统治力量的末梢发挥着维持乡风文明和治理乡村社会的重要功能。

在四川移民地区，经过数代的积累，特别是人口和经济、土地的积累有了一定规模之后，话语权也随之上升，祠堂又重新得以修建，祖先的牌位也就可能从家居堂屋狭小的神龛中移到神圣的家族祠堂之中，先祖就升格为家族的"人神"，成为共同的祖先，祠堂成为祭祀同族远祖的地方。川渝地区的祠堂相较于中国的华南和东南地区，规模、历史和装饰可能要逊色一些，而且一般都以"入川一世祖"作为家族祠堂的神主，这也意味着，移民开始重新书写家族迁徙的历史。

川渝地区的墓碑，则是另一个祭祀先祖，书写家族历史的载体。一些大型的墓葬建筑也几乎是依照祠堂的功能和结构来修建，墓碑如祠堂内的祠堂碑一样，在墓地修建"宗支碑"，尽管其形式和结构比宗族祠堂要小，但是其功能象征意味与祠堂一般无二。在这里同样要梳理祖先的源流，同样设置"历代昭穆神主位"，也同样刻写族谱、字辈等等。

在阆中市千佛镇邵家湾，就有这样一座"本支堂"墓碑。这是一座三层出檐攒尖顶的石质四方亭，亭中设享堂空间，内庭便是邵氏"本支堂"墓碑。在享堂入口有联："脉发河南渊源有自；灵钟川北籍贯无差"，"疏疏落落宛然一副宗支；整整斜斜不过三层石塔"，横批"到此思孝"。其内《重修始祖碑志》记载了邵氏在大清道光二十四年为"承先志、启后人"而重修邵氏始祖，追述了祖居河南洛阳的邵氏在"明季兵变，我远祖龙公及弟虎公"由黄州府麻城县孝感乡转迁至此"伏耕为业，虎公后未知所出……龙祖卒葬于斯"。这座墓碑不仅仅是个人为了自己身后准备的"生活"现场，也不仅仅是为了后世子孙祭祀的方便，墓碑在这里还担当了延续更大家族的荣光和历史的载体。据邵氏后人讲，墓地旁原来是有祠堂和房屋的，不像如今这般处于荒野之中。（图1‐6）

**图1‐6　阆中市千佛镇邵家湾"本支堂"墓祠及《重修始祖碑记》**

　　四川省南江县的吴三策墓也是一个带享堂的大型墓葬建筑，其享堂内正对三块碑板，中间是墓志，左右分别刻《家族世系列表》和《吴氏自叙》，后者简要叙述了修墓建祠堂的缘起、参与者和意义。在这三块碑板的顶上是一排七块牌位，这样的安排也很符合墓碑的设计秩序，只不过这里处理得较为灵活。牌位为浅浮雕，云头莲座，两侧雕缠枝刻花卉纹饰，正中一块为"吴氏门中历代高曾远祖之神位"，其余各牌位为"一世祖"到"四世祖"依次排列，最右侧一块有些特别，文字不太清晰，"□□□祖六公字正之神位"。无疑，这座墓已经不再局限于个体的小家庭，而是关涉到一个大家族。（图1-7）

图1-7　南江县吴三策墓祠中的"入川世祖"牌位

　　在移民聚居之地，不同姓氏的家族在一起往往会形成一种竞争，家族墓地、墓碑的修建与家族祠堂一样，具有重要的"宣示"意味。表示自己家族的兴盛或者表明自己是一个"望族"，由此在社区的竞争中赢得一定的优势。因此，有些大墓，特别是出了"大人物"的家族，往往会由家族出面来集资修建，并可能到官方要一个封号，或请地方官员题词写匾等，这样的家族墓碑实际上也就具有了祠堂的性质。

　　墓碑这种单个家庭的祭祀祖先单元，再次演变成为了家族化的纪念和礼仪建筑。中国民间有祭祀不超过三代之说，而这些大型的墓祠实际上超出了这个惯例。这类墓葬建筑与祠堂建筑的形制或功能几乎一致，甚至有些大中型墓葬所营建的空间结构和礼仪意象与祠堂一模一样。祠堂的牌位、基本格局和碑刻文字表述都一一在墓碑上得到了体现，祠堂所宣扬的礼仪、教化功能也同样不少。可以看到，这一地区的墓葬建筑所能容纳的内容超出了人们对于墓葬的一般认知。家庭墓葬建筑上的二十四孝图、历代昭穆神主牌位、族谱字辈、家族变迁的历史等等为"湖广填四川"移民带来了更直观深切的情感寄托。

　　四川南江县朱公乡白坪村的马氏祠堂或许是最具代表性的一处。这是一个占地广阔的墓祠一体的四合院，从正门进入得穿过戏台，上台阶进入中庭，即天井。天井两侧有根粗大的石桅杆，得再上十多级台阶，才进入到墓地所在的平台。墓前有高大的牌坊,左右有长长的茔墙,茔墙中段建有茔墙碑,其内分别刻《训耕要语》《课读格言》的碑文。茔墙之内是石板铺地,至土冢前有石供桌和一座三间三檐的塔式享堂。享堂内设墓碑、世系碑和记事碑,享堂顶部为斗四藻井,彩画雕刻丰富。墓地石墙、碑坊、墓碑各处可见诸多的碑刻文字,几乎都是在述说和烘托家族的历史、祖上的荣光。强调"耕读传家",注重忠孝伦理。在墓葬旁边的一间屋子里是一排祠堂碑,房屋墙上满壁的书画,端庄的楷书抄录《资治通鉴》"侍御史马周上疏"的文字。这一段也是很有名的:"自古以来,百姓愁怨,聚为盗贼,其国未有不亡者,人主虽欲追改,不能复全。……自古以来,国之兴亡,不以畜积多少,在于百姓苦乐……"旁边还配以巨幅插图。不仅成为重要的装饰,也体现出百姓之家和国家治理、正统文化之间的密切关联,忧国忧民之心可鉴。据考,祠堂的修建要晚于墓葬,而墓葬的主人是一位女性——魏祖母,是这一支马氏入川的一世祖。多年前正是这位女性带着年少的马氏后人从陕西迁入此地,并带着家人走向繁盛。享堂顶部的"玉容堂"以及碑坊上的花卉、碑刻铭文等无不体现了对魏祖母的颂扬,但整体上看,更多的还是基于整个马氏家族历史的叙事和建构,由此,形成新的墓祠一体的格局。(图1-8)

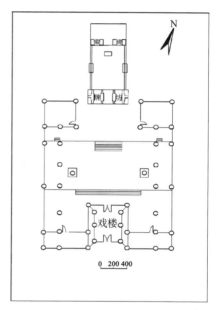

**图1-8 南江县朱公乡白坪村的马氏祠堂墓地平面图(南江县文物局提供)**

可以说,墓葬之于同一家,祠堂之于同族、会馆之于同乡形成了一个多层的心理空间和文化空间。墓葬建筑、祠堂建筑、会馆建筑形成了一个家、家族、家(同)乡"三位一体"的建筑体系和观念系统,以承载移民家族构建和来源地构建的载体和精神功能。这反映出当时人们的经济文化、技艺传承、观念信仰和审美趣味,由此也保留了有关中国传统社会对于图像及其观看、制作技艺和信仰观念的最后传统。

家庭墓葬与移民会馆、祠堂、族谱、方志等形成互证的文献系统。我们一直以来最为重视会馆的研究、其次是祠堂的探讨,但对家庭墓葬的关注和系统研究则比较少,而事实上,这里面有很多值得深入探究之处。

### 三、清代四川地区墓葬建筑的研究现状

#### 1. 柏斯曼、谢格兰、梁思成等人的考察

最早关注四川地区清代墓葬建筑的是德国的建筑师恩斯特·柏斯曼（Ernst Boerschmann，1873—1949）。他于1902年作为负责青岛德国殖民地建设的官员来华。1906年到1909年期间，柏斯曼以德国驻北京公使馆科学顾问的身份，从北京出发，游历了河北、山东、山西、陕西、四川、湖北、湖南、广西、广东、福建、江苏、浙江等十几个省。在历时四年的考察中，他行程数万里，拍下了数千张中国传统建筑和景观的照片。其中就包括部分家族祠堂和家族墓葬建筑，如今很多的建筑已经荡然无存，而柏斯曼的这些老照片已经成为研究中国传统建筑绕不过去的里程碑式的文献，在他的《中国的建筑与景观》（Baukunst und Langschaft in China）一书中就有数张关于四川地区墓葬和牌坊的建筑，这应该是清代墓葬建筑第一次进入到建筑史的视野之中。（图1-9）

**图1-9　恩斯特·柏斯曼拍摄的四川雅安境内的清代家族墓葬（1906—1909年）**

维克多·谢阁兰（Victor Segalen，1878—1919），这位法国诗人在中国近代艺术史上赫赫有名。他对中国的墓碑建筑很感兴趣，还专门出了诗集《碑》（1912），其中写道："铭文与方石，这就是整个的碑——灵魂和躯体，完整的生命。碑下和碑上的东西不过是纯粹的装饰，有时是表面的华丽。这是一些局限在石板上的纪念碑，它们刻着铭文，高高地耸立着，把平展的额头嵌入中国的天空。人们会在道路旁、寺院里、陵墓前突然撞上它们。它们记载着一件事情、一个愿望、一种存在，迫使人们止步伫立，面对它们。在这个破烂不堪、摇摇欲坠的帝国中，只有它们意味着稳定。"①不难看出，他对于

① ［法］维克多·谢阁兰，车槿山、秦海鹰译. 碑. 重庆大学出版社，2015年8月，序。

中国人对石头的利用，以及从这些石头墓碑建筑中探寻永恒的纪念性感触很深。1914 年 3 月 31 日，谢阁兰团中的让·拉尔蒂格一行到达四川巴中南龛石窟，并在南龛坡附近拍摄了一座清咸丰年间的墓地照片——一座四间五柱五重檐芜殿顶的碑坊建筑。可以看到，建筑保存比较完好，墓碑明间绘制的人物形象还依然清晰可见。（图 1-10）如今这一片已经修建了大片的高楼，估计这座墓已经消失在历史的长河之中了。

**图 1-10　谢阁兰团队拍摄的巴中南龛石窟旁边的一座清代墓葬（1914 年 3 月 31 日）**

知名英国植物学家威尔逊（E. Henry Wilson）于 1911 年前后，从湖北武汉到重庆途中，拍摄了一幅家族墓葬的照片，并配以题图文字"mausoleum with ornate mural sculpturing"[①]（有华丽壁画雕塑的陵墓）。可以看到该墓规模巨大、结构复杂，雕刻繁复，第二层正中有一块"节孝"的牌匾。作为植物学家，他特地拍摄并发表了这一所见，也说明该墓给予了这位西方学者不小的震撼，不过该墓葬建筑应该不在了。（图 1-11）

MAUSOLEUM WITH ORNATE MURAL SCULPTURING

**图 1-11　E. Henry Wilson 于 1910 年拍摄的川东地区清代墓葬（第 75 页）**

---

① Ernest. Henry. Wilso. *A naturalist in western China*. London，Methuen & Co. [1913]

我国著名的建筑史家梁思成，是真正有意识地将明清时期民间的墓葬建筑纳入到中国传统建筑艺术系统并拍摄、著录和评述的第一人。

上世纪40年代初，梁思成、刘敦桢等人在川康地区的古建筑和石刻艺术的调查过程中，拍摄并记录了四川绵阳县、梓潼县、渠县、岳池县、南充县等地的明清墓葬建筑10余处，并在手稿中对它们做了很高的评价。（图1-12）在《梁思成西南建筑图说》一书中有："每於碑前施透空置花板镌刻镌文字及几何纹样，种类繁驳，殆难枚举。"（四川南部县坟墓，第157页）；"此墓正面建碑亭一座，除横枋表面略施雕镂外，其余各部简洁湉素，如铅华未卸，妍妙天成，而正脊上所雕琢华文，豪放疏朗，落落大方，与下部对映，尤收珠联璧合之效。其亭身两侧所施夹石头，下宽上削，形若擁壁，亦属于创举。"①

图1-12 《梁思成西南建筑图说》中的清代墓葬建筑和手稿

① 梁思成、林洙. 梁思成西南建筑图说. 人民文学出版社，2014年3月，第185页。

"亦足窥川省封墓艺术之千变万化,莫可端倪也。"①从"妍妙天成""甚足珍异""意匠灵活"等溢美之词中,不难看出一个深谙中国传统建筑及其装饰艺术的专家对这些民间墓葬建筑艺术价值的肯定。梁思成的这些工作成为了研究四川地区清代墓葬建筑艺术最早的珍贵文献。

遗憾的是,那些曾经被记录的墓葬建筑随着时代的变迁几乎全都踪迹难觅,数十年之后,重新审视梁思成当年的工作,真是不得不佩服那一代人的远见卓识和脚踏实地的研究精神。

2. 文物"三普"工作的贡献

应该说,对清代墓葬建筑的发现、保护和研究,两次全国性的文物普查功不可没,特别是 2007 年至 2011 的第三次全国文物普查是"清墓碑坊"真正受到重视的开始。在《四川省第三次全国文物普查重要新发现》中将"清墓碑坊"视为"四川省第三次全国文物普查的一大亮点"。在其《新发现》中评价说:"特别是明清墓葬的墓前建筑,其保存完整,规模宏大,雕刻精美,具有鲜明的地域特色……真实地反映了汉代以来四川地区典型的葬俗葬制,具有较高的历史、艺术、科学价值。"②因此,"三普"之后的第八批(2012 年)第九批(2019 年)省级文物保护单位名单中,清代墓葬就有 33 处。但从笔者多年的调查来看,似乎还有些应该被纳入。

在《巴渝记忆 重庆文脉——重庆市第三次全国文物普查》中也对该区清代民间墓葬做出了类似的评说:"在本次普查中登录了大量结构完整、规模宏大、雕刻精美的清代普通墓葬,成为我市普查重要发现的一抹亮色。"③他们总结说道:"重庆地区清代墓葬更加重视墓地布局和地面附属建筑,一座较为讲究的清代墓葬,一般包括了墓冢、仿木结构石牌楼、八字挡墙、抱鼓石、拜台等建筑,部分规模较大、规格较高的墓葬,还设有望柱、牌坊等附属设施。除了墓地布局外,清代墓葬建筑还呈现出两大特点:一是雕刻盛行,并由以前的墓内移到墓外,题材更加生活化,主要是戏剧人物、神话传说、吉祥祈福、吉语对联等内容;二是一般都有墓志铭,比较翔实地记录了墓主姓名、籍贯、仕宦、婚姻、亲友、生平、丧葬等。"④此外,在各县市都陆续有地方的"三普"成果集出版,如旺苍县文物管理所编的《旺苍明清墓葬》,四川宋瓷博

① 梁思成、林洙. 梁思成西南建筑图说. 人民文学出版社,2014 年 3 月,第 175 页。
② 四川省第三次全国文物普查领导小组办公室. 四川省第三次全国文物普查重要新发现. 四川文艺出版社,2012 年,序言。
③ 重庆市第三次全国文物普查领导小组办公室 重庆市文化遗产研究院. 巴渝记忆 重庆文脉——重庆市第三次全国文物普查. 重庆出版社,2015 年,第 9 页。
④ 重庆市第三次全国文物普查领导小组办公室 重庆市文化遗产研究院. 巴渝记忆 重庆文脉——重庆市第三次全国文物普查. 重庆出版社,2015 年,第 9 页。

物馆(遂宁)出版的《思古遂州》,重庆万州区博物馆,万州区文物管理所的《觅迹》等书目,其中明清墓葬都占有相当的分量。

事实上,就连那些规模不大的小型墓葬建筑,其造型和雕刻也是各有意趣。从更宽泛的意义上讲,这些清代墓葬建筑,已然成为研究和考察该区域历史文化和乡村社会的重要文献,近年逐渐受到主管部门、专家学者和社会人士的重视。

从上世纪90年代开始,一些基层文物工作者便开始注意到了四川清代墓碑建筑的艺术价值。其中位于万源的张建成墓是被讨论最多的墓葬。最早是万源县文馆所的余天建在《四川文物》上发文《巧夺天工的石雕艺术——介绍万源县张建成墓》①,较为详细地介绍了该墓的建筑结构、雕刻艺术、墓联、碑志等基本情况。在对墓葬建筑及其雕刻艺术和书法高度评价的同时,更是完整地著录了墓葬建筑上的碑刻文字。随后,林集友对该文做出了回应,认为余文"文字抄录,间有夺误,句读标点,似未尽当"。②达县文物局的侯典超、王平在《张建成石刻墓坊文化艺术特色研究》一文中特别谈到建筑上的戏曲图像、川东丧葬习俗,尤其看到了"'教化'与审美、书法完美结合"③的特点。从"较高的历史文化价值和独特的艺术价值"的方面进行了较为深入地探讨,并配发了多幅精美的图片资料。围绕一座清末民初的民间墓葬建筑有如此多的讨论确实比较少见,这也足以看出该地区明清墓葬建筑的独特价值,而像这样的墓葬在这一地区并不少见。马幸辛在此基础上完成《川东北历代古墓葬的调查研究》一文,为大巴山南麓之渠江流域历代古墓葬的葬式以及所反映的文化内涵,勾勒了一条粗的线索。对于清代墓葬文章提到:"清代墓讲究地面建筑,普遍流行墓前建碑及牌楼式仿木石雕建筑。特别到清后期,墓上建筑规模越来越大,雕刻题材更加广泛,工艺水平更加精湛,每墓必有标明墓主生平的碑文和褒扬祝福的楹联石刻。"④而龙国平、王善栋的《汉水中游保康县明清时期的墓碑石刻文化》一文总结和分析了鄂西山区、南漳县和保康县等地墓碑多样的建筑形式、丰富的装饰题材和雕刻艺术特色,让我们看到了"湖广填四川"移民线路上不同的墓葬建筑和雕刻艺术。⑤这启发了本研究将视野拓展到川渝地区之外的墓葬建筑艺术。

---

① 余天建.巧夺天工的石雕艺术——介绍万源县张建成墓.四川文物,1989(12),第58—60页。

② 林集友.张建成墓部分石刻文字的校点意见.四川文物.1991年(02),第55—58页。

③ 侯典超、王平.张建成石刻墓坊文化艺术特色研究.中华文化论坛,2010(02),第166—169页。

④ 马幸辛.川东北历代古墓葬的调查研究.四川文物,2001年(02),第29—33页。

⑤ 龙国平、王善栋.汉水中游保康县明清时期的墓碑石刻文化.汉中师范学院学报,1998(01),第20—23页。

其实,这些早期的研究者就认识到,这些墓葬建筑的价值远不止于石刻艺术,正如遂宁市博物馆的彭高泉在《遂宁市中区清代墓碑石刻的艺术价值》一文中,就从墓碑形制,雕刻艺术技法等角度探讨了该区墓碑的石刻艺术和碑文价值。他说这些碑文"虽不如地方史文献荦荦大端,但为卷帙浩繁的地方史文献所不载有。遂宁市中区清代墓碑碑文,保存了不少清代遂宁地方政治、经济、文化活动及墓主人的生平和社会活动简况史料,既可与地方史相印证,又可补正地方史之网漏,特别对研究遂宁地方历史,具有不可低估的史料价值"。"对其作一整理,可以使我们从一个侧面窥见当时社会的礼仪制度、生活习俗、经济政治、字词书法、雕刻艺术、建筑装饰艺术、宗教哲学、地方历史名人等方面的一些情况,有时还可补充和校正地方史书的缺误。"[1]但这一工作并没有实际展开,应该说,他这颇有见地的判断直到今天才获得了实现的机会。

姚永辉对川东北地区民间墓葬的认识和判断很有代表性,在《自治与共存:清代川东北南江山区的墓祠——以马氏墓祠为中心的研究》中认为,这些墓葬"既具有宗祠文化实体功能和表征意义兼具的一般特质,又在巴山老林的自然生态、移民文化、宗教传播等因素的影响下,呈现出鲜明的地域色彩。其中,马氏墓祠相对保存完整,无论是其空间布局、建筑装饰、抑或族内禁令、族规、四止界畔等石刻铭文,都为探析南江山区的墓祠文化提供了一个颇具代表性的读本。此外,在空间布局上,墓祠、风水塔等链接着多姓杂居、各有分区、合作共存的乡村秩序网络,我们可借由对马氏墓祠的解析,探寻在一个经济落后、自然环境和文化都相对封闭、宗族财力和权势悬殊较小的山区,不同的宗族之间如何实现自治与共存"[2]。这座马氏祠并非前文提及的马氏祠,但两者相距并不太远,姚文的研究实际上已经涉及到墓葬与移民社区文化、社区竞争、家族构建、乡村伦理规范等诸多问题。但很可惜,姚永辉并没有因此而继续研究下去,不过这样的论断却为进一步的深入研究开启了大门。四川师范大学的黄尚军教授多年来也如笔者一样长期专注于四川地区清墓的考察和研究,其对川北地区的清墓的考察图册和碑刻文字的整理比较系统和完整,出版了《川东北清代墓碑集成》2卷,大大地推进了川渝地区明清墓葬的基础文献整理工作。此外,四川省考古院姚军副院长近年也带团队在这方面着力较多,收集了大量资料。

① 彭高泉.遂宁市中区清代墓碑石刻的艺术价值.四川文物,1994(06)第66—67页。

② 姚永辉.自治与共存:清代川东北南江山区的墓祠——以马氏墓祠为中心的研究.民俗研究,2010(04),第180—189页。

当然，也有一些历史研究者抄录移民碑刻的判断文字而填充到"湖广填四川"相关的广阔历史研究中，这也成为近年的一个趋势。如陈世松的《大迁徙"湖广填四川"历史解读》，陈志刚的《清代四川雅安"麻城县孝感乡"传说的兴起与传播》蓝勇等人的《"湖广填四川"与清代四川社会》等著作都将川渝等地的清代民间墓葬碑刻铭文作为材料。

几乎与此同时，一批关于湖北鱼木寨的民间墓碑石刻引起了不少人的兴趣，从张兴文的《民间石雕艺术：中国利川墓碑》开始陆续有 10 多篇相关的论文被发表出来。徐宏在《美术》上发文《利川墓碑民间墓碑背后的文化意义——评〈民间石雕艺术：中国利川墓碑〉》说："由此推测，这些墓碑雕饰不仅寄托了利川民间的生死观念、道德理想、审美情趣，还保存了丰富鲜活的文化信息，因此具有很重要的民俗学、历史考古价值。"①这样的评价是客观而有见地的。一时间，位于湖北和重庆万州交界的鱼木寨民间墓葬建筑和雕刻技艺吸引了不少的学者和年轻学子的目光，研究从墓葬建筑到雕刻图像、石雕技艺、观念习俗，再到墓葬与民居之关系等不一而足。但这些研究大都将这些墓葬视为土家族的独特历史文化和观念信仰，实在谬矣！如今鱼木寨属于湖北省恩施土家族苗族自治州，但在清代一直是万州属地。鱼木寨的好些墓葬与山下的万州罗田古镇，确切地说与罗田古镇的向氏家族墓密切相关。至今相距 5 公里不到的罗田古镇现存向氏家族的墓葬建筑的规模、数量、雕刻工艺，较之鱼木寨更是有过之而无不及。但知道这一点的人并不多，那种人云亦云的基于少数民族文化假设的鱼木寨墓葬文化和艺术研究，应该得到纠正。

当然，西南少数民族的明清墓葬及其雕刻艺术也是不可忽视的。近年，有关贵州、湖北、重庆等地少数民族的清代以来的墓葬建筑和雕刻艺术也成为颇受关注的对象。杨俊的《水族墓葬石雕》（四川美术出版社，2010 年）一书比较有代表性。范朝辉的《清代酉水流域土家族牌楼式墓碑研究》一文借助跨学科的方法，围绕土家族的牌楼式墓碑探讨了清代酉水流域土家族社会生活与民族历史。文章提及，"无论是牌楼式墓碑所承载的'旌表'功能，还是碑文中对宗法制度的反映，都共同将土家民众的观念认知不断引导至传统儒家思想所定义的标准中去。而中国古代'家国同构'的观念，则在无形中被融入土家民众的意识里，随着历史的发展最终形成共同的文化认

---

① 徐宏.利川墓碑民间墓碑背后的文化意义——评《民间石雕艺术：中国利川墓碑》.美术，2003(01)，第 113 页。

同。"①这一研究将少数民族的墓葬营建纳入文化交融和文化认同的大历史语境中,无疑扩展了民间墓葬建筑艺术研究的问题域。

由代银等主编的《重庆市少数民族碑刻楹联》一书是重庆师范大学杨如安教授主编的《重庆市少数民族文化系列丛书》的一本。"此书按照黔江、酉阳、秀山、彭水、石柱分区县收录了190余件碑刻、200余副楹联,著录了年代、出处、创作及相应的故事。"②墓碑和墓志是该书的重要内容之一,并附图数十幅,但遗憾的是,该书并没有对这些墓葬建筑、雕刻艺术做进一步的研究,不过这些研究还是对笔者研究重庆市渝东南地区,特别是民族地区的墓葬建筑艺术提供了便利。

2010年来,笔者开始了对"湖广填四川"地区的民间墓葬建筑展开了田野考察,并从建筑空间、图像、碑刻铭文、匠师和墓主人身份及社会交往、乡村社会口述史等角度对四川、重庆等地的明清墓葬建筑展开了较大规模的系统调研,这些工作对四川地区明清墓葬建筑的研究打下了坚实的基础。

## 第三节　墓葬建筑的形制结构

作为礼仪性的建筑,墓碑讲究绝对的"中轴对称",即整个墓碑以碑版上纵向刻写的墓主身份为轴线左右对称分布。这种对称结构几乎无处不在,从碑顶到明间墓志再延伸到整个墓葬空间,这是中国建筑及其装饰的基本原则。在这一原则下,墓葬建筑得以展开为各种不同的样式。大体上分为——

第一,单体形制的墓葬建筑,包括:神主碑、二升官、四方碑、轿子碑以及其它异形的墓碑。

第二,复合形制的墓葬建筑,包括:桃园三栋碑、桃园五栋碑、拱山墓碑、享堂式碑、联冢墓碑等。

第三,群组形制的墓葬建筑,包括:院落式群组、台阶式、并立对称式、中心碑亭式、墓祠一体式、外建坟罩式等等。

当然这些分类并不十分科学,但通过这样的分类我们可以大致对这些复杂多样的墓葬建筑有一个基本的了解。限于篇幅,只能简要述之。

① 范朝辉.清代酉水流域土家族牌楼式墓碑研究.装饰,2021(09),第112—115页。
② 代银.重庆市少数民族碑刻楹联.西南师范大学出版社,2015年,第12页。

三段式结构。和中国传统木结构建筑一样，墓葬建筑也遵循碑首（碑帽）、碑身、碑座（碑蹬）这种三段式结构。横为梁（或枋），立为柱形成的梁—柱框架结构。所有的装饰就在这样的梁柱系统中进行，遵循"雕梁画栋"的传统模式，实体的梁、柱往往也是雕刻装饰的重点构件。而间，即柱间的部分，相当于木构建筑的室内，则多是刊刻文字或雕刻象征祖先神灵的牌位、雕像的空间。

碑座主要起承重和稳固的基础作用，采用整块的长方体石料，匠师往往也采用巨大的碑座来提升墓葬建筑的高度和气势，碑座的造型变化不多，但四方碑亭除外，它的碑座往往会雕凿成复杂的须弥座或束腰方座等造型，很多情况下，碑座也会有复杂的雕刻纹饰。

碑帽即建筑顶端的部分，一般都会带脊饰、出檐，并刻瓦垄或屋顶起伏的帷幔造型，极少的也在屋顶雕刻人物。庑殿顶最为普遍，屋脊沿着墓葬的外形延伸或下垂至茔墙，或多层水平排列，但一般的末端往往模仿建筑的飞檐。在中国传统建筑中，特别是高等级礼仪建筑中，屋檐的样式与等级和身份相关，也直接影响建筑的造型美感，墓葬建筑的碑帽也紧紧抓住了这一点。

碑身则是墓碑的主体，两柱一间式是其基本的结构，处于基座和顶帽之间，是墓葬建筑最重要也是变化最为复杂的结构。柱间内的碑板是墓碑得以成立的核心要件，墓志、碑序、家谱等等都镶嵌于其中。墓碑明间由条石包砌而形成，从造型角度讲，这是整个墓葬建筑的结构起点，也是墓碑建筑的核心，几乎所有的墓碑建筑及其装饰都是为了烘托出明间的存在，或者是为了明间中的"墓主"而建造的。尽管碑身是墓碑结构样式变化最为复杂的部分，但其作用都是为处于墓碑内部的明间进行保护和突显。所有多柱多间多重檐的墓葬建筑就是以这里为中心向左右水平延伸，向高处呈垂直抬升，依次形成为次间、稍间、尽间等，这样就构成中国传统建筑的那种多柱、多开间的墓碑建筑结构。

## 一、单体形制的墓葬建筑

神主碑，是标准的碑座、碑身、碑帽的基本结构。有碑座石一块，碑帽石一块，一般都是圆首或弧形的顶部，立柱两块，门槛一块、匾额一块构成（有时匾额和碑首合成一块），有些可以再加立柱、门槛等。但是这种碑的最大特点是碑帽外沿最宽处和两碑柱最宽处相等，形成一条完整流畅的弧线结构。神主碑是传统碑形中最为普及的造型之一。

工字金碑，工字金碑的特点是碑帽加宽，超出碑柱，碑身立于碑帽和碑座之间,正面看像汉字的"工"字而得名。因为碑体较大,碑帽较重,因此需要碑柱两边再加上抱鼓(衬鼓)或立柱以增加稳定性,在实际制作过程中往往又和神主碑结合,从而演变成一种较为复杂多变的墓碑造型。严格说来,这种碑是在神主碑样式上发展起来的,或左右延出碑帽,或绕神主碑外沿增加一圈造型和装饰。

二升官是墓碑建筑向高空发展的基础形式,最大的特点是两层出檐,立柱顶帽,庑殿顶或歇山顶,第二层设立柱或直接雕刻出一个小龛结构,这种碑多素面无饰。但这种加层的手法提供了墓碑向空间高度发展的诸多可能。从功能上说,这种龛内往往可以置牌位,而使墓葬建筑出现亡堂结构,或者再添加出檐,形成多重檐的结构,因此很多的复式结构墓碑都是从这种二升官的样式发展起来的,不过这种样式流行区域似乎比较有限。

轿子碑,或曰四方碑,因像古代的轿子而得名。其实这是一种典型的四角攒尖的建筑样式,又被直观地称之为"四柱顶帽"。柱间往往四面开间。早期的多前后开间,两侧封闭。在碑的正中立方柱或碑版,可前后甚至四面观看。四方碑身四围均有墓联、门罩及雕刻等。有的轿子碑有巨大的顶帽,显得夸张大气,为了保持稳固或美观而在宽大的顶檐之下添加立柱,并施加精美雕刻。这也往往成为盗劫的对象,调查中时常发现其立柱被盗。尽管失去了四面的柱子,但是巨大的碑帽仍然被碑身稳稳托起,让人佩服古人的建筑工艺,另一方面也觉得这些柱子在美学上的意义与物理结构上的意义同样重要。四方碑造型优美、曲直有度、结构独特、工艺和技术要求都比较高。在川中地区,很多四角攒尖的墓葬建筑往往会有多重檐的结构,四柱和抱鼓形成一个宽大的支撑,造型美观结构非常合理。南江县大河镇孙家山的家族墓地可见乾隆时期的四方碑,前后开间,出檐不大,雕刻比较简练。到了后期,这种四方碑的顶檐就增大,高度和体量也大大增加,并成为一种只有有功名身份而配用的一种特殊的样式。(图1-13)

三台县龙树镇的邓昌华墓为乾隆二十九年(1764年)修建。该墓土冢前有一块碑,而在石碑前面一座更大的四角攒尖的碑亭,三重檐顶部雕刻巨大的双层莲花宝顶。笔者爬到顶部看到宝顶正中还有一个方形的榫眼,应该还有一个构件已经丢失了。该碑四面开间,前面两侧外加立柱,雕刻有偏明代的那种概括硬朗的风格特点,是一座难得的早期墓葬建筑实例,其多层出檐的结构比常见的四方碑更为复杂,是考察四方碑形制演变的重要实例。比较幸运的是,目前该碑的保存状况还比较好。(图1-14)

神主碑、工字碑、二升官、轿子碑这几种单体形制的墓碑作为川渝地区,

胡老孺人墓（乾隆二十九年）　　　　无名氏墓（乾隆二十三年孟夏）

**图 1‑13　四川南江大河镇乾隆时期的四方碑**

**图 1‑14　绵阳三台县龙树镇邓昌华墓四角攒尖样式**

尤其是川东、北地区是最为流行的样式,除了四方碑多为有功名者选择,其它几种形制一般条件的家庭都会选用,因其造型简单,体量尺度不大,经济上能够承担。当然这种单体形制的墓碑也可能在尺度上有些变化,营建成高大的单体墓碑,或者在一个更大的建筑群中承担附属建筑,即陪碑的角色。(图 1‑15)

## 二、复合形制的墓葬建筑

复合形制的墓葬建筑包括:桃园三洞碑、桃园五洞碑、拱山墓碑、享堂式碑、联冢碑等。

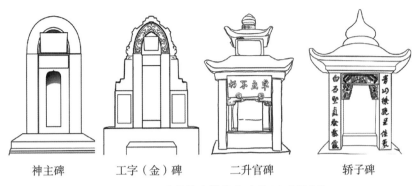

| 神主碑 | 工字(金)碑 | 二升官碑 | 轿子碑 |

图 1‑15 　几种单体式样的墓碑(汪晓玲绘制)

桃园三洞碑,洞,指开间,桃园三洞即是有三个门洞或三个开间的墓。这种墓是多间、多柱、多重檐的基本样式,多者有五开间、七开间甚至十一开间的大墓,一般也称之为"牌楼式"。一般情况下,三开间往往也会有相应的三重檐,五间、七间往往有四至五层檐,这样在结构上才能匹配,比例尺度上也显得协调。总之,在长期的演化中,民间墓葬建筑已经演化出自成一体的营建法则。

万丈高楼平地起,墓葬建筑也是从基座的样式开始。基座如果是"一"形,那么整个墓葬建筑将平直展开,如果基座为"八"字形,一般只有正对的明间为平直,而从次间开始则向内收,形成左右合抱的态势。即使是超过五开间的建筑,那么明间和左、右次间这三间总是正面平直,从稍间或尽间再向内收,以确保明间始终在正中的位置。一般来说,明间的高度和宽度比左、右次间要大,并依次递减。明间顶部横枋是建筑正面最主要的横向结构,多为一个整体的宽厚条石,长度对应其下的至少三个开间,而外侧的较小开间则另外平接或成一定角度的连接较小的横枋。横枋之上再如底层开间一样重复组合,但开间数量上和高度上有递减,直至顶檐。

在顶檐下方的开间,往往是一个较大的龛,内置牌位或墓主真容雕像,这个结构被称为亡堂,重庆等地称望山。同样,亡堂作为顶层的明间,其高度和宽度也是最大的,而左右次间的尺度就明显减小。尽管从屋檐看有五六层之多,但一般情况下有明确开间的则只有底层和顶层,明确出现三层的建筑并不多。其它各层檐下只是短的横枋或石雕的方斗垫高,以便于在左右出檐,但并没有实际的开间结构。檐部多以庑殿顶、歇山顶为基本样式,屋顶多刻瓦垄及瓦当纹饰,像宫殿和庙宇那样。比较奇特的是,有些讲究的屋顶会有卷起的波浪般的凸起,估计是模仿屋顶铺设的帷幔被风吹起的样子,但已经变成有规律的装饰造型了。在每一层檐的顶部一般都有脊饰,这些墓葬建筑的脊饰非常有特点，不仅造型样式变化多端，而且装饰题材丰富，雕刻工艺讲究，常见鳌鱼、龙等动物装饰，也多花卉、云纹甚至戏曲人物。在顶脊部分，往往会重点装饰，雕刻建筑人物、宝瓶，甚至是小型建筑模型等，它们将建筑的轮廓线变得非常的美观漂亮，成为川渝地区非常独特的石构建筑装饰艺术。

庑殿顶一般是前后出檐，在顶檐也往往有六角、八角出檐的情况。在两层檐之间，除了开间立柱，也常见束腰方斗作为抬升和支撑构件，复杂的墓葬建筑甚至模仿斗栱的样式雕刻出多铺斗栱，其结构样式有的甚至与木结构建筑的斗栱几乎一样。在整块石头上进行如此繁复的雕刻，其工艺技巧和耗费的工时令人咋舌。

而各开间的门柱上都有刻联，有些柱联文字直接在柱石上，更多则是模仿高等级建筑上的悬挂柱联牌，雕刻成挂牌或卷轴等造型，甚至装饰以兽面、鸟类甚至人物浮雕等。柱联之间的顶部横枋上端的门头匾额，也是如现实的建筑样式一般，有讲究的匾额、题刻和各种装饰。有些建筑还会设计多重门柱，或在立柱内侧切出斜面并雕刻"八仙""瓶花"等，柱间顶部的匾额下或有门罩、雀替，或环以门套，既保护了开间内的碑版，又增加了门的诸多装饰。层层的门柱、门罩将墓葬建筑的开间装饰得豪华精美，似乎是人们的共同理想。

在第一层的额枋之下，有些建筑的檐部比较前凸，其下另外加上立柱，形成一个梁柱的空间，甚至形成一个抱厦的结构，使得墓葬建筑正立面增加了更为复杂的构造和更深的进深，看上去如豪华的深宅大院。

广元市普贤乡的李登州墓（清光绪八年，1882年）的基座的左、中、右三折式和一层的明间和次间形成对应关系，而第二层的横枋就与左右次间的檐部形成一定的角度。这样的结构使得一层横枋，即大额枋的平直结构得以强调，不仅成为建筑上层的基础，也使建筑显得平正宏伟。而阆中市邵家湾的邵万全墓（清咸丰九年，1859年）的明间和次间上的额枋与外侧的关系就显得比较自然，而该墓的亡堂特别高大而突出，亡堂两侧的附龛开间比较大，雕刻精美。而在该墓的一层外侧，则打破了常规的抱鼓造型，而使用了双立柱的样式，使得该建筑看起来更加的轻盈，也反映出匠师的灵活与变化。南江县永坪寺村的吕氏墓（清道光二十二年，1842年）的一层正面出檐，其下有外立柱，形成的廊柱，使得明间和次间比较深，特别是最上面两侧雕刻三组斗栱，每一组各有三层，包括正面和侧面，每一个斗栱单元为左右两个支出的弧形和中间圆形的花，有点像两个叶片中间开一朵小花，叶片两两相连，形成二方连续的图案。这些斗栱均是镂空雕刻，并涂红、蓝、黑等

色，整体繁复而有序，格外显眼，工艺极为繁复。（图 1－16）

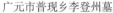

广元市普现乡李登州墓

阆中市邵家湾的邵万全墓

南江县永坪寺村的吕氏墓

**图 1－16　三座不同样式的桃园五洞碑**

仅仅几例已经足以看出，尽管都是同样的名称，但其造型样式、主体结构以及柱间和檐部的变化多端，几乎难以见到完全相同的样式，但总体上的基本结构和形态还是不难辨认的。同时，在具体的修建过程中，有可能因为取材尺度的不一样，桃园三洞碑的尺度往往会超过桃园五洞碑，正如我们所看到的那样，同样是单体的神主碑，其尺度的差异可能非常不同，而随着尺度的增加或者高度的增加，建筑构件的面积和数量也相应地扩展，这就为雕刻和彩绘等墓碑装饰工艺留下了更大的空间，其雕刻装饰也相应变得更加的丰富。

**拱山墓**

拱山墓就是将墓葬建筑修建成一个大型的圆拱，然后将墓碑主题置于拱的里边，这样可以很好地保护墓碑不受风吹日晒。外拱用条石垒砌，像传统的石头桥洞，有些墓葬在拱门口上雕刻各式的装饰物，或建墓坊等作为拱山墓的大门。这种类型的墓一般在墓碑和拱门之间有一个高大宽阔的空间，用作享堂，甚至族人平常纳凉休息之用。而两侧的拱墙上往往会雕刻装饰纹样和刻上书法文字等。这种墓葬的规模一般都比较大，雕刻精美。广元苍溪的程仕猛墓(清末民初),硬生生地用巨大的条石围起一座城堡一样高大的方形建筑,中间起拱,拱内建高大的墓碑和掩埋棺椁的墓室。拱门之内的巨大墓碑位于高高的台基之上,宽阔的三开间和精美的雕刻看上去气势非凡。遗憾的是,据说墓主最终被土匪撕票,并没有机会埋葬在里面,真是造化弄人啊。(图1-17)

**图1-17 广元市苍溪县三川镇龙泉村程仕猛墓**

平昌灵山乡的吴家昌墓(清光绪十年,1884年)拱高近7米,高大的拱券上雕刻有下垂的帷幔和八仙等人物图像,墓碑在拱内2米处,显得格外壮观。(图1-18)事实上,这种大型拱山墓的拱山前一般都还有墓坊,字库塔、石狮等,从而形成一个庞大的建筑群落,而拱内正壁则建牌楼式碑,拱下的开阔空间被用作祭拜堂。这种形制在四川平昌、通江等地比较流行,不过该墓前面的碑坊等附属建筑已经被破坏,只有巨大的桅杆基石残存于前面的菜地中。

享堂式碑,即将墓碑建成一座厅堂式的建筑,主墓碑置于堂内。这种石质享堂多为一座四角攒尖的多重檐的建筑,有点像前面提到的碑亭式建筑的放大版。享堂内的空间比较大,可以容纳数人进入,其内除了墓主的墓志碑,还包括祠堂碑、宗支碑等多块碑版。更特别的享堂的顶一般都修建成四角、八角藻井样式,其内雕刻彩绘各种戏曲人物、吉祥图案、动物花卉等等。因为室内环境稳定,壁画彩绘保存状况良好,非常难得地保留下来清中晚期的许多壁画,彩绘。如前文提及的邵家湾的邵氏墓祠就是如此。不过独立的享堂墓并不多,一般能够建筑这样墓葬的人一定会另外建诸多的附属建筑。比较典型的是苍溪县陵江镇的徐氏墓。这是一座比较特别的享堂式塔墓,建于清乾隆六十年(1795年)。该墓面阔和进深3米多,通高4.5米,正面为四柱三开间,明间洞开,左右次间仿隔扇门样式,其内有约3平方米的

**图 1 - 18 平昌县灵山乡吴家昌墓**

四方石室,顶部共有九层空心石塔,层层叠砌上收,形成六角藻井样式。室内正壁嵌碑三通,室内墙体刻浮雕纹饰,碑前地上还插着未烧尽的香烛。该墓造型奇特,工艺复杂,室内享堂宽敞,塔墓前 2、3 米处另有一残碑,像是字库塔或四方碑。该墓结构复杂,享堂开阔,非常具有代表性,留存下来实属不易。(图 1 - 19)

**图 1 - 19 苍溪县陵江镇徐氏塔墓**

　广元市剑阁县何璋墓是一座道光十年(1830 年)所建的大型享堂式墓葬建筑,整个墓葬占地 280 多平方米,主体建筑面阔三间,长近 20 米,宽 6 米,高 5 米。明间三层,底层为庑殿顶,顶部两层六角攒尖,左右次间抱厦出檐,形成柱廊,外围一圈院墙,正面还残存 3 米多高的门坊。建筑的立柱、额枋上的雕刻十分精美,部分色彩鲜艳。进入室内可见有三座并排而立的墓碑。如此规模和复杂的享堂墓实属罕见。(图 1 - 20)这种享堂式墓尽管营建和装饰的重心是地上的建筑,但其保留地下石室的祭祀空间的格局,与这一地区的明代石室墓有诸多相似之处,不知是否为明代石室墓的一种延续。遗憾的是该墓廊柱多已经断裂,檐部也出现垮塌。

图1-20　广元市剑阁县迎水镇天珠何璋墓

还有一种所谓的联冢墓,就是将多个单体或复式墓碑连接起来,形成一个联排式的建筑群,尽管各自相对完整和独立,但用墙体或构件将其连接之后形成一体,显得更有气势。这种在家族合葬墓中比较多见,不再赘述。实际上,在现实中,各种墓葬的形制和组合可谓千差万别,呈现出较为明显的地域性特征,实在难以清晰地一一理清。

## 三、群组形制的墓葬建筑

围绕主体建筑往往配置以诸多的导引性、附属性、装饰性的建筑,以组成一个建筑群落是中国传统建筑的重要特征,阴宅也如此这般,川渝地区的民间清代墓葬建筑也常用之。墓地上除了土冢前的那座刻有墓志的主墓碑之外,还有一系列的附属建筑,它们按照一定的秩序组成一个完整系统的建筑群落,并在外围建立起围墙,也称为茔墙,将墓地围合成一个四方的空间,如同四合院。茔墙里面的有拜台、陪碑和字库塔等,茔墙外有望柱(桅杆)、石狮等。从空间位置上看,一般是最里面的主墓碑,碑前有拜台(供桌或钱柜),拜台大者有2—3米见方,雕刻仿兽面桌腿、绣花桌布等装饰,再往外设置字库塔,又称惜字塔,以焚烧纸钱之用,也有将字库塔放置在茔墙之外的。陪碑一般用神主碑或四方碑亭的形制,一般左右对称设置。如果只有一座陪碑则会建在墓园的中轴线上。陪碑之外是整个墓地最高大的建筑——墓坊,就是一座牌坊,尺度比单独的贞节坊、节孝坊、百岁坊要稍稍小一些。茔墙一般从前方的墓坊两侧连接到主墓碑的左右抱鼓。简单一点的就是条石垒砌出一堵矮墙,形成一个围合的墓园。碑坊前有一个石板铺地的天井,常常立石狮、石马等。在天井的外侧还有桅杆,或称望柱,所有这些才构成一个完整的墓葬建筑组群。当然因地势、经济条件、墓主的身份、主家的喜好等原因,这些配置都或增或减,不一而足。但总体上看,组群式的墓葬建筑往往都是向着高大、繁复、整全的方向发展的。最简单的形式为:主碑+陪碑,主碑+碑坊,主碑+拜台的群组形制。

其实,茔墙也并非简单的石墙,茔墙的高度和造型也富于变化,如茔墙上加屋顶飞檐和脊饰,或在中段另建茔墙碑,就像供人出入的左右厢房一般。在川南的古蔺、叙永等地的大型墓地,茔墙沿着墓地两边的多层台地,层层转折,拾级而上,不仅高墙出檐,而且左右墙面往往以书法和浮雕装饰,在正后方更是设照壁,俗称之为"靠山",其上也有巨幅浮雕壁画或匾额,茔墙合抱的中间就是两座并立的高大墓碑及其背后的堆土挡墙,整个墓园如同一座四合院,显得尤为宏伟壮观。(图 1-21)

**图 1-21 四川叙永安居镇李飞云夫妇墓茔墙和靠山(清同治五年,1886 年)**

通江县毛裕乡的谢家炳墓,墓为谢家炳及陈氏夫妇合墓,是说明墓葬建筑群组的好例子。该墓建于清光绪二十九年(1903 年),占地 230 多平方米,面宽 11 米,进深 20 多米。整个建筑群由墓冢、主墓碑、供桌、字库塔、陪碑、牌坊、桅杆、石狮和茔墙组成。主墓碑宽 7.3 米,通高 5.4 米,为单檐五级歇山式造型,两侧有八字形仪墙。一层为四柱三间,顶上有亡堂。墓前对称立四角攒尖顶惜字塔,高 2.8 米,外侧又立陪碑,为四方碑亭样式,高 3.5 米,亭内置碑板,刻墓主人生平及族源等文字。陪碑外侧 1 米处建仿木结构牌坊,牌坊通高 5.7 米,四柱三间,单檐四级,明间可通。牌坊前为晒坝,两侧各有一蹲狮,蹲狮外侧各有一单斗桅杆,高 4.9 米。墓坊抱鼓连接主墓碑的部分是茔墙,茔墙还有一道挡土墙。整个墓园不仅规模大,形制完整,而且雕刻彩绘工艺也十分讲究,是清代四川民间墓葬建筑中最具代表性的形制之一。(图 1-22)

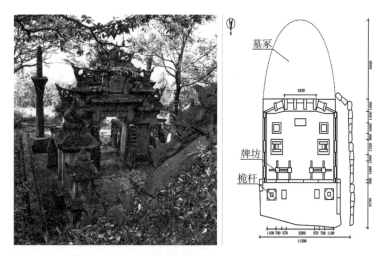

图 1-22　通江县毛裕乡谢家炳墓的建筑群组(线图由通江文物局提供)

墓葬建筑的群组关系也比较复杂,一方面是出于地形地势的限制,但另一方面也是为了追求和体现其身份地位而建起宏大的规模。这种组群大致还可以分为院落式组群和进阶式组群。所谓院落式,即墓葬建筑由多重的院落形式组成,即墓坊之外再建围墙,使墓坊成为墓园的中间隔断,形成两进或三进的院落空间。

而进阶式即墓地不在一个平台上,墓碑、墓坊以及靠山等分别在不同高层的阶梯状平台上,形成一个逐级抬升的梯度。这种样式多因地势形成的,但匠师在修建过程中很好地利用了这种地势,因势利导地将多座建筑分别建造在不同平台上,并用梯步连接,形成了一个台阶式的墓园,增加了建筑的布局变化和主墓碑的高度。这种形制在川南叙永、古蔺等地比较多见。

四川省南江县大河镇孙家山老屋的孙思颖墓(清道光十八年,1838 年)葬由墓坊、陪碑、拜台、主墓碑组成,墓坊和陪碑在一个平面上,青石板铺地,拜台和主墓碑则高近两米,两侧建有五级台阶供上下。同样青石板铺地。像这样高度的阶梯布局显然与地势有关。墓地紧挨着山体,这样的处理不仅避免了地势的尴尬,反而使主墓碑显得更为高大。(图 1-23)

宣汉县的陈民安墓(清光绪十五年,1879 年)是一座占地超过两百平方米的大型墓葬,由三级台阶进入墓门,再进入墓园的墓坊,穿过墓坊才是主墓碑所在的内院,里面有一座神主碑式的陪碑和一座字库塔。主墓碑是一座造型复杂四间五檐的牌楼式墓碑,顶部亡堂分为上下两层,结构装饰极为繁复纤巧,而且在牌楼外建另一个巨大的弧形背屏。极少见到如此的处理,主要的原因可能是该墓碑的表面实在太过于细碎繁琐,加上这个背屏会显

**图1－23 南江县大河镇孙家山老屋的孙思颖墓及平面图（线图由南江县文物局提供）**

得整体一些。（图1－24）

**图1－24 宣汉县的陈民安墓**

此外，还有一些并立对称式、中心碑亭式等。其主要差异是看墓园中的陪碑和字库塔是双数还是单数，双数一般左右对称排列，而单数则将之置于中轴线上。而墓祠一体式即将墓葬建筑和祠堂建筑一体化，或者在墓祠亭堂之外还有其它如碑坊、陪碑茔墙等建筑。

除了石质墓葬建筑本身，川渝地区还流行在石质墓碑上另外建穿斗结构的瓦房，也称为坟罩或坟亭。这种建筑屋顶或采用庑殿顶或歇山顶样式，以体现其礼仪性和纪念性，也有很多与民居建筑一样，甚至已经作为民居建筑被使用。

考察发现，坟亭在川渝等地还比较普遍，好些现在看起来在荒野的大型墓葬建筑群，原本都有木构建筑的坟亭，后来瓦房或倒塌，或被拆。坟罩之下，除了墓碑，还有如拜台、字库塔，甚至望柱的下半部分都可能在室内。这些坟亭的结构和空间设计都比较讲究，甚至还有很多的彩绘和壁画。在笔者考察中，常听当地老人提起坟亭的规模，尤其是其上的雕刻彩绘如何的漂亮，如何的"金光亮赞"，甚至"一天都看不完"等等，可见这一地区的墓葬营建中除了石质墓葬建筑，还有木构建筑的坟亭、祠堂等的整体系统。

南江县长征乡的何元富墓的坟亭建筑的顶部结构非常复杂，有七八条脊，屋顶前后和左右脊呈十字交叉，横向的正脊为"人"字坡屋顶，它的前面还有一个较为低矮的"人"字坡屋顶，形成两重逐级抬高的样式。后檐角上再出挑，架设人字拱，形成尖角的出檐，整个建筑的顶部就形成一个多条折线的屋顶。这种样式在传统木结构建筑中都很少见到的，不知是否可以成为传统建筑的一个样本。（图1-25）

**图1-25　南江县长征乡何元富墓坟亭顶檐的复杂造型**

旺苍县柳溪乡的袁国清墓，在一座不大的瓦房之内。该坟亭显得精巧别致，顶檐下的白粉壁上还有十余幅彩绘，线条熟练，造型和表现力都有相当的水平，而建筑的挑、拱和垂柱的雕刻也很细腻精密。室内是一座桃园三洞式的墓碑，雕刻极为丰富，亡堂分置的结构和雕像很有特点。该房子曾经长期被用作居家的厨房，导致整个墓葬建筑被熏得黝黑发亮，好在还是完整地得以保存。在川渝地区，这种将坟亭改为他用的情况也还比较常见。如今这座袁氏墓坟亭周边的房子都已经拆除，一片废墟，只有这座坟亭还立在

那里,不知还能坚持多久。(图1-26)

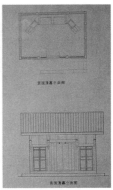

图1-26　旺苍县柳溪乡袁国清墓坟亭(清光绪六年)

## 第四节　墓葬建筑的营建

### 一、石构件之间的连接

作为仿木结构的石头建筑,除了外观上模仿木构建筑的结构样式和装饰手法,内在结构的组合也有诸多相似之处。但是石材自身粗笨沉重、易断,成型相对不易等因素也使得墓葬建筑的修建有其自身的特殊营建手法。其中最主要的是垒砌,即层层堆叠的办法。另外各构件之间的连接还有插接、卡接、榫接、穿斗等方式,最终成为一个稳固而富于美感的建筑造型。

垒砌是最主要、最直接、最通用的手法。石构件几乎都是通过垒砌的方式被层层堆高。显然,并不像砌墙那样简单,墓葬建筑依然是一个"梁—柱"系统,依然是一个"基座—柱身—碑帽"的传统建筑的三段式体系。这种垒砌就需要考虑立柱与横梁之间错综复杂的结构组合关系,还要考虑比例和视觉效果,这就需要富有经验的匠师,对墓葬建筑的所有细节胸有成竹,对不同构件的形体、尺寸尽在掌握,然后逐一组构完成。

在没有现代起重设备的古代,据说那些沉重的石块都是采用"堆土法"而完成的。但脚手架的使用也应该比较普遍,不过确实没有亲眼见过,不知如何装配这巨大沉重的石头雕件。但不管怎样,各不同造型与大小的石块之间的结合必须做到尽可能地准确到位,才能确保建筑的稳固美观。

碑身是墓葬建筑结构最复杂,组合构件最多的部分。各构件之间更需要不同的方式契合在一起，为保持长久的稳固，还往往会将木构建筑中的那样的榫卯结构也借用了过来。我们会在一些被损毁的墓葬建筑上看到这样的凹槽、榫头、卡扣等固件。

在旺苍县尚武镇榆钱村考察期间，看到一座坍塌的单体碑，结构并不复杂，但从依然伫立的部分可见到碑身前后两块石板与碑帽、基座的连接方式。旁边不远处一块陷入地下的构件，简单清理后露出复杂的凹槽，可能是墓葬建筑的基座部分，也让我们看到构件之间的这种连接的细节。（图1-27）

四川省南江县月儿院胡氏墓因精美的雕刻而惨遭盗劫。破损的构件被扔在一边，狼藉满地。不过从那些破损之处倒也明显地看出构件之间的凹槽、榫头、卡扣等的关系，有的接缝部分还有三合土进行黏合。（图1-28）四川苍溪县张家河的张文炳墓额枋上镶嵌了三块

图1-27 倒塌的墓葬建筑中看到的构件连接方式

直径60厘米的圆盘雕花装饰，工艺精美，是一件难得的石雕精品。但该雕刻遭受多次被盗劫难，其中一幅已经破损。张氏家族一老人告诉我们说，盗劫分子之所以没有成功的重要原因之一，就是这个雕刻圆盘的后端是一个类似宝剑剑柄一样的结构，卡在墓葬建筑的横枋凹槽中，其上再压上顶部的沉重构件，将这个雕刻构件牢牢锁住，以至于盗墓分子在撬动过程中，几乎难以找到支点，最后圆盘裂为两块，最终放弃。可见，匠师在处理建筑整体造型和构件时，除了考虑墓葬建筑整体造型的美观，还有就是坚固，以及各部分之间的恰当过渡。

越是高大复杂的墓葬建筑，其构件也就越多，构件的尺寸、形态各异，彼此之间的连接就更为复杂，需要匠师精心地设计加工和安装，直至天衣无缝。口碑帽一般讲是垒砌在碑身梁柱之上的，

图1-28 南江县兴乡马月儿院胡江墓的结构

梁柱的稳固也需要碑帽的重压,而梁柱连接的基座与碑帽之间往往都有孔洞,将柱子安置在上下的孔洞中,碑帽压下既获得柱子的支撑作用,又保持了柱子的稳定性。

近年来,雕刻精美的龙柱、雕花柱子或雕刻脊饰被盗严重。那是因为使用了现代化的千斤顶一类的工具,尽管传统营造技艺败给了现代科技的野蛮使用,但依然难掩匠师们的智慧。

中国传统建筑的顶部变化较多,同时也是身份地位的彰显之处。民间墓葬建筑也不例外,其顶部的处理不仅在于其外观形状较为复杂,其不同部件的组合也是变化多端的。这些脊饰一般都是在顶檐部分另外加装一个雕刻构件,如鳌鱼、花卉组合雕件、或福禄寿三星等,其构件的结合部都会有外突的结合部件。这里常常使用的是榫卯结构,将榫头的脊饰雕件直接插接在檐顶的榫眼里,为确保脊饰的稳固,常常使用多个榫眼。这样的组合也可以避免构件的过于复杂和沉重而带来的施工不便。

绵阳三台县龙树镇一处墓葬建筑,尽管损毁较为严重,但其主体造型俊朗、线条流畅,顶部为少见的歇山顶样式,尽管脊饰全都不存,但从檐顶的这些榫眼和平齐的断面上不难看出其精巧的匠心(图1-29)。从以上的细节不难看出,石构件之间的这些榫接、卡接、插接、穿斗等结构方式展现出匠师们在建造这些墓葬中的技艺与方法,无疑也是中国传统石构建筑的营建智慧和工艺传统。

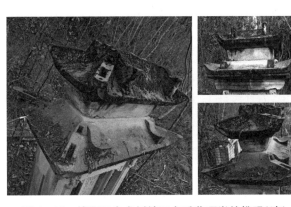

图1-29　绵阳三台龙树镇无名氏墓顶脊的榫眼(清)

### 二、墓葬建筑"群而有分"的组合关系

正如前文所见,川东北等地的大型墓葬建筑的修建,不仅要考虑单个墓碑、单个构件的结构、造型乃至装饰图像,更是在一种系统整体的营建的思路和策略下展开的。

从墓地的选址、风水学上的前后左右、朝向，到具体建筑造型尺度、形态、位置及其组合关系，以及建筑装饰的图像、匾联文字的内容和布局等等都可以明显地看出一种整体的规划和营建思维。实际上这种系统整体的思维早已内在于中国人的血液里，几乎已经成为了一种自然而然的思考和行动法则。正如笔者在博士学位论文《中国古代造物艺术的系统思维研究》中所谈及的那样："中国的整体世界观，着重全局，强调各部分之间的相互依存的关系，关系比实体更为重要，就像中国传统建筑中体现的那样，注重建筑之间的比例和关系，而不是具体的尺寸。由此形成系统性的思维方式，这种思维方式可以说体现在中国人生活的方方面面。建筑中对整体群组及其层次，农业中的轮作尤其是中医的系统论总是把人看成一个有机整体等等，并且这种系统论的思维方式从自然延宇宙至人伦物理，成为古代中国人的思维方式和行为准则。"①因此，大型的宫廷、寺院建筑到小型的民居建筑，都是将整个建筑群视为一个相对独立的整体，且有其自身的空间秩序，这一秩序在严格遵循中轴对称的轴线上依次展开。如我们所见，墓葬建筑群落中的陪碑、字库塔、桅杆、石狮、石人是左右成对分布，而墓葬建筑明间、亡堂、拜台、茔墙的入口等等都在一条直线的延长线上。

作为群组出现的墓葬建筑，是按照特定的关系组织在一起的，这种关系的最直接秩序就是中轴对称布局。但除了这些，建筑的造型样式、比例尺度、彼此之间的位置、雕刻的图像和碑刻铭文乃至雕刻工艺等都有其或约定俗成或匠师的精心设计，并显示出较为明显的特定组合关系。也正是因为如此，各墓地上的建筑群不仅在整体上呈现出千差万别、错落有致的景观格局，而各单体建筑分别在位置上，以不同的造型样式、雕刻图像、碑刻铭文显示出特定的建筑身份、功能属性，并由此呈现出相应的时空节奏，但总体上又并不显得刻板，而是严整中有灵活的一面，秩序中也不乏生气。它们共同构成了显在的和隐在的轴线，这对于中国人而言，一切都那么顺理成章，自然而然。因为上至宫殿、庙宇，下至民间院落等都遵循着这样的中轴对称原则，只有规模大小的区分而已。这种中轴线，在主墓碑上体现得最为明显。首先在结构上以建筑的正间，即明间为中心，延伸为左右对称，而明间碑版上竖向书写的"皇清待赠×××之墓志"在明间的中线上，由此延伸到建筑上层的亡堂牌位中线，再至顶部正脊的最高处。与之对应的是，目前的牌坊，则同样以开间坊心牌位延伸至正脊，显示出同样的对称格局。可以说，对称是中国礼仪的最直接表现形式，而且最晚至汉代，建筑空间格局的对称

---

① 罗晓欢. 中国古代造物艺术的系统思维研究. 东南大学,2012 年。

就已经形成了固定的模式。巫鸿先生在《中国古代艺术与建筑中的纪念碑性》一书中就展示了一张汉墓平面图,可以看出与清代西南地区民间墓葬的格局基本上没有什么差别。

在邓霜霜《四川平昌县黑马山李氏墓葬建筑雕刻艺术研究》一文中,将李映元墓的平面图与汉墓平面图并置(如图1-30),显然也是考虑到它们在平面布局上的共通之处。论文写道:在"在建筑空间关系上,墓葬以石旗杆、山门、碑坊、碑楼、土冢一次展开,并以仪墙合成一个秩序井然、层次分明的多层四合院空间。围绕这里的空间配置而展开的碑刻铭文、诗词歌赋、雕刻装饰等内容形成了一个以山门的'世俗生活图景'为起点,到仪墙上的'孝顺德行的标榜',再到碑坊上的'理想生活寄望',并以碑楼(主墓碑)的'上天征兆图像'为终点的叙事结构。"[①]这不仅让我们想起巫鸿先生在《武梁祠——中国古代画像艺术的思想性》一书中所建构起来的那种叙事结构。显然,邓霜霜深受这位艺术史前辈大家的影响,但是她确实也抓住了墓葬美术研究的要义,对李映元墓葬建筑的物理空间和营建理念进行了恰当地梳理和讨论。我们也可以从中发现,该墓对不同类型的墓葬建筑进行的组合方式。

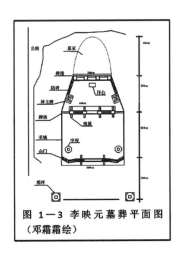

图 1-3 李映元墓葬平面图
(邓霜霜绘)

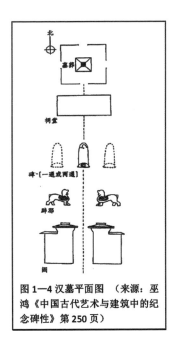

图1—4汉墓平面图 (来源:巫鸿《中国古代艺术与建筑中的纪念碑性》第250页)

图1-30 邓霜霜《四川平昌县黑马山李氏墓葬建筑雕刻艺术研究》一文所引的巫鸿《中国古代艺术与建筑中的纪念碑性》

---

① 邓霜霜.四川平昌县黑马山李氏墓葬建筑雕刻艺术研究.重庆师范大学,2015年。

　　至民国，这一地区的明间墓葬建筑的空间格局依然不变，巴中市的杨天锡墓就是一座墓祠一体的结构。该墓在主墓碑和墓志之间构筑了一个高约4米，宽约5米的藻井享堂。在墓碑前面就是瓦房，有三进，正对房前的石板晒坝。在考察中，我们在院坝中发现了好多有文字的石板，经过辨认应该是墓碑的碑版一类。院子里一位老人告诉我们说，就是碑版，因为这一座院子之前就是墓地，后来才修建的这些新的房屋。老屋就剩下原来作为祠堂的那部分了。在院坝中间位置，原来还有一座墓坊，院坝边上还有桅杆等，后来都拆除了。不过他还给我们指出了院坝中间的牌坊基础石的所在，所言非虚。当初的设计对空间秩序和对称格局依然非常明确。（图1-31）

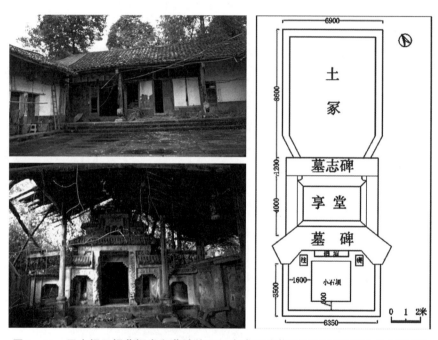

图1-31　巴中杨天锡墓祠堂和墓地外已经变成了院落（线图由巴中市文物局提供）

　　这些大型的墓葬建筑对中轴线的强调，使得墓地显得严整而有秩序。这不仅可以展示出墓主对礼仪的重视，其实也是试图塑造出一种庄严肃穆，甚至一种威严高贵的身份等级。

　　自古以来，中国人就形成了朴素的系统思维，也叫有机整体思维的传统。在这种思维模式下，任何相对完整的对象都会被视为一个有机的整体，所谓"麻雀虽小五脏俱全""芥子纳须弥"等都表达了这样的观念。这种观念深刻地影响了中国古代造物思想。甚至在李约瑟看来，这种系统思维甚至是中国古代科技发达的内在驱动力之一。因此，在中国古代，建筑和社会关系一样，其思考的出发点是有机的"群"，是一个家庭，而不是"一个"单独的房屋，一个独立的个人。荀子在《富国论》中说道："人之生不能无群，群而无分则争，争则乱，乱则穷矣。"①这是典型的儒家社会治理思想，即社会群体必须有类群的划分，明确各自的身份地位，并各安其位。分，就是要有主次，有先后，有秩序，才能实现社会的稳定和谐。实际上这种"类群"思想是古人认知客观世界的思维升华，是非常可贵的哲理思维。这种思维也延续到社会的关系和社会治理方式，也因此在社会的物化形态——建筑上体现出来。因此中国的传统建筑也总是体现出这种有秩序的群，即群而有分的关系。建筑因尺度、开间、屋脊、装饰构件（斗栱）、颜色等的差异而呈现出不同的身份等级，并配属与相应身份、等级的所有者。这种"群而有分"的关系在西南地区墓葬建筑群落中也依然被完整地继承了下来。罗晓欢在《荀子"群而有分"的美学思想对现代视觉传达设计的启示》一文中，通过对荀子"群而有分"的美学思想的阐释，提出"荀子的'群而有分'的思想不仅对于我们今天的视觉传达设计具有理论上的意义，也可以有很强的可操作性。同时，这种启示还在于为中国设计找到文化源头，从而建立设计的中国话语"②。从西南地区的这些明间墓葬建筑群之间的关系，我们可以看出中国传统思想关系的历史延续性和普适性。特别是涉及到社会礼仪和社会秩序层面的实践操作，这种关系总是最为内在也是最为直观地得到体现。

### 三、墓葬营建中"风水"的神秘力量

不管是建阴宅还是建阳宅，"风水"总是中国人首先考虑的因素。认为建筑的位置朝向与天地之气相通，宅之风水关乎人的吉凶祸福，关乎家庭的命运发达。人们甚至相信，阴宅的风水比阳宅风水对后世产生的影响会更大，阴宅占七成，阳宅占三成，所谓"山管人丁水管财"，岂敢等闲视之！至清代，风水之术特别盛行，这在川渝地区的清代墓葬建筑上也体现得尤为明显。

中国自古就有天地一气的观点，将天地之气、阴阳五行与人甚至与房屋建筑相联系的系统思维。这在《黄帝内经》《易经》等书中都有反复论证，因此，将人的修房造物、建墓甚至修桥铺路都要与天地之气、与人的旦夕祸福

---

① 荀况. 荀子. 中国纺织出版社，2007年，第115页。

② 罗晓欢. 荀子"群而有分"的美学思想对现代视觉传达设计的启示. 艺术与设计，2010(02)，第38—40页。

连在一起,并由此衍生出一套关于风水的神秘学问——堪舆。堪,即天道;舆,即地道,就是通过观察天象、地势高地、水的源流走向等来确定房屋、墓葬的位置。晋人郭璞被视为风水学祖师,所著的《葬经》乃中国风水学之宗。该书开篇曰:"葬者,藏也,乘生气也。气乘风则散,界水则止。古人聚之使不散,行之使有止,故谓之风水。"①这些说法被广泛引用,历代盛行。于是相地立基,寻龙点穴就成为一项神秘而高深的学问和职业。最有名的故事当属下面的故事,说有两位风水师各自寻了一方宝地,一位埋下了铜钱,另一位钉下钉子,结果,两位风水师不仅看上的是同一个地方,而且钉子正好钉入铜钱眼中,堪称精确定位。这里就引出了另外一个话题,那就是"点穴",即不仅朝向要准确,而且基址要精确地立在点上,才能占住风水,得到天地之运气,"若是龙不真,穴不的,收不得山来,出不得煞去",可能适得其反。但民间也有传说,很多风水师怕泄露天机遭到报应而有意避开穴位,那么主家往往会多多地给风水师一些钱财以确保风水宝地,不过很难说这是否是一种要价的手法。

在西南地区的民族建筑上常常能够见到关于墓葬风水,即朝向的题刻以及通过诗文题刻来暗喻墓葬风水。如在墓联上直接用"藏头"手法写出墓葬的地形风水等,如仪陇范公坟墓坊坊心左右柱联曰:"藏风聚水处,却月覆舟形。""却月",即却月阵,传为东晋刘裕发明的一种水、陆协同作战的战法。这里用到了阵形和"覆舟"之形形象地描绘山水之形,并点出墓地藏风聚水的功用,可谓清楚明白。更直接的是在主墓碑的显眼位置,如在主墓碑上层左右次间的开间内或扇面匾上刻下"巽山""乾向"等等风水朝向。知名的苍溪县贾儒珍墓,就在主墓碑正面檐下刻"子午向"三字,并用圆形式外形装饰来强调。按照常例,这个位置应该是下面开间立柱的对联"修身完父母,明德教儿孙"的横批。这样的安排尽管不乏新意,但绝非任性。倘若联系之前讨论的墓地风水与后世子孙的吉凶祸福的关联,那么这里的"子午向"与下面的墓联内容是有着内在的逻辑的。(如图1-32)但是颇具嘲讽意味的是,贾儒珍最终并没有埋在精心修筑的这座生圹,而是在距离较远的地方另外建墓,其规模形制和雕刻装饰则要差很多,与一般百姓的墓葬几乎没有啥区别,可谓"冥然众人"。据当地老人讲,该墓造完之后,又有风水师认为他不适合埋葬于此,于是该墓就此空了下来,不过该墓地的7座精美刻书的石碑建筑还是有幸给保留了下来,成为苍溪重要的历史文化遗存。这也恰恰说明风水对人们阴宅的选址和修建的影响不可小视。

---

① (晋)郭璞著《葬经》。

**图 1‑32　苍溪县贾儒珍墓主墓碑顶的风水朝向**

旺苍县柳溪乡的袁文德墓也是一处雕刻精美的大型墓葬。该墓顶檐下侧是比较标准的亡堂格式,在亡堂外的门头的"乾坤合德"匾额题字下面有较小的"辛山乙向"四字。

更多的墓葬则是在不太显眼的位置刻下"×山×向"以表明该墓的风水。如旺苍县木门镇的何斐家族墓群中的何斐墓(清嘉庆二十五年岁序庚辰)是一座中型墓,明间内的享堂三壁分别刻写了大量的文字,而在顶部则刻有"壬山丙向"。(如图 1‑33)而在四川省南江县太子洞杨氏家族墓的杨遇春墓[①]是一座明代墓,其明间两侧有联曰:"乾山高卧龙虎变,巽向横飞凤凰鸣",就是通过对联、诗文等间接地体现出墓地的风水朝向。

**图 1‑33　旺苍县化龙乡何斐墓(清嘉庆二十五年 1760 年)**

西南地区多山,山的走向又各自不同,人们往往依山而建,背山而面阔,因此并没有像北方那种所谓的标准的坐北朝南的条件,房屋和墓地的朝向总是依山势走向而各有不同,甚至往往会在一条小山沟的两侧相向而建,因此风水朝向可能显得更为复杂些。但不管怎样,墓葬上都可能出现"×山×

---

① 《川北杨氏族谱》记载,杨遇春为川北南江杨氏五世祖,号柏坪,随四世祖杨禄迁入巴中,据碑文记载,他生于弘治年己未(1499年)十月二十九日寅时,卒于万历甲申(1584年)二月二十四日子时,寿年 84 岁。川新出南内 2007[12 号],南江县胶印彩印厂,2008 年第一次印刷,第 44 页。

向"的刻字，以示风水。即使到现在，民间的墓葬都格外重视风水，一定会请"阴阳先生"（即风水师并兼任逝者埋葬事宜）借助罗盘察看地形，调整方位，确定下葬时间并主持丧仪。

这些阴阳先生常提及的是"杨公水法"，有些口诀倒是与墓葬上的朝向可以大致对应起来："乾山乾向水朝乾，乾峰出状元；卯山卯向卯源水，骤富石崇比，午山午向午来堂，大将值边疆；坤山坤向坤水流，富贵永无休。"此诗明确了杨公风水八卦先后相配之要诀。又如："八煞黄泉水法""救贫黄泉水法""九星水法"。诗云："壬山沧沧水云辰，龙碓磨坊一同寻，乙辰有路人吊死，若有圆墩食药人，辰方有树头上枝，艮丑有桥出仙人，乾亥有石高照破，两宫相会破家庭……"等等世代相传的口诀，甚至成为民间众所公知的内容。

从这些"口诀"中，我们可以看到墓葬风水、墓葬方位与高中状元、获得财富、富贵发达，以及与具体的灾祸的联系如此的真实具体，也难怪人们对之确信不疑。正是这些普通人难以看到，难以验证的神秘力量加上对避祸趋福的愿望等原因，墓葬建筑的选址、修建就变成了一种极为审慎的事情，包含复杂的流程和诸多的禁忌。这或许也是这一地区的墓葬建筑的造型、装饰如此多样化的原因之一吧。

遗憾的是，笔者不懂风水，也无法判断墓碑所题写的朝向是否符合罗盘的定位，是否真的是一块风水宝地，更无从判断这风水是否真的影响了墓主后世子孙的命运。

## 第五节　互酬与归宿

我们看到，那些规模、形制不同并且也极尽雕刻装饰的墓葬建筑，尽管立于人们的视野之中，但人们心里还是很清楚，这些墓葬建筑并不是给活着的人而使用的，它们属于死者，或者说属于逝去的亡灵，是为他们而建的"地下之家"，只是到明清以后，这地下之家逐渐从地下转移到了地上，从传统的封闭墓室成了吸引人们观看的视觉公共景观。正是这种观看方式的改变，墓葬的建筑样式和意义建构乃至雕刻装饰都会发生较大的改变。

尽管传统惯例的力量是巨大的，但是移民为了重新书写家族的历史，也为了体现和表达对逝去先祖的孝道，甚至为了在社区中得到民众的竞争优势等等意愿，必将与时俱进地做出改变。在《川东、川北地区明清墓葬建筑艺术》一文中，笔者就从形制的高大、配置的复杂、装饰题材的丰富、主题内容的热闹、工艺刻画的细腻、敷色的华丽等角度对之进行了一定的总结。[1]
可以说,这基本上反映了这一地区清代墓葬建筑的艺术特征。明人谢肇淛
谈及闽地民俗时候有一段评论说:丧不哀而务为观美,一惑也。礼不循而徒
作佛事,二惑也。葬不速而待择吉地,三惑也。一惑病在俗子,二惑病在妇
人,三惑则旧世踏之矣。可叹也已![2]"丧不哀而务为观美"之所以让谢肇淛
感到不解,可能是因为不符合如墨子所言的"丧虽有礼,而哀为本焉"(《墨
子·修身》)的传统礼制。但从川、渝等地的墓葬建筑,特别是对那些繁复的
雕刻图像而言,"务为观美"倒是其首要考虑的问题和追求的效果。除了建
筑的形制结构和规模尺度,墓葬建筑的雕刻、彩绘工艺是断然不可忽视的,
在后面的章节中将有专门的讨论。

　　从某种意义上讲,花在雕刻彩绘上的工夫,包括时间、金钱绝不比建筑
本身的少,但是什么样的动机让人们愿意耗费如此多的资材、时间来修建这
地下之家呢? 笔者认为,最主要的动机就是"互酬"与"归宿"。

　　人们之所以在乎墓葬的"风水",就是相信地下之家的安顿与现实的利
害得失直接相关。"'厚葬以明孝'的观念在中国人心中可谓根深蒂固,修墓
不仅仅是后世子孙以孝道之名为先辈建一个地下的家,让其灵魂有一个安
顿之地,同时也要通过定期的祭拜、上供,以求得祖先的庇佑。人们相信,逝
去的祖先往往会变成祖鬼,亦是'人神',可以具备这样的力量,至少是可以
不至于给家族辈带来灾祸,因此,也就形成了一种相互照应的'互酬'关
系。"[3]此外,中国传统特别注重孝老爱亲,为自己逝去的亲人修建墓葬确实
也有着重要的情感驱动。其实仅仅有这种驱动还是不够的,社会的现实需
求和条件也创造了一种对"孝行"的外在体现。"举孝廉"制度也在客观上推
进了汉代墓大型墓葬的修建。明清时期的四川地区也没有太大的不同。但
最基本的还是子孙为逝去的先祖提供"远祭",而在天之灵的人神祖鬼为保
佑子孙享受"万年血食"而构成"互酬"的关系是存在的。

　　除此之外,为自己的"归宿"作出长久的打算也是最直接的动机之一。
人们相信灵魂不灭,相信死亡只是人的生命进入另一个阶段,灵魂会在另一
个世界继续生活,于是人们就会为这个地下生活着手准备。在"事死如事
生,事亡如事存"的思维逻辑之下,将死后的事情安排妥当,这是中国人的普
遍心理。"生基"便是最好的证明。因此,人们会按照一种"理想化"的方式

---

①　涂天丽.川东、川北地区明清墓葬建筑艺术.寻根,2016(04),第62—75页。

②　明人谢肇淛作《五杂组》卷十四事部二。

③　罗晓欢、汪晓玲.四川省平昌县清代墓葬建筑艺术的田野考察及人类学浅释.贵州大学学
　　报,2017(06),第80—87页。

对这个地下之家进行建造。因此,墓葬建筑其实就是对自己归宿的一种设计和实践。这种实践是建立在以现实的地位、身份、财富、追求为基础的理想化规划之上的终极表达。中国人素来重视"身后名",即以一种什么样的形象以示后人,是那些有一定地位和身份的人思考的问题。在川渝地区的民间墓葬建筑,特别是那些"生基"上,总不难看出,墓主的精心设计,以墓葬建筑及其装饰为载体,为后世塑造起一位贤德之士。这一方面或许是出于惯例;另一方面确实也是试图给后人留下"美名"的一种手段。

房子、宅院是家得以存在的物质基础和外在表征,直到今天都是一样。墓葬又被视为阴宅,而仿木结构建筑是中国传统"阴宅"的不二法门。因此也可以说中国传统建筑只有一种范式。而"缩微与简化"①是种模仿的基本路径。自汉唐至宋辽金时期莫过于此,明清墓葬地上墓葬建筑也概莫能外。尽管阴宅是逝者的居所,那么作为"居"的结构和功能是断不可少的。因此,柱间的部分同样被视为"室内",不过在这个进深有限的室内空间中放置的是墓主牌位、墓志碑版、雕像等等,亦示其"可居""在居"的状态。通过这种象征性的设置,阴宅的造型样式和象征功能就完全地与现实的建筑一般无二了。

但是,以模仿高等级礼仪建筑为基本路径的四川地区墓葬建筑事实上已经走出模仿的模式,逐渐发展成为了一个相对独立、自成体系的墓葬建筑系统,甚至可以看作是中国传统建筑的特殊发展类型。一来,这些石构建筑的材料和营建技艺都有别于传统的木构建筑;二来,作为地上墓葬建筑,经过数百年的发展,其功能定位、空间格局、形制装饰都已经非常成熟和独立,形成了自成一体的石构建筑艺术系统,并在清中后期达到中国民间传统石构建筑的最高水平。

总之,建筑作为意象,其实就是中国人关于"理想之家"的想象与营造。对于建筑本身而言,中国人对高大雄伟、装饰华丽的建筑,寄寓了家的想象。但不要忘记了,除了高大精美之外,其内在的礼仪秩序也是最为关键的。实际上中国人对于礼仪秩序的重视也体现于建筑本身,不管是在建筑的空间尺度上、配置的数量关系上、还是建筑装饰图像内容的呈现上。这种秩序和关系早已经内化为共识性的基本常识。由此,墓葬自然也是祭祀礼仪的重要场所。"湖广填四川"的移民通过墓葬碑刻艺术手段来实现实体与精神、实用和欣赏、教化与娱乐、现实寄望与祖先的德行等的统一。无疑,这也是中国人对于由建筑营造的"礼仪场所"和"视觉空间"的特殊理解和艺术想象。

---

① 郑岩. 从考古学到美术史郑岩自选集//山东临淄东汉王阿命刻石的形制及其他. 上海人民出版社,2012年10月,第1—28页。

# 第二章　务为观美：墓葬建筑的雕刻彩绘艺术

川渝地区明清墓葬建筑的另一个重要特点就是其丰富而精彩的雕刻、彩绘工艺。当地的民众将那些雕刻有很多纹饰和人物的墓葬建筑称之为"花碑"或"花坟山"。

一座墓葬建筑除了造型样式、尺度规模外，最耗费财力、也最能彰显匠师水平，同时也最能表达象征吉祥美好愿望的就是墓葬建筑的雕刻装饰了。也正是因为如此，墓葬建筑上丰富的雕刻、彩绘整体性、原生性地保留了我国明清以来最为完整的传统装饰纹样、民间民俗艺术图像、民间书法等的系统资料，其形式和内容几乎囊括了全部的传统纹饰、吉祥图案，并有诸多的创新发展。

对此，梁思成先生也有明确的表述，在《梁思成西南建筑图说》一书中对四川南充的一座坟墓有这样的表述："此墓正面建碑亭一座，除横枋表面略施雕镂外，其余各部简洁淳素，如铅华未卸，妍妙天成，而正脊上所雕琢华文，豪放疏朗，落落大方，与下部对映，尤收珠联璧合之效。其亭身两侧所施夹石头，下宽上削，形若拥壁，亦属于创举。"①这一方面说明墓葬建筑本身所有的精美繁复的装饰；另一方面也可以看出梁思成对这些墓葬建筑装饰的重视和高度评价。众所周知，建筑装饰也是中国传统艺术的重要类型，包括建筑构件的雕刻装饰和梁柱、墙面的彩绘。中国传统建筑将功能构件和装饰构件融为一体，并且让装饰与建筑的特征、身份地位以及象征寓意相结合，构造出一个完整的语义系统。就川渝地区的墓葬建筑的装饰来说，大致可以从以下几个方面来考察。

首先是装饰主题内容几乎无所不包。那些民间常见的天官门神、神话传说、二十四孝等人物在墓葬建筑上几乎处处可见；人们习见的云龙、凤鸟、抽象纹饰、吉祥图案、瓶花折枝、连续纹样时时出新；生活中的蔬菜瓜果、日常活动乃至杂耍、演武等历历在目，尤其是繁复热闹的戏曲人物和场景更是

---

① 梁思成、林洙.梁思成西南建筑图说.人民文学出版社，2014 年 3 月，第 185 页。

喜闻乐见。还有包括建筑图像以及福、寿等变形文字也都成为了墓葬装饰的主题内容，还极尽变化。这些装饰图像不仅带来丰富的视觉感受，更注重内容的吉祥和象征教化，所谓"图必有意，意必吉祥"。

其次是雕刻装饰几乎遍及墓葬建筑的全身上下。建筑的基座，碑身梁柱、横枋、碑帽顶脊，甚至视觉几不可及的位置都会有雕刻彩绘装饰图像，其中梁柱、门罩、匾额等显眼处自然是重点的装饰区域，在主题选择和雕刻工艺上更是不遗余力。柱子和匾额上的匾、联文字一方面是对建筑规格、墓主身份地位的昭示，其自身也作为一种建筑装饰的要素，被饰以各种图像和纹饰，以达到相映生辉的效果。

再有是建筑装饰的手法注重在对称有序中求变化，在铺陈中出新意，整体中施加点缀。作为礼仪性和纪念性建筑，匠师非常明确地意识到，也非常善于使用"对称"这一最重要也是最基本的装饰结构和形式语言，以体现装饰的格律和秩序美感，但这种对称并非简单的同一并置，更考虑到数量、视觉分量、图形内容等的关联、对仗，并通过这种对仗烘托和突出中心、中轴的存在，从而获得繁而不乱，简而不弱的视觉效果。纵观这一地区的大中型墓葬建筑，几乎无不装饰，哪怕是匾额下刻两个"钉头"，抑或是柱联边框的一根线条，都能看出匠师的用心。而繁复的装饰则极尽堆砌，在内容和技艺上不吝心力，机巧百出，几无雷同。而且在整体的、大面积的装饰之外，还不忘对边角的细微处理，用细小的纹饰和图案进行点缀或呼应，以求尽善尽美。

还有就是装饰工艺的巧拙有度。川渝地区的墓葬建筑装饰主要手法为雕刻和彩绘。雕刻工艺多为浮雕，也有很多的线刻和圆雕、透雕等工艺。浮雕的变化很多，从减地浅浮雕到接近圆雕的高浮雕都很常见，可以说几乎囊括了中国传统石雕的所有技法。在雕刻之外，人们还不忘用色彩进行涂绘点染，使石构建筑呈现出一种绚丽多彩的豪华，其主要的手法有涂绘和彩画两种。

所谓涂绘就是在雕刻的人物、花卉等图像上涂色，并做局部细节的简单描画，如人物的五官，花卉叶脉等等少许的细节都会在整体涂色的基础上，进行一番细致的描绘。彩画则是在石面上直接绘制。其手法如壁画，有用三合土或石灰做底，然后绘制出人物、花鸟、图案纹样等，也有直接在磨平的石材表面直接勾线填色，将建筑装饰得五彩缤纷。在一些墓葬享堂和拱山墓的室内空间还有幸保留了一些清中期以来的彩画和壁画，因内部环境状况比较稳定，因此保存状况非常之完好，实属难得。

需要提出来的是，戏曲人物和场景是这些墓葬建筑装饰得最主要也是数量最多的，这当然与明清时期戏曲作为重要且最流行的艺术形式相关。

同时，这些戏曲雕刻的构图模式和图像布局也都和一般装饰手法多有类似之处，但出于多方面的考虑，将有专门章节来讨论。

总之，这些建筑装饰图像总是选择利用恰当的，具有吉祥寓意的题材。川渝地区的明清墓葬建筑的另外一个装饰特点就是充分发挥和利用图像纹饰来达到美化的效果，很多时候甚至不惜占据原本是刻写墓志、家谱文字的空间，而改用大幅的"图画"。因此，我们常常会在开间内看到构图完整的大画幅的人物雕像或场景，反映出人们对于图像的喜爱。这些作品有天官赐福、魁星点斗、福禄寿三星、五老观太极等流行的题材，也有大量出自匠师个人"创作"的作品。这作品往往表达新颖、构图完整，技法独特，反映出民间美术鲜活的创新性。拿我们今天的话来讲，它们可以算作是"纯艺术"的创作了。

这些图像和纹饰不仅在技法上汇集了中国传统雕刻的几乎所有的技艺，而且也几乎囊括了所有的中国传统装饰纹样和图像内容。这些天官门神、戏曲人物、明暗八仙、祥禽瑞兽、折枝花卉、抽象纹饰、祥瑞文字等几乎见不到两幅完全一样的图像。匠师们对于同样的题材都有自己的演绎和创新，或繁或简，或精或粗，或聚或散，从而创造了异常丰富多样的新变。此外，匠师们还乐于也善于将日常生活中的瓜果蔬菜、房屋居室以及民俗生活场景转化为装饰题材和图像呈现在墓葬建筑中，所有的这些图像林林总总，洋洋大观，精彩纷呈。既有程式化的传统表现，更有灵活自由的个性发挥，展现出民间艺术生生不息的原生性和创新精神。而正是因为它们在墓地，在常人多有忌讳之地，尽管遭受自然风化和人为破坏，但是依然有幸得以留存至今。这种原址原样地保留，让我们可以对中国传统装饰艺术的文化观念、艺术手法、形式内容和审美趣味得以深入系统地考察。

## 第一节　中轴对称的整体装饰结构

川渝地区的墓葬建筑装饰明间为中心，具体地说是以明间碑板竖向刻写的墓志文字为中轴线建立起来的对称系统，这一中轴线不仅仅是贯穿整个建筑立面，还延长至整个墓地空间，不管是建筑结构本身，还是整个墓葬建筑群落，以及墓葬建筑装饰的图形和装饰纹样莫不依循于这一纵向轴线，展开为多层次的对称秩序。

## 一、两柱一间的门户为中轴起点

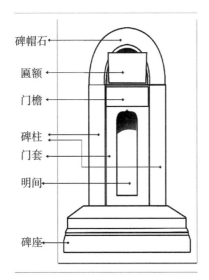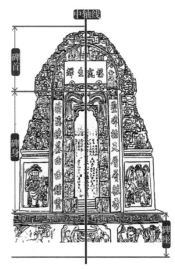

**图 2-1　单体墓碑建筑结构及装饰部位（四川南江姚万明夫妇墓碑线描图）（汪晓玲绘制）**

　　前文谈到，几乎上有的墓葬建筑都是以"两柱一间"为起点进行纵向和横向延伸的，纵向上延伸为多重檐，横向上延伸为多开间，并由此扩展为左右对称格局的整座墓葬建筑群。墓葬建筑的装饰自然不可能脱离开建筑结构，就中国传统建筑艺术而言，功能构件和装饰构件，往往就是合二为一的。

　　中国传统观念认为"宅以门户为冠带"，一栋房屋"重莫过于门面"。门，在中国古代建筑中作为间隔与入口的通道，又被称为"门面""门脸"，门的造型和装饰与建筑的功能属性、社会地位乃至家族命运都休戚相关，所以绝对马虎不得。在《川渝地区清代墓碑建筑的"门户之见"》一文中，笔者总结道："中国传统建筑的门的形式内容，承载了深厚的历史与文化，是建筑的功能、属性以及等级地位的象征，而墓碑门户通过开间仿制着阳宅布局，尽力雕刻门户的构件，将家族故事与美好祝愿装饰其中，展示家族的千秋万代与兴旺发达，亦是屋内有人候、门外有人归的标记，正如'两处春光同日尽，居人思客客思家'"（白居易《望驿台》）。① 作为模仿礼仪建筑的阴宅，川渝地区的墓葬建筑以模仿高等级礼仪建筑的正立面为主要手法，尤其注重借助建筑的门脸，即门柱系统来凸显其象征性和纪念性。

　　明间，即正房的开间。不管是阳宅还是阴宅，明间的门柱和匾额、门罩

---

①　罗晓欢、何静. 川渝地区清代墓碑建筑的"门户之见". 寻根, 2022(01)，第86—91页。

等都是最受重视的一间，川渝地区的仿木结构墓葬建筑尤其如此。其装饰展开为门柱、门套、门罩、匾额等门柱系统的雕刻、彩绘装饰，从而形成墓葬建筑的视觉中心，也因此成为装饰的重点。

从纵向上看，门柱系统是以左右两柱，上枋、下台基或门槛合围出来的一个空间。墓葬建筑的墓门并非一个实存的通道，而是一种模仿和象征结构，墓门之内的数十厘米进深处往往会设置一块碑版，其上刻墓志。墓志的内容包括墓主的姓名字号，以大号的阴刻字体竖向雕刻于碑版正中，作为整座墓葬建筑的绝对中轴线，左右两边分别刻墓主身世及家族成员，整个建筑的对称结构由此延展开去。

尽管一说到装饰，读者头脑中首先想到的可能是图像，其实并不尽然，因为中国文化中的文字实际上有着重要的装饰功能和装饰效果，特别是在建筑装饰中，那些柱联、匾额等就是我们所熟悉的传统建筑装饰必不可少的要素，同时，这些匾联还有诠释建筑的功能属性、彰显建筑及其主人的身份地位的重要作用。所以对于中国传统建筑而言，柱联、匾额是最为基本的装饰语言，这也是中国传统建筑装饰艺术的一个重要特色。

门柱装饰最基本的手法是直接将柱联文字刻在石柱之上，但更多时候则是将柱子打磨平整，更讲究的还会在柱联外装饰以线条或线框，或雕凿出类似木柱一般的圆弧形状，然后再刻出文字。更有的则将柱子雕刻成现实建筑中木柱挂联牌或挂轴对联的样式，甚至将悬挂部分的钉头、挂钩、挂绳以及联牌两端头的箍头都仿刻出来，非常写实。也有用铺首衔环一类的纹饰等进行意向性的表达，尽可能地将简单的柱联文字融入复杂多变的装饰形式语言之中，从而服务于墓葬建筑的整体装饰。

在左右立柱之间便是门洞的空间，其装饰手法较之现实的木构建筑有过之而无不及。常见的有顶部门罩，四边的门套（抱框）、底部的门槛等这些功能构件，同时也是主要的装饰形式。

门罩是传统建筑的重要装饰物，一般是在门洞的顶部，左右跨接门柱，并顺门柱而向下延伸，有些门罩左右甚至延伸到门柱柱础，也称为挂落。

在川渝等地的墓葬建筑中，门罩是一个最重视的装饰构件，甚至成为观看的视觉中心之一，题材类型丰富，工艺手法繁多。其造型可以视为两个主要的部件，顶部水平的檐板和左右下垂的部分。其装饰也大致依照构件的形状而变化，呈适合纹样布局。墓葬建筑的门罩造型样式总是表现为左右对称的基本结构，常常以左右分置的直线板块式，或曲线转折的门帘式。在《川东、北地区清代墓碑建筑门罩雕刻装饰初探》一文中，将这一地区的门罩进行了初步的类型概括（如图 2-2）。文章写道："总体来看，该地区墓碑门

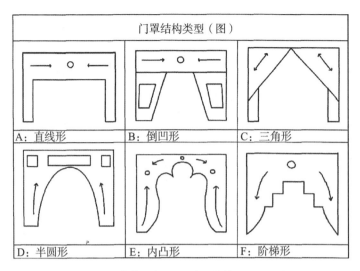

图 2-2　墓葬建筑门罩雕刻装饰（刘显俊绘）

罩造型及装饰构图形式大体呈直线形、倒凹形、半圆形、三角形、内凸形、阶梯形等造型样式。在装饰手法上，我们可以看出，尽管经过'缩微'的门罩平面空间有限，但雕刻工艺和图像纹饰却变化多端，'多、满、复杂、丰富'的民间美术趣味显露无遗。……画面一般是以中心轴或中心点为依据，纹样左右对称分布，结构严谨丰满，工整规则；半圆形、内凸形、倒凹形门罩特点，总体画面呈相对对称，内在局部的形与量在组织形式上有不相等之处，表现出动静结合，稳中求变的特征。"①尽管这一概括并不是十分准确和全面，但也基本讲清楚了川渝地区墓葬门罩的基本艺术特征。在这样的结构中，我们不仅可以看到各种各样的祥禽瑞兽、植物花卉、抽象纹饰，展开的书卷等，还可以看到以戏曲人物为主要内容的人物群雕及其综合的应用。在雕刻装饰工艺上，多以平面的减地浮雕、高浮雕等常见手法，也有镂雕、线刻等技法，仅仅这个小小的门罩就是一个中国传统装饰元素、装饰结构和雕刻工艺的大集合，从而构成了中国传统石构建筑的特殊装饰语义系统。

　　抱框，也是川渝地区墓碑门柱系统的常见结构，这是位于门洞和门柱之间的一个上、下、左、右四围的一个方框结构，顶部为门楣、底部门槛，左右门框的包围结构，当然也有底部门槛缺失的三合围情形。抱框一方面是通过增加墓门结构的复杂性和造型的多样性；另一方面也是对开间的刻意遮挡，

---

① 刘显俊、罗晓欢. 川东、北地区清代墓碑建筑门罩雕刻装饰初探. 中国建筑,2014(11),第76—80页。

让其内的碑版墓志等文字处于半隐半显的状态,这似乎更符合阴宅的属性。门套一般位于门柱以内数厘米,形成多层内凹的结构,很多时候,抱框和门套是一体的。其装饰以左右门框为重点,在纵向的边柱上雕刻瓶花或分格雕刻的戏曲人物、八仙、二十四孝等图像。其中尤以八仙和二十四孝最为流行。八仙与"拜寿"有关,而且八仙人物组合也非常适合左右分置的视觉结构。八位仙人,纵向排列,一边四位,如柱联一般,而在顶部正中也常常配以"骑鹤仙人"的图像。二十四孝题材自宋以来就是墓葬装饰的重要题材之一,在清代墓葬石刻中更为普遍。多在左右门框上分段排列4组或5组,也同样形成一种视觉上的对称,而顶部的装饰有类似于门柱对联的"横批"。当然也有用彼此联系并不十分密切的图像内容,但其基本的结构却没有多大变化,纵向分段,左右呼应的形式组合,它们与柱联正好也形成内外的呼应。图文对照的固定装饰结构,简直就是形式和意义的完美组合。

门套顶部的门楣也多用花卉、戏曲人物等,与门罩形成呼应,也有些地方直接将匾额题字刻在门楣上,也是一种较为简单有效的装饰手法。

不是每一座开间都设置门槛,这主要是基于装饰效果出发的。底部门槛往往雕刻一个完整的图像,或者将门槛作为一个相对独立的空间,雕刻三幅一组的图像,左右两图对应其上的门框或柱联,正中对应中轴线。如左右雕刻卷帘人物或"童子抱瓶"一类的图像,而正中则雕刻香炉一座,从而表现出一种祭祀的情景。有些墓葬取消了门槛,而设置了多级的梯步,并模仿丹墀的样式。很明显,这样的设计有着重要的象征意味和视觉导引作用,意味着"出入",对于墓葬而言,显然是为开间内的墓主亡灵而准备的。

较之于木构建筑,作为礼仪性的墓葬建筑的柱式变化则更为灵活多变,更侧重于立柱的装饰性。不管是柱础、柱身还是柱顶都在造型样式和雕刻纹饰上极尽变化之能事。也正因为如此,四川地区清代墓葬建筑构件被盗最多的就是雕花柱子。

门柱依据墓葬的开间而设,一般对应明间设置的双柱是最重要的,其造型和装饰也最为繁复。柱式一般下起墓碑的基座,上顶开间额枋,同时起到支撑和装饰的作用。如果顶檐较宽,开间立柱和门柱之间就有较宽的距离,形成回廊式,但更多的时候外门柱和明间的左右立柱距离很近,几乎是紧贴而立,以至于外柱几乎遮挡了柱联。因此有些墓葬建筑干脆就将其合二为一,增加其装饰性。

柱身一般都以柱联作为装饰。柱联除了直接刻写在柱石上。简单的装饰有为柱联添加线刻外框,或将柱面打磨为弧形,使之更像木构建筑的立柱。更讲究的则仿刻木构建筑所悬挂的"联牌"造型,包括顶部的钉头、挂线都有浮雕或线刻的精美的装饰纹样。

一些大型墓葬建筑的外立柱的柱式变化尤多，为了装饰，甚至连柱联也省去了。首先是柱础部分，基本的处理手法如民居石头柱础一般，方座、圆座以及多面多层雕刻不一而足。常见的有须弥座、仰覆莲花座、多层鼓座，还有各式的花瓶座以及狮子、大象、猴子等动物衬托的基座。当然这些都有事事平安、吉祥等寓意。柱身则多雕刻云龙、凤鸟、花卉等，一般成对组合出"二龙抢宝"，民间多称之为"滚龙抱柱"。遗憾的是这种柱子多被盗，现存精品已经很少了。柱顶变化也极为丰富，正面总会有复杂的雕刻纹饰。

墓葬建筑的这些柱式往往都是一块整石雕凿而出的，因此柱头部分也常见束腰转折而出的方头或圆头，柱面常见花卉或人物形象。因为柱头位置相对较高，比较显眼且左右对称，这个位置多雕刻单独的戏曲人物立像，或一男一女，有门神的意味。明间与外立柱之间以及和左右门柱之间也同样有精美复杂的门罩雕饰，从而丰富了门柱系统的装饰性和层次性，总之会尽可能地向着繁复变化的趋势上发展。

另外，常见两间并立的夫妻合葬墓，左右两个开间等大，间隔两开间的中柱往往比较宽大显眼，因此也成为重要的装饰区域，在这个柱面上多是一幅完整的图像，而非像抱框那样的分段雕刻多幅图像。多见如八仙和戏曲人物，以情节性和场景性为主要手法，构图复杂，纹饰繁密，往往成为门柱装饰的视觉焦点。稍稍简单的也是在柱面浮雕瓶花图像。当然，有些中柱内有较为宽阔的享堂空间，那么中柱的四面可能均有雕刻纹饰，即使在右侧面甚至里面几乎不被看见，但也往往一丝不苟。

通江县云昙乡的张正芳墓（清宣统三年，1911年），明间外立两根中柱被分为三段，底部为方瓶，瓶颈内收，瓶口水平外侈，瓶底还有模仿绸缎垫底的纹饰，瓶身正面左右分别雕刻挂件磬和平安锁等挂饰。瓶身满雕花卉，底部莲瓣包边，其上枝叶茂盛，花朵硕大。柱顶长度接近瓶身，方正的柱头正面浮雕人物。明间柱间和左右次间都有同样繁复装饰的门罩，透过外层的门罩还可以看到内层刊刻碑版的三个开间还有门罩。左右次间

**图2-3 通江县云昙乡张正芳墓的门柱**

底部可见凹形平台,各面均有浮雕的花卉纹饰。明间平台为弧形鼓凸,正中刻多级台阶。这座墓葬的门柱系统让我们看到了民间墓葬建筑结构和装饰相结合的典型例子,体现出门柱在墓葬建筑的造型样式,且巩固建筑主体以及装饰美观的综合性。

　　距此不远的陈俊吉墓,建于清光绪二十一年(1895年),是一座由墓冢及主墓碑、陪碑、牌坊、惜字塔、桅杆组成的建筑群,造型美观、雕刻精细。据说是主家从外地看到的样子绘图带回,然后找来匠师修建的。该墓主墓碑的明间为四个同等大小的开间,共计五柱四间结构,外置一排三根三段式廊柱。中柱为须弥座,中段为花卉,柱顶两组人物。左右两柱为狮子基座,柱身为盘龙柱,龙尾在上,龙身体穿过层层云纹,在柱子中部龙头上扬,龙尾直达柱顶方柱,柱身雕刻圆浑整体,雕工细腻,造型美观大方,摆脱了常规机械的三段式造型。柱间雀替为浅浮雕花卉,柱顶额枋排列数十人的戏曲人物。

顶檐为垂幔纹屋顶,二层额枋中间雕刻串珠,左右雕刻两组浅浮雕的蝙蝠图案间于细小的垂花柱之间,丰富而含蓄。看起来这些纹饰似乎很简单和平面化,但却可以看出匠师在这里有明显弱化的目的,为的是避免喧宾夺主地抢了门柱和顶部的雕刻的风头。这样多重的结构加上繁复的装饰形成了这座墓葬建筑复杂精彩的门柱装饰。(图2-4)

**图2-4　陈俊吉墓主墓碑明间中柱部分(通江文物局供稿)**

　　俗语有说,额为联承之板,展人间百态。匾额,在中国传统建筑中的地位和作用极大,但凡有一点规模和地位的房屋建筑,在门楣上屋檐之下都必然悬挂匾额。而受到官方"赏赐"的匾额也是莫大的荣誉,民间也有送匾为厚礼的传统。据考早在秦汉就有匾额,至明清已经非常成熟和普及,并形成一套非常成熟的匾额规制。这些牌匾,形式多样、制作精美,是建筑画龙点睛的装饰。匾额外框装饰和额面的题字形成内容和形式的完美结合,是建筑的属性、地位等的表述和象征,因此,匾额也成为中国传统建筑特征的主要体现,倘若没有匾额的建筑似乎少了眼睛而了无生趣。正如《红楼梦》所言:"若直待贵妃游幸过再请题,偌大景致,若干亭榭,无字标题,也觉寥落无趣,任有花柳山水,也断不能生色。"①再如:"山川祠庙,非借文人之题咏,即名胜亦暗然寡色。予之为此,盖有志而未之逮也。"②可见匾额之于建筑中的重要意义,也是中国传统建筑艺术的独特审美。

匾额也是川渝地区的明清墓葬建筑装饰不可或缺的部分,并极力模仿现实建筑匾额的造型、题刻和装饰手法,甚至连匾额倾斜悬挂的视觉变形、匾额下方的支撑钉头等细节也一并复制。匾额文字更是要请地方官员或文化名人题写,郑重其事地刻上名字和印章,以昭示墓主的身份地位,并使得墓葬建筑看起来更为美观。

首先,匾额往往都在开间顶部左右两柱之间的横枋上,模仿现实建筑中的倾斜悬挂之态,底部甚至刻出钉头,以显示"搁置"在门楣之上的情形。有些匾额还有意做成上宽下窄的"梯形"样式,为的是符合高大建筑上所看匾额的"视觉真实"。有些匾额的底部还往往有桃心、梅花钉头的样式。而事实上这些匾额就是在一块石头上雕凿而出的复杂造型,但是这些细节的处理莫不是在模仿高等级木构建筑的样式。(图2-5,图2-6)

图2-5 射洪双溪乡三房沟村岳氏墓匾额(清道光三十年1850年)

图2-6 广元青龙乡王文氏墓匾额(清咸丰二年1852年)

---

① 周汝昌.周汝昌汇校本红楼梦.人民出版社出版,2017年,第155页。
② (清)吴恭亨.对联话:卷一·题署一//对联话.岳麓书社,2003年,第20页。

匾额题写的文字，或是对建筑的说明或"点题"，往往也是左右柱联上的横批。不管是匾额的位置，还是匾额的文字，都将左右对称的结构收束于建筑的中轴之上，这一点常常被人们所忽视。匾额文字多为四字，也有三字和两字的情况，而在文字的下方往往或雕刻些动物或人物来承托匾额，以显示其高端大气上档次。当然作为墓葬建筑上的装饰性的匾额，常常大胆地突破木构建筑长方匾或立匾的形式，也有扇面、书卷、折页等变体造型，使得匾额在墓葬建筑上变成了一种纯然的装饰样式。（图2-7，图2-8）

图2-7 扇面匾额阆中市枣碧乡伏氏墓（清光绪九年1883年）　图2-8 平面式匾额装饰万源市房氏墓（民国）

在装饰手法上，大致可以分为平面装饰和浮雕装饰。所谓平面装饰，即采取线刻或浅浮雕的方式在匾额周边饰以纹饰，形成对匾额文字的装饰。

所谓立体的装饰，即以匾额题刻为中心，在匾额的下方或左右雕刻更为繁复的高浮雕人物、动物、花卉等装饰。或者在这些位置干脆变成了纯粹装饰性的鸟和人物形象，常见的人物有力士、童子或戏曲人物等。而最为多见的则是在匾额下方雕刻双狮解带的图像，数量众多，流行甚广，成为中国非常独特的区域建筑装饰类型，非常值得专题探讨。限于篇幅，此处简要论述之。

"双狮解带"是川渝地区墓葬建筑开间门罩上的典型装饰，取"事事如意""好事连连"之意，双狮的造型、工艺以及构成组合方式可谓千变万化，并常常和门罩融为一体。一般是在匾额底部左右雕刻一只左右相对、侧身依向匾额的狮子，头部向外，昂头回首，尾部向内，后足相抵，尾巴相接，前爪悬空抓起绕在颈部或衔在口中的带子。这一图形样式成为川渝地区的墓葬建筑门罩的装饰的普遍做法，可见其广受欢迎。其狮子的造型和动态以及绶带的缠绕方式各具特色，几乎无一雷同。除了双狮的造型变化，在缠绕的丝带上也有添加如意、盘长结、绣球来丰富，更有甚者在狮子的中间添加舞狮人物等手段，让匾额看起来丰富精彩，也增加了门罩造型装饰的变化，成为人们观看的视觉重点。（图2-9）

通江县松溪乡罗氏家族（清）墓坊明间上的匾额本身比较素洁，但是匾额下方一排人物的组合就非常复杂了。整组人物的排列组合呈完全的左右

图 2-9　墓葬门罩上的"双狮解带"

对称的方式，以展开的书卷为基本框架，在一个大的弧形结构中展开，而左右人物的动势有向中间合拢的态势，更强化了这种中轴对称的视觉结构。书卷正中以阿福展开"一团和气"的卷轴形成重复的结构，两侧为"童子抱瓶"，外侧再雕刻男左女右的武将形象。整幅图像结构明确，构成紧凑，层次分明，人物造型动态准确，线条流畅，雕刻工艺显得圆润柔和，在严格的对称结构中显出丰富而灵活多样的变化。（图 2-10）

图 2-10　通江县松溪乡罗氏家族罗成墓的匾额之一

实际上，作为祭祀和礼仪的墓碑建筑，乃至整个墓园的布局，都体现出一种中轴对称的关系。中轴对称的形式在中国文化中具有极重要的象征意味，这种轴对称不仅仅是有"二"，更是要突出"一"，体现"中"，这才是中国文化中的对称形式在礼仪中的真正用意。在明间是亡者(即墓主人)之"正位";而在亡堂,中就是神主,它可以通过"木主"牌位形式得以体现,也可以通过"真容"(即雕像)的形式得以体现。在一些简化的墓碑中,往往是两者的合一。鲁道夫·阿恩海姆在《中心的力量》一书中说:"中心位置传达出重量、稳定性和分界——中心的力量在中垂线上的任何地方都能尽力表现出来。然而,它在中垂线的中央——这是整个构图的平衡中心——获得了特殊的力量。"①墓碑建筑的中轴线结构以及突出"中"的这种装饰结构和布局所展示的正是这种"中心的力量",也就更好地体现了墓碑这种建筑的礼仪功能。

总之,墓葬建筑的正面门脸,总是建筑结构最复杂,建筑雕刻装饰最精心的部分。通过对墓葬建筑的开间造型、梁、柱、匾等的结构和装饰进行了局部细读,以柱间结构、门罩装饰、匾额样式为重点,可以呈现这一地区独特的明清墓葬建筑的局部结构特征和精巧的雕刻工艺。这样的造型和装饰,从明间延伸至次间、稍间,以及第二、第三层的开间和亡堂。众所周知,多间多柱和多层的建筑最直接体现的就是一种对高门大户的象征。匾额文字反映着传递着建筑的等级、属性和种种的观念信仰,而装饰则通过艺术的手段来进行强化和美化。

## 二、象征阴阳两界的"透空花板"装饰

在《梁思成西南建筑图说》一书中,梁思成先生提及川北地区的清代墓葬时有说:"每于碑前施透空置花板镌文字及几何纹样,种类繁驳殆难枚举。"②这里的"透空花板"其实就是置于墓门前的一块镂雕石板,它将墓门封闭和遮挡起来,使得开间之内的碑版变得不可见。(图 2-11)从结构上讲,它可以视为门罩或门套的一种扩展和延伸;从功能和象征性意义上讲,这种遮蔽和隔挡更符合阴宅的"地下世界"的属性。在明代以前,墓志往往都是被埋入地下的,到了明清时期,由于葬俗的改变,地上仿木结构墓葬建筑的流行,墓志才成为墓碑开间内的一块铭刻。事实上,这种封闭门罩的墓葬广泛分布于四川、重庆等地,但四川蓬溪县境内的这种封门石最具代表性。在这里拟以"透空花板"的细读,向读者呈现出一个关于墓葬建筑装饰的微观视角,如此也有助于我们对川渝地区墓葬建筑雕刻装饰的理解。

---

① [美]鲁道夫·阿恩海姆,张维波 周彦译.中心的力量——视觉艺术构图研究.四川美术出版社,1991 年,第 80 页。
② 梁思成、林洙.梁思成西南建筑图说.人民文学出版社,2014 年,第 157 页。

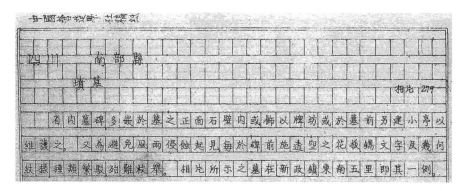

**图 2-11 梁思成记录的"透空花板"墓及文字评述**

　　一般的门罩或者是有抱框的墓门，其实也是有保护和遮挡的作用，尽管有些墓有较宽的门套和较大的门罩，但开间之内的碑版毕竟还是大致可以观看和阅读的，但这种"透空花板"尽管也是可以有通透之效果，但其内的碑版却几乎难以被看见，甚至可以说，这些文字本就不是给世人看的。此外，这一镂空的门罩雕刻，在较为完整、集中地体现了墓葬建筑装饰地域性特征的同时，也具有民间工艺的代表性，对之的讨论可以见微知著。

　　首先是封而不闭的整体设计。尽管看起来各开间都是用"封门石"遮挡了里面的内容，但这块石板却被雕凿切割出各种镂空的图案和纹样组合。如蓬溪县高升乡任祖寿墓（清道光二十六年，1846 年）（图 2-12），它的明、次间都被遮挡，尤其是明间以匾额、莲花、蜂巢纹、栅栏和"寿字纹"的组合，端庄大方、线条规整工序、纹样虚实有致、造型方圆得宜，颇具美感。一块砂石板被镂雕成如此程度，线条还有更细致的起伏变化和打磨，有似"铁花"工艺，也真是达到这类石材可以承受的最大限度了，其精美的工艺似乎与整体的墓葬建筑风格都有些格格不入。

图 2-12 蓬溪县高升乡任祖寿墓（金婷婷描线）

　　除了这种完全遮蔽的封门石样式，仿木结构建筑的门罩样式也比较流行，只是这种门罩比较宽大，有些甚至和门的抱框成为一体，而门洞被压缩得狭长而窄小，几乎融入镂空装饰已成为一个整体造型。蓬溪县文井镇王氏墓（清嘉庆十五，1810 年）即是这类装饰的代表。尽管镂雕并不多，但明间和次间的整个门罩占去了 2/3 还多的面积，其上下左右的纹饰雕刻较深，且细密繁复，而开间内的碑版则处于幽暗狭小的门洞之内，其视觉效果与前者并无二致。（图 2-13）

图 2-13 蓬溪县文井镇王氏（文物局提供）

　　概而言之，蓬溪县境内的诸多镂雕门罩不管是单开间还是多开间，其外门罩的处理要么是保留门的样式，留下狭窄的门洞，要么仅仅通过镂空出大量的孔洞代之以通道的功能结构。（图 2-14）

　　可以看出，这里的"镂雕"其实有两种语义：其一，当然是现实中门罩装饰的繁复与精美；其二，显然是不想完全遮蔽开间，也就是让外面的观者能够透过这些镂空的孔洞看到里面的部分内容，但又似乎不让看得那么清楚，也即处于"可见与不可见"之间。如果从传统丧葬观念而言，这种不可见或

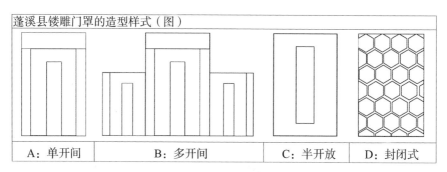

| 蓬溪县镂雕门罩的造型样式（图） | | | |
| --- | --- | --- | --- |
| A：单开间 | B：多开间 | C：半开放 | D：封闭式 |

图 2‑14　蓬溪县镂雕门罩的样式图（金婷婷绘）

许是为"地下"而准备,那么,这种镂空也是为灵魂的出入而留出的通道,作为"送其死"的阴宅的功能和属性表露无遗。或许正是因为如此,这出入的门才需要封而不闭,才需要装饰得如此华丽美观,并配合着各种充满吉祥寓意的图形图像。

其次,是井然有序的纹饰布局。中国传统装饰布局总是在特定的结构和秩序中展开,不管是纹样的平铺还是错置都是总体上满足或适合于整体的秩序框架下又追求灵活多变的具体应用。最大的结构秩序便是"对称",最灵活的变化总是遵循最基本的"骨骼",这种秩序从大的建筑空间布局到小的装饰构件,莫不如此。

在这样的整体秩序之下是装饰骨骼的灵活多变,即匠师在有限的空间内再次进行更小的分割,并用丰富的图案和纹饰进行填充,即在有限的框架和空间内实现丰富而自由的变化,确保了既有秩序又多变的装饰效果。

如鸣凤镇冯苟氏墓(图 2‑15)就是其中较为典型的代表。明间和次间为镂空门罩封门,以明间为中轴,左右次间对称"纵列"三联钱币纹,并配云纹环绕,增加其丰富和层次感。而明间的纹饰则从上到下分为四层(底层损毁不存),上面的三层又以中间的云纹如意书卷纹饰为中隔,形成上下对称分布,在这竖向的三段式的布局中,又是中间的部分纹饰细密紧凑,而上下的三联钱币纹简洁疏朗,整个布局主次清晰,而这里的钱币纹又设计成了"横排"样式,这诸多的细节处理可见出匠心所在。墓葬建筑作为传统礼仪建筑的特殊类型,其设计和装饰自然更注重体现其特有的庄严肃穆,那么,结构和装饰的秩序感就必不可少。

总体上看,该地区的门罩纹饰往往利用横向分段、纵向并列、方圆互照等组合形式,也有或连续或平铺或层叠等手法的应用。但不难看出,不管内

**图 2－15 蓬溪县鸣凤镇冯苟氏墓 清嘉庆十三年(金婷婷描线)**

部的纹饰如何变化、增殖,最终都是被置于分隔出的特定框架下进行有序地展开,且明显突出了中轴的结构。(图 2－16)

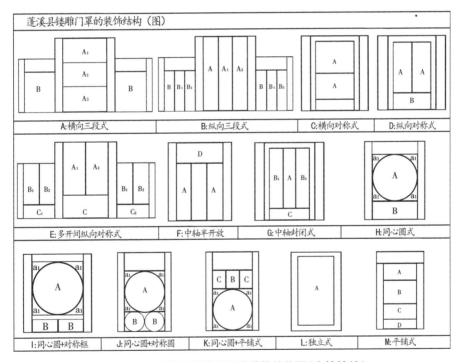

**图 2－16 蓬溪县镂雕门罩的装饰结构图(金婷婷绘)**

第三,寓意吉祥的装饰主题。"图必有意,意必吉祥"是中国民间美术主题学的基本原则,阴宅也概莫能外。一直以来,中国传统的丧葬习俗都围绕着灵魂不灭、光前裕后、避凶纳祥的理路来进行营建和装饰。至明清以降,川渝地区阴宅营建重心从地下转移至地上,墓葬建筑也变成了引导世人祭拜和观看的重要社区景观。"饰坟垄"以至于"务为美观"的装饰观念和丧葬习俗在建筑装饰的主题选择上与一般的流行主题几乎没有区别，实在有过之而无不及，举凡现世的美好愿望和想象，如孝悌忠信、礼义廉耻、福寿功名、招财进宝等等都通过满密、铺陈和象征寓意等手法尽可能多地装饰到墓葬建筑之上。

粗略统计，作为门罩装饰的题材，主要有喜闻乐见的钱币纹、瑞兽纹、几何纹、文字纹以及综合性纹饰（图2-17）。这些纹饰经过匠师的组织和设计，形成复杂多变的纹饰和装饰结构，同时也带有特定的美好寓意。

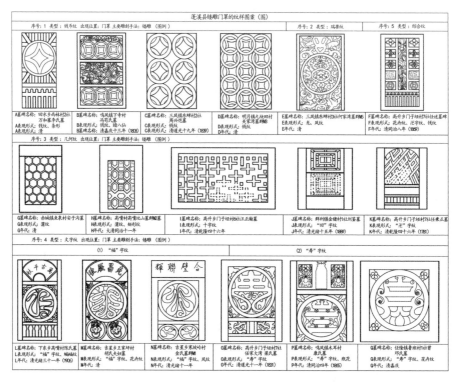

图2-17　蓬溪县镂雕门罩的主题（金婷婷绘）

（1）钱币纹

钱币纹样历史久远，仅通过简单的平铺、叠加、错位等就可以组成变化丰富的二方连续、四方连续的图案，也可以取钱币的圆形与其它造型或线条进行方圆形式的组合变化。匠人通过节奏、重复、穿插、烘托等来达到自由多变和丰富的装饰效果。如明月镇的关家湾墓、冯苟氏墓等门罩镂雕纹饰（图2-18）显示的那样，钱币纹成为装饰的主题。显然既是利用了钱纹有辟邪镇灾之意，更显示了人们对富贵吉祥、招财进宝的心理诉求。

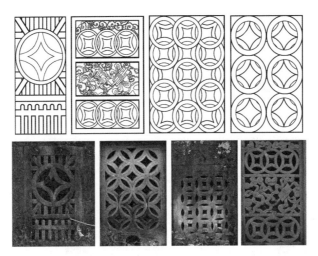

图 2－18　蓬溪县墓碑门罩的钱币纹样(遂宁市文物局提供)

但也正如钱穆先生的《中国文化十二讲》所言:"中国人生活上的最长处,在能运用一切艺术到日常生活中来,使'生活艺术化'便是一种新生活。即在饮膳所用的器皿上,如古铜、古陶、古瓷,其式样、其色泽、其花纹镂雕、其铭刻款识、其品质、乃至其他一切,皆是一种极深的艺术表现。"①因此,直白的金钱追求理念在这里转换成为了审美化和艺术化的表达——钱纹。

(2) 几何纹

蓬溪县境内的匠师们在这个镂雕门罩上还创造出了丰富新颖的几何纹饰,这在我国整个传统装饰艺术中都是十分少见的,不由得让我们格外关注。这些几何纹饰均是在石板上直接进行切割,最终整个门罩只留下10—15厘米的线条"编织"而出,形成镂空的图案(图 2－19)。除了常见的回纹、十字纹、"卍"字纹等传统纹饰,还有好些难以明确识别的抽象纹饰。尽管线条简单,但不同线条的穿插交织,重复变化,再加上总体的对称、连续等却也产生了富于节奏感和韵律感的图案样式。细细看之,同一图案又因图与地的不同或线条组合的不同生出多般变化。民间匠师们在这小小的空间中创造出如此变幻多端、纤细精美的抽象图案,真是令人敬佩。可惜纤巧的雕刻纹样难以承受岁月的磨蚀,很多都已经断裂破损,殊为惋惜!

(3) 文字纹

将具有美好寓意的文字进行图案化、装饰化处理,使之成为装饰纹样,

———————

① 钱穆.钱穆先生全集:中国文化十二讲.北京:九州出版社,2011 年,第 50 页。

图 2‑19　蓬溪县墓碑门罩的几何纹样（遂宁市文物局提供）

获得主题与纹饰的双重意义，也是中国民间常见的装饰手法。在镂雕门罩中，这种应用也较为常见，并有诸多创新。毫无疑问，最多见的装饰性文字当然是"福""寿"二字。

　　福，《说文解字》解释为"祐也"。而后引申为富贵寿考等齐备、福气等。总之，福是中国人对现世人生最美好的愿望。因此，福字及其变化，甚至与福的读音有关的蝠都被视为吉祥美好的祝愿。这些"福"字纹有规范书写的书法大字，但更多的则是将之图像化、图案化处理，并添加一个圆形外框，表达其福的圆满、完全之意，体现出主题与意义的合一。（图 2‑20）具体的手法或以笔画的疏密变化，线条的粗细转折，或添加装饰元素等来"书写"。尽

图 2‑20　蓬溪县墓碑门罩的"福"字纹样（遂宁市文物局提供）

管很多时候可能都辨识不出这是一个什么文字，但这似乎并不重要，更不影

响人们的认读。将其雕饰于镂空的门罩之上，人们看重的并不是"福"字的准确书写，而是这种纹饰的意义及其表现出来的美观之象。

与"福"同理，"寿"被认为是五福之首，《诗经》有"如南山之寿，不骞不崩"，这就是寿比南山的来源。即使人们最终明白永生的不可能，但还是相信灵魂的永存。因此，对于死亡世界的表述，往往以"寿"代之，如墓地称之为"寿域""寿藏"，棺材也称之为"寿材"，还有"寿衣"等等。通江谢家炳墓（清）陪碑上所刻一段文字将"寿"与"藏"的关系阐述得最为明了，志曰："藏以寿名不易举也，盖必有寿，然后可言藏，亦必有德有福而后可言寿藏。"钱穆先生说："中国人总是爱把死人拉进活人世界来，把各地的历史性加深，文化性加厚，因此使各地生人之德性也随之更加传统化。"[①]于是对于墓葬建筑门罩的"寿"字，匠师通过夸张与变形、省略与添加、秩序与重构、抽象与概括等诸多手法，将"寿"字置于圆形、方形或"桃"形等架构内，并依据纹样构成的原则将笔画进行规整和对称的变化处理，使之规律化和图案化（图2-21）。同时，这一纹样又和门罩的整体设计融为一体，并成为整座墓葬建筑的有机构成部分。更令人惊叹的是，这些"福""寿"纹饰几乎无一雷同，即使同一门罩之上的同样文字，都有可能有意识地稍加调整，使之产生变化。这表明，匠师们并非只是按照已有的程式和套路来展现其技艺，而是处处表现出主动地求新、求变，这无疑让我们对民间匠师的创新意识和创新技艺有了不同的认识。

（4）综合纹

热闹，是中国民间艺术的典型趣味之一，这种热闹表现于从内容到形式的各个方面的杂多、繁复和完满的感受。体现在墓葬建筑雕刻装饰上就是繁复的纹饰、丰富纹样的堆砌与并置。如高升乡的任述墓（图2-22），该镂雕门罩采取严整的方格平铺式为骨骼的基本结构，但中轴区域则又打破方格框架，通栏雕饰形态优美、向上生长、生动活泼的植物纹样。S形的流畅曲线与左右横平竖直的分隔线，以及与底部一排卷云头纹样的"栅栏"形成明显的对比。两边对称的小格内分别以如意纹、花瓣纹、卍字纹、钱纹填充，形成了有多种吉祥寓意和丰富形式美感的热闹纹饰集合。这还真是符合朱熹对"文质彬彬"的解释："物相杂而适均之貌。"不仅如此，这种雕饰还从门罩的"虚空间"延伸到两侧立柱、抱鼓以及顶帽的实体结构上。抱鼓的造型、立柱的对联文字以及碑帽等表面的满密浮雕图像纹饰，都使这座墓葬建筑显得丰富而热闹。

---

① 钱穆.钱穆先生全集：中国文化十二讲.北京：九州出版社，2011年，第109页。

图 2‑21  蓬溪县墓碑门罩的"寿"字纹样(遂宁市文物局提供)

图 2‑22  蓬溪县高升乡任述墓  清同治八年(金婷婷描线)

同样，在三凤镇的何家湾墓群(图 2‑23)，镂雕门罩为两间左右并立。左间采取外方内圆的主体结构，正中再有两层同心圆，内圆略成椭圆，外接上下对称分布的"双龙戏珠"等纹饰，最后在总体上构成意象的"寿"字，圆内的卷云线条再延伸到门罩的四角为地。角隅则雕饰鹤、鹿、龙、凤图案。显然，取意"鹿鹤同春""龙凤呈祥"。右间中心也有一个相应的中心圆形，但以"下山狮"为主图，狮子身体从尾巴到头部，再到口中的绶带呈连续 S 形占据中轴线上，轴线上下又各刻瑞兽一只，镂雕同样以卷云线条为主要手法。这样，左右两间门罩就形成了既统一又变化的装饰效果。综合纹样反映出人们对于装饰和主题内容的丰富性和多样性的追求。形式的重复与节奏呈现强烈的秩序感，动态变化与生动节律，图像的象征与寓意传达出人们对亡者的敬意和对美好生活的期盼。正如四川省蓬溪县吉星乡王家坪村胡氏夫妇的墓联所言："千年富贵在，万里来龙归。"①见微知著，从蓬溪境内的镂雕门罩这一特殊表达中，我们可以看到，明清一代的四川地区独特的丧葬观念推动了民间发达的墓葬建筑艺术和雕刻装饰工艺。

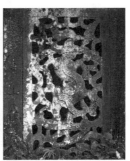

**图 2‑23　蓬溪县三凤镇何家湾墓群(遂宁市文物局提供)**

在《四川清代墓葬建筑中"透空花板"纹样研究》一文中，笔者说道："这种'透空花板'门罩，首先是精巧备至的装饰工艺、丰富的图像还有对奢华美观和吉祥寓意的表达，但观者无法回避的是纹饰之外的暗黑背景，那些纹饰正是在这样的背景中得以凸显，它甚至比开敞的墓门更具神秘感和幽深感，这种"图与地"的微妙转换是中国人关于生死的普遍信仰和艺术化表达，镂雕门罩如辽金墓葬中的'妇人启门'图像一般，设置了一个'阴阳两界'的节点。"②这其实是中国人关于生死的普遍信仰和艺术化表达。

---

① 遂宁市文物局.蓬溪县吉星乡王家坪村胡氏夫妇墓照片.四川遂宁市第三次全国文物普查，2010 年。

② 罗晓欢、金婷婷.四川清代墓葬建筑中"透空花板"纹样研究.美术观察，2021(11)，第 73 页。

### 三、顶帽的圈层结构及其对"中"的强调

碑帽一般是指单体墓碑而言的。从三段式的传统建筑结构体系上看，碑帽是墓碑碑身之上一个相对独立的构件，同样遵循着中轴对称的基本格律。本书所讨论的碑帽主要涉及神主碑、工字碑的弧顶或半圆拱顶，以及四方碑、轿子碑等的宝顶。

张清平在《宜昌清代墓前石碑碑帽》一文中讨论了湖北宜昌的清代墓碑碑帽，文章将单体碑碑帽和庑殿顶式的建筑的"脊"一并讨论。整理出了"山"字形类、牛角形类、方形类、意会山形、其他类等诸多的碑帽样式，[1]这些研究有助于我们对川渝邻近地区的清代墓葬建筑碑帽的研究。比较而言，张文所列的这些墓葬的造型和装饰要简单一些，如此处理也是合适的，但在川渝地区，常见多间多檐庑殿顶、歇山顶、攒尖顶等不同的墓葬建筑样式，而檐顶的脊饰多变而夸张，因此，本书将帽和脊分开进行讨论。

川渝地区最简单也是最普及的墓碑——神主碑，其造型应该是源于木主牌位，其造型为两柱一间的基本单元。而另外一种流行的工字碑实际上也是神主碑的一种变体，主要是在碑身左右增加抱鼓等，出于讨论的便利，将碑帽视为同样的结构。

其碑帽是以半圆弧顶为基本造型样式。在一些地区，这种帽状的结构会发生较大的变化，如弧顶可能高凸变形，形成尖状弧顶，以体现其高度，而弧形底部左右"帽翅"可能加长、加宽，或取意"状元帽"或"官帽"等。半圆的弧线可能加工成切曲转折的轮廓线，以求丰富的变化。（图 2-24）

此外，更为复杂的碑帽则是在圆弧顶之外再添加一圈卷云纹饰或其它结构，形成一种"背屏"的装饰，从而让这种碑帽变得更为宽大壮丽。

在这半圆的碑帽基本形之下的装饰可以看作一个"圈层结构＋适合纹样"的基本手法。所谓圈层结构，即碑帽的装饰从碑帽圆心位置的核心纹饰到碑帽外圈的背屏纹饰形成一个多层的环状结构。其图像内容大致为圆心位置一组图像，碑帽内圈一组图像，碑帽背屏一组图像。很多时候，圆形位置往往会是一块匾额，那么，这些图像就以匾额为中心来组织。其装饰依次为匾额下方的纹饰，匾额、匾额外、背屏。因匾额为方形，匾额和碑帽之间往往会有一块三角形的空间，这个空间也常常会填充花卉、人物或牌位等，起到点缀和过渡的作用。如旺苍县长乐村的王文学妻子墓（清道光七年，1827年），其碑帽为尖弧形顶，在宽大的"冰清玉洁"匾额顶部中央是一朵圆雕花

---

① 张清平.宜昌清代墓前石碑碑帽.三峡论坛（三峡文学.理论版），2012(02)，第20—28页。

**图 2－24　神主碑帽的三种基本样式（郭泽宇绘制）**

卉，外圈碑帽环状上刻有多组戏曲人物，并对弧顶位置的图像进行了特别的强调。这样，整个碑帽形成了一个以正中方形匾额为视觉中心的外圆内方的有序结构，对比强烈，层次清楚，而圆雕的花朵不仅体现出工艺的精巧，也是对女性形象的一种比拟，也契合匾额上"冰清玉洁"的意象。可见碑帽的装饰不仅仅注重外在的形式结构，也讲究内在的语义和符号象征。（图 2－25）

**图 2－25　碑帽和匾额结合的样式（旺苍县长乐村的王文学夫妇墓）**

　　为了给碑帽留出更大的装饰空间，将匾额移到碑帽下方，留出整个半圆的空间，以雕刻龙、三星、仙人、戏曲人物，甚至房屋建筑等复杂完整的图像，也是常见的手法。旺苍榆钱村索氏家族墓的一座无名氏墓则将这种圈层的装饰结构体现得尤为充分。碑帽圆心是一幅浮雕的"骑鹤仙人"，外圈尽管风化比较严重，但依稀可见龙纹，龙纹之外浮雕一圈竹节纹饰以区别碑帽内外，最外圈是一组对称分布的花卉拐子纹饰，碑帽顶部正中还雕刻了一个圆形的"一团和气"图像，强调了"中心"位置的存在。（图 2－26）

　　所谓适合纹样和图案要以其外在的基本形如圆形、方形、三角形以及其它异形为基本外轮廓框架，采取对称、均衡、向心、离心、旋转等基本方式填

图2-26　旺苍榆钱村索氏无名墓多圈层的碑帽(清)

充出与外在轮廓形状一致的纹饰图形。就墓碑碑帽而言,其图形和纹饰结构也必须符合整个碑帽的外形来建立图像的结构秩序。从前面的讨论中不难看出,在每个圈层结构中,相对独立的结构中的纹饰就是一组适合纹样的图形。最明显的就是碑帽内圈的"二龙戏珠"。它是以顶部正中的"宝珠"为中心,左右分别雕刻头部相对,或尾部相连的浮雕云龙纹饰。当然还有顺着这条弧形空间分布的花卉、人物等。在南江县黑潭乡芋子湾谭氏家族墓园中有一座墓碑帽和下面的碑身通体拐子纹,向外展开较宽阔,好像给标准的神主碑套上了一圈宽大的外衣,碑身部分两侧横向延处较多并变成方正的抱鼓造型,整个建筑外轮廓由长长短短的直线切割组成,造型硬朗谨严而不失节奏变化,装饰繁复,给人以较强的视觉冲击力。碑帽内圈的弧形同样雕刻穿龙云纹,但该碑的龙是两支前爪支撑,并扭头回望,龙头和身体由点交叠,显得比较高而有层次。龙尾相连接处刻装饰性很强的山水纹,顶部一颗圆球,也是典型的"二龙抢宝"图式。中间匾额刻"世代母仪",匾额不大,且又被其下的双狮解带占去一半的面积,使得匾额显得有些局促。两狮子衔带对望,前爪蹬向中间,后腿在高处相抵,狮子的尾部似乎连接在一个结上,带子两头从狮子的中间垂下,显得很是工整。这里面有些细节的处理比常见的"双狮解带"图像多了几分细节。可以看出,这种碑帽的装饰就是一个同心圆的圈层结构和适合纹样的装饰特点。(图2-27)

图2-27　南江县黑潭芋子湾谭何氏墓(清光绪二十五年,1901年)(郭泽宇　绘)

　　万源市河口镇土龙场村马鳌远墓(清光绪五年,1878年)的一座陪碑的是在一块整石上雕刻出三条龙的装饰,颇具特色,工艺难度不小。其碑帽一条龙龙头巨大,高高凸起,龙身体盘绕于层层云朵之中,占满整个半圆碑帽,成为饱满而具有视觉冲击力的图像,而左右两侧立柱浮雕一条头部在下,尾部在上,回头而望的龙,形成左右对峙的结构,龙头和龙爪从云中露出,身体鳞片时隐时现,给人以云气飞腾、刚柔并济的视觉效果,体现出这一地区装饰复杂的造型和繁复精巧的工艺。不难看出,这种碑帽的装饰,既保证了适合圆形的基本视觉结构,同时也通过圈层的布局强调了中心,暗示了中轴的存在。从抽象的视觉结构而言,这与左右门柱刻柱联,顶部刻匾额、书横批有异曲同工之妙,体现的是中国传统装饰艺术的内在结构秩序的稳定性和视觉表现上的丰富性和灵活性。(图 2-28)

图 2-28 万源市河口镇马耆远墓神主陪碑(清光绪五年)(郭泽宇绘)

### 四、顶脊作为中轴对称的收束

除了这种单体单檐的墓碑,这一地区的多开间多重檐庑殿顶的复式造型建筑被人们另眼相看,因为在当地百姓眼中,"桃园三洞碑"才是体现身份、地位和财力的墓葬。究其原因,可能是出于以下两个方面。其一是这种建筑是多开间、多重檐的结构,"三"意味着多,这样的房屋才算得上是"高门大屋";其二这种建筑的屋顶是多是庑殿顶,也体现了出了建筑的高等级。所以这样的墓葬建筑满足了中国人对于家居宅地的理想化追求,而高等级建筑对于檐顶和脊饰的造型和装饰所体现出的象征身份等级的装饰及其审美效果,自然成为"模仿"的重点。尤其是这种墓葬建筑,更是将现实建筑的三维空间压缩到一个几乎只是正面观看的"正立面",其飞檐和脊饰甚至成为了建筑外轮廓不可或缺的组成部分,最终演变成为了一个左右呼应、逐层升高,最终收束至顶脊的一个特殊的建筑装饰系统,展现出独特的建筑轮廓的形式美感。这一特点在我们熟悉的牌坊上也可见到,可以说,脊饰是牌坊的造型之美的关键所在，而川渝地区的墓葬建筑的造型和装饰则将之应用得淋漓尽致。

四川旺苍县柳溪乡的袁文德墓（清同治十一年，1872年）是一处四川省重点文物保护单位，其墓坊和主墓碑都是多间多檐的结构，形制高大，造型端庄，装饰繁复精美，保存完好。主墓碑为四柱三间六重檐，底层四间、中层三间、顶层一间，形成了层次分明的"品"字结构，大气而稳定。最吸引眼球的是开间左右两侧的六层庑殿顶，其出檐比例精当，逐层递减，水平出檐和微微上翘的檐角形成柔和而节制的线条，各层檐顶的脊饰依次为花卉、鱼龙、凤鸟、鳌鱼、鱼、草龙，其造型和雕刻工艺也不尽相同。第二、四、五层檐顶的脊饰尽管都是"鱼龙"，但造型也完全不同。各个脊兽头部朝里，尾部朝外，整体呈放射状斜出，构成了墓葬建筑丰富的外轮廓，形成了建筑的飞升之势。（图2-29）

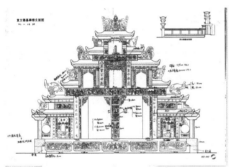

图2-29　旺苍县袁文德墓碑立面图（采自《旺苍明清墓葬》第63页）

顶脊的草龙拱卫着正中高出的方座宝瓶，形成"山"字形的正脊，也是整座建筑的最高点，向上延伸至天空，向下与顶层亡堂牌位、各层的匾额、底层明间中柱形成建筑的中轴线。这座正脊正中为插花宝瓶，瓶下为捧钱的人物和方座，方座再内刻动物，形成又一个多层多元素的组合造型。宝瓶两侧是草龙拱卫，龙头在下，龙尾在上，形成一个"S"造型，龙尾柱间幻化为云纹，脊饰部分镂空，但整体感很强。从多层的檐角及其脊饰的对称分布不仅在平面上丰富了建筑的造型，与建筑的梁柱和开间形成虚实变化，更重要的是这些脊饰的层层升高并最终收束到正脊，形成一个稳定而高耸的视觉导引。事实上，这是墓葬建筑营建和装饰的一条基本的原则，各层脊饰和正脊构成了一个形式和内容统一的系统，既延续了左右各层的造型和节奏，又突出和强调了建筑的中轴线，可谓深得中国传统建筑美的奥妙。

四川省黑潭乡芋子湾的谭氏家族墓是一座七开间六重檐的高大建筑。该墓的明间和次间的柱式和檐板均造型复杂，装饰繁复精美。各层檐下的垂花柱式置于额枋两侧，形成复杂的门柱系统。与袁文德墓碑不同的是，该墓的稍间、尽间内收，与正面明间和次间形成"八"字形内收的结构，这也是这种多间多檐墓葬建筑的一种常见样式。（图 2-30）

**图 2-30　黑潭乡的谭氏家族墓（清光绪二十五年，1901 年）**

更为特别的是，该墓顶部为八角攒尖顶的样式，从正面可以看到多个坡屋顶的檐角的转折，各层庑殿顶以深刻的瓦垄和帐幔纹为饰，屋顶前后出檐，翘起的檐角与位于檐顶高高翘起的脊饰，看上去与现实的建筑屋顶几乎一样。可以看到正面、侧面、背面的至少三组瓦垄，正面和次间屋顶交界处还有一条斜脊，其脊饰起伏和缓，与檐顶水平而出的脊饰形成"人"字形的夹角，水平檐顶的脊饰尺度和角度更大，从墓葬最低一层的单檐弧形顶开始，层层叠出，逐渐过渡到顶部正脊，形成丰富的层次变化。各层脊饰造型各异，有鳌鱼、龙头、云纹、花卉等，浮雕、透雕工艺俱用，造型注重整体的斜出动态和细节的流畅线条。墓碑顶部屋檐顶上还圆雕福禄寿三星像，尽管尺寸不大，又长满了苔藓，但也格外显眼。"山"字形的正脊由左右鸱吻和复杂的拐子纹、"山海纹"和宝瓶顶饰组成，造型和表面的纹饰复杂而有序，整体造型层层抬升，层层内收，最终汇集至顶脊，变化丰富，又严整有序。

顶脊正中高凸的结构也被称为"宝顶"，常常以宝瓶、葫芦或宝珠等为装饰，它是整座建筑的最高点。在川渝地区的仿木结构墓葬建筑中，顶脊的造型和装饰也是极受重视的部件，不仅仅在其尺度，也在其造型和雕刻工艺上极为讲究。尤其是在多间多檐的墓碑建筑上，顶脊在左右层层高出，也层层内收至正中最尖顶，在整座建筑的烘托之下，显得尤为突出，从而形成对整座建筑中心轴线的强调，也是对整座建筑装饰的压轴。观者的视线会在这里停顿，并最终被引向无垠的天际，让这体量和尺度相对有限的墓葬建筑有了一种无限的空间感。

从造型上看，顶脊外轮廓大致有等腰三角形和"山"字形两种基本样式，前者注重顶脊的整体造型，以正中的"宝瓶"为中轴，左右配饰以花卉、卷云或抽象的纹饰为主要手法，显得庄重而富于变化。有些顶脊的装饰将"宝顶"左右的纹饰进行镂空雕刻，形成更为复杂的形态变化。

阆中市千佛镇邵万全曹氏夫妇墓（清咸丰九年，1859年）顶脊正中从底部"一团和气"的人像到头顶的宝瓶、双层莲花座至最高的花冠尖顶一口气堆砌了五层不同的视觉元素，两侧则有拐子纹和花卉纹饰进行衬托，

**图 2 - 31  阆中邵万全夫妇墓的顶脊装饰**

造型紧凑，复杂且有序，成为整个墓葬建筑及其雕刻装饰的重点之一。可以看出，这个脊饰不仅仅对建筑的整体造型产生影响，同时也因其上的各类装饰主题构成了一个具有复杂象征、寓意的独立构件。（如图 2 - 31）

"山"字形顶脊往往是在正中宝顶两侧以"鸱吻""蝙蝠""云龙"，或者以变形的"寿"字等进行的装饰。鸱吻倒悬，吻部与宝顶底座相连，尾部歪斜，形成正中高，左右稍低的山形样式。从装饰题材上看，象征吉祥平安的"宝瓶"并非唯一，在宝顶位置的还有"阿福""福禄寿三星"等人物，也有将家族的"牌位"置于鸱吻的正中。还有更复杂的是雕刻一座"三间两檐"的建筑等等，而左右两侧的装饰也会有相应的题材和雕刻工艺上的变化。四川省级文物保护点宣汉县曾学诚墓的墓坊、主墓碑和茔墙碑的顶脊均各有特色。正中"宝顶"有楼阁、三星、戏曲人物等，楼阁两侧的"鸱吻"部分则有花卉、老鼠葡萄和蟠龙浮雕纹饰，既有建筑形态上的考虑，也有吉祥寓意的追求。（如图 2 - 32）其右侧茔墙碑的脊饰尤为精彩。正中雕刻一栋多层的高宅大院，左右马头墙合抱的三合院落有两层阁楼，正前方有一个格局一样的门楼，正中有台阶入口，正门有半开半掩的双扇大门，左右有厢房。透过门墙还可见院落中的芭蕉、庭院门柱等等，院落两侧装饰以圆形适合纹样的草龙变形，从圆心位置的龙头逐渐幻化为卷草花卉，并过渡到马头墙上，显得大气隆重。在建筑上再雕刻建筑图像，并展开室内的若干场景是川渝地区备受重视的装饰手法。阴宅本就是对现实建筑的模仿，而墓葬建筑上的建筑图像又是模仿的模仿，多重建筑空间的表达似乎力图再现一个现世的家居环境和生活状态，这种对建筑的多重表达似乎表明了人们对于建筑宅院

**图 2‐32　宣汉曾学诚墓顶脊装饰**

的特别情感和特殊观念。

　　因为礼仪建筑的原因,可能较之真实的建筑而言,更注重其象征性和装饰性,因此在造型样式和装饰题材以及雕刻工艺上表现得更为突出。从这个意义上讲,这一地区的民间墓葬建筑的雕刻装饰已经形成了石构建筑的独立体系。

**五、拱顶碑帽的装饰**

　　在四川的达州、宣汉和重庆广大地区,一种半圆拱顶的墓葬建筑式样比较流行,按照形制来分,它应该是一种复式的单体墓葬建筑。说其单体,意即整个墓葬建筑是一座紧凑的单独整体,之外再无其它附属建筑部分;所谓复式,即是该墓常为三柱两间或四柱三间的夫妻合葬墓。但这种形制的墓葬建筑的开间左右为素面墙体,除了立柱柱联或中柱的雕刻外,底层的碑身部分几乎没有什么装饰。但在开间顶部额枋及其之上的顶帽部分则是整个建筑的装饰重点。而且这种形制的碑帽往往为半圆的拱顶造型,在拱顶的底边直径往往也是建筑中段的额枋或底层的出檐。在这个面积巨大的半圆空间内是一座三间两檐的门楼。拱顶从顶脊正中向双侧顺势而下，至底边横向出檐，与底边直径水平檐平行，在檐角或有轻微起翘。这种拱顶的结构和装饰已经演化成为了一种非常成熟和稳定的建筑结构和装饰系统。按照其两间三檐结构的明间样式，可分为"神龛式"和"牌位式"。

所谓"神龛式"，即碑帽的半圆形空间内的三间两檐门楼样式，尤其是明间部分被处理成为一座居于建筑堂屋内的神龛，这种形制在万源、宣汉等地比较多见。

宣汉县胡家镇鸭池村附近一座冯氏墓，建于民国己巳年（1929年）。其造型简洁，基座和碑身均为素面条石，正中额枋为一整块长3米左右，高20厘米左右的条石，其上刻碑文，额枋顶部左右两端庑殿顶出檐，正中断开约50厘米，与碑身齐平，正面刻"卍"字纹，纹饰接顶部门楼前的梯步。庑殿顶样式的半圆顶帽下延至下层檐顶再平直出檐，檐角小巧，形成微妙的两层檐结构，一圈波浪形的脊饰顺势而下，在末端形成上翘的尖角，构成了看似简单却颇有韵致的墓碑轮廓。（如图2‑33）

图 2‑33　宣汉胡家镇冯氏墓

在半圆形的碑帽内，是一座三间两檐的建筑门楼，周边平整的素面背墙，凸显出门楼的精雕细刻，很像徽派建筑。这座三间两层檐的门楼装饰繁复，特别是明间部分，其左右门柱浮雕官员模样的人物立像，头顶有盖伞或芭蕉扇，手持笏板。这种人物造型在达县、宣汉等级较为普遍。柱间的部分为六柱五间三重门罩的复杂结构，门罩带垂花柱头，多处镂空，有花卉、葫芦、兵书宝剑等祥瑞器物作为装饰。透过柱间，隐约可见内部还有造型雕刻。顶部有"光前裕后"匾额，底部有多级梯步连接底层出檐的中段，形成一个连通的整体。左、右次间檐下的开间只有造型样式而非实际的内置空间，左右外立柱也同样刻人物立像，檐下开间内浮雕"刘海戏金蟾""童子摘桃"的图像。这种拱顶式样的墓葬建筑流行区域还比较广，其主要原因可能是造型简洁,对比强烈,重点突出。

而门楼相对于家居堂屋内放置祖先牌位的"神龛",不仅是外观和结构样式的模仿,更是将功能和祭祀行为也移植在墓葬建筑之上。

有时候,这种"神龛"的结构和装饰可以做得非常的复杂。宣汉县的陈民安墓可能是其中最具代表性的一处。(如图2-34)其圆形碑帽前是一座五间四檐的复杂门楼结构,而明间的仿神龛结构为上下两层,顶檐之第一层檐顶有纤巧的方瓶长柱,瓶身可见"卍"字纹,多层柱础和仰覆莲花瓣柱头。柱内两侧门柱通刻人物,造型复杂,镂空纤巧,以至于不堪其重而脱落较多。顶部门罩镂空雕刻"福"字纹饰,顶部匾额刻"音容宛在"。正中明间为四柱三间,左柱断裂,可见其内牌位及牌位两边的瓶花纹饰。亡堂中间阑额刻猴子摘桃、草龙等纹饰,下层亡堂门罩完全掉落,雕刻碎片也是重重镂刻纹饰。左右外立柱为打伞立像,人物表情生动,衣纹飘逸。顶部折页匾额刻行书文字,可惜风化严重。左右稍间门柱和开间外也是高浮雕和镂空花卉等纹饰……整个墓碑装饰之繁复,雕刻工艺之精巧难以尽述,甚至可以说达到了川渝地区民间墓葬建筑装饰的极致,可惜因为雕刻的纤细精巧而掉落严重,但仍然能够从中领略到民间墓葬建营建的技艺和装饰艺术的精湛。

图2-34　宣汉陈民安墓主墓碑

这种置于高处的石雕"神龛",实际上构建了一个家居神龛同形同构的祭祀空间,而这种拱顶结构使这种空间得以突出和强化,而在缩微的门楼上再加以繁复的装饰和特殊的主题的图形,烘托出一个场面宏阔、装饰精巧、意象明晰的建筑纪念碑。

所谓牌位式,即在拱顶之下的整个装饰围绕一块中心牌位来展开。其实这种样式与神龛式有些类似,只不过明间的位置上不再是一个明显的门楼,取而代之的是一块竖向的牌位,或者是一个横向的匾额。它们不仅仅是碑帽的结构中心，同时也是建筑的视觉中心，整个碑帽的装饰无不是以烘托其中心的匾额或牌位为出发点。

最为典型的莫过于重庆市涪陵区石沱镇富广村的王用田墓（清光绪三十四年，1908年）。该墓墙体为5层条石砌起，正面为三柱两间，左右外柱刻联，正中门柱浮雕山水人物，开间顶部横枋刻墓志。看起来相当简括。但在横枋之上的半圆拱顶的结构和装饰则极为繁复，而位于正中顶檐之下的一块"亚"字形的牌位成为了整个装饰的视觉中心。牌位有弧形花边外框，正中刻有"太原郡"三字，牌位顶部和左右雕刻高浮雕人物形象，底部方座分为三段，左右刻有浅浮雕的"醉卧"人物，中段凹陷，对应顶部的"太原郡"三字的底部雕刻一门户栅栏，栅栏后有人站立，正拉开半边雕花栅栏向外张望，似乎正在迎候主人归来。（如图2-35）牌位左右雕刻文武官员立像，他们背后是祥云萦绕，手端腰带，脚踩龙头，器宇轩昂，显然为神仙人物，他们是牌位的守护和拱卫者。这一切的安排意图非常明显，不管是八仙、还是文武天官，在这里不仅仅是视觉的美观和工艺的精巧，更有着身份和地位的象征和暗示。对称的结构和层层外推的装饰图像使得整体的布局显得井然有序而不失灵活生动，将牌位烘托得异常庄重神圣。

图2-35　重庆涪陵石沱镇王用田夫妇墓

而在牌位左右有斜出的"墀头"，外侧接左右次间结构，其檐下分别刻

"庚甲""寅申",这同样暗示出一座三间两檐的门楼,只不过这里表现得过于繁复甚至让观者忘记了整体的造型。整个碑帽部分图像极为丰富,让人目不暇接,但总体上可以看出以水平出檐和左右对称的墀头形成的"合抱"结构层层内收,最终收束至牌位。如此,整个碑帽的装饰显得严整有序,繁而不乱,同时让中心的牌位更为凸显。

正如在王用田墓所看到的那样,其碑帽整体的半圆拱顶样式已经有多层的装饰变化,这也是拱顶造型装饰发展的必然。可以看到,王用田墓碑帽尽管整体外形是一个半圆拱顶的样式,但其出檐的轮廓已经发生了极大的变化,一方面是出檐正面演变为花卉纹饰的边带;另一方面多层出檐已经演变为多段曲曲折折的波状起伏的飘带状。要不是在边末端有翘起的檐角或龙头吻饰还保留着一点建筑顶檐的痕迹,还真不好判断这就是一个碑帽出檐的结构。这种将半圆碑帽演变为波状起伏的手法也并不少见,其实也是民间墓葬建筑装饰"复杂性"趋势的一种常见手法。

在同一家族墓地中的"王公讳文胤号焕章老大人之墓"的碑帽部分,主体的三间两檐变得更为复杂。(清同治三十年,1874年)明间檐下为宽大的横匾,刻"王氏佳城",左右次间檐下为卷轴样式,其上刻"庚山""甲向"字样,各层檐均分出左右两段,中段有外展的墀头隔开,使得匾额更为敞亮。整个碑帽已经看不出完整的整体半圆弧线,而是分出左右对称的三段S形小卷叶边饰形成的小的拱顶,拱内的空间则雕刻人物和动物图像,顶脊内的一幅图像尤为复杂精彩。一座穿斗结构的三合院大瓦房,正房大门洞开,可见其内有"空椅"一张,人们似乎翘首以盼,等待着"来人"。房檐之后重重旌旗、片片条幅迎风招展,顶上山石之间还有老幼、妇人手舞足蹈。人物衣装隆重,动作夸张,表情愉悦,俨然一幅热闹的"欢庆"场面。构图饱满有序,情节丰富,这既是一幅十分难得的民俗图像,也是一幅有着多重寓意的墓葬美术图像。(图2-36)

四川广安武胜县乐善镇的观音寨村吴氏家族墓地中的吴金宇文氏墓建于清光绪二十一年(1895年)。该墓体量高大,尤以其碑帽部分的雕刻纹饰最为精美。明间额枋之上的部分为三间三檐的结构,整体同样呈圆弧拱顶样式。明显可以看出,这种拱顶也同样被多层更小的拱形脊饰所改变,而脊饰上的雕刻装饰也极为繁复,反倒是突出了简洁的"死如生"三字的明间匾额。当然匾额左右的雕刻也是不能省的。左右门柱刻文武官员立像,而匾额顶部一幅"老鼠葡萄"浮雕更为生动写实。匾额下的长额枋上是一组复杂的人物场景,匾额左右次间也各有戏曲人物雕刻。整体看去,从中心素洁的匾额到左右次间的直线出檐和戏曲人物到外层的曲线轮廓,形成了疏密对

图 2-36　重庆涪陵石沱镇王文胤夫妇墓

比强烈,层次分明的视觉秩序,显示了较为成熟的营建水平和高超的装饰工艺。(图 2-37)

图 2-37　武胜县乐善镇吴金宇文氏墓

可以看到,墓葬建筑的装饰总是以建筑形制及其构件为载体,遵循基本的中轴对称和中心扩展的多层有序的视觉结构。同时雕刻装饰的局部图像以建筑构件的外形为装饰面，以适合纹样为基本构图模式布置尽可能丰富多样的图像内容。这些内容不仅仅是装饰，更有着重要的叙事意义，为着整个墓葬建筑的意象服务。

就墓葬建筑的雕刻装饰而言，其尺度和体量也都在数米尺幅上下，其构图设计和雕凿打磨也并非易事，更何况有些墓葬建筑的装饰极为繁复，其形制的设计、装饰内容的有机整合以及雕刻工艺的合理运用都需要缜密的巧思和平和的心性。可以说，川渝地区的民间匠师将中国传统装饰艺术的基本手法、语义、雕刻技艺融汇一炉，在数百年间施展于广阔的城乡，在顽石中点化出了中国民间石构建筑及其雕刻装饰的精灵。但是，由于它们依托于墓葬，这个常人避之不及的载体，遗存于乡野，这个难以及之的场所，其价值并未得到真正的认可，这有待更为系统深入的研究。

## 第二节　体现多元价值的装饰主题

### 一、"成教化、助人伦"的道德教化

中国的儒家思想尤重艺术的道德教化功能，孔子极为重视礼乐对于人的教化作用，荀子亦认识到"夫声乐入人也深，其化人也速"。这与我们今天倡导的"美育"有很多一致的地方。有传顾恺之的《女史箴图》就是中国现存最早的教化题材的图像了。唐代张彦远的《历代名画记》中有："夫画者，成教化、助人伦，穷神变，测幽微，与六籍同功。"这里就将绘画的道德教化功能说得十分清楚了，那就是"成教化、助人伦"，而且其作用与"与六籍同功"，可见其作用巨大。

至明清，社会对道德教化的重视甚至为前朝所不能及，因此，民间美术图像，特别是在有关祭祀、礼仪等场合利用图像来实现"无言的教化"则是理所当然的选择。而对于不识字的大众百姓而言，图像则是更为有效的手段，因此我们在川渝地区的民间墓葬建筑上看到大量的这类图像。

"二十四孝"是墓葬建筑装饰最为普及的题材。不难理解，这种自宋代以来就流行的图像在川渝地区的清代墓葬建筑中几乎处处可见，哪怕是只能刻下其中一幅，也是不可或缺的。我们知道，不管是民间遵从的"孝道"还是官方推崇的"孝治"，一直伴随着中国宗法社会的历史进程，有清一代更是推出"以孝治天下"。康熙颁布《圣谕十六条》，雍正由此推演出万言的《圣谕广训》要求城镇和乡村诵读，而十六条中首要的就是"敦孝弟以重人伦，笃宗

族以昭雍睦"。而康熙帝在解释其颁布缘由时这样说道："谕曰：'朕惟至治之世，不以法令为亟，而以教化为先。盖法令禁于一时，而教化维可久。若徒恃法会而教化不先，是舍本而务末也。朕今欲法古帝王，尚德缓刑，化民成俗，举凡敦孝弟以重人伦，笃宗族以昭雍睦……'"①可以看到，中国古代帝王的治国理政的基本观念，那就是对民俗教化的极端重视，认为社会的长治久安并非得益于外在的法令，而是源自于内在的风俗教化，只有"化民成俗"才能"维于可久"。因此，在这样的背景下我们就不难理解，即使在僻远的川渝乡野广建祠堂、遍立祖坟，将"二十四孝"这一类的图像作为重要的墓葬建筑装饰。

"二十四孝"图在墓葬建筑中出现的位置、数量、顺序、使用偏好以及表现手法均有不同，一时间还难以发现其规律性。

从墓葬建筑装饰的位置上看，多出现于墓门开间的左右门柱内侧或门套两侧。这一位置往往以纵向 4～6 幅的分格表现，选择的题材比较多见"大舜耕田（孝感动天）""孟宗哭竹""卧冰求鲤""乳姑不怠""郭巨埋儿""鹿乳奉亲""扼虎救父""尝粪忧心"等。表现手法多为浮雕，也有线刻和镂雕，而图像的构图和情节表达往往只是通过借助便于识别的主要的视觉符号和元素来图解，但一些高水平的表达则可能添加一些背景或其它的符号来丰富画面。如"乳姑不怠"一图，则常常用年轻女子暴露乳房给老年女子"哺乳"的情节，很多画面中常常伴有小儿，而小儿的动态举止则是匠师发挥想象和创造的空间。当然这幅图比较常见，可能有社会对女性有更多的要求。再如"郭巨埋儿"，因为有"神仙"出现，匠师则充分发挥这类题材，甚至将场面表现为跨上下两格来表达，重点甚至放到了仙人的云气和飘逸的衣纹。（图 2－38）

那些常常被选择的题材，要么是大家比较熟悉，要么是便于图像化呈现，而后者似乎更有可能。当然，也有不少的墓葬建筑将二十四孝完整地雕刻在碑身或茔墙上面，这主要取决于建筑空间的大小，这样的表达多是方形小图逐一排列。事实上，在田野考察中，我们常常看到，高水平的匠师往往会在故事原型的基础上，添加个人的理解和想象，从而创造出新的具有情节

---

① 康熙《圣谕十六条》谕曰："朕惟至治之世，不以法令为亟，而已教化为先。盖法令禁于一时，而教化维可久。若徒恃法会而教化不先，是舍本而务末也。朕今欲法古帝王，尚德缓刑，化民成俗，举凡敦孝弟以重人伦，笃宗族以昭雍睦，和乡党以息争讼，重农桑以足衣食，尚节俭以惜财用，隆学校以端士习，黜异端以崇正学，讲法律以儆愚顽，明礼让以厚风俗，务本业以定民志，训子弟以禁非为，息诬告以全善良，诫匿逃以免株连，完钱粮以省催科，联保甲以弭盗贼，解仇忿以重身命。（《清圣祖实录》卷三四）。

性和场景性的画面，从而极大地丰富了中国民间艺术资源库。

四川三台县自汉以来就有诸多的墓葬遗存，清代墓葬建筑及其雕刻装饰有很强的地域特征。在该县龙树镇的清代墓葬建筑雕刻装饰中，二十四孝题材也格外流行，且呈现为诸多的表现样态。概略观之，可以帮助我们对于这类题材有较为清楚的了解。

邓母何氏墓（道光二十八年，1848年）属于小型的神主碑，但雕刻装饰却比较丰富精美。尖圆碑帽雕刻骑鹤仙人图，碑身稍内收，左右门柱刻联："冢下龟皇陈祖豆，阶前谨凛正衣冠"，横匾的文字为"肃将埋祀"，其中横匾上的几个字为阳刻，比较少见。匾下门套造型也比较特别，上枋镂空雕刻"大舜耕田"，画面中有一人犁地，大象在前牵拉，身后有两位女子一手高举，一手后摆，看

图 2 - 38　四川南江八庙"红碑"上的二十四孝图

上去是在协助大舜。人物背景完全镂空，呈剪影。耕田者为大舜，两位女子为娥皇和女英。男子德才兼备，女子善良美丽、恪守妇道，显然是人们心目中理想典范。而"耕田"符合传统社会基本的生产生活方式，因此大舜耕田被列为二十四孝故事之首，在图像表达中也总是有"娥皇女英"常伴左右。一幅家庭婚姻和谐美满的理想图画。该图之下的门套左右雕刻瓶花，顶部门罩上挂扇面匾额刻"追远堂"，底部门槛刻"麒麟献书"。该碑尽管只表现了"二十四孝"中的一个故事，但如果结合其柱联匾额以及其它的装饰图像，就不难看出该墓在整体语境和雕刻装饰上的精心构筑。（图 2 - 39）

同为三台路明村的林仕雄曹牟氏墓是一座三层檐的四方碑亭样式墓。该墓

图 2 - 39　绵阳三台邓母何氏墓的装饰

底层左右两侧面和背面雕刻有完整的"二十四孝"图像，像"九宫格"一样逐一出现在约30厘米见方的格子内，其中还间插戏曲人物和诗文等，更为少见的是每一幅图都带有四个字的题图文字。这些图像和文字足以吸引人们细细观看，实现很好的教化作用，也带给观者以审美愉悦。该墓可以说很好地说明了，墓葬不仅仅是一个对于逝者的归宿之地，也是对于后世子孙的吊唁祭拜之所。明清之际，川渝地区的这些"地上"的墓葬建筑就是为"观看"而建，为"走近"而建，通过这种近看，不仅拉近了与先祖的距离，同时也实现了不可多得的教育、教化的机会。（图2-40）

图2-40　林仕雄墓的"二十四孝"

　　除了直接表现孝道的二十四孝，还有比较流行的题材是"渔樵耕读"。渔、樵、耕、读，是中国古代农耕社会最基本的生产生活方式和四个重要的职业，即渔夫，樵夫，农夫和书生。图像化的渔樵耕读，不仅仅是装饰性的描绘，更有深厚的典故和丰富的象征寓意。渔夫形象为汉代的严子凌，表现的是他不慕荣华富贵，不图名利而归隐山林的品格。范仲淹曾有"云山苍苍，江水泱泱。先生之风，山高水长"的赞语，使得严子凌的高风亮节闻名于天下;樵夫,是指朱买臣,也是"覆水难收"典故的主角。他幼年穷困潦倒,但勤奋读书(担柴看书)而最终位列九卿;舜,就是二十四孝的第一孝的大舜,其孝顺、简朴、勤劳、厚道的品质,被中国人视为人文始祖;读书人的代表人物是苏秦,他含垢忍辱,头悬梁,锥刺股,奋发图强,最终成为纵横家、外交家和谋略家。这些典型的人物,尤其是其德行,成为引导中国人精神品质的重要的价值标准,也成为人们喜闻乐见的艺术表现主题。

重庆涪陵青羊群英村的洪国器墓(清光绪十五年,1889年)是一座双室拱顶墓。是一座中等规模的拱顶式建筑,底层明间中柱雕刻瓶花,左右次间仿隔扇门样式,装饰纹样严格对称,顶部有三间两檐,檐顶分别对应三个弧形顶,其内各雕刻戏曲人物,顶部正中刻圆形"寿"字,与明间中柱上下呼应。底部左右次间"八"字内收,分别刻"渔樵耕读"和"大舜耕田"图像。"大舜耕田"为左右竖向条幅,左侧画面表现山石之下的大舜牵着大象在劳作,空中还有太阳。右侧画面的右上角表现两位女性在向他打招呼。尽管两幅图像被中间"乙未岁季春月立"文字所分开,但人物之间的互动关系则保证了画面的完整性。左次间檐下的墙体上分为四格,分别为"读""耕""樵""渔"。从这几幅图的分布顺序看,读书和耕种似乎受到更多的重视。而"渔"被表现为一位老翁头戴斗笠坐在水边树下,面带微笑,一手捻胡须,一手举钓鱼竿,确实是一幅轻松闲适的画面,与其它几幅传递的"劳作"状态有些格格不入。这可能与对"渔樵耕读"的理解有关,或者是出于对流行图像的不自觉的应用而已。而在右侧的同一位置则是两条幅的图像,一幅明显是"大舜耕田",而另一幅表现的是山石上站立两位女性,她们的动态以及装束几乎一样,头上插着长长的发簪,面带微笑,一手拿长棍,一手指向前方,这样的图式与前文提到的邓母何氏墓的大舜耕田非常类似。而龙树镇华联村的林德任夫妇墓四条屏明间门罩雕刻中也见类似图像。可以看到在右二上方两图也有横条间隔,顶上一幅两位女性衣着华丽,站立树下,手指前方,下方则是一人肩扛犁头,手牵大象的场景。(图2-41)

重庆涪陵和四川绵阳三台两地距离遥远,在交通通讯都非常不便的时代,其图像表现手法却又如此类似,这一方面表明民间美术图像有其稳定的内在图式,使其在传播过程中有着程式化的不变性;另一方面也表明民间美术有着较为明显的地域特征和个性化的创新特征,这其实是一个研究民间美术和艺术传播的有益话题。

"孝悌忠信""礼义廉耻"是中国传统社会价值观的核心理念,当然也是教化题材的重要内容,尽管对墓葬建筑这一功能特殊的载体上"孝"是当然的选择。

**图 2 - 41 重庆涪陵洪国器墓的"渔樵耕读"图和"大舜耕田"**

"百善孝为先"是最重要的中国传统文化价值观之一，孝道更是上升为国家治理的重要基石，明清更是明确提出"以孝治天下"。尽管"二十四孝"中有部分已经很不合常理，但中国孝文化依然是优良传统文化之一。对父母、对祖辈的孝敬和恭顺既是个人的品质，也是良好社会风气的起点，更是涵养社会主义核心价值观的传统基石。从这个意义上说，墓葬建筑雕刻装饰的孝道表达还是有其历史和现实价值的。

除了孝道，其他题材内容也是不能忽视的，如对孝悌忠信、礼义廉耻的表达。四川省通江县云昙乡的张心孝墓是一座形制复杂，装饰繁复精美的大型墓葬建筑，其主墓碑的独特抱厦结构在川渝地区无出其右。其抱厦左右门柱狮子柱础，垂花栌斗，三面施雕，柱间有熟悉的"双狮解带"，其正面左右各雕刻四组人物群像，每一幅图中刻有一字，正是"孝悌忠信""礼义廉耻"。那一幅"忠"表现"岳母刺字"的场景，也是为人们熟悉和欢迎。这些图像位于主墓碑抱厦的中柱上，最为显眼，而柱顶匾额的"佑启后人"这几个字倒是确切地说明了这一组装饰图像的功能和意义。（图 2 - 42）

在墓葬建筑上，这类道德教化的装饰题材的主题内容和表现方式其实是多种多样的，除了前文所提及的这些从内容到意义都非常明确的表现，同时结合着文字进行的相互阐释，还有一些故事性的主题如"鹬蚌相争、渔翁得利""文王访贤"等，前者意在强调家庭成员，尤其是兄弟之间的团结和睦；后者则表现出对明君，也即对稳定安宁的国家和社会的期许。

图 2－42　张心孝主墓碑抱厦中柱的"孝悌忠信礼义廉耻"

当然，对于百姓而言，家庭的和睦、人丁兴旺才是最重要的利益。正因为如此，关于孝老爱亲、夫妻和美、勤俭持家、耕读传家的一类的题材总是受到重视，其表现有直接的碑刻铭文的书写，有图像化的注解，有故事性的说教，也有利用纹饰进行的象征比喻。

在所有的这些图像中，亡堂的雕刻装饰应该是最为直观和综合性的表达了，以墓主夫妇为中心的一家人在厅堂中的"宴饮"场景，其乐融融、人丁兴旺、富裕安乐，它浓缩和凝聚着中国传统社会关于"家"的理解认知和理想。以"历代昭穆神主"牌位为中轴，纵向的代际和横向的亲疏内外实际上也是一种"差序格局"的直观表达。

当后世子孙，乃至族人乡民在祭祀、观看过程中，这些画面及其背后的故事和观念就这样自然而然地完成了传递，在这特定的时空和语境之中，悄然地实现了对于家人、后世子孙的教化作用。我想这或许是很多人愿意崇修大墓，并施以各种雕刻的原因之一吧，或许正是看到了这样的"功用"，他们才愿意做出如此耗费巨大成本的举动。这也是在明清时期，墓地从地下的隐秘世界，转而成为矗立在地上，并成为公共空间的重要标志性建筑时，这种"教化"就变得更为明了和直接了。对于"湖广填四川"地区的移民而言，墓地、祠堂、会馆成为了移民家族构建和来源地构建的"三位一体"的载体，墓葬建筑对于他们而言又增加了一个关于家族叙事的重要文本。

## 二、"图必有意、意必吉祥"的象征寓意

"图必有意、意必吉祥"是中国民间美术装饰图像的基本原则，每一幅图

像都代表着一种内心的期望和美好的寄托，川渝地区的墓葬雕刻装饰也概莫能外。从题材类型大致可以将墓葬建筑装饰题材分为人物类、花卉类、动物类和纹饰类，其出现位置可以在墓葬建筑的立柱、匾额、基座、碑帽、侧墙等任何位置作为主要的装饰，也可以出现在檐下、门罩、枋头、瓦当或图像的边缘、构件的角落作为填充和点缀。要么是整体性、系列性的连续图像，要么是零散的、随意的独立纹饰，但是，这些图像和纹饰往往都有着明确的美好主题意象。

因此，除了八仙人物悉数出场，经常伴随着的还有一位"骑鹤仙人"，即一位扛着系葫芦的拐杖，骑着大鸟（仙鹤）的光头老者。他也常常被误认为是寿星，其实他是"王子乔得道成仙"故事的主人公，但对于老百姓而言，就是一种长生不死的愿望。因此这样的组合不仅仅有了视觉上形式的方便，更有对于寿的强调。

寿，即肉体的永恒，被中国人视为五福之首。在民间，即使对于死亡，也都以寿称之，所以墓葬常常被称为"寿域""寿藏"，棺材被称为"寿材"等等，无非是一种吉祥和美好的愿望。

不仅如此，这里的"八仙祝寿"还有更深一层的含义，那就是对于逝者身份地位的提升，这一点可以从四川省南江县刘岳氏墓枋上一幅八仙献寿图可以看出来。该图表现了八仙甚至还有猪八戒孙悟空列队向端坐画面正中的一位女性祝寿的场景，前面还有两位童子展开有"堆金积玉""聚宝藏珠"字样的长卷。我们知道，八仙传说故事中一个重要的内容就是给"王母拜寿"，画面上的这位女性头戴高冠，左右还有打扇侍女，其地位非同一般，应该是王母无疑。而此图对应的坊心匾额有官方题写的"节昭百代"匾额，并有金印为证。如此的处理，就把墓主刘岳氏和"王母"联系了起来，借此进行了一种表彰和比附，这其实是民间艺术的常见手法。该墓通过一系列民众熟悉的图像，来表达各种吉祥寓意、各种教化观念，并配合柱联、家谱等共同营造出一个关于墓主、关于刘氏家族以及各种观念信仰的综合场所。（图2-43）

墓葬建筑装饰中关于求寿和延寿的题材还有一个比较常见的题材就是"赵元求寿"，这也是"饭后百步走，能活九十九"的故事原型。图案常常表现为两位老者下棋，旁边一位男子酒食侍奉的画面。这一题材的简化版就是一张"棋盘"，就像"暗八仙"一样，只是出现仙人的法器。这种以物代人的手法也是民间美术中的常见手法，一方面比较便利，难度也不高，另一方面可以比较自由灵活，其实也是一种比较经济的办法。"暗八仙"作为一种常用的装饰题材，是将八仙的法器，如葫芦，芭蕉扇、花篮，扎以飘动的丝带，形成

**图 2‒43　四川南江刘岳氏墓额枋和枋心雕刻**

简洁明快、动静结合的纹样,其优美简单的图像符号背后有着丰富的象征性和寓意性,这种从具象的图像走向近乎抽象的纹饰的手法是非常典型的中国传统装饰纹样的艺术特征。

墓葬建筑雕刻装饰中有关吉祥如意等美好祝愿的人物题材和故事实在太多,常见的"天官""门神""刘海戏金蟾""一团和气""福禄寿三星""五老观太极"等等图像,只要能够出现的可能都会毫不犹豫地用上去。再稍有一点规模的墓葬建筑,其装饰都不难发现这些题材。其表达的无非"天官赐福""一品当朝"等现世的需求,更有甚者干脆直接地将"福""寿"等文字进行图像化、符号化的变形,成为普遍使用的装饰图像,这在前面的讨论中可以得见。

"万般皆下品,唯有读书高"的观念早已深入人心,考取功名才是中国人心目中最为看重的事情,因此,与此相关的题材是一定不能少的。在墓葬建筑上常常看到有"状元游街"的场面,只见其中一人骑着高头大马,前有乐队吹吹打打,后有举旗护送,好不热闹。一出高中状元的程式化场面,与此相关的就有"魁星点斗""文曲星下凡""五子夺魁"等等类似的图像。

值得一说的是,川渝地区的墓葬建筑中,常见一些世俗生活题材的人物图像,这些图像没有所谓的"故事原型",更不是流行的图像,而是匠师个人的创造。比如有杂耍演武、打擂等主题内容,还有像舞龙、舞狮。还有就是以穿斗结构民居为背景的家居生活场景。这些图像的雕刻既不像传说故事那样有程式化的构图和造型,也不像戏曲人物那般的动态装束,而是用一种比较写实的手法表达出一种现实生活的"真实"状态。在《四川地区清代墓碑建筑稍间与尽间的雕刻图像研究》一文之后,笔者对此提出:"它们在很大程度上已经脱离了墓葬建筑装饰本身的功能和象征意义,成为艺术家的'独立创作'。通过那些熟悉的人物、奇幻的传说、宏大的场面、复杂的构图、高超的工艺技巧所创造出来的观看的愉悦背后，既有造墓人的用心、匠师的炫技；也有对传统教化、审美、习俗等的多重层次的指示性。"①这一现象是民间美术原创性和新变的重要契机，值得重视。

其次是丰富多彩的花卉题材装饰。花卉装饰有太多的好处，首先是造型比较简单，且自由灵活；另一方面，使用上不承担风险，也几乎没有时空局限，同时为大众喜闻乐见，因为花卉总是给人以喜庆热闹的感觉。川渝地区的墓葬建筑中的花卉装饰主要表现为连续的花卉纹饰、对生或独立的折枝花卉、大量的瓶花、独立的立体花朵等等。它们或者作为横枋上的装饰边带，要么是作为抱鼓上的适合纹样，或者是作为整个建筑构件上的装饰主题，当然还有作为空间填充的角隅花卉，或者仅仅是一些类似植物的枝蔓。但不管是细密缠绕的繁缛，还是疏朗伸展的概括都展现出植物的生机盎然，千姿百态。

另外，我们常常会在墓葬建筑上见到熟悉的蔬菜瓜果图像，如茄子、辣椒、柑橘、佛手、苦瓜、石榴等，这些图像较为写实，往往出现在不太重要的位置，有点像是匠师的即兴发挥，但这些图像却为墓葬建筑的装饰平添了几许日常的生活意趣。当然，诸如石榴、佛手，包括露出种子的苦瓜等等也都有着较为明显的吉祥寓意，它们与墓葬建筑上常常见到的如意、兵书宝剑、暗八仙等一样，不仅有视觉的新鲜感和装饰效果，更是被赋予吉祥美好的寓意，无疑都反映出人们的审美趣味和对于丰富多彩的生活向往。同时，这些花卉纹饰也常常和喜鹊、凤凰等鸟类，甚至瑞兽等同时出现，组合出精美、喜庆的花鸟装饰。这当中，瓶花纹饰可谓其中最具代表性的一种了。瓶花，这种将自然的花卉移植到室内的审美化方式，几乎是每一个民族都有。瓶子最初其实只是一个让花卉能够保持得更久的一种工具。但不知何时，"瓶花"变成了一种相对独立的审美对象。在中国，瓶和花又在不同的审美路径和文化路径上分别演化出整合性的意涵。瓶通"平"，取平安、平稳、太平等意；而花又有富贵、热闹、祥和之意，再后来，瓶中之花又增加了其它元素。"戟"，取同音"级"，于是瓶花又再次变成了"平升三级"。显然这是中国传统文化中对于吉祥美好寓意的体现，也是民间艺术图像灵活多变的造型表现。

当然，在民间表现图像中，"戟"，也有些演变，不仅"刀、枪、剑、戟"皆可，还可配饰以羽毛、飘带、磬、鱼等元素，也给瓶花配置上各种样式的基座、脚

---

① 罗晓欢. 四川地区清代墓碑建筑稍间与尽间的雕刻图像研究. 中国美术研究，2015(04)，第51—62页。

蹬等。不仅在花的形象上竭尽创意，也在花瓶的造型和花瓶自身的装饰纹样上努力创新，更在整体的装饰结构、构图、工艺上有着整体的设计和思考。

在"瓶花"这一独特的艺术形象中，民间艺术家们的创造精神和审美情怀得到了充分的表现，也给我们带来了异常丰富多样的图像资源和审美形象。而在西南地区的墓葬建筑上，瓶花的造型形式、出现频率和表现手段可谓异彩纷呈。

瓶花作为装饰形式，几乎可以出现在墓葬建筑的各个位置，其表现手法主要有雕刻和彩绘。如比较显眼的墓碑正立面，特别是墓葬建筑开间内，与门柱并列，柱联与瓶花相映生辉，明间门套两侧以两幅瓶花条屏作为装饰几乎形成固定的模式，有些墓葬建筑的门柱干脆就是瓶花的立体造型。

另外，瓶花作为装饰图像在墓葬建筑上，既有1米见方的大型独画幅，画面宏大、构图复杂、雕刻精美；也有适合于特殊构件而专门创作的瓶花装饰纹样，还有在建筑构件的边边角角，狭小角落的小巧精致、构图灵活的瓶花小品装饰。还有直接将瓶花作为墓葬建筑主题来装饰。尽管在墓葬建筑的整体装饰中，瓶花只占其中的很小部分。但它的丰富精美、它的美好寓意却深受人们的喜爱。也正是因为如此，瓶花才成为墓葬建筑上一个相对独立，异彩纷呈的装饰类型。

总之，这一研究不仅揭示出西南地区明清墓葬建筑上这些花卉主题纹饰的奇特的造型样式和装饰手法，也为本就丰富多样的中国传统装饰艺术带来了新的图像资源。

再有，状态万千的动物装饰。前文提及"滚龙抱柱"和"双狮解带"以及"鸱吻"等就是常见的动物装饰了。在这一地区以动物为题材的装饰也同样异彩纷呈，动物的造型生态变化万千，几乎不胜枚举。

在人们心目中，龙是兽中之神、凤为鸟中之王，还有麒麟、狮子、大象等瑞兽，也有鱼、龟、马、鹿、蝙蝠、喜鹊等祥物，还有人们熟悉的猫、狗、牛、羊、兔、猴子、老鼠等，甚至蝴蝶这样的昆虫都会作为装饰的题材。而这些题材的表现既有工艺美术趣味性的追求，更有对动物所象征和代表的吉祥寓意的体现。前者一般独立出现，而后者则多与其它事物相伴而出，利用谐音、图解等组合出一个个吉祥画（话）。这些都是我们所熟知的手法了，但是在这一地区的雕刻装饰则呈现为极为丰富、同时也很有新意的表现。

人们熟悉的龙在西南地区明清墓葬建筑上十分流行，最典型的就是龙柱和匾额装饰，并常常以"滚龙抱柱"或"二龙抢宝"等图式来表现。即两条龙头部相对，张口争夺中间一个宝珠的构图。另外一种就是在墓葬建筑的碑帽或基座上雕刻的"穿龙"，即云龙组合图式。龙的身体在雕刻的云中间

95

穿梭,张牙舞爪、时隐时现,动感十足。此外,还有比较常见的"五龙捧寿"牌位,还有变化丰富的"草龙""拐子龙"等变体造型,均是民间装饰中精巧备至的装饰。

"鱼化龙",也即"鲤鱼跳龙门"。显而易见,这也是最为典型和普遍流行的吉祥寓意主题。在墓葬建筑中,此图出现的位置非常灵活,表现手法也丰富多样。一种是鱼、水纹、龙的组合,鱼在水,龙在天,其间有水纹连接,形成构图疏密对比强烈,点线面结合且视觉引导感明显的画面;另一种是鱼、马或成对分置,中间一座建筑的画面,构图严谨,形象突出鲜明。当然,还有前文提及的鳌鱼脊饰。这些精彩纷呈的龙的装饰是传统吉祥纹饰的重要组成,也是非常值得重视的墓葬建筑雕刻装饰图式。(图2-44)

**图2-44　古蔺鱼化乡杨如赞墓的鱼化龙图"鱼化龙"**

鱼即余,意味着富裕。鼠代表多子,蝙蝠同福,等等不一而足,由此也就展开了千差万别,变化众多的装饰图像。总之这些动物形象总是和吉祥、美好的寓意相关。"鹿鹤""猫蝶"的长寿,"老鼠""石榴""麒麟送子图"的多子多福,甚至那些不太常见到的动物形象,如仿木结构檐下的悬鱼,在墓葬建筑上变成了肥胖可爱的大鱼。大象的头部和长鼻子成为了雀替,日常生活中的牛、狗、兔子、猴子等等也常常在不经意间成为了墓葬建筑装饰的题材,充满了生动意趣。

邓霜霜、罗晓欢的《清代川东、北地区墓碑吻饰研究》一文以田野考察为基础,对川北、川东等地墓葬建筑上的吻饰进行了初步的研究,并进行了类型划分。研究发现该地区墓葬建筑的吻饰造型包括了典型的龙、凤、鱼等动物,还有鸟、鹿、蝙蝠、马、鹤、大象等。植物类的主要有牡丹、菊花、松树、竹、向日葵等,这些造型往往与云纹、回纹、万字纹等传统纹饰相结合,形成更为丰富的装饰造型。文章说:"因此吻饰作为墓碑的一个构件装饰,生动形象地反映出这一时期四川地区民间注重墓碑修饰的丧葬习俗和精湛的建筑和雕刻技艺。这些墓碑建筑及其装饰应该成为中国民间美术和传统建筑艺术新的研究对象。"①其实不只是求新,更有对美好意象的追求。

谐音手法是民间吉祥寓意的重要手法。如狮同事,用长长的带子绕着两只狮子,意为"好狮(事)连连";猴通侯,蜂即封,于是就有了"马上封侯";瓶通平,戟读音同级,磬为庆,于是就有了吉庆有余、平升三级。这就是中国民间美术的"图必有意、意必吉祥"。

在大家的常识中,或者在现代人的心目中,死亡代表着一切的结束,墓地、墓葬成为人们唯恐避之不及的场所,没有想到在传统社会中,在偏远的乡村之中人们却将最美好愿望、最吉祥的寓意放在了墓葬建筑上,并不遗余力地进行着装饰。将现实中的种种观念、信仰和诉求用图像的方式记录和表达在这阴宅上,并展现给后世子孙和远近乡民,使之成为了一种公众的表达,甚至一种恒久不变的祝愿。这些图像和祝愿让包括逝者的后世子孙,在墓地看到和感受到的并非只有"死"的无助、悲哀和恐惧,这些给予死者、给予阴宅的图像也同时守护和安慰着在世人们的心灵,给人们以一种审美和情感的愉悦、安慰和寄托,让他们在现实的艰难困苦面前依然有着一种对于美好未来的期许和生活的勇气。正是在这样的面对和交流中,对于逝去先人的祭祀和缅怀由形式内化为内心深深的情感。

### 三、"画中要有戏,百看才不腻"的百戏

在川渝地区的墓葬建筑装饰中,戏曲人物和戏曲场景其实是最普遍,也是最丰富多样的题材,甚至大大超过人物故事和花卉装饰。其数量和雕刻工艺的精美程度与墓葬建筑的规模形制成正相关的关系,也就是说越是高大精美的墓葬建筑,其戏曲雕刻数量也就越多,工艺也复杂精美。以至于笔者不得不专章讨论,但作为装饰题材而言,依然无法回避。倘若我们比较一下同一时期的民居建筑、祠堂、戏台、牌坊等的建筑装饰甚至年画、壁画,也不难发现戏曲题材所占的比例,这就不难理解为何墓葬建筑上的戏曲雕刻装饰何以如此丰富。

常有"画中要有戏,百看才不腻"的说法。同理,是否能够雕刻戏曲人物,是否有戏曲雕刻成为人们衡量一位匠师水平和判断墓葬好坏的标准之一。在考察中,墓葬的后世子孙常常骄傲地为来访者介绍说,这座墓上就是"一台戏"。

早在汉代画像石上,我们就看到了大量的"百戏"和杂耍图像,至宋辽金

---

① 邓霜霜、罗晓欢.清代川东、北地区墓碑吻饰研究.艺术与设计(理论),2014(06),第143—145页。

时期的宋墓中，更是出现了很多戏曲人物和演出场景。至明清时期，我国传统戏曲艺术已经非常成熟，而且演出团体遍及城乡各个角落，既有固定演出的"万年台"，也有临时性的"草台班子"。即使在偏远的乡村，人们都常常借红白喜事、节日庆典、生辰寿诞等时间约请戏曲演出，条件好的地主家甚至都有自己的戏班子。因此，戏曲成为人们最重要也是最喜闻乐见的娱乐活动，同时也是这一时期最重要的文化传播活动，特别是对于广大不识字的民众而言，戏曲演出的故事情节、人物场景更成为人们历史文化知识、观念信仰、礼仪教化的重要来源，戏曲也因此被视为——高台教化。

在注重教化的传统社会中，墓葬建筑上的戏曲图像自然是最好的教材和最恰当的时机，更何况戏曲有"唐三千、宋八百、演不完的三列国"之说，题材、类型极为丰富，选择和表达更为自由和便利。有戏曲故事作为背景，人们也容易理解。那些忠孝节义的演出令人荡气回肠，有关沉冤得雪、惩恶扬善、明辨忠奸的故事令人精神振奋，"杨家将""岳飞传"常常成为杨氏、岳氏家族墓葬建筑装饰的主题，而"穆桂英""花木兰"题材也常常成为女性墓葬建筑装饰的首选。这一地区的人们把墓葬建筑的每一个空间都当成舞台，将喜欢的、知道的，甚至是听说的戏曲、故事都搬上去，一方面营造出豪华、热闹的场面，同时也是有意地去体现主家的实力和匠师的手艺。通过这一转化，墓葬建筑成为一个随时可以观看的戏曲舞台，而作为地下之家的"永恒"的演出也得以实现。

**左右分立的戏曲人物**

戏曲图像本是中国传统装饰的重要内容，特别是明清以后的民居建筑装饰，但因其戏曲人物或戏曲表演作为戏曲艺术的形式太过于独特，以至于不便于从装饰艺术的角度去讨论。笔者现借讨论墓葬建筑装饰的机会对此做些简要的讨论。

首先是作为装饰的单独戏曲人物。在墓葬建筑中，以戏曲装束的武将立像作为装饰的手法比较普遍和常见。他们常常出现在左右门柱、枋头两端、檐角、开间侧板、抱鼓等位置，其表现手法多以浮雕，高浮雕甚至圆雕。其尺度依建筑自身的尺度而适配其变化，大者1—2米、小者数寸。他们站立在建筑高层开间门柱两侧或者明间立柱的柱顶两侧，往往身着戎装，铠甲、头盔、战靴，还有背旗、手持武器站立的柱子上，脚下往往有一块小的平台，身体微微侧向中间，视觉或俯视或看向远方。人物造型圆浑整体、身材魁梧，体现出威风凛凛的气势。这种人物雕刻要么是和柱石一体雕凿而出，要么是雕成后装配到柱子上的。这种装饰与门神的功能和意义有相通之处，只不过在这里作为高浮雕的人物立像突出于立柱外，丰富了建筑立面的层次变化，引导了人们的观看视角。

遗憾的是，这样的雕刻往往因比较精美而显耀却成为盗劫分子的目标，完整保留下来的很少。此外，这样的戏曲人物立像还在建筑的檐角甚至屋顶也常常出现，其造型几乎是一座圆雕的人像，其动态如戏曲舞台的"亮相"。

除了依附在门柱、枋头、开间侧壁等实体构件上的戏曲人物，在墓葬建筑的稍间或尽间的"室内"，即开间碑板上也常常可见整幅的戏曲人物造型装饰，这也是川渝地区墓葬建筑装饰的一种常见的手法。开间内的碑板本来是墓志文字，但是在这里常常变成了雕刻彩绘图像，而且似乎人们更愿意用大幅面的人物形象来代替文字。这些左右对称分布的图像内容包括文武天官、三星五老和戏曲人物等，但其中不乏男左女右对称分置的世俗人物场景和戏曲人物。据考证他们可能是杨家将故事中的杨宗保和穆桂英。笔者也由此发现，在墓葬建筑立柱上的人物也常常有男—女或老—少的差异，这倒是很符合中国传统关于对称的理解和使用，如对联的上下联一般，在同中求异，在差异对比中寻求整体的意义，这男—女、老—少也算是涵盖了所有的人。正如笔者在《四川地区清代墓碑建筑稍间与尽间的雕刻图像研究》一文中所提到："我们也许不应该将这种男女成对出现的武生像都识读为杨宗保与穆桂英。但是，这种图像的基本模式是十分清楚的。如果结合前文所讨论的有关'才子佳人'的想象，是否意味着与读书的'文'相对应，也可以选择类似杨家将故事这样的'武'的题材呢？杨宗保与穆桂英这一对'青年夫妻'的形象恰恰满足了人们对于青年才俊的向往，对于英勇、豪迈、爽朗、可爱的女性的所有想象。那么，墓碑上的杨宗保与穆桂英这一对形象不但起到了门神的作用，同时，人们对于爱情、婚姻和家庭的理想概念，通过这样的图像模式也得以表现。"[①]看来，戏曲人物作为装饰题材，除了人们对于戏曲艺术的热爱，对于戏曲形象的喜欢，更有一种对戏曲故事以及图像背后的深层意义的追求。这自然符合中国民间装饰图像"图必有意、意必吉祥"的基本诉求。

**结构严谨的戏曲场景**

显然，单独的戏曲人物完全不能满足人们对于观看戏曲的渴望，当然也无法满足对于戏曲题材的建筑装饰的热情。于是戏曲故事和戏曲演出的主题内容，甚至借助戏曲形象展开的个性化的创新演绎在墓葬建筑上成为了

---

① 罗晓欢.四川地区清代墓碑建筑稍间与尽间的雕刻图像研究.中国美术研究，2015(04)，第51—62页。

主角。从装饰艺术的角度看还是有着一些明确的规律性。

首先是由"三间两檐"展开的多层次对称结构。

所谓"三间两檐"即在传统戏曲装饰图像中,其戏曲群像的场景的表现往往以四柱三间、两重屋檐的建筑为背景,众多的人物就在一个多开间的屋檐下展开。事实上,它已经成为了一种比较稳定的"图像模式",或者说一种传统图像的表达范式,尽管在雕刻图像中的"三间两檐"可能更为复杂和美观。但其基本的结构特征和处理方式如出一辙,正中一檐最高,左右次间两檐稍低,檐下水平横向延长,其下就是展开的各种人物场景。"三"也意味着多,而且,正中一间位置最高,而左右相对较低,恰好又可以体现出一种等级的关系。而在"三间两檐"之下的人都无一例外地处于"屋檐"之下。无疑,这里所表现的是一座完整的宅院,更是一个完整的"家"的意象。

纵观墓葬建筑上的戏曲场景的布局和图像本身的多重结构,可以看到,首先遵循的是一种左右对称的图像布局。不管是单个的戏曲人物,还是有众多人物组合而成的戏曲场景,都在严谨的对称关系上展开,要么是立柱左右,或者左右次间之内,而最突出的则是在各层的横枋上的戏曲场景。

横枋一般是建筑上最大尺度的横向构件,以底层顶部的横枋为最大,高度约 30 厘米,长度在 2、3 米不等,尺寸逐层递减直至顶檐之下。大型的墓坊和墓碑的横枋往往可能达到 4 米以上。场景最复杂、人物形象最多的戏曲场景往往就分布于此,以至于这一部分的戏曲场景成为了墓葬建筑最"亮眼"的所在。

横枋上的戏曲场景主要有两种图像格式。一种是"长卷式",即在横枋上雕刻一幅横向展开的宏大长卷,画面以横枋正中为起点,左右次第排列出多组、多人的场景,数十乃至近百人或在"三间两檐"的建筑背景下,或者以画面正中的"中帐"为中心,左右对称排列,为的是突出和烘托端坐中帐的那一位或一对中心人物。另外一种可称之为"多幅式",即在横枋上分别雕刻3、5 幅相对独立的戏曲场景,每一幅场景有边框分隔,所表现内容也各不相同,甚至互不相关,但明显可以看出这若干图像都遵循中轴对称的格局,且正中一幅往往比左右的图像更为复杂,或者占据更宽的空间,是为强调。当然这种多幅式的戏曲场景,其构图和表现难度上可能不及长卷式,但是它可以让表现的主题和内容有了更自由和宽泛的选择,从而更为丰富多变。其实,这样的装饰结构几乎成为一种基本的手法,在全国各地的建筑装饰中几乎成为一种基本的程式。

### 从"一桌二椅"到"千军万马"

墓葬建筑檐板、稍间等构件上的戏曲雕刻就要活泼得多,尤其是武戏或者是以戏曲人物形象出现的故事画中则显得较为灵活,主要从主题内容的需要出发进行有利于内容表达,同时也能够看出匠师的个性化风格。这样的作品更接近于绘画性语言,而非装饰性图式,画面注重传递故事的情节性、准确性和完整性。其中文戏和武戏有着明显可见的套路。一般文戏以"一桌二椅"为基本的模式,这和戏曲舞台演出如出一辙。武戏则强调"两军对垒"的情景,注重在有限的人物中体现"千军万马"的激烈与冲突。但不管文戏还是武戏,其人物的表现从动态到表情,从场景中个体人物的个性化表现到画面的整体氛围,都能够让我们看到匠师娴熟的构图技巧和高超的雕刻技艺。

另外,对于有着较高技艺水平的匠师,在表达这些戏曲题材的时候,抑制不住地加入他们个人的理解、想象和审美趣味,使得这些装饰变成了一幅幅构图灵活、形象生动、细节丰富、风格鲜明的艺术作品,表现出传统戏曲图像的创新发展的一种新的变化。对此笔者将在戏曲一章做更为详尽的讨论。

### "戏里戏外,如真似幻"的视觉符号转换

需要提出的是,作为戏曲题材的雕刻装饰艺术,如中国传统戏曲演出一般,连接戏里戏外,表达如真似幻的视觉形象,当然这种表达与戏曲舞台演出和当时人们对于戏曲的观看和理解密切相关。众所周知的是,从动态的舞台演出到静态的造型图像之间存在着媒介转换的问题。

从这些图像中,我们既看到了戏曲舞台艺术的基本要素,同时又有着大胆利用视觉造型艺术的优势进行的融合。首先我们看到了人物的服饰装束与舞台上表演时候一模一样,人物道具的舞台化特征依然明显,盔甲鞋履、翎子背旗、髯口水袖,甚至桌椅板凳,甚至人物的动态举止都如戏曲演出一般无二。但是在这些戏曲雕刻图像中又往往将现实中的"实景"加入其中,如船只、桥梁、河水、山石、树木、鸟兽,特别是武戏中的马匹、武器以及战场背景又尽可能地如实表达。这似乎又试图将舞台上的虚拟拉回图像中的真实。在这样的一种往复的表达中,形成了中国传统戏曲雕刻装饰的别样风格,让墓葬建筑的雕刻装饰呈现出独特的审美趣味。

### 四、"田涉成趣"的民俗生活图卷

川渝地区的建筑雕刻装饰图像,除了大量流行的吉祥纹样、传说故事和戏曲题材一类的传统图像,还有很多反映现实生活或世俗常物的内容。这

些图像在选题上表现出明显的世俗化倾向，在造型、构图和技法上往往采用写实的手法。对其时生活场景的表现和对日常器用的细节描绘，反映出匠师对生活细节的深入观察和人们对生活的热情。

这类题材和图画不像流行的传统纹饰和雕刻图像，有经久积累的图式和传统技艺的套路，因此，在相当程度上完全依靠匠师个人的经验积累、艺术技巧和审美感受。诚然，这对于匠师而言实在是一种挑战，不管是出于应对主人家的要求，还是匠师个人的炫技，这些图像无疑是一种"创新"。特别是人物的造型完全摆脱了戏曲舞台模式的服饰、动态，场景也不见了舞台化的布置，而呈现出的似乎是一种将自然、随机的日常生活情节一个"定格"。这实在是难能可贵的。它们带给观者的不仅仅是一时的新鲜感，也不止于将熟悉的生活呈现在图画中的惊奇感，还极大地丰富了中国传统图像志的内容和形式。其对生活场景、家居环境和日常活动的点滴表现，汇集出清代中后期川渝地区乡村的风俗图卷。

**流行图式中的"世俗"元素**

民间美术的图像多是基于传说故事、戏曲剧目以及流行的民俗教化题材进行的表现。一般来说，这些图像有比较深厚的传统，其造型、动态、场景乃至组配的物件等都有相对程式化的套路。当然这其中也有很多匠师在处理这样的题材时往往会有个人的理解和技艺表现上的创新。如十分流行的"八仙"就是如此，除了将八仙人物进行简单的"罗列"，还在其动态、组合上极尽变化，出现了"水八仙""旱八仙""暗八仙"之区别，在画面内容上增加以八仙人物的群像，并为之配置了不同的场景、道具等的组合，使得八仙人物在中国民间美术中成为极为丰富的图像谱系。

民间匠师对艺术表现复杂性和创新变化的追求，不仅仅在"八仙""文武天官"这类神话题材的表达上，在人们习见的"渔樵耕读""二十四孝""梅兰竹菊"这类题材的表现中，也出现了另一番变化。因为相较于神仙、天官而言，这类题材的主角往往是"普通人"，因此这一类故事的图像内容和画面表现就明显减少了云气渲染，不再追求高高在上的神性，那些人物的动态、举止、服饰以及环境道具等也似乎有意识地表现得为大家所熟悉。这种生活化、世俗化的处理倒是让这类说教的故事显得更为真实，孝道故事的人物似乎就是大家的"身边人"。故此，我们看那些"渔樵耕读""二十四孝"等题材的画面，就会发现，演绎这些故事的人物、环境呈现出明显的"生活化""世俗化"特征，不仅是人物本身的衣着打扮、动态举止，人物所处的环境、背景道具器物等都是在日常生活中常常见到的。如樵夫的草鞋绑腿、渔人挽起的裤腿，农夫戴着草帽、肩扛犁头、赶着牛，读书人带着留着长辫子、戴着瓜皮帽的样子,以及文房四宝和家居环境等都让人感觉亲切而熟悉。

"乳姑不怠"是"二十四孝"的故事中最常见的图像表现,匠师不仅仅着意表现妇人露出的乳房以及老态龙钟的老人的形象,很多还刻意表现出妇人身边的饥饿幼儿的哭闹场面。对这位幼儿的表现,常常特别强调其"开裆裤"和露出的"小鸡鸡",将那种既令人感动、又鲜活生动的情景表现出来。

另外就是在很多墓葬建筑主墓碑的顶檐之下的龛形空间内,常常会有一组"家人宴饮"的场景。这种图像与宋金时期北方墓葬建筑的中的"开芳宴"非常相近。群雕不仅仅呈现了以"墓主夫妇"为中心的人物群像,表现了其时的礼仪伦理、建筑空间及其家居环境,从人物的衣着服饰与家居器用都无不与当时人们生活状况高度契合。尽管这一图像本身是关于"地下世界"的一种表达,其中不乏理想化的重构,但这一图像很明显地呈现了很多世俗化和生活化的细节。匠师用那些人们熟悉的世俗元素和符号表现了一个"现世"的场面,尽管匠师并非有这样的意识,但客观上较为系统和完整地展现了川渝地区清代乡村社会生活和家居家庭的基本面貌。

**现世生活的场景化**

如果说,在流行图式中增添一些"世俗元素",还只是匠师将个人熟悉的生活不自觉地迁移到传统的图式之中,那么一些纯粹现世生活场景的表达则几乎没有先例可参考借鉴,多是匠师有意识地创新创造。这些题材似乎只是一种场景的"记录",画面并没有明显的意义,与传统民间民俗艺术中"图必有意、意必吉祥"的流行图式大相径庭。

在诸多的此类图像中,建筑家居场景比较多见。其对建筑和家具的表现也比较写实,既有整体的大型的院落,也有局部的墙体和屋顶,其中一些局部穿斗结构房屋、雕花门窗、青瓦屋面等的细节的处理,与这一地区的民居建筑几乎没有多大出入,而室内的家居环境如带蚊帐的床以及部分桌椅板凳等也多是生活中常见的结构、色彩等,看上去很是亲切有趣。当然,对于建筑的模仿,特别是对高等级礼仪建筑的模仿是民间美术的重要组成部分,更是人物活动的重要参照背景,而在川渝地区的墓葬建筑雕刻图像中也有很多以民居建筑的写实性表现为题材的。这些表现有些是人们日常生活展开的背景和场景,有些则纯粹作为"风景画"的内容而出现了。当然,其中不乏一些理想化的亭台楼阁等,但不难看出匠师在"创作"这类题材时,表现出生活化和世俗化的倾向。而在这样的环境中的人们,或劳作或休憩或教子或读书或照顾病床前的老人等日常事务。

四川省平昌县李映元墓(清道光六年,1826 年)是被关注较多的清代墓葬建筑,目前已经有两篇硕士学位论文对其展开研究和探讨,这对于清墓建筑而言实属难得。其中邓霜霜的论文《四川平昌黑马山李氏家族民族建筑雕刻艺术研究》一文特别注意到墓葬建筑群的正面山墙的四幅大型浮雕作品，并命名为《读书图》《作画图》《纳凉图》《梳妆图》。笔者认为，墓主在规划设计自己的墓地时，有意安排了这样的内容，"是一种对生活的热爱，这种世俗生活题材的图像固然是墓主自己的情感表达，侧面也说明'生基'墓的装饰带有墓主个人的意愿和思想观念"。[1] 的确，这些题材与常见的流行题材有着全然不同的艺术手法和旨趣。（图2-45）

**图2-45 李映元墓山门仪墙图像（邓霜霜描线）**

一幅"学堂读书"图扩展了我们对川渝地区民间雕刻世俗生活图像的认知。出现在四川通江县洪口镇赵世春墓（清同治四年，1865年）墓葬建筑上的这幅图保存较为完整，画面表现了三张方桌，桌上有三五本翻开的书，有的书页上还有排列整齐的墨点，代表书上的文字，桌前坐着大大小小的学童

---

① 邓霜霜. 四川平昌黑马山李氏家族民族建筑雕刻艺术研究. 重庆师范大学，2015年。

数人,在画面的右侧,一人端坐,身体稍后仰,桌前站立两位年轻人,大概是在抽背书的样子。(图2-46)这幅场景让人猜测是否为当时私塾学堂的写照？如果真是这样,倒是一种有效的"证史"图像。看来民间匠师似乎已经不再满足于雕刻那些固有的程式化的题材,而是将现实的生活场景和日常事务作为素材和内容引入到墓葬建筑的雕刻装饰中。

2-46 通江洪口赵世春墓上的"学堂读书"图

在万源县玉带乡黄氏家族墓地中的黄受中刘氏及其子媳合葬墓(清同治),是一座带有四方碑陪碑的大墓。在该墓的主墓碑左右稍间内有一组"杂技表演"的图像甚为特别,左侧是一人双手持长竿,坐在架高的一根绳子上表演,一群人还在敲锣打鼓、吆五喝六地烘托气氛,地上还铺开很多道具,好不热闹,这就是我们今天还可见到的"走钢丝"的节目。(图2-47)

图2-47 民间杂技图

在左侧稍间内,有上下两图。上图右侧有一口打开的箱子,其内码放着面具，中间一人一手牵绳子，一手敲打一面小锣，前面一个身形矮小的"人"，一手拿着一把小刀，一手正在戴上面具。旁边两位母亲带着她们的孩子看得津津有味，前面一小孩似乎很害怕，往妈妈身上扑，求抱抱。下图有些风化，但大致也是一场类似的表演。其实这就是古代有名的"耍猴戏"。如今因为一些动物保护的观念，这种利用猴子的表演再难见到。而在笔者小时候还时常见到这类"耍猴戏"的场景，其中的"猴子戴面具"是必演的节目。在该墓正前方的四方碑上还有"舞龙"和"舞狮"的浮雕图像。大大的龙头在前面回首张口，朝向一人高举的"宝珠"，后面数人各举长棍，龙身体在他们的托举下蜿蜒起伏；而舞狮的队伍似乎更为热闹，队伍后面簇拥着一群孩童，其中一位手中还拿着一串鞭炮，他们牵手、扯衣，既兴奋又紧张的神态表现得淋漓尽致。这类庆祝游街的图像往往伴随常见的"状元游街"的图式，为的是烘托氛围。（图2-48）

**图2-48　民间舞龙、舞狮图**

这样的图像不仅仅给墓葬建筑的装饰增添了别样的趣味，实际上也是对当时民间的杂技表演和民俗活动的一种记载。同时也不难看出，匠师在表现这类"纪实性"主题时还注意到不同人物之间的身份、性格特征的细节刻画。

在重庆涪陵的陈氏家族墓特别关注对建筑的写实性表现。其中在陈余氏婆媳合葬墓额枋上以全画幅的图像表现了一组沿河的风光，不仅表现了河边的城镇及其商旅场面，还表现了高大茂密的树木、竹林掩映下的乡村美景，河边忙碌的船只以及采摘、洗衣的女子等人物活动，在错落有致的房屋前次第展开，极富生活气息。

与此类似的还有川北平昌县境内的王思级墓茔墙一段图像。画面主体表现了岸边的一只船上一对青年男女举止亲昵,船头艄公回头窥视的场景。画面背景很是有趣,只见山坡上花朵盛放,有农人在田间地头耕种、锄地,牛羊在树林间或走或卧,一幅生机盎然,又闲适轻松的田园风光呈现眼前。这一幅雕刻并施彩绘的图画尽管有些风化剥落,但如此真切有趣地展现出乡间风情。(图2-49)

**图2-49 王思级墓茔墙的"田园风光"**

此外,一些墓葬建筑上的个别图像也反映出人们日常生活的种种生活细节,这些细节通过人物的活动、家具、居室陈设等似乎不经意地透露出来,成为当时人们日常生活的写照。

另外,女性和儿童常常是这类画面的主角。童子洗澡、女子戏婴等所表现出孩子的天真,女性的柔美怜爱,总能打动观者。这些细节几乎就是当时人们家居生活典型而温馨的一刻,内容写实,情节生动,善于抓住特定的细节,看起来也是亲切有趣。(图2-50)

在万源曾家乡覃步元墓坊的顶檐之下,有仰覆斗支撑,其左右斗面上各雕刻一组男女双人组合的场景。左侧二人坐在堆满物品的桌前,其中男子的右脚踩一小方凳,左脚还脱掉了鞋子,双手捧一长柄状物凑到嘴边,对面那位女子手执一细长物,有点像是抽大烟。右侧则为女子给男子掏耳朵的情景,男子头部偏斜,眼睛微闭,一手拿着书卷,一手撑在板凳上,也是跷起"二郎腿",一只鞋子半穿半脱,一副既惬意又有点紧张的神态跃然而出。人物形象生动,既是难得的传统雕刻艺术作品,也是历史和风俗的绝佳展现。(图2-51)

**日常器用和花树果蔬**

在川渝地区的清代墓葬建筑雕刻装饰中还出现了在民间美术中并不多

图 2-50(上)　平昌县镇龙镇邓绍芳墓坊"洗澡图"(清光绪十九年,1893年)

图 2-50(下)　南江县大河镇孙思颖墓"母子图"(清道光十八年,1838年)

图 2-51　覃步元墓坊斗面人物雕刻

见的日常生活器物,也常常是人们乐于表现的对象。这些物件或是作为装饰的背景挂饰,或者在人物活动的场景中。且不说那些多见的"文玩清供""三多"(佛手、石榴、寿桃)各式的瓶花等具有明显象征寓意的流行图像。这些特殊的物品似乎更能够展现当时的独特风俗。

如水烟和长柄烟锅就曾经是这一地区流行的物件,它们或在主人的手中,或作为摆件置于桌上,尤其长 1 米左右的长柄烟锅是这一地区老人,甚至老太太手中的常物。它既是拐杖,也是身份的象征,小孩或晚辈为老人点烟也是一种尊重的礼仪。这种画面其实是对风俗的深刻表达。

还有墙上的挂饰、仆人手中拿着的托盘、桌子上的茶具甚至桌子下面雕刻的狗等,也都能够唤起人们对于生活的亲切记忆。在一些晚近一点的墓葬建筑中,还出现了"洋枪""眼镜"等现代物品。在四川省南江县偏远的山村,一座修建于清光绪三年(1877 年)的周登科岳氏墓的墙壁上,不仅有传统的剑、弓箭,其中一把短的"火枪"(手枪),还配一个小的装火药的牛角。写实的结构表明,匠师是见过真的洋枪的。而在墓主或者账房先生那里,算盘与圆形的眼镜同时出现也是非常新奇的画面,这表明匠师或者说墓主人对于新事物的出现报以欢迎的态度。

而人们熟悉的蔬菜瓜果、树木杂花也成为多见的装饰主题。在四川万源一带,人们喜欢在墓葬建筑上雕刻苦瓜、茄子、辣椒、萝卜等蔬菜图像。它们多是两个一束,交叉并置。苦瓜多表现成熟开裂,露出种子的形象,手法生动写实,可能也是有"多子"的意象?(图 2-52)

图 2-52 万源境内墓葬建筑的蔬菜雕刻图像

在四川省南江县八庙乡王氏家族墓葬的左右屋檐下,雕刻有折枝的水果,一边是柑橘,一边是石榴。大大小小的果实挂满枝头,石榴被涂得红彤彤的,柑橘也被涂绘了青绿的颜色。细节的表现极为写实,硕果累累,挂满枝头,非常惹眼。除了这种局部的特写,还有好些雕刻对当地的核桃树,枇杷等果树,还有菊花、竹子、牡丹等植物、花卉的表现也不叫多见(图 2-53),这不禁让人想起宋墓中的那些写实的折枝花卉。当然生活中也少不了对家畜、动物的表现,如"喂猪""牛耕"等生产活动,还有"猫戏蝶""羊抵

2-53　南江县八庙乡王氏墓上的水果雕刻

角""鹤啄鱼"等。在重庆城口红军村的一处余氏墓上，非常写实地表现了两
只鹿交配和两只鸭交尾的图像。（图2-54）

图2-54　重庆城口红军村余氏墓上的动物交配图

　　这些雕刻装饰图像以一种闲适、轻松，甚至幽默的手法，记录了川渝地
区清代人们的生活点滴，给严肃、正式的礼仪性、纪念性建筑平添了一种世
俗生活的生气和日常化的趣味。正如笔者在《四川地区清代墓碑建筑稍间
与尽间的雕刻图像研究》一文所写的那样："它们很大程度上已经远离了作
为建筑装饰本身的功能属性和象征意义，进入到艺术家的'独立创作'状态，
大大丰富了我国民间石雕工艺的题材、主题内容和雕刻技艺的资料库。"①这
些题材打破了固有的传统流行图式，进而对身边的生活、事务进行了随性的

---

①　罗晓欢.四川地区清代墓碑建筑稍间与尽间的雕刻图像研究.中国美术研究,2015(04),第
　　51—62页。

记录和表达。这不仅仅是对程式的突破，更是增添了新的图像志内容。在"务为观美"的同时，这偶然的一瞥成为了后世的历史文献，当然也表现出人们对生活的热爱，正如阆中千佛镇邵氏墓次间侧壁联曰："白手成家田涉成趣，清心度日酒国留香"。这既是传统文人的一种表达，更是百姓对生活那豁达洒脱的写照。

## 第三节　彩画并用的装饰色彩

色彩是增加视觉效果、表达情感的基本要素之一，中国传统建筑彩绘和中国民间美术尤其重视色彩的应用，因为色彩不仅仅是单纯的视觉效果，还是身份地位的象征。在这一地区，我们常常听到诸如"红碑梁""花山""花碑""红白碑"等的说法，就是一种命名和区分墓碑颜色的一种方式。

以仿高等级礼仪性和纪念性为主要手法的川渝地区的石质墓葬建筑有很大一部分在雕刻装饰的同时不忘施加彩绘，让素面的石材有了各种色彩的变化。尽管好些墓葬建筑历经百年，但局部颜色依然鲜艳亮丽，部分在室内的墓碑，保存还尤为完整，为我们留下了民间石雕彩绘工艺的重要遗存，是考察研究传统彩绘材料、工艺技法和艺术审美的重要材料。石雕彩绘工艺在历代的宗教石窟中较为常见，至明清，佛教造像已趋没落，但川渝地区的这些石质墓葬建筑上的彩绘可能是其继承和延续。从这里我们似乎可以看到宗教石窟艺术的彩绘、传统建筑彩绘和民间墓葬建筑彩绘之间的某种关系。因此墓葬建筑石刻彩绘研究既是川渝墓葬建筑装饰的一种视角，同时也为中国民间美术以及在更大范围的传统艺术语境中考察提供了基础。如今，因为风化的原因，色彩大都剥落殆尽，乍看上去就只有石材本色，但在一些不受日晒雨淋的檐下或局部角落，可以看到一些残留。其中黑、蓝、石绿等颜色附着力比较强，很多的蓝色、石绿等看起来还很鲜艳，其成分和工艺倒是值得研究一番。

在一些墓葬建筑的石室内，常可见保存得比较完好的壁画，有直接绘制在石面上，也有使用白灰做地然后再绘制的。画面的主题完整、描绘细节丰富、技艺成熟，是非常难得的民间壁画作品。

### 一、穿插点染的涂绘

涂绘，是一种比较简单的办法，就是直接将颜色涂染在建筑和雕刻的表面。最简单也是最多见的就是通体为红色，这就是"红碑"的由来，而"花碑"

则是在墓葬建筑雕刻装饰的基础上再涂绘和染色，使得整个墓葬建筑绚丽多彩。但经过近百年的时间后，大部分的墓葬建筑只有在檐下、开间内等还有色彩，其它暴露在外的部分都已经斑驳甚至消失了。

涂绘的重点一般是人物和纹饰部分。从色彩选择上看，红色往往作为底色或背景颜色，而蓝色、黑色、绿色、白等常常用作人物衣着服饰、道具、房屋、山石树木等的装饰，橙色和黄色则比较少见，也有描金等特殊工艺。

四川省南江县大河镇永坪寺村的吕锡康刘氏墓（清道光二十二年，1820年），是一座五间四檐的大型墓葬建筑，保存完好，除了基座、脊饰和檐顶外，其余部分都有鲜艳的颜色留存。建筑主体以红色为主，间以黑色和蓝色，显得神秘而又富丽堂皇。

各层檐下的卷棚顶、斗栱里层、横枋底面以及开间内侧都是以鲜艳的红颜色平涂，第一、第二层檐底的仿卷棚顶的黑白勾边不仅增强了建筑的真实感，同时也强化了色彩的对比效果。

底层正面三间从外柱到开间内的碑板是一个多层深入的结构，外立柱柱联的黑底白字、柱顶装饰也用到黑色和石绿相间的纹饰，特别是明间的匾额黑底金字，石绿边饰，其下的帷幔以及侧壁为黑色，左右次间的人物衣着，马匹以及门套等也是以黑色为主。大面积的黑色统摄了整个墓葬建筑最主要的部分，在这黑色之中，可以看到撑栱和柱头的黑底石绿边条纹饰，顶部一段为墨线纹饰，回纹有白色勾出的细节。左右次间门罩分为上下两部分，横向的檐板上是一幅"龙猪大战"的武戏，整体以蓝绿色为背景，马匹为黑色或红色间有，人物衣着为石绿和黑色，面部和头顶冒出的"仙气"为白红二色。下部的门罩部分为八仙人物，可惜头部不存，但是人物的服饰也是以红、黑、石绿三色穿插，八仙脚下的云彩为石绿和黑色，人物背后的镂雕回纹为石绿涂绘，并以黑色勾边，整体也是以黑色为主，那些红色和石绿在其中穿插使用，形成对比和呼应，整个正面开间显得深沉而神秘。

左右稍间内分别雕刻"福禄寿三星"和"五老观太极"，以蓝色为背景，人物服饰以红蓝黑三色小面积分布。外柱涂石绿色，顶部横枋在红色底子上用石绿座边饰，色块左右呼应、明快而强烈。

顶部三铺斗栱以红色为地，斗栱枝杈上石绿，正中的"花朵"内填黑色，并以白线勾勒边框，结构突出，层次清晰。正中明间亡堂左右立柱正面涂红色底画石绿纹饰，亡堂顶部匾额"紫云阁"涂金。该墓颜色整体色块分布明确，几个有限的色彩在色块的穿插混合中体现出了丰富的变化，线面结合的手法让色彩很好地服务于建筑的结构和图像的造型，体现出了非常娴熟的

工艺技巧。其中柱头、撑栱、斗栱的纹饰和用色让我们看到了传统建筑彩绘的影子，可以说是渊源有自。（图2-55）

**图2-55 色彩斑斓的吕氏墓**

四川省南江县仁和乡何元富墓建在一座穿斗结构的重檐歇山顶房屋之内，保存状况非常好。该碑整体通红，梁柱、匾额，甚至屋顶、脊饰都使用了大红的颜色，匾额文字全部用金色。在整体的色调之下，开间门罩、门套、横枋和弧形碑帽以及侧壁浮雕的人物的装饰则用黑色和小块的石绿等颜色涂绘，细节处还使用了白色勾边线。第二层、第三层檐下的方斗浅浮雕吉祥八宝纹饰上的黑色和弧形碑帽的一圈黑色边饰形成与红色整体上的对比，效果强烈，区域分明。门套上色彩浓重的二十四孝图和侧壁上浓艳的戏曲图像增加了色彩的变化，传统经典的红、黑、黄（金）的对比在这里得到了很好的体现，产生了很强的视觉冲击力。此外，该墓的色彩布施均匀，边缘流畅整齐，显示出娴熟的技巧和细腻的工艺。（图2-56）

正如该墓所体现的那样，川渝地区墓葬建筑的色彩并非都是以红色为

**图2-56 南江何元富墓彩绘局部**

主,有些地方的建筑也大胆地使用蓝色、绿色、白色等主色调,使得整体建筑看起来也比较清爽明亮。

四川省南江县八庙的王氏墓被称为白碑,其主要原因就是该墓涂绘以蓝色和白色为主,尤其是明间和次间门罩的白底和蓝色边饰尤为显眼,当然这可能也与其它颜色褪去有一定关系。但这样的色彩看上去要明快而轻松得多。

总体上讲,川渝地区的墓葬建筑的涂绘颜色呈现出以下几个基本的特征。

首先是注重整体色调,强调对比。不管是红碑、白碑,抑或是其它颜色的墓碑,都整体上的色彩倾向比较明显,在整体的色调基础上,利用其它有限的色块来形成强烈的对比,包括面积上的对比,位置上的对比和冷暖上的对比。

其次是依附形体结构,巧妙穿插。建筑色彩的涂绘,以建筑构件和图像形态为依据,不管是梁柱匾额还是人物、花卉,颜色都有明确而清晰的边界。同时色块的变化依附于形体的变化,将小块的颜色穿插到整体的色彩背景中,有着对比与呼应的用色技巧。

再次,用色概括,涂染细腻。总体上看,这些涂绘的颜色都比较简单化和概念化,以习惯性、程式化的用色为主,不管是人物的衣着、背景,还是人物面部等都采取平面涂染的办法,用色比较主观,与实际的色彩关系不是太大。但涂绘过程中可以看到,比较注重涂绘的工艺,色彩流布平整均匀,极少有失败的笔触和不均匀的斑块,色彩与色彩之间的交界处处理得自然流畅,部分构件和纹饰使用了勾画点染,有些纹饰线条平直工整,显然是使用了尺规等工具而非信手涂抹。尤其是使用白色勾边或黑色描绘,更是增加了图形和纹饰的精致程度,看起来有很强的制作感。这些都无不体现民间石雕彩绘工艺的基本特征。

## 二、灵动绚丽的彩画

本著中的所谓彩画,是试图区别于前文所提及的直接在石质建筑的表面直接涂绘颜色而言的"壁画"装饰。尽管目前看来,它们要么是作为墓葬建筑装饰的局部彩绘,或者是存在于一些石室墓壁或石室藻井中,所遗存者也并不多,但是其表达的题材内容和表现技法还是值得一提。

比较早的有达县石桥的任家山黎纯墓(清乾隆五十一年,1792 年)。这是一座小型的石室墓,其墓壁圈梁和顶部藻井四角有彩绘壁画。可惜的是该墓因年代久远,出现了裂缝并有渗水,导致壁画大部分都已经脱落,但从其几个残存的局部看,圈梁四边绘制的应该是《西游记》中的情节,其中一幅可见墨书写道:"高老庄师徒借宿。"画面以线描为主,唐僧骑在马上,后面跟随穿红色衣服的沙僧,唐僧回头与沙僧做交谈状,还有一个局部表现孙悟空手搭凉棚立于云端,画面中还有以山水画技法的山石,在室内顶部的四方藻井边角还可见以同样手法绘制的云纹和八卦符号等。尽管这些算不得上乘之作,但线条流畅,人物动态较为自然。从技法上细看,画面有石灰腻子的基底,比较硬,白粉与石头的黏结还比较牢固,画面表层泛着亚光,或许是涂上了一层防潮的桐油。看这些壁画倒有一种看连环画的感觉。

平昌县土兴镇的李静观墓群规模较大,几座墓葬建筑都有彩绘雕刻。李静观墓的主墓碑和墓前高大的四方碑上的彩画留存面积较大,尤其是四方碑的四柱、顶檐之下以及横枋上均彩绘有八仙人物、几何纹饰和云纹等。其采用的手法主要是在石面直接涂绘,勾线填色,线条流畅,图案精致,色彩饱和,看起来几乎与木构建筑的彩画一般无二,殊为难得。在主墓碑上也有诸多的彩绘留存,包括"双狮解带"的门罩和开间侧板的门神等,线条利落,色块分明,人物服饰经过多层涂绘,丰富而沉重,显示出较为娴熟的彩画技艺。稍加留意就会发现,这些彩绘的色彩和技法与这一地区大量的唐代石窟相差无几,似乎有一脉相承的意味。(图 2-57)

**图 2-57　平昌县李静观墓四方碑和主墓碑上的彩画(清道光辛卯年,1831 年)**

前文提及的阆中市千佛镇的邵家湾邵氏墓的享堂石室内部的圈梁和室外檐下斜面部分也是满绘的彩画，可惜大都斑驳脱落，但几幅相对完整的局部还是能够看到其主体内容和风格特征。墓室内的圈梁上两幅作品表现了室内家居的场景，其中一幅表现一位年轻男子坐在大石头上，受伤的腿部鲜血流到了地上，一位老者赶忙过来察看的场景。画面中房屋的院墙、家具、窗户等都使用了直尺一类的工具，墨线较粗，线体平直规整。人物则徒手绘制，线条流畅，动态准确生动，包括墙体、家具和人物衣着在内的大面积的涂色等，绘画感比较强，在这些画面的上下有吉祥纹饰边框，其结构与传统建筑彩绘的手法如出一辙，箍头有几何纹饰和花卉纹饰，枋心部分有寿桃等，均为平涂着色，色彩透底，倒是像水彩画一般。室内檐下的外壁画仅存斑驳局部，但看起来题材广泛，人物、山石树木、码头船只等等，技法较之墓室内则显得粗犷，可以看到有白色灰泥的基底。这些彩画和浅浮雕装饰形成了一个有机整体，正如我们所看到的那样，将雕刻与彩画相结合是更为普遍的办法。好些墓葬建筑装饰中，局部的小面积彩或壁画还是比较常见，有些甚至还比较精彩，但其保存状况确实比较糟糕。

保存得比较完好的墓室壁画应该算南江县侯家乡广教村的吴三策墓。该墓建于清嘉庆十七年（1812年），是一座大型的墓坊与石室享堂结合的墓葬建筑。墓前为四柱三间三檐的碑坊，碑坊左右茔墙连接后部的享堂，其上的雕刻纹饰有色彩残留，享堂内有4平方米见方的墓室空间。里壁和左右墙面有丰富的雕刻彩绘。顶部的"斗四"式藻井，黑色为地，四边画线框，藻井中心雕刻浮雕花卉，在四角的交叉处浅浮雕即彩绘各种瑞兽，藻井涂染肉色底子，或许是红色褪色所致，动物身体的颜色稍深一些，瑞兽身体上的石绿色的飘带还保留着鲜艳的颜色。正壁下半部分为碑板，刻文字，顶部与藻井内侧连接的部分雕刻并置一排的七块牌位，牌位为浅浮雕，云头莲花座，两侧有折枝花卉纹饰，牌位整体为绿色，正中刻文字部分为红色，对比鲜明。特别值得注意的是藻井侧面的两幅壁画，长约1.5米，高40厘米左右。其中一幅表现拉纤的场景。三名纤夫一男两女，男子白衣白斗笠，身后两位女子前者穿深蓝衣服，后者穿绿色外衣，他们两手拽着纤绳从肩头穿过的，神态轻松含笑。岸边一位军爷扛着深色旗子，一位骑马官员跟随其后，他们正回头看向船上。水里一艘大船，船上坐四人，正中坐两位妇人，身后有一侍女为她们打着高高的芭蕉扇，船头站立一位身体微胖的官员。画面构图开阔，画面左上角飘着一团白云，勾墨线和橙色线条。画面从岸上拉纤者起，逐渐向下，到岸上的骑行者达到高点，又随着马的身体将视线引至船上，这条视觉动线与河水的波纹形成呼应，使得画面的情节和形式得到了很好的统一。

对面的一幅则是一处武戏场景。只见画面左侧杀出一人,骑棕黑色马,双手高举斧头,前面骑马者插背旗,举双剑,向中间旗杆冲去,旗杆上有一方斗,里面有数人手持弓箭射击,画面右侧还有一人正骑马迎战,画面右侧的高台上一位年轻将领正亮开架势,关注着眼前发生的一切。战场在野外展开,画面上的树木、山石、花草等诸多细节点缀其间,手法也相当熟练。旗杆上的三角旗子上写有"麒麟阵"三字,而在左侧两位骑马将领之间有一行墨书:"青在堂徐长荣书。"不知是否是画师的名字。这两幅作品场面开阔,人物众多,背景用淡淡的蓝、绿色薄薄地涂绘,像水彩画一般,人物、水波、植物、船只等用纤细流畅的线条勾勒,背景中山石土坡用到水墨晕染的技法。画中人物造型动态准确,表情自然,特别是那精美纤细的用线,准确肯定,给人以深刻的印象。这两幅作品技艺娴熟,艺术水平较高,不知为何人所做,也不知画师和建造墓葬的匠师是否为同一人或同一团队。嘉庆时期的壁画留存至今尚如此完好,实属珍贵。(图 2-58)

图 2-58 四川南江吴三策墓享堂藻井彩画

在享堂顶部的藻井左右两边还有两组雕刻彩绘,图像雕刻在三个圆形之内,主要表现的似乎是打猎场面。浅浮雕着色,整体色调为白色,土地山石黑色为地,其上点缀些石绿等色点形成变化,树枝为红色,人物服饰以蓝、绿为主,边角的黑色纹饰与画面形成强烈的对比。画面构图简括,有一种形式感,技法还算比较娴熟,但感觉稍显稚拙。在这个面积有限的享堂,却为我们留下了民间清代墓葬建筑艺术及其彩绘装饰。首先作为祭祀和礼仪建筑的一部分享堂的结构和装饰遵照了传统的礼法和秩序,将碑刻铭文和历代昭穆神主之位和墓主牌位置于正壁上下。但同时又以建筑结构的大尺度和复杂性营造了一个高等级的建筑空间,并施加了精美的装饰。其图像内容既有审美娱乐的一面,更有礼仪教化和象征寓意的一面。相较于雕刻的敷色涂染呈现的立体效果,这些彩绘壁画表达更为轻松随意,效果更为绚丽和灵动,呈现出一种别样的生气,也反映出川渝地区清代民间壁画艺术的大致面貌。

这一座用心经营的墓葬建筑直接反映了其时的乡村经济和文化发展状况,也让我们想见,在"湖广填四川"以后的川北乡村的移民社会渐趋稳定,经济获得了相当程度的发展之后,人们对于丧葬礼仪这一重大的命题的全新应对方式,不仅是逝者个人的一种社会表达,更是移民家族对家族历史的一种建构和演绎。

装饰,狭义地讲就是一种表面的处理。对于中国民间美术传统而言,装饰就是要让简单的表面复杂化,产生花哨、热闹的视觉效果。惟其如此,才能够表达情感、满足视觉感官的愉悦。于是各种材料技法、各种图像内容乃至各种颜色都毫不吝啬地重复、堆砌,本该应该庄重、静穆的纪念碑,也似乎不可抑止地有了繁缛华丽的装饰,于是就有了所谓的"花碑",进而因为花碑的"花",吸引来诸多的观者,让墓地也成为了一个观看、欣赏的热闹场所,这也是中国人对于死、对于亡者的态度。从丧礼到葬礼的全过程都表现为一种热闹,不管是场面上的、视觉上的、还是听觉上都有这样的诉求。所以这一地区有常常会在丧事期间请来戏班子唱戏的传统,直到今天还能看到,甚至动用了电声乐队,至于演出什么似乎并不重要,总之"闹"就可以。中国人是喜欢闹的民族,结婚要"闹洞房",过节要"闹花灯",装饰要"喜鹊闹梅",神仙鬼怪都还"五鬼闹判官",正是在这闹中恐惧得以战胜,情感得以宣泄,观念得以表达。所以"以哀为本"的丧,变成了"丧不哀而务为观美"的装饰。笔者在《川东、北地区清代民间墓碑建筑装饰结构研究》一文中专门讨论了墓葬建筑的三个基本的原则,即:对称性、区隔性和层次性。指出:"注重整体布局的对称性、表现内容的分隔性、立面空间的层次性。对于墓碑这一特殊的建筑而言,对称性是为了突出'中';区隔性则是为了体现'多',而立面上的层次性则加强了'深'。它们共同营造了一个对生者而言的祭拜之地的肃穆恭敬;对亡者而言,即'神主'的灵魂居所的幽微深邃。"现在看来,这种概括还是比较恰当的,但也是不完全的。川渝地区的墓葬建筑装饰既有程式化的传统模式,更有太多灵活自由的内容和形式,展现出民间艺术生生不息的原生性和创新精神,这一点非常值得重视。

从广义的角度讲,作为礼仪性和纪念性建筑的墓葬建筑,本身就是一种形式大于内容的装饰,更何况川渝地区的明清墓葬建筑立于土冢之前,其所承载的祭拜功能反而不是最重要的,对之进行极尽的装饰,并吸引"观看"可能成为了其营建的重要动机,所以墓葬建筑上出现得极为繁复,甚至毫无逻辑的图像堆砌也就不难理解了。

在这观看的背后我们发现,墓葬建筑实际上成为了一种多元的文化载体。首先,是基于丧葬传统之下的家族历史叙事,同时家族墓葬的墓葬建筑的体量尺度和装饰效果也是一种经济实力和社会地位的彰显。在竞争激烈的移民社区这也是获得竞争优势的一种手段,似乎还特别重要。其次,所谓三分匠人,七分主人,墓葬建筑也是墓主人,或者说出资人的一种自我设计和自我表达。这一点似乎很少有人注意到,其实每一个都有这样的需求。笔者考察发现,这些墓葬建筑及其装饰非常明显地体现出墓主人的主动建构意识和表达愿望,包括家族叙事。而最直接的就是为自己树碑立传的需要。同时也是展示自己社会身份,表达自己的人生态度的需要,尽管并非每一位墓主都有这样的自觉,但是从墓葬建筑的形制的确定,到匾联墓志碑刻铭文,特别是雕刻装饰图像的选择和使用都不难看出,在基本的传统习俗和程式化的框架下,有着更多的各具特色的一面。这其实就是体现自我设计、自我表达的一面;其三,当然无法忽视的是匠师的技艺的展示甚至炫耀,这无疑会留下精美的雕刻装饰。一方面是主观的技艺表达,另一方面显然有技艺比拼和竞争压力,后者可能更为重要。因为技艺水平是匠师的生存之本,墓碑就是匠师的"口碑",不遗余力地拿出"看家本领"是民间匠师无法回避的生存境遇,这或许也是我们今天能够看到这些雕刻装饰的原因之一吧。

## 第四节　雕刻装饰技艺的传承路径

在现代主义建筑普及之前,石材是最重要的建筑材料之一。中国的建筑史书写,因强调中国的建筑史是"木头的历史",西方才是"石头的历史",而在很大程度上遮蔽了传统建筑中砖石及其雕刻装饰扮演的重要的角色。除了大量的石桥、石坊、石碑、石塔等,还有作为木构建筑基础和室内外环境装饰的护栏、柱础、照壁的造型和装饰工艺等都达到了相当的水平。

川渝地区有石雕石刻的悠久传统，上可追溯至三星堆的跪坐石人、石雕动物，有传李冰为治水而做的石犀牛，长 3.3 米，高 1.2 米，重达 8 吨。汉代画像石、石棺，唐宋佛道石刻，以及宋墓石刻等等，无不表明川渝地区石雕艺术的千年延续。至明清，大量的石雕艺人和石构建筑，随着"湖广填四川"之后的经济文化发展而再度复兴。从碑坊建筑上的匠师留名和口传故事中，我们看到了川渝地区民间碑坊建筑营建匠师技艺传承的一些基本路径，它们大致可分为"面授""谱传"和"阴传"这三种。

## 一、师徒授受的实践教学

"然匠人每暗于文字，故赖口授实习，传其衣钵，而不重书籍。"[①]在传统技艺传承的路径中最直接的便是师傅带徒弟。在整个劳动和生活场景中去实习和体会，获得实际的经验。这也是传统工匠技艺传承最普遍采用的方法。川渝地区的墓葬建筑营建，常常是一个师傅带着一个或多个徒弟进行作业。在这一过程中，徒弟从大粗胚开始，逐渐进入细致高超的雕刻工艺细活。民间有谚语曰："没有学会爬就想学飞，乱石窖没打会就想打碑。"这话一方面说，学习要一步步地走，由易到难地循序渐进；另一方面也指出"打碑"是石匠中比较高阶的手艺，需要长期的学习。学徒一开始只能从打"乱石窖"开始。就墓葬建筑上大量的石雕装饰而言，我们一般只能看到其成品，而雕刻步骤和技法过程则难以看到。

说来十分奇巧，笔者在四川省泸州市古蔺县的一次考察中，居然得见一个完整墓葬建筑雕刻图像的完整雕刻过程，大都为"半成品"状态。展现了包括"墨线起稿""减地平雕""浮雕出形""细刻出花""磨光完成"的工艺全过程。十分难得。对比该墓主墓碑正面那些精彩的雕刻图像和精湛的雕刻工艺，位于背后土冢石围墙上这一条图像就明显稚拙很多。可以判断出这其实就是一个学徒的学习过程。

王永钱、王永镜兄弟合葬墓在四川省泸州市古蔺县王氏墓群中显得尤为高大，位置居中，雕刻装饰也很精彩复杂。但是在我们的考察过程中，目光却被土冢左右两侧石墙顶部有一组图像内容所吸引。（图 2−59）整组图像内容横向环绕在茔墙两侧，为矩形四角切圆的单幅画面组成。从整体的内容与形式来看，左侧与右侧是相对应的，以基础的单个的物体平铺摆放为主，图像内容较为单一，如单个的人物、若干水果、简单家具器用等物，也适合初级练习的基本要求。可以看到，各图的完成进度不尽相同，可以清晰地

① 阎文儒．中国雕塑艺术纲要．广西：广西师范大学出版社，2003 年，第 127 页。

看到墨线、凿痕等,堪称民间石雕工艺技法学习的"活教程"。(图 2‑60)

图 2‑59 王氏墓群(居中为王永钱、王永镜兄弟合葬墓)(何静摄)

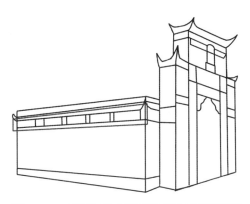

图 2‑60 王氏兄弟合葬墓侧视图(何静描线)

一般来讲,雕刻工艺流程可分为开荒、打细、打磨。在《营造法式》中也提到石作制度:"造作次序之制有六:一曰打剥(用錾揭剥高处);二曰粗搏(稀布錾鑿令深浅齐匀);三曰细漉(密布錾鑿渐令就平);四曰褊棱(用褊錾镌棱角令四边周正);五曰斫砟(用斧刃斫砟令面平正);六曰磨砻(用砂石水磨去其斫文)。"①刘大可在《中国古建筑瓦石营法》中将"凿活"步骤分为:画、打糙、见细及扁光。同时有学者在对画像石雕刻工艺程序时的观点也提到用"墨线勾勒"。② 郑岩教授在《庵上坊:口述、文字和图像》一书中也对石雕工艺进行了分析。③ 可以看到石匠在面临复杂的图像内容时必须具备更精细的工艺水平以及一定的绘画及审美能力,为了完成更高难度的雕刻,会对具体的图

① (宋)李诫. 营造法式(文渊阁四库全书). 第 2494 卷本,第三卷,第 6 页。

② 刘大可. 中国古建筑瓦石营法(第 2 版). 中国建筑工业出版社,2015 年,第 272 页。

③ 郑岩、汪悦进. 庵上坊:口述、文字和图像. 读书·新知三联书店,2008 年,第 12 页—26 页。

像内容进行起稿，即为"起谱子"。

从王氏墓墙的组图中可见，石面平整，在组图顶部有墨迹的直线，线条笔直，就当时工匠工具的材料来看，应是使用的墨斗弹线，以墨线来确定单幅组图具体的位置关系。在左起的第一图中，画面左侧为一四脚长桌，工匠通过遮挡甚至透视的手法表现出桌脚与桌脚间横杠的关系，桌边有纹饰并未完成，隐约可见墨线痕迹。画面左侧为一个人物形象，头朝几凳，凳上放置的一个壶，最左边损坏最为严重，依稀可见为一个建筑构件局部。从人物形象上可以看见明显的墨线痕迹，勾勒出人物的头部、发饰、手臂、衣物以及手上捧着的物品，整个的人物形象呈现了出来。人物右侧外轮廓有被剔除背景后，通过斜切的手法处理成圆滑的、立体的人物形象的痕迹，人物的左脚部分有线刻的痕迹。（图2-61）墨线稿的痕迹在其它图中也多处发现。可见，墨线绘稿成为雕刻的第一步。

图2-61　墓墙左起图像人物家具上的墨线（薛珂摄）

大致完成"起谱子"的工序后，即可以沿墨线勾勒处向下开凿，将主体物以外的背景部分向下"剔"至一定的深度，逐渐雕刻平整，使主体图案或轮廓线条突显出来，且主体物都有一定厚度，这一步也叫作"减地"。民间工匠常有"打坯打彻底，雕刻省力气"一说。从背景部分的凿痕来看，使用的是平地凿，凿痕交叉错落，从不同的方向开凿，靠近主体物边缘以短的凿线避开。工匠在雕刻时凿地的深度由自身所决定，对于不同的雕刻技法处理有所不同。

凿地后，就集中到主体物的雕刻上，大致分为粗雕与细刻。物体的雕刻程序始终保持了从外及里、从方到圆、从大体轮廓至局部刻画的原则。（图

2-62)从墙体上的图像上，可以看到大致有两种不同的手法。其一，是将有转折透视变化的器物进行直线的切割，如图2-62中，一支杯子的口沿和杯身部分，被直线分为三段式的转折，这与西方静物素描的办法非常相似。但这里，可能只是为了便于实现浮雕的过度转折。其二，就是用减地的手法让"剪影"轮廓突显出来，然后在这一基础上逐渐细化，使边缘更加圆润，再由外向内进行雕刻，一步步地显现出物体的细节。（图2-63）这一过程中，不仅最初的物体边缘轮廓变得清晰圆润，也逐渐将形体呈现出高低起伏的变化，同时器物上的一些装饰细节也逐渐出现，那些粗略的錾痕也逐渐被磨光，线条也变得平直、光滑，并最终完成。可以看到，清墓碑坊的雕刻工艺大致工序为：定位、"起谱子"（墨线起稿）、凿"地儿"（减地出形）、粗雕、细刻、磨光。

图 2-62　减地起轮廓打粗坯（罗晓欢摄）

该墓墓碑正面左次间有一段碑文记载说："兹者钱公寿逾古稀镜公年届耳顺，犹然矍铄，督二监造展板既成，持索叙于予……匠士杨万春何骏章题赠"。这留下名字的杨万春、何骏章二人，应该是匠师或工头，由他们带领的一个多人团队。正如郑立君所提出："极有可能是由'名工'或'良匠'自己承包工程的，再配备几个学徒、小工之类的就能完成其间全部工序。"[①]从这座

① 郑立君.剔图刻像：汉代画像石的雕刻工艺与成像方式.重庆大学出版社,2010年,第40页。

图 2-63　细节深入和刻画起纹（罗晓欢摄）

王氏兄弟墓的雕刻图像上，可以明显地找到不同工艺水平的匠师所完成的作品。尤其是主墓碑后面墙体上的那些单独的小幅图像，俨然是一套教学练习册，不仅让我们看到了石雕装饰的完整工艺过程，也能够感受到师徒授受的实践教学过程。

若将背后墙体上的人物和墓碑正面的人物雕刻进行比较，这种工艺水平上的差异就更为明显。可以看到，左图人物的头、颈、肩、腰的扭转动态，及其衣纹线条都显出生动的造型、简洁流畅的线条，干净利落的整体效果，体现出匠师工艺的高超、成熟雕刻技艺。而右图中的人物形象动作僵硬，五官扭曲，衣纹无法与身体妥帖融合，线条短促堆叠，技艺明显粗拙许多，显然不是同一人所为。（图 2-64）可以想见，在这墓葬背后的不显眼的地方，成为了徒弟实践练习的场所。师傅将手艺展现在重要的位置，徒弟在这一过程中观察、体会、实践摸索，逐渐成长。

图 2‑64　王氏兄弟墓上的人物石雕工艺对比（李青竹摄）

## 二、图谱的流传与创新变化

在汉画像石和唐宋壁画墓的研究中，学者们常常提及"粉本"这一概念，所谓粉本就是图画稿本，民间也称之为"谱子"，是工匠雕刻时图样的参照物。

尽管笔者未曾在民间石雕工匠手中亲眼见到过这样的"谱子"，但从这一地区流行的雕刻图像的题材，特别是构图样式及其细节内容中，可以判断出实际上应该是有谱子的。这个谱子的来源也比较复杂，清代，印刷品比较普及了，再加上如年画、春书等其它类型的民间图像，都成为雕刻图谱流传的重要载体。

泸州市古蔺县太平镇高笠村的王张氏墓（清道光二十三年，1843 年）和鱼化乡的杨如赞周氏墓（清咸丰元年，1851 年），两地相差距不远，彼此还似乎沾亲带故。两座墓在墓地布局、建筑形制结构上看，装饰手法上也都有诸多相似之处。尤其是在两座墓的主墓碑左、右次檐下的额枋上出现了相同题材的图像。在杨氏墓的图像上分别还有："伯牙弹琴遇子期""太公渭水遇文王"的阴刻题图文字。通过比较这两座墓上的这两组图像。可以看到，画面的整体构图、人物的动态及其组合方式、人物所处的背景,甚至道具细节等几乎完全相同。只是在岩石、树枝、水纹的处理稍有变化。这其实非同寻常,一般来说,民间匠师在处理相同题材的图像时候,一般都会有主动的变化。即是像"二十四孝""八仙""郭子仪祝寿"等这样十分流行的题材,很难见到几乎相同的图像。如此的雷同两组图,应该是用到了相同的图谱。(图2-65、图2-66)

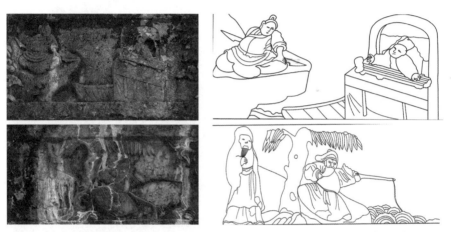

**图2-65　泸州鱼化乡杨如赞墓上的"伯牙弹琴遇子期""太公渭水遇文王"图(何静描线)**

**图2-66　泸州古蔺高笠村王张氏墓上的"伯牙弹琴遇子期""太公渭水遇文王"图(何静描线)**

　　同在万源市曾家乡的四川省万源马三品墓和覃步元墓,两处相距不足10公里。墓葬建筑有题刻显示"匠师南江县董吉祥/王怀义",修建时间在清同治八年。覃步元墓碑文有:"巴州石师王怀义/宋天银同造",为清同治十二年建成。巴州和南江接壤,且为巴州隶属。因此,基本可以肯定,两座墓为同一匠师团队所建。

　　两座墓的雕刻装饰手法也有很多相同之处。特别是在左、右茔墙开间内的戏曲人物群雕，风格独特。人物群像构图紧凑，场面复杂，情节激烈，不管是人物形象、还是山石、刀剑兵器等在旗帜背后若隐若现的手法几乎如出一辙。更特别的是，图像整体被处理成周边减地的高凸画面，这一手法很少在其它墓葬建筑中见到。这种手法、风格的一致性和图式的雷同性也体现出其技艺的传承关系，也是基于原有"谱子"的传播和变化。其实，到清末民国时期，很多墓葬上的雕刻装饰出现了较为明显的"白描"画风，这很可能与印刷术的普及很有关系，"图谱"变得容易得到了。谱子作为工匠学习和应用的又一路径，对雕刻技艺的传承和图像发传播发挥着很大的作用。（图2－67）

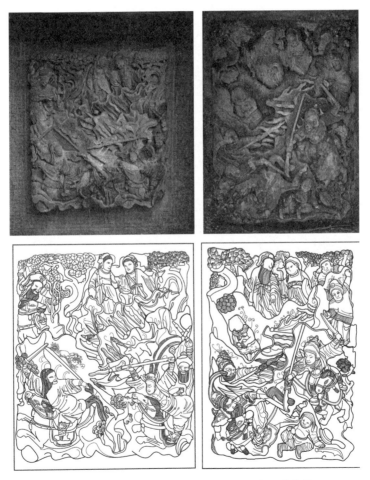

**图 2－67　马三品墓覃步元墓戏曲人物的同谱变化**

"谱子"可能在团队内传抄，也可能以其它方式，如直接在前代的墓葬建筑上摹写。不管怎样，随着"谱子"的流传，也促进了图像系统与雕刻工艺的传播和传承。当然，对经验丰富的工匠来说，这些"谱子"储存于他们心里，反复地练习中，和频繁的使用中，往往又会因主家的要求、建筑本身的客观条件、匠师个人的抉择而发生演变。所以，好些看似源自同一谱子的图像，在不同匠师和不同的墓葬建筑上，又呈现出不同的变化，这在客观上促成了雕刻技艺的创新发展。

### 三、神秘的"阴传"

阴传，即"梦中传艺"。听上去不可思议，但是在民间，这样的传说并不少见。最有名的记载可能算《隋唐演义》的故事，程咬金在梦中遇到神仙传授他三板斧的故事。笔者在考察中多次听到这样的故事，这似乎也成为民间工艺传承的一种路径了。

2013年，笔者拜访了四川省南江县一位打碑的老艺人张李邦。据他自己讲，他的手艺就得于"阴传"，就是他师傅在梦中教他关于打碑的技艺，也确实很快就学会了。村民也证实，这位老人在三十岁前确实不会打碑，后来突然有成，现在又带了好些徒弟，成为当地的知名匠师。

但笔者的一次偶然发现，似乎让这个谜团得到了一定程度的解释。老人带笔者看了他为自己早逝的儿子修建的墓碑。墓碑造型为四柱三间两檐，庑殿顶，明间顶部有横枋，左右雕刻带撑栱的瓜形垂花柱，中间嵌上方形匾额，次间外侧还有切曲轮廓的衬鼓。造型、比例尺度和雕刻工艺算是相当不错的当代新作。但返程中，笔者在距离他家不远的山下大路边，看到一座清晚期的墓葬。该墓形制、装饰纹样居然和张李邦之子的墓大同小异。墓碑左、右次间檐下的横枋及方头垂花柱、山形脊饰，特别是次间的结构和窈曲纹装饰，以及衬鼓上的男女武将人像雕刻都极其相似。而该墓明间门罩上的那幅"滴血认亲"的戏曲场景，人物动态和构图显示出更高的技艺水平。但碑文显示，墓主为李懋美，建于光绪十六年（1890年），匠师为侯定全。显然，张李邦老人在修建儿子墓的时候仔细参照了李懋美墓。但即使这样，作为民间无师自通的匠师而言，这也是需要是长期的思考、摸索，以至于"日有所思，夜有所梦"，而并非老人所言，自己做了个梦，梦中师傅教他如何打碑，后来他就开始了自己打碑的职业。（图2-68、图2-69）

"阴传"得艺的故事在古蔺县石屏王氏家族墓时考察中，笔者又一次听到。故事是说，一名何姓匠师为王氏家族修造墓葬建筑长达六十余年，用其一生打造，可惜墓碑还未完成，何匠师便去世了。留下的几个徒弟，学艺不精，很多难题都无从解决。一日夜里，年仅十三岁的侄子梦中见了何匠师，

图 2‒68 四川省南江县张李邦之子的墓碑(罗晓欢摄)

图 2‒69 四川省南江县李懋美墓及雕刻局部(清光绪十六年,1890 年)(罗晓欢摄)

梦里老师傅为他们指明了问题的解决之道。于是,修建中的问题便迎刃而解了,徒弟的技艺也得以提升。这个故事在当地流传甚广。

其实民间关于"阴传"技艺的传说比较多,其较早的源头可能与佛教中的"梦授经书"有关。笔者认为,这一方面说明打碑这门手艺,进入的门槛可能并不高,个别人对这种技艺有强烈的兴趣和意愿,在耳濡目染之间,就已经开始琢磨这事,以至于魂牵梦萦,最终尝试、练习并掌握了技艺。

央视纪录片《走遍中国》栏目,在 2019 年 8 月 21 日播出一期《阴传的秘密》,介绍了居住在四川盐边的傈僳族中祭祀仪式主持巫师的传承路径也是通过"阴传"的现象,以及一位出名的女中医也是在"阴传"中获得配方。"阴传"的对象自述自身在经历"阴传"前对该技艺都是未知的,也不愿承认这项技艺是通过模仿别人所得。但纪录片中这些主人公,他们的父辈往往就是从事这一行,但都否认自己是从小耳濡目染中学到。片中,神经内科专家针对这一现象进行简要的分析,他认为,这就是个人的心灵感知能力,被"阴传"者在生活的过程中接触过、听说过或是见过，经过自身不停地思索，将想法变为实践的过程。① 这也部分引证了笔者之前的猜测。

"阴传"故事在今天听起来，有些荒诞不经，甚至带有封建迷信色彩。但笔者认为，这些看似"阴传"故事，实则是"阳学"。是工匠自身对于技艺的执着，在心中不断地思考，手中不断地练习，以至于所梦皆是。不管是通过自述表示自己被选中的独特性，亦或是后人讲述，为凸显其技艺的精湛，或达到非人为可及的能力，这里面无不显示了匠师对自己手艺的用心。邢义田提到，工匠传承技艺时要"遵循典范与格套，并不断创新，带动了区域性的流行风尚，进而塑造了职业传统。这种情形普遍存在于中国的传统工艺和艺术传统中。"②

至此，我们大致可以将川、渝地区民间墓葬建筑、石构建筑及雕刻技艺的传承概括为："面授""谱传"和"阴传"这三种主要路径。特别是古蔺县石屏乡王氏墓上的那些"教学"过程图，生动地向我们展示了师徒授受和实践学习的全过程，也让我们感受到传统雕刻艺术的造型手段和表现理念。不论以口传或纸本或其他途径来传承技艺，其本质都凸显了前者授予后者这种流传千古的传统，不仅限于技艺层面，也蕴含了民间的智慧与工匠的精神。

明清时期，伴随着中国传统建筑的第三次高潮的到来，石构建筑以及石刻装饰技艺也迎来了发展的高峰。川渝地区的深厚的石雕工艺传统加上"湖广填四川"移民的流动与融合，产生了大量的民间石刻艺术，它们依托于民居建筑、牌坊、墓碑等的营建，成就了川渝地区清代石构建筑及其雕刻装饰工艺的再度辉煌。遗憾的是，随着石材作为重要建材退出历史舞台，加之机械化的生产以致民间石雕工艺也逐渐衰微。目前，学界对于川渝地区传统石雕工艺的系统调查研究并不多，笔者从传统石雕工艺传承路径的这些思考，也是从一个特定的角度关注到民间石雕工匠群体。

---

① 《阴传的故事》. CCTV 节目官网，https://tv.cctv.com/2009/08/21/VIDE1355515774-868981.shtml望[DB/OL].2009 年 8 月 21 日，浏览时间 2021 年 12 月 10 日。
② 邢义田.画为心声　画像石、画像砖与壁画.中华书局,2011 年,第 47—68 页。

# 第三章 魂兮归来:墓葬亡堂的结构与意象

## 第一节 川渝地区墓葬亡堂的形制结构

在四川巴中南龛石窟管理所内的药王殿中,存有一件颇有意趣的彩绘石雕,高 120 厘米,宽 76 厘米,厚 33 厘米。画面表现的是一个宴饮场景,严格的中轴对称格局,从底部到最高一层分为三组人物,细看可以看出是按照年纪而排列的,年龄最长的两位在最高处,男左女右,他们的头顶还悬挂一块牌位。画面人物组合在一个严整的三角形构图之中,整体氛围层级分明、秩序井然。(图 3-1、图 3-2)这件被称为"四世同堂祝寿碑"的雕刻据说发现于一水库建设工地,但究竟为何物很多人却不甚了了。从该区尚可见到的不少明清墓葬建筑可以推知,它可能是墓碑亡堂内的雕刻构件。

图 3-1 巴中市南龛石窟管理所内的
"四世同堂祝寿碑"(郑从芳摄)

图 3-2 巴中市南龛石窟管理所内的
"四世同堂祝寿碑"线描图(邓霜绘)

亡堂，是清代四川地区大中型墓葬建筑主墓碑上的一个相对独立的龛型门楼结构，多位于主墓碑的顶檐之下。最简单的结构即是上下横枋和左右立柱合围而成，柱间之内就是亡堂内部的独立开间。这是川渝等地清代墓葬建筑的独有结构，在重庆等地也称之为望山。这一地区的亡堂因其建筑形制的不同而演化成多变的造型样式，同时亡堂内部的雕刻装饰，特别是以墓主夫妇并坐为中心的图像系统形成了整个墓葬建筑的重心之一。除了这种在梁、柱合围的龛内，有些拱顶式墓葬建筑往往会将这种门楼式的亡堂直接雕刻在半圆的碑帽平面上。为了便于区分，笔者将前者称之为"内龛型"，而后者称之为"平面型"。在笔者看来，亡堂作为墓葬建筑的重要构件，集中反映了人们的丧葬观念和民俗信仰，包括亡堂在内的墓葬建筑作为传统建筑艺术的特殊发展，其结构样式和雕刻装饰工艺等都值得深入探讨。

## 一、"内龛型"亡堂的雕像和牌位

### "雕像型"亡堂

一般来说，供奉在亡堂内的，要么是雕像，要么是牌位，因此也就有了"雕像型"和"牌位型"的区分。

内龛型亡堂一般居于主墓碑顶檐之下，尺度和体量一般都不大的，向内凹陷的矩形空间，就像家中的神龛，或石窟的佛龛。但很多时候，因为墓葬建筑本身的复杂结构和装饰造型，使得亡堂也变得异常复杂，甚至成为墓葬的重点装饰的部分。

被多次提及的阆中市千佛镇的邵万全、曹太君合葬墓（清咸丰九年，1840年），其墓碑的顶檐之下，有一个狭长的开间，其内可见有男女二人并排而坐的正面像，前面还有垂下的帷帐，在亡堂两侧板与门柱之间的空间里左右分别有一组雕刻，左侧为拿扇子的女性，右侧为拿茶壶的男子，也都望着亡堂内的墓主夫妇像。（图3-3）该墓代表了这一地区亡堂造型及雕像基本的空间位置、结构布局和图像模式。

亡堂内的墓主夫妇像一般都是坐在几案之上，两侧的仆人也站立在几案之上的。这种刻意地处理，似乎意在表明处于"几案"或"供桌"之上的人像与现实生活中的人之间的区别。这种几案上的座位的意义正如巫鸿在《无形之神——中国古代视觉文化中的"位"与对老子的非偶像表现》一文中就提到那样："这种'座'所标志的是一种'位'，其作用不在于表现一个神灵

图 3-3 邵万全墓主墓碑及亡堂图像

的外在形貌,而在于界定他在一个礼仪环节中的主体位置。"①高高在上的墓
主夫妇、供台、椅子、帷幔、灯笼以及左右的侍从人物,由此构成了亡堂雕刻
图像的核心视觉元素。

巴中市通江县毛裕乡的谢家炳墓(清光绪二十九年,1903 年)(图 3-4)
是一座比较形制完整的建筑群。其主墓碑的亡堂结构并不复杂。两侧立柱
加上狭小的门罩,使得亡堂内的图像明显可见。只见一对夫妇并坐于摆满
食物的桌前,旁边数人相陪伴,男左女右,有点烟者,有端茶倒水者,有侍者
跪地献上食物者,而他们的背后则是多层垂花柱的房屋,挂着各式灯笼,屋顶
正中悬挂了一块匾,其上隐约可见"历代昭穆神主",在灯笼之间的左右次间匾
额上写着"漆灯""朗照"字样。在亡堂的外立柱上有联曰"两星垂大德,千古仰
真容"。这一副对联将亡堂的图像进行了准确的诠释,即画面中两位"大神"就

图 3-4 通江县毛裕乡谢家炳墓主墓碑及亡堂

---

① [美]巫鸿.无形之神——中国古代视觉文化中的"位"与对老子的非偶像表现//巫鸿著,郑
岩等译.礼仪中的美术:巫鸿中国古代美术史文献.北京:三联书店,2005 年,第 512—513
页。

是墓主夫妇的"真容"或"真身像"。当然我们不能奢求这样的雕像如我们今天所见的那般写实，这是一种观念性的模拟，自然也不像今天我们在一些地方看到的那样，将逝者的遗像照片放置在墓碑正中，这实际上是中国传统文化中一直都有绘制祖先"容像"的传统。此外，从中国传统的人物造像手法，特别是佛教造型的图像模式中，我们很容易理解，两位"垂大德"的长者在尺度上要比旁边的人大得多的原因。从这两座墓葬主墓碑的亡堂结构中，我们看到了亡堂的基本结构和样式，但事实上，亡堂的形制结构和装饰手法变化繁多。

更为复杂的内龛型亡堂并不满足于仅仅在正面呈现出一个呆板僵硬的平面化的宴饮场景，而试图将正面和两侧面进行整体打造，使亡堂变成一个三面的立体"厅堂"。亡堂内的图像与两侧的人物、室内装饰等共同形成了一种互动的空间关系，更增添了一种"家庭"的氛围感和空间感。

四川万源市曾家乡的覃步元墓（清同治十二年，1862年）的亡堂布局则更加直观。（图3-5）可以看到，亡堂结构和装饰从外到内都与众不同。门罩上雕刻的是一组八仙和骑鹤仙人群像。从室内延伸出两个望楼或露台，露台之间则是几步台阶，就像现实中进入一个大院子一般。墓主夫妇端坐

图3-5　覃步元墓亡堂内图像

于厅堂之上,室内陈设讲究,家具装饰有繁复的纹饰,所有的桌子上摆满豪华的器物,器皿内装满食物。夫妇背后的装饰复杂,层层叠叠的帷幔、垂花柱、灯笼等一应俱全,大概有六七层之多。在大厅两旁,各有"厢房",左侧面雕刻一位妇人背着一个孩童,正趴在妇人背上,往里张望。她们旁边是一张桌子,上面放置茶具,再后面就是屏风,屏风上面是砖红色和青蓝色的门,房檐连着一旁的门柱,可以看到墙壁上雕刻青蓝色的几何纹饰。屏风后面雕刻敞开一点门缝的侧门,门的造型只露出顶端的一小部分,其余部分都被屏风遮挡。匠师似乎有意暗示门后存在的空间。右侧有一位衣着讲究的年轻男子,手拿折扇站立在小桌旁边,扭头往外,似乎与人在交谈……无疑,这里展现出一个立体式、全景式的"室内"空间,人物造型生动、布局合理、效果真实,俨然一个完整的室内厅堂和家居生活空间的再现。这样写实的室内场景的精心设计,也是为逝者打造一个"如生"的地下居室空间,可谓是对"事死如事生,事亡如事存"的完美表达。

在这样的"厅堂"布置中也会添加上一些非现实的东西,来塑造出更为理想化或更具象征意味的情景。如仪陇市茶坝口村的朱庭俸墓(清道光七年,1821 年)(图 3-6),在门柱靠里侧就雕刻一位文官形象,类似门神一样守护着亡堂的入口。亡堂内的供台上坐着三位墓主,墓主后面的石壁彩绘

图 3-6　朱庭俸墓亡堂内图像(罗丹摄)

麒麟，顶面彩绘人物。而在亡堂的侧壁雕刻出半立体的家具，桌上有杯盏等物品，桌旁各有侍女站立，侧身看着厅堂之内，一副在随时听候召唤的姿态。而在左、右侧壁上还雕刻出浅龛状的窗格，暗示出里面还有更大空间的存在。这些家具和用品的表现手法一般都比较写实，且细节丰富，完全是当时人们的生活日用之物。匠师力图用生动具体的细节来勾画出一个尽可能真实的场景，但同时，匠师内心也非常清楚，亡堂毕竟不是现实，自然也不忘加入一些具有象征意味的符号和图像来强化其神性的特征。正如该墓亡堂所展示的那样，人物是坐在"供桌"之上的。此外人物背后的麒麟图像，似乎也并不是一般"家居"的装饰，它也意味着某种神圣或崇高的身份。

实际上，并不是所有的亡堂都像前面描述的这样，可以很清楚地窥见其"室内"的场景，尽管亡堂位于建筑的高处。还有很多的亡堂外面还有门柱及门罩等进行遮挡，因此其内的图像实际上是很难看清的，或许本意就不是让外人看的。对于这种亡堂，我们可以称之为"遮蔽式"，以区别于这种直观可见的"开放式"亡堂。根据笔者调查，这种"遮蔽式"亡堂的"室内"一般都是以墓主夫妇并坐为中心的人物群雕，与前面所见的开放式亡堂基本一致，且工艺水平都很高，不同之处主要体现在亡堂外复杂的门柱系统。

可以看到，这种亡堂一般左右有一块支出的"挡板"，挡板内有门柱及柱联，顶部还有匾额、垂花柱等。挡板侧面有复杂的人物、动物等雕刻装饰。门洞口有明显的门柱形成多开间的样式，一般为四柱三间或六柱五间，其中明间两柱内收，与左右次间门柱形成"内凹"的空间错落关系。门柱底部或有栏杆、回廊、瞭望台等，正对明间立柱下有多级台阶通向亡堂之内。柱顶还有匾额、柱间门罩等连接，抬眼看去，建筑的高处是一座高大、复杂而精美的门楼，其内有影影绰绰的人物，那门口的梯步是他们出入的通道，一种"阴阳两界"的幽深和神秘在此被渲染得淋漓尽致。可以说，这种主要流行于川东北地区的复杂亡堂，是中国丧葬艺术的杰出表达。（图3-7）

**"牌位型"亡堂**

亡堂内除了供奉墓主夫妇等雕像，还有供奉牌位。就这一点来说，更类似于家居祠堂或家居神龛，因为祠堂和神龛内都只是供奉"木主牌位"。其牌位的造型有简单的长方形木板加一个基座，也有将顶部削成圆弧，或尖头，就像一个小型的神主碑，或类似于远古的玉圭。而相较于家居祠堂中的这些牌位，墓葬建筑亡堂中的牌位不管是尺寸上还是造型装饰上就复杂精美得多了。

亡堂内的牌位一般都会占据亡堂的整个内部空间，大体呈"亚"字形，正中竖向刻"历代昭穆神主之位"或"×氏历代昭穆""三代昭穆神主"等等文

图 3‐7　川东北地区风格类似的内龛型"遮蔽式"亡堂

字。四周常常雕刻复杂的纹饰，常见的有花卉、云龙纹或凤鸟等。牌位基座常见须弥座或莲花座等造型，其中尤其以"五龙捧圣"的样式为多，即牌位左右两侧各雕二条侧身的穿云龙，顶部为一条完整的蟠龙，且圆雕的龙头高高突起，形成严谨有序又丰富且工艺繁复的装饰。而"九龙捧圣"则是这种牌位最复杂、也是最高等级的象征。

　　苍溪县龙王镇的张文炳墓（清道光二十二年，1842 年）是张文炳与妻子宋氏的合葬墓。墓碑顶部亡堂内仅放置一座牌位,牌位两侧和顶部为凤凰牡丹图像,多层的镂雕的凤鸟和植物枝叶穿插,顶部有硕大的花朵和正面的凤鸟,如"五龙捧圣"一般的图式。牌位的底座类似桌台形状,还雕刻有露台、台阶等,露台两端各站一只瑞兽,牌位上刻:"故显考张公讳文炳字鹏程/妣宋老孺人二位之墓志"字样,即只是墓主夫妇的名字。而亡堂之外依照惯例有匾额和门柱。对联等一应俱全,柱联为"予泽千秋,蒸尝百代",表明先祖给予后世子孙的福泽;匾额为"乙山辛向"表明了墓葬建筑的风水。这些都是惯常的表达,反映了人们对于墓葬建筑营建一贯的观念信仰。(图3-8)

图3-8　张文炳墓主墓碑及牌位型亡堂

当然,牌位的变体也比较多。除了这种直线形的"亚"字形牌位,还有边缘呈弧线造型的牌位,还有在牌位外增加一些人物和其它组合的结构等,但也都是为强调和突出牌位而设计的。旺苍县柳溪乡的袁文德墓是一座大型的墓葬建筑群,也是四川省第八批省级重点文物保护单位。其就在亡堂的两侧雕刻了守护官员的形象,并施加了彩绘。一白脸和一黑脸,胳膊夹着笏板,白脸门神和颜悦色、黑脸门神紧皱眉头,双目炯炯有神,牌位中间雕刻"袁氏三代高曾远祖神主位"。不难理解,这里增加的这两位官员形象,呈护卫之势,其实也意在暗示墓主的身份和地位。这也是民间美术比较常用的表现手法。(图3-9)

图3-9　旺苍县柳溪乡袁文德墓碑亡堂

巴中市南江县侯家乡的谭怀训墓(清光绪二十六年,1900年)(图3-10)的亡堂造型更为复杂,左右雕花挡板、檐下垂花柱头、门柱的柱联及其柱顶有戏曲人物等浮雕,还有亡堂上"德范永垂"的硕大匾额和狮子底托,以及亡堂下面的曲折的护栏和露台等都无不精雕细刻,尽管没有着色,但依然让这座亡堂看上去十分的精致庄重。而这一切都是为了烘托亡堂内部那个"五龙捧圣"的牌位。不仅如此,在牌位下端两侧还雕刻石狮托起牌位,底座有台阶,牌位正中刻写"三代昭穆位"。可见,牌位型亡堂也并不比雕像型的亡堂简单,从这些牌位的装饰以及周边的雕刻来看,求"多"、求"满"、求"闹"的民间装饰趣味没有丝毫的减弱。

图 3-10　谭怀训墓主墓碑及亡堂（罗晓欢摄）

　　另外一个值得重视的情况就是，立于亡堂门入口或门柱上的"文臣武将"的雕刻，不仅仅是程式化的装饰，也是精彩的人物雕刻艺术品。不难理解，亡堂一方面作为墓葬建筑的一部分，另一方面也是一座相对独立的建筑构件，有其自身的完整性和整体性。因此，同诸多的礼仪性、纪念性建筑一样，其内供奉的是象征着神灵所在的容像或牌位，那么配上守护神似乎是自然而然的事情。因此。在亡堂门柱放置门神雕像是一个比较普遍的做法。

　　南部县的宋青山墓（清嘉庆）（图 3-11）是一座规模宏大，雕刻精美的较早时期的墓葬建筑，可惜雕刻风化极为严重，但在墓碑顶部的亡堂则保存状况较好。除了亡堂内部的牌位雕刻精美，亡堂入口的一对人像雕刻极为精彩。这一对男女雕像极富个性化，站立入口，扭头望向远方，高冠博带，面部饱满，眉眼真切传神，复杂的衣纹和配饰随身体而自然垂下。其下同样也雕

图 3-11　南部县建兴镇宋青山墓亡堂及门神雕刻

刻了高台和梯步,真是不可多见的民间雕刻精品。仪陇县高观庙的范金华墓(图3-12)的亡堂的牌位是比较标准的"亚"字形结构,牌位上有"范式历代昭穆"字样。牌位左右立柱分为内外两部分,外侧一般刻联,内侧分三段,中段雕刻官员立像,上下方形柱础和柱头分别刻花卉。亡堂外再设圆柱,雕刻缠枝花卉。亡堂顶部为垂花门罩,整个结构严整,尺度疏朗,装饰繁复精美。其内的牌位以浮雕彩绘花卉为饰,底部的梯步左右还刻有打瞌睡的童子,与左右肃立的文臣武将浮雕人像形成鲜明的对比,将庄重肃穆与生活意趣巧妙结合。

**图3-12 范公坟享堂内主墓碑亡堂**

实际上,民间艺术并不像有些论者所说的那样,比较程式化和套路化,变化不多。从这些亡堂的结构和造型样式上看,几乎每一座亡堂都会有变化和创新,几乎难以见到造型相同的两座亡堂。这里面其实有一个比较重要的原因,就是亡堂作为一种象征性的纪念物,其意指比较明确,但其形式则比较灵活,匠师或主人,可以将那些他们认为合理的,需要的元素自由地进行组装。这倒是有点像雷德侯先生《万物》所讨论的中国艺术的"模件化"生产方式,这些模件既有抽象的观念要素,也有各种实体的装饰构件。

平昌县灵山乡的吴家昌墓(清光绪十年,1884年)(图3-13)则以另一种方式凸显出亡堂的高贵。看上去,亡堂的立柱和堂内的雕像都是标准的样式,但在顶部额外添加了一块巨大的牌位一样的匾额,周边雕刻云龙纹,匾额上写着"皇恩□□",估计是"皇恩宠赐"。这类牌匾在这一带也常可见到,这意味着该墓的修建获得了某种官方的支持,墓主也正是通过凸显这个官方的背景因素来提升其身份与地位。而一般情况下,这个牌位会放置在墓前的牌坊上，但遗憾的是，该墓前原有巨大的牌坊，在上世纪被拆毁打碎，铺了马路。

图 3‑13　吴家昌墓的拱山碑及亡堂

将雕像和牌位结合也是亡堂雕刻比较常见的情况。有的是将牌位置于人物中间的最高处，有似于建筑的匾额，作为"画面"的背景。也有将牌位重点展示，以大尺度的牌位放置在亡堂正中，左右再雕刻人物作为陪侍或护卫等，突出牌位的重要地位。不管怎样，亡堂内都呈现出一种家族性和神圣性特征。万源市柳黄乡姚成三与妻龙氏合葬墓（图 3‑14）也采取了类似的思路，而且增添了更为复杂的内容。横匾刻"白云仙乡"，两侧对联"采来芝草留余本，修到梅花是此生"，词句中透露出某种道家的意味。龛内的门罩上雕刻十位脚踩云朵的仙人。墓主坐在高高的供台上，身后是牌位，上面刻"硕/淑 德颢 考/妣 姚 公成三大/宅龙氏孺 人寿藏"。墓主两侧分别站一男侍和一女侍，两个侍仆脚踩小供台。由墓主二人、侍仆二人组成图像中的上层人物，供台下面的人物构成图像中的下层人物。下层人物中间有一桌台上面放置香炉，人物像中有拿书的男子、怀抱婴儿的妇人，众人身后显然有一圈围栏将上层人物与他们下层人物区隔开。这样的构图方式非常像马王

图 3‑14　姚成三墓亡堂(清)

堆的帛画中关于天界、人间和冥界的分段式描绘。

## 二、多龛亡堂的组配方式

### 横向并置式

大多数情况下，一座墓葬往往都只有一个独立的窟龛，但部分大型墓碑或复式的墓葬建筑也出现了复式的龛，这种龛随着墓碑建筑形制的变化而变化。从空间格局看，一般会有横向并列的两龛或三龛。并置的两龛，一般等大，如夫妻合葬墓的明间一样，两间并置，中间用门柱间隔，但整体上还是一个大的开间。而三个龛的结构则就像建筑的明间、次间一样。明间为主龛，左右次间，其尺寸上相对小一些，以体现出不同的等级地位和主次关系。

三间并置的情况也不少，雕像型亡堂和牌位型亡堂都有不少实例。如四川省阆中市东兴镇牟氏墓（清光绪三十二年，1906 年）的三开间亡堂，大体格局相同，都是在建筑的檐下端坐数人，左右有侍者数人，不过正中开间更大，顶部匾额两间三檐的檐下有"音容宛在"匾额，左右蟠龙柱，其内端坐三人，正中男子正面像，左右两位妇人侧身，右侧一人怀抱一小孩。亡堂左右立柱内侧有武将门神，外侧有柱联（文字被毁）。左右次间结构与常见的"三间两檐"有异曲同工之妙。檐下正中一人身形高大，左右站立侍者若干。无疑这并置的亡堂显示了中国传统家庭基本的伦理秩序和等级关系，即对男女、主持、正房侧室等的"各居其位"图像表达。（图 3-15）

**图 3-15　四川阆中东兴镇牟氏墓亡堂**

同样，如宣汉县胡家的郑光武墓（宣统元年，1909 年）为三人合葬墓，其顶部的结构为三开间，除了顶檐下的亡堂内有"整光武大人寿藏"的雕花牌位，亡堂顶部两层有镂空门罩，顶部有立匾，刻"佑启我后"。亡堂左右立柱也有官员立像，柱间门罩还有匾额刻"别有洞天"以及浮雕人物和动物装饰等，牌位底部雕刻了宽阔的梯步。在左右次间内也雕刻有纹饰精美的牌位，并分别刻郑光武妻子和儿子的姓名。这就意味着，这三个亡堂空间分属三位亡者，也显示出一种位置与秩序的关系。这种分置的亡堂，不管是牌位型还是雕像型都有其基本的结构，在保证和突出中间的基础上，其余开间有其自身相对完整的形制和装饰，但又可以明显地看出其整体性的一面。（图3-16）

图3-16　四川宣汉郑光武并置牌位型亡堂

### 上下叠加式

在墓葬建筑上的多龛亡堂还有上下叠加的样式。即多个亡堂的窟龛分属不同的层高，并在里面分别放置牌位或雕像的样式。

南部市窑场乡的文卓墓（清同治六年，1867年）（图3-17）是比较典型的上、下层叠加的亡堂形制。上下两个龛形结构造型基本一致，但顶层亡堂的尺度稍小点，这可能是出于造型美观上的考虑。

图3-17　四川南部姚场乡文卓墓上下叠加式亡堂

但明显可见，下层的亡堂造型和装饰也更为复杂。首先是亡堂左右立柱正面有浮雕人物组合，图像分为上下两部分，即地上的"书生"和天上的"魁星点斗""送子娘娘"等。柱内侧浮雕单手举鞭的武将，也是门神。门罩宽大，浮雕三重檐，檐下原本有的门柱断裂不存，当为六柱五间的结构，也就是说这座亡堂与川东北地区流行的"遮蔽式"亡堂一样。不过,这失去的门柱当时让我们可以清楚地看到亡堂内部的雕像,可见室内有一男二女并排端坐在一张方桌前,桌上也只有象征性地雕刻了一个盛满食物的碗,他们身后还分别各站一男女陪侍,男子拿着长柄烟锅,女子怀抱婴儿。亡堂门口是个内凹的开口,正中有梯步若干直通亡堂,梯步左右的平台各有一只大象躺卧。

上层的亡堂结构与下层大致相同,但门柱正面狭窄很多,且素面无饰,柱内侧左右浮雕"文官"形象。亡堂门罩为四柱三间两层檐的造型样式,门柱也缺失不存,正中顶檐下有"一团和气"人物浮雕,隐约可见亡堂内放置的是祖先牌位。这种上下分置的情形倒也合理,同时也增加了建筑的高度和复杂性。

另一个典型的建筑样式是阆中市枣碧乡的伏钟秀墓(清光绪九年,1883年)。整座墓葬建筑在坟亭(瓦房)之内,保存较为完好。墓碑主体上可见上下两层龛形结构,上层为方形龛,下层为长三间样式的龛,也即上下两层亡堂结构。

上层亡堂高 163 cm、宽 96 cm,为遮蔽式亡堂,门柱左右斜面有花卉浮雕并施彩绘。顶部有垂花门罩,亡堂有镂雕的窗棂封门,其内有牌位,刻"故考、妣 伏公讳万成 李/王 二太君之神主"。这和底层明间碑板上"伏钟秀"的名字不一致,不知是否为他的长辈。(图 3 - 18)

**图 3 - 18　伏万成墓主墓碑及亡堂**

下层的亡堂为横向展开的三开间遮蔽式亡堂，雕像型亡堂高 58 cm、宽 213 cm，正中的明间部分为四柱三间样式，左右门柱刻联"寿域千年固，真容万古存"，正是对亡堂内雕刻的人物形象的说明。透过门柱可见其中有一男二女三人的坐像，（头部被毁），在他们的外侧同样有男女仆从。特别值得关注的是，在正中的三位容像的两侧的室内空间的处理手法是浮雕与壁画相结合。两位仆从头部也不存，但他们站立在桌前，男子伸手拿长柄烟锅，女子端茶壶的情形与前面所见的别无二致，但背景的墙壁上则彩绘出穿斗结构的屋檐、窗户、瓶花、桌椅等饰物，展现出青瓦白墙的室内的场景，在亡堂次间透窗的光线照射下，这些雕刻和图像栩栩如生，几可乱真！这种将现世生活空间与墓主容像雕刻相结合的手法运用得如此娴熟，令人惊叹！可谓川北地区最为特殊、最为神奇的亡堂了。（图 3 - 19）。

**图 3 - 19　伏钟秀墓亡堂容像雕刻彩绘及线稿（罗丹描线）**

多龛结构的亡堂，在客观上增加了墓碑建筑的形式和结构变化，也让亡堂内的配置显得更加的多元。从横向并置的结构看，多龛大多数还是遵循了多柱多间的格局。即使有些较为简单的墓主建筑，没有条件设置完整的明间、次间这样的结构，也会用方斗、柱石等来形成类似的样式，以确保建筑结构的完整性和美观性。总体上看，龛型亡堂还是有比较成熟的形制结构和装饰技法。不管牌位还是雕像，抑或二者的合一，不管是单龛还是多龛，都能够较好地整合于建筑的整体造型之中，体现出高超的建筑营建技艺。亡堂的装饰图像系统，也是重要的观念和象征系统，其主题内容的选择和表现方式也可以看出，透过视觉形象和核心元素传达出作为逝者灵魂归宿和后世瞻仰祭祀的特殊营造。

### 三、"平面型"亡堂的"家庭宴饮"图

"平面型"亡堂就是亡堂的图像不在龛内，而是处于墓碑的平面之上。不过这种形制不同于前面讨论到的那些门柱匾额结构齐全的亡堂，这里一般不用多柱多间的样式，而是直接在一块巨大的碑石上浮雕出墓主夫妇为中心的人物群像。这种碑石多为半圆形的拱顶碑碑帽。

拱顶碑与神主碑有诸多相似之处，也是一种标准的基座、碑身、碑帽的三段式结构。碑帽的大小和墓碑整体的尺度密切相关，小的可能不足 2 米高，大型的直径可能达 3、4 米。碑帽的外沿往往被雕刻成屋脊和瓦垄，有些碑帽还在弧顶雕刻出脊饰，或在碑帽底边两头做成上翘的屋檐。就在这个弧顶的檐下，留出面积较大的半圆形平面。这里往往会雕刻一幅幅面完整的图像，包括多间多檐的房屋，其画面主体内容多是以墓主夫妇并坐为中心的宴饮场景。基于此，我们也将这个结构和图像称为亡堂。在《四川清代墓葬建筑的亡堂及雕刻图像研究》一文中，笔者写道："为了将'亡堂'纳入到碑帽的弧形结构中，采取了变通的方式，即在碑石上雕刻出门楼，这类亡堂因为开龛较浅，几乎与墓碑整体处于同一平面，亡堂的整体构造和内部雕刻一览无余，可以称之为'平面型'亡堂。"[①]可以看出，这里的平面并非只是图像本身的平面性或平面效果，而是相较于内龛型亡堂而言的，平面型亡堂的图像直观可见，这为我们考察带来了极大的方便。

一般而言，亡堂图像根据碑体的大小和图像的复杂程度有较大的差别。如巴中市南江县燕山乡的周登科墓（清光绪三年，1877 年），巴中市巴州区大罗镇的罗宗元夫妇墓（图 3-20、图 3-21）等，它们的墓碑基座之上为三开间，正中部分类似神主碑，左右次间稍小，在明间弧顶之下有半环形浅龛，其内雕刻男女二人并排而坐的雕像，他们左右还分别站立侍者，除墓主夫妇所坐的椅子之外，几乎没有表现空间的场景及饰物。还有罗氏墓的龛顶匾额刻有"双寿同茔"，似乎也意在表明这雕像是墓主夫妇真容像。这应该是亡堂的极简版，或者说图像的基本样式了。郑岩教授在讨论汉代石祠堂的

① 罗晓欢.四川清代墓葬建筑的亡堂及雕刻图像研究.美术研究，2016(01)，第 60—67 页。

问题时,将以石材模仿当时的木构建筑的方式称之为"置换"。他说:"在这种置换的过程中还运用了其他两种手法,即'缩微'和'简化'……出于材质、技术工艺以及资金的原因,墓碑建筑可能比现实的建筑体量和面积要小,但是,其'原型的价值'却丝毫不减,即作为建筑的'空间'却是必须得到强化的。"①此处尽管极为简化,但作为亡堂雕像的最基本要素和结构则一样不少,即保留了亡堂空间的原型的价值。

图3-20 周登科墓拱顶亡堂夫妻雕像

图3-21 巴中市巴州区大罗镇罗宗元夫妇墓(民国十六年 1926)

由此可以看出,从空间位置上看,亡堂及内部的图像,位于墓葬建筑的顶檐之下,在建筑的最高处空间之内;从图像所表现的内容看,是室内的宴饮场景;图像内容是以墓主夫妇为中心的人物群像。这些都是亡堂图像的基本要素。

通江县九层乡的冯玉魁墓(清光绪三十四年,1908年)(图3-22)是一

---

① 郑岩.山东临淄东汉王阿命刻石的形制及其他//从考古学到美术史:郑岩自选集.上海人民出版社,2012年版,第17页。

座高大的多开间墓葬,顶部的半圆形碑帽超过3米。其亡堂图像则展开为一幅横向秩序的宴饮场景。图像是以六柱五间的高大屋宇为背景,明间檐下,墓主夫妇在宴席主桌之前端坐,两侧分别站立多位男女和小儿,远在稍间,也各有一桌,但桌前也仅有男女各一人,次第关系如此明显。尽管该图的背景比较简单,但五间三檐的高大建筑屋顶也体现出对等级和气势的追求,明间和次间内众多的人物众星捧月般地在"墓主夫妇"两边,显得格外热闹、祥和又亲疏有别。显然这是一个人丁兴旺的大家庭,而家庭的主人有着令人尊敬的地位。这种其乐融融的"大家庭"正是亡堂图像所重点表现的内容。

**图3‑22 通江县九层乡的冯玉魁墓亡堂图像**

万源市河口镇土龙场村的马心平及袁氏墓是一座民国时期的墓葬(图3‑23),与这个村众多的清代墓葬建筑一样,顶帽多是半圆形,其檐下亡堂图像遵循着基本的图示展开。在巨大的帷幔之下,是一栋三开间的大屋,正房内端坐墓主夫妇正在吃饭,面前摆满了各种食物,两侧各有男女躬身而立,随时准备端茶倒水。下层一排有男女数人,男子抽烟旱烟或水烟,女子或牵或背着小孩,而在餐桌之前,还有四人正在搬运书本一样的东西,更可

**图3‑23 河口镇土龙场村马心平及袁氏墓亡堂(民国)**

能是暗示家境殷实的"帐本"。可以看到，这一组人物和环境的造型和构图均采用写实的手法，人物衣着、表情、家具等都细腻入微，似乎让人看到其时的真实状况，生动有趣，却也井然有序。在某种程度上，这一图像其实已经超越了亡堂图像的程式化和观念性表达，而向着现实性和世俗化的方向发展了。

## 第二节　亡堂图像的逻辑秩序

### 一、人物排列表明身份秩序

#### 1. 以夫妇并坐为中心

从亡堂的图像中，我们不难发现，其画面的结构和人物关系有着严格的秩序。正如巴中市南龛石窟那件"四世同堂祝寿碑"那样，纵向上看，由最高处的祖先牌位到最底下的餐桌构成了严格的中轴线，从上到下有去世的先祖（牌位），画面上在世的长辈直至襁褓中的婴儿，一代代的世系绵延；而横向上又显示出主仆、内外等亲疏关系，可谓层级分明、秩序井然。这种秩序其实就是传统中国社会伦理秩序的镜像表达，值得一探究竟。

夫妇并坐，是这一地区亡堂图像的基础单元，所有复杂的亡堂图像都是以墓主夫妇二人或三人（妻、妾）并坐为中心的宴饮场景来展开。一般来说，亡堂雕像人物众多，但其排列组合的秩序十分明确，最明显的就是位于正中的"墓主夫妇"，或二人、或三人，而位于中轴线上的男主人，其尺度更大，左右妻妾稍小。他们端坐于图像正中的供桌后方，男居左、女居右，或并坐，或一正两侧分坐。在侧面的人物或左右对坐，或上下分层排布，在尺度上也以墓主夫妇为中心向两边渐次缩减，总体左右对称。

从每一组亡堂雕刻图像都可以看出来，位于画面视觉中心的人物都是坐在摆满食物的桌子后面。夫妻合葬早在汉代便已经成为一种固定的葬式，其最主要的理念其实就是夫妻二人共同组建出完整的"家"。这是中国人最为看重的人生要素，不管是地下之家还是现世的家，莫不如此。在阴宅之中也必然要给"家"安排一个完整有序的家庭。直到今天，在一些地方都还残留"配阴亲"的风俗，足见这种观念之根深蒂固。所以，在亡堂图像中以"墓主夫妇"为中心的图像模式就是这一观念的图像化表达。而就明清时期的川渝地区而言，其家庭结构也恰如亡堂图像所表现的那般，一夫多妻的现象比较普遍，因此，这亡堂图像也成为社会现实和世俗的图像记载。

　　2. 位置高下显"代际"

　　四川省达州市万源河口镇马心安墓(民国十二年,1923 年)(图 3－24),是一座三联式样的复式墓葬建筑。在主墓碑的两侧另外建了两座神主碑,在神主碑与主墓碑之间另外有一个较小的开间连接,结构较为独特。而该墓的亡堂图像,则更为令人惊异。巨大的弧形碑帽之下是一幅复杂的多层次、多人数的场面,在高 134 cm,长 260 cm 的平面上,几乎将亡堂的所有要素最集中地进行了表达。中国人对于家庭、家族的各种现实性的理想,和各种观念性的想象都汇集于此。首先六柱子五间多间多柱的豪华大宅,依次从明间到次间、稍间、尽间展开为从大到小,人数从多到少的尺度和数量关系。明间内高悬历代昭穆神主的牌位,牌位下方是面带笑容的墓主夫妇,他们的面前摆放着大大小小的碗碟,他们左右各有一人(男左女右)陪侍,与正中端坐的两位几乎平起平坐。显然是长子之类的家庭成员。而在主桌下边,是两层餐桌,成员同样按秩序落座。在宽大的明间两侧则是相对较小的次间,其上下也是三层的宴饮图像。这样层层推开,为观者呈现出一幅数十人共同参加的、场面极为热闹、壮观的宴饮图景,场面相当震撼!

**图 3－24　万源河口镇土龙场村马心安墓**

　　除了那抽象的秩序化的表达,画面上也有很多的生动细节。如家居餐具的样式、衣着服饰,还有桌子下抢骨头的狗,怀抱婴儿的妇女,老人的龙头拐杖,侍者手中的器用物品等,还有在宴席上的戏曲表演等等,无不让人联想起当时的实际生活场面。总之,匠师和墓主人试图尽力把关于家、家庭、家族的生活内容都表现在这样一幅既是世俗的,又是理想的图像之中。

整幅图像占满整个半圆形的碑帽，被设置在一座有三层屋檐的巨大建筑之中，每层屋檐下以立柱为间隔被分割为多格的图像。(图3-24)这种分层分格的雕刻构图方式被称为区隔性，笔者曾撰文指出："装饰的区隔性，即指墓碑建筑的整个装饰往往会把整体的较大的构件区隔成为小的装饰单元。"①它也是中国传统装饰常用的手法。首先看到，亡堂屋檐下的场景为男墓主在左边，女墓主在右边，二人就坐于供桌后方的正中间，与之并排的还有一对年纪尚轻的男女，对面而坐，构成了第一排人物。桌前一组人物，左右相对而坐，构成第二排，其下还有一排围绕一张更小的餐桌或站或坐。而左右次间、稍间和尽间内的图像也一并次第展开，呈现出喧闹热烈的生活场景。这种数代人，或多家人济济一堂的群雕尽管并不多见，但以墓主夫妇为中心的人物群雕的亡堂图像所展现出的欢宴场面确实很有代表性。就这一巨幅的雕刻图像而言，如此众多生动的人物形象、如此丰富繁缛的装饰、如此精雕细刻的细节都在一种明确的秩序之中。图像中明间和次间内纵向的图像单元更是明确地表现出这种层次关系，结合到人物的位置，以及中心人物的年龄、性别特征，明显可见这种层次实际上就是一种代际关系。当然，从距离中心人物的距离、高下以及分布于明间、次间的位置，不难看出中国传统家庭对辈分、性别、亲疏等的注重，传统观念中的"三代宗亲""五服亲尽"在这里体现得淋漓尽致。

就在该墓的左后方是马应昌墓（清咸丰十一年，1861年），在巨大的拱顶上是一幅复杂完整的院落以及热闹的宴饮场面。这一座平面型亡堂图像的房屋雕刻得非常精美，屋脊，攒尖顶的楼房，细密平直的瓦垄和精致的装饰线条，二楼的檐下还雕刻有福禄寿三星。正房檐下是一对夫妇对坐其中，身旁分别还有男女相陪，桌前有罐食物还冒着热气。而室外则有读书、洒扫、带孩子等的场景，人物众多。明间立柱有联"趋庭尚可闻诗礼，绕膝犹堪意德言"，次间匾额分别为"西河饭""司礼厅"，西河代表着良田美地、司礼厅意味着权力，其意图十分明显。画面构图有序，雕刻细腻，细节丰富，尤其是墓主夫妇的帽子、面部皱纹神态都显示出高超的雕刻技艺和深入的生活经验。这一图像本身与墓葬建筑的整体结构和装饰形成了一个同形同构的关系，几乎让人分不清到底是墓葬建筑还是墓葬建筑上的雕刻装饰图像。(图3-25)尽管从雕刻工艺上看，民国时期的马心安墓要差一些，但两幅图像展开的也是同样的图式结构。可以说，这种固定的图式就是人们心中内在的秩序

---

① 罗晓欢.川东、北地区清代民间墓碑建筑装饰结构研究.美术与设计（南京艺术学院学报），2014(04)，第114—117页。

和社会结构，也正是以墓主夫妇为中心的代际、亲疏、内外的家庭、家族关系。

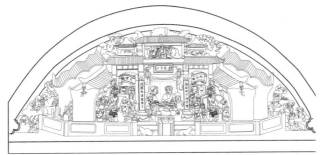

图 3－25　万源市河口镇土龙场村马应昌墓碑亡堂（郑惠芝线稿）

3．厅堂内外别"亲疏"

从马氏墓的亡堂雕刻上，我们不仅看出来代际之分，也明显地感到内外之别。在亡堂图像系统中，最重要的应该是室内、堂下的宴饮人群，在外围还有数量不等的"仆人"，他们往往处于亡堂的外侧或下层，动态么是提壶张望，要么端盘侍立，还有的则在建筑的外边劳作或休息，有着比较明显的室内、外之隔，表现出明显的尊卑关系。这种尊卑不仅仅体现于家庭内部的长幼，还体现于家庭成员之外的"下人"，乃至为这场宴饮而进行演出的那些戏曲表演者都应该在核心之外，在位置和尺度上远逊于家庭成员。万源的马心纯墓、阆中市邵万全墓，曾家乡的马三品墓的亡堂图像上，都可以明显地看出这种家庭成员之间以及家庭内部与外部成员之间的表现。显然，这种尊卑关系还通过其中人物从事的工作来区分，如侍立中心人物左右，或为之打扇、端茶递水、点烟等，或在台阶上递送食物，甚至在屋外的院子里劳作等等，这与室内享用宴饮的人物身份区别差异不言而喻。马三品墓亡堂雕刻外围左右各有一人与整个亡堂宴饮场景无关的人物，左边一个男子趴在栏杆上睡着了，而右边的一位在给家畜喂食，这两人显然游离于热闹的家宴之外。不仅如此，在旁边为宴饮助兴的戏曲表演者也都只是外人。

　　不难理解，群像人物之间的位置必然反映着不同的身份地位和亲疏关系，这也是中国传统人物图像系统的常例，与佛教造像、道释人物画像一理，以人物大小尺度来区分人物身份地位的中国传统在这里依然遵从。显然距离墓主夫妇越近者，与墓主的关系也应该越是亲近。如前文提及的冯玉魁墓所表现的那样，在明间和左右次间均有宴席，但其人数和餐食规格就要小很多，这是一种比较常见的图式。

　　亡堂内的人物群像总是处于特定的关系之中。众多的人物排列依据家庭的身份、地位在横向和纵向甚至距离中心的远近距离上体现出传统社会中人与人之间的社会伦理秩序。正如前文讨论的四川巴中市南龛石窟公园内的"四世同堂祝寿碑"那样。围绕墓主夫妇的代际、亲疏、尊卑等等无一遗漏。除了在尺度上体现出等级的变化，其人物所处的位置自然也清楚地表明其地位和关系，就像我们今天照集体合影一样。有的亡堂内这种横向的关系还可以是多排，其中每一排都遵循这样的秩序，显示出明显的亲疏有别。万源河口镇朱氏及妻妾郭氏和张氏的三人合葬墓（民国），有两排人物，尽管也是围绕圆桌而展开的，但这种上下分层、内外有别的关系还是比较明显的。该墓是墓主与其妻、妾三位合葬，墓主位于中间，妻妾分坐于两边，坐于圆桌后方中心最高点，其余人物分坐于圆桌一周。这种人物布局依然是辈分高者居于上位，辈分低者位于图像的下方。而在"堂屋"之外的左右次间，显然离中心就比较远了，其人物数量和尺度自然更小。（图3-26）

**图3-26　万源朱氏郭张氏墓亡堂（郑惠芝线稿）**

以上墓葬中的亡堂图像人物横向排布可总结为,以靠近墓主或"中"(中轴线)的位置视为远、近,亲、疏关系的体现,由中间向两边人物体量越来越小,距离墓主越来越远,更是嫡系到旁系的变化。

## 二、场景配置遵循文化逻辑

亡堂作为一个特定的建筑空间,除了高高在上的位置,往往还以极其繁复的雕刻装饰来营造特定的空间氛围,包括供桌、牌位、灯笼、帷幔、立柱、台阶、围栏等,再加上亡堂的匾额和柱联等文字来强调和注解。它们共同构成亡堂这一特殊的建筑结构,体现着这个独特场所的文化逻辑。

利用高等级礼仪建筑物"圣化祖先"是传统家族叙事的重要手法,民间墓葬建筑的营建和亡堂雕刻也大抵如此。在通江火炬镇的张粹培墓葬(清光绪廿九年,1903年)亡堂内被搭上了红布,格外显眼。(图3-27)这与佛教寺庙尤其是地方土地庙中的情形何其相似!可见这亡堂中的雕像被视为神像了。而亡堂下匾额有"裕后台"三字,似乎也暗含了这样的神性的存在。在灵魂不灭的观念下,逝去的先祖往往被赋予超能力,可以庇佑后世子孙,确保后世的发达。祖先崇拜便与鬼神观念相结合,产生了"祖先神"和"祖先鬼"的信仰,即人神祖鬼,固有:"宗庙致敬,鬼神著矣。"(《孝经·感应》)这体现出祖先与子孙之间的血缘纽带和利害攸关的联系。

**图3-27 通江火炬镇张粹培墓亡堂(通江县文物局提供)**

事实上,通过神圣化提升祖先的地位的手法古已有之。诗经中的颂,就是祭祀先祖的乐歌。《毛诗序》曰:"颂者,美盛德之形容,以其成功,告于神明者也。"川渝地区的亡堂雕刻图像,无疑就是以这样的方式将墓主夫妇进行了神化与圣化的塑造的具体表现。不仅要"美盛德之形容",还要将其供奉于高等级礼仪建筑空间之内,置于特定的厅堂空间中。如前文所提及的朱氏墓和马氏墓的亡堂背景建筑,多是三重檐,六柱五间三启门的大宅院。这样的宅院无非是强调高等级、高规格,以体现逝者在地下的显贵的生活。

位于四川省巴中市平昌县龙镇老鹰村苟维模墓张氏墓(清咸丰三年,1853年)(图3-28),当地称拱山墓,即墓前牌楼与墓碑之间有开阔的享堂。墓前牌楼为八柱七间六檐,明间开敞,左右次间和稍间为仿木门雕饰。两侧立柱上都有竖联,似家宅中的匾额、对联等。总之是仿家宅院落的样式。更特别之处是,其碑楼之上设多龛亡堂,明间和左右次间内均为多人宴饮场景。明间墓主夫妇三人端坐,左右人群均倾斜向内“斜靠”状,就像拍照时候向中间聚拢一样,颇为有趣。亡堂左右次间人物尽管尺度要小得多,但要素却一个不少。其左侧亡堂内有题写“百忍堂”字样,这是张氏的堂号,也是该墓女主人的姓氏。这似乎象征着主家与姻亲家庭之间的内外关系。除了前面所讲的人物关系的亲疏尊卑,显然也有建筑空间秩序上的考虑。整座碑楼则是一座豪华的宅院,即使是地下之家,也同样构筑了从正房到厢房的完整结构。不过这里有一个从立体到平面的转换,民间匠师用高低层次的手法巧妙地解决了这一难题。此外,雕刻图像内容的繁盛程度以及工艺等,都成为后人显耀家族实力的象征。这也是人们为何会愿意耗费巨大的人力、财力来雕刻图像的一大原因。

图3-28 四川省巴中市平昌县龙镇苟维模墓亡堂

### 三、堂内空间暗示“生死距离”

亡堂图像多表现在厅堂内宴饮的场景。类似马心纯墓和朱氏家族墓亡堂这类的群雕人物石刻图像都有桌,桌上摆满各式各样的供食,墓主坐于桌后安享贡品。屋顶有幔帐、垂花柱、灯饰等,这似乎成为标配。

但事实上，亡堂不仅仅在墓葬建筑高处的龛内，只有远望观之。同时，好些亡堂外面还设有立柱，或仅仅开个小窗口，让室内的文字和图像处于可见与不可见的中间状态，在距离和光线的限制下，就更显幽微和神秘。也只是在特别情况下，如像笔者这般，爬到高处，近距离探视，才能较为清晰地看到"堂"内的场景。这也就意味着，亡堂内的图像并不是为了让人看清楚而建的，或者说不是为生者而建，它似乎有意保持着与生者的距离。另外，从亡堂内部的雕刻装饰物件——常用灯笼、蜡烛、牌位等，让人想起丧葬、祭祀的场景，暗示出与现世的不同。"见"之间，既不完全遮蔽，但是也难以看清。在《四川清代墓葬建筑中"透空花板"纹样研究》一文中，笔者也表达了类似的观点："这种不可见或许是为'地下'而准备，那么，这种镂空也是为灵魂的出入而留出的通道，作为'送其死'的阴宅的功能和属性表露无疑。或许正是因为如此，这出入的门才需要封而不闭，才需要装饰得如此华丽美观，并配合着各种充满吉祥寓意的图形图像。"[①]在人们看来，逝者应该是到另外一个世界去的，阴、阳是不能同在一个时空的。这种距离感的设计明显是有意识的，而且是多重暗示出来的，其目的就是显示生—死间的距离。

**四、外围空间反映"生活情境"**

通江县洪口镇刘其忠墓的亡堂，笔者从泥土中翻出了一件保存状况较好的雕刻。因"破四旧"，该墓部分被拆，顶帽部分被掀翻扑倒在地下，碰巧被笔者翻出，因此可以近距离地详细查看之。（图3-29）这一块浮雕彩绘的

**图3-29 刘其忠亡堂雕件（刘显俊摄）**

① 罗晓欢、金婷婷.四川清代墓葬建筑中"透空花板"纹样研究.美术观察，2021(11)，第73页.

亡堂图像主体为墓主夫妇对坐，着青衣，面带微笑地作攀谈状。男子手拿长烟锅，身旁一小孩正为他点烟。对面女子正接过身后一小孩递上的水烟，她的手还抚摸着孩子的头，以示赞许。男子身后有一人在读书，女子身后还有一坐着喝茶休息的妇人以及为她倒水的女子。值得注意的是被彩绘成黑面红脚的家具，细节完整，似乎还有"透视"效果，人物背景则是典型的四川地区穿斗结构瓦房，垂柱、房梁、瓦垄、屋脊都交代得格外清楚。一家人和乐、美满、幸福的生活场景跃然而出。结合前文所讨论的那些场景复杂、装饰精美的亡堂图像，不难看出，高宅深院、锦罗幔帐、灯烛彩照、夫妻和乐、儿孙满堂几乎是中国人对于美好之家的全部想象，"家"的内在秩序和"家"的空间环境在亡堂图像中展现无遗。

### 五、匾联文字体现"礼仪教化"

明以降，书法逐渐成为传统建筑的重要装饰要素，特别是纪念性和礼仪性建筑，更加注重匾额和柱联的配置。它们不仅仅具有装饰的作用，更是对建筑功能、象征意义、建筑拥有者的身份、文化品位等的象征和注解。作为仿木结构的墓葬建筑也完整地移植了这一模式。亡堂被视为相对独立和完整的礼仪建筑，门柱和横匾上的题写也是断不可少的。

亡堂中的匾额与对联大致分成几类。一是表达互酬。如四川省旺苍县袁文德墓的横匾上写着"荣昌百代"，联曰："承祖宗之遗泽，将祀事而孔明。"更为简明的有"祀先祖福□，佑后人发达"。其次是表彰祖先德行。如四川苍溪县东青镇贾儒珍墓联："修身完父母，明德教儿孙。"万源市巴中市南江县墓横匾"婺光远荫"，竖联："有德有操气度犹在，克勤克俭□范尚存"。四川南江县岳氏墓横匾"宛在亭"，柱联："两大恩波光祖泽，一堂福曜启人文"等等。都意在表达祖先的德行不仅荫庇后世，更是子孙学习的榜样，并希望前来祭拜的后人要将祖先良好的品性继承下去。还有就是颂扬门庭。万源覃氏墓亡堂匾题"祖德流芳"立柱有联："三代承俎豆，一脉共馨香。"事实上，亡堂上的题字远不止这些，有说风水的，有说家族渊源的，有些甚至似乎与丧葬没有什么明显的关系，但也作为一种标准的格式或者一种审美效果呈现。但更多的题字则直接言说着事死如事生的基本理念，诸如"如在其上""音容宛在"等。一方面，人们相信家中的祖先即使已经死去，他们也有责任、有能力庇护、照扶在世的家庭成员，因此这种联系早已是生者、逝者所达成的共识；另一方面，祖先的良好品性会对后世整个家族产生影响，特别是祖上值得颂扬的功业也成为后世子孙显耀门庭的重要资本，甚至成为族规、家训的资源。

简要的梳理只能挂一漏万，但从这些文字中我们几乎可以读到与亡堂图像所传递的一致信息，那就是对死者的缅怀和纪念，对于家庭、家族先祖的表彰和颂扬，这些文字和图像共同构成了互相阐释的意义场。

不过也有更特别的信息值得注意。万源市的房万荣墓（民国）的亡堂图像与前者无甚区别，但横匾上写"健气如存"，竖联"为客有怀伤蜀魄，思归不遂怕猿啼"。（图3-30）这是否意味着房氏家人尽管入蜀数代，仍然不忘自己移民的身份，对移出地的遥远的家的念想未断，尚不得知，但从这一匾联明显地透出"家"对于他们来说是一份浓重的感情。

**图3-30　房万荣墓亡堂图像（罗晓欢摄）**

亡堂是建筑中的建筑，而亡堂图像又再次不遗余力地塑造建筑及其室内场景，表明了人们对于建筑所指的家的极端重视。那是因为需要住下一大家子人，"大家庭的理想是要所有的儿子都生活在同一个屋檐下——这是人们的理想，现实中极少会实现。"①因此，阴宅的豪华部分承担了这样的理想。罗晓欢在《四川清代墓葬建筑的亡堂及雕刻图像研究》一文中对亡堂作为"家"的意象论述道："家的空间、人的栖居、伦理秩序和生命轮回在此重复的表现、诉说，既是'居'的功能，更是'礼'的象征。"②墓葬建筑用"缩微和简化"的手法再现了地下之家、现世之家、也是人们的理想之家，在"成教化、助人伦"的传统观念下，这种大家庭的理想便通过亡堂完美地实现了。

---

① 许烺光.祖荫下.台北:南天书局,2001年,第98页。
② 罗晓欢.四川清代墓葬建筑的亡堂及雕刻图像研究.美术研究,2016(01),第60—67页。

## 第三节　亡堂图像源流与新变

### 一、可能源于"祭影像"

楚人宋玉在《招魂》篇中就有"像设君室"的表述,说明早在战国就有以先祖形象为祭祀之用。"五代时期,在去世之前'召良工'亦即画师,'预写生前之仪',是相当流行的做法。这些像绘于锦帐之上,称作'真容''真仪''真影''绘影''影''貌''仪貌''像'等。像主死后,这些画像就作三时祭奠之用,而祭奠画像的所在,称作'真堂'或'影堂'。"①宋以后,祭影像,民间祭影像逐渐流行开来。明清时期的祭影像还可见到,研究者将之分为单人祭影像,一夫一妻的双人祭影像,一夫多妻的多人祭影像等三类。而"真堂""影堂"与设置雕像和牌位的墓葬建筑"亡堂"又何其相似。邓菲对宋代的"影祭"习俗有较为详实的考察,认为,"墓主画像与影堂中供奉的先人肖像不仅具有相似的形式、含义,在所处位置上也十分类似"。②

在有多位女眷的祭影像中,男主人会在后方站立,置于画中最高点以体现其地位,多位妻妾坐于前方,女眷按照妻妾的地位高低在画面中从左至右依次向后排开。尽管这与亡堂雕刻图像有一定差异,但是两者都有对"代际"关系的明确表现。而民间祭影像也称"代图",即将多代人绘制于一图,如三代图、五代图等等。这种构图组合样式颇有现代全家照的意味。前面所提的平昌县老鹰村苟维模墓的亡堂雕刻,除了夫妇端坐,左右人物都身体向中间倾斜靠拢,面带笑容看着前方,这简直就是拍"全家福"的情形。

孙晶的《历代祭祀性民间祖影像考察》一文对民间祖影像有较为详细的考察。文章说:"'慎终追远''俎豆馨香'是中国根深蒂固的传统崇先敬祖观念,主要用于祭祖的民间祖影像是这一观念的物化形式之一。长期以来,民间祭影像承载着子孙后代对祖先的深深怀念之情,无比神圣、庄严的供奉在影堂、祠堂和厅堂里。"③(图 3-31)比较文中提供的民间祖影像图片以及其它民间祭影像资料,不难看出,其中很多重要的元素与川渝地区墓葬建筑的亡堂雕刻非常一致。如夫妇并坐于椅子上,背后置牌位,牌位上往往有"历

---

① 雷池网江. 明清时期华南地区的祖先画像崇拜习俗. 2016 年 4 月 12 日,引用时间 2019 年 1 月 12 日. http://blog.sina.com.cn/s/blog_148de37b0102w6mv.html。

② 邓菲. 中原北方地区宋金墓葬艺术研究. 北京:文物出版社,2019 年,第 157 页。

③ 孙晶. 历代祭祀性民间祖影像考察. 北京:中国艺术研究院,2009(05),第 3 页。

代宗祖（祖宗）之位"，复杂一点的还有厅堂、帐幔、灯笼等。在元末高明改编的《琵琶记》中，就有关于祭祀"真容"的情节。第二十八出赵五娘唱词："奴家自画着公婆真容，一路上将去借手教化，早晚与他烧香化纸。"①较为清楚地表明了绘制容像用于祭拜这一比较普遍的习俗。

图 3-31 民间祭影像（采自孙晶《历代祭祀性民间祖影像考察》）

在描绘祭拜祭影像场景的图像中，可以看出它悬挂的状况也与其在墓葬建筑空间位置大致相当——居中高挂，限于篇幅不再赘述。但两相比较，可以看出，无论是图像整体结构、还是核心形象要素，以及作为祭拜的功能，还有其时空场景等，完全可以确定这一地区的亡堂雕刻图像与民间祭影像

---

① 古诗文网. 戏文·蔡伯喈琵琶记. http://www. gushiwen. org/GuShiWen_f86b57cd67. aspx.

之间有着十分密切的关系。葛兆光先生在《思想史研究视野中的图像》一文中也说道:"在古代中国的祠堂祭祀或宗教仪式上经常使用一些悬挂的图像,这些图像的空间布局似乎始终很呆板、固定。如果说,绘画作为艺术,它在布局上追求的应当是变化与新奇,可是,这些仪式上使用的图像却始终好像刻意遵循一种陈陈相因的、由四方向中心对称排列的格套,改变这种格套反而会使它的意义丧失。而这种反复呈现的'格套'却成了一种象征,它来自对于某种观念不自觉的持久认同。因为,这些空间布局的背后,其实有很深远的历史与传统,简言之,重复呆板的格套象征着根深蒂固的观念。"①这种根深蒂固的观念自然会演绎出各种不同的形态,而亡堂图像则是一种生动具体的表现。尽管这一地区的祭影像所见甚少,但从这些亡堂的雕刻中,我们可以感受到民众对于祖先的容貌的留存以及通过影像来祭拜还是相当重视的。应该说,雕刻出来的这些墓主夫妇或许仅仅是一种观念形象,与真实的样貌相去甚远,但对于丧家而言,形象的有无似乎更为重要。如果实在有些不放心,那就会在亡堂上面的匾额中或背后的某个地方刻下"如在其上""音容宛在""万古犹生"等等也就可以了。在中国民间祭祀传统中,重要的是仪式和功能的完整实现,而所需的条件、道具是可以灵活变通的,甚至没有逝者的身体,都可以有衣冠冢代之。亡堂图像一方面承袭了祭影像的人物的位置秩序和室内装饰手法,也承袭了家堂的建筑格局和装饰元素,由此引导家祭再延伸至墓祭。祭影像的作用在于"像如存",在于"祭如在"。

## 二、或为"开芳宴"的衍变

亡堂中的这些"宴饮"场景似曾相识。在中国,宴饮自古以来都与祭祀、礼仪相关,宴饮也一直是墓葬装饰的重要题材之一。汉代画像石中就有很多这样的场景,而宋辽金时期的"开芳宴"更是成为近年来学界讨论的热点。

开芳宴图像,是流行于我国宋金时期北方墓室壁画中著名的题材,以河南禹县白沙宋墓为代表,著名学者宿白先生有过定义和讨论。在《白沙宋墓》一书里,甚至以一号墓前室西壁的"开芳宴"为封面。(图3-32)河南洛阳新安县李村1号北宋墓北壁壁画的开芳宴,在形式上则更接近川渝地区清代墓葬的亡堂图像。(如图3-33)对比两个时代的图式,如夫妇并坐或对坐的宴场景面,有帐幔、侍者分立左右等等,两者几乎没有太大差别。可见这一流行于宋金时期的"开芳宴"图式有着长久的生命力,在经历了时间和

---

① 葛兆光.思想史研究视野中的图像.中国社会科学,2002(04),第74—84页。

空间的变迁之后，在明清的四川地区的墓葬建筑中又被赋予了新的结构、功能和意象。宋金时期北方墓室壁画的流行题材，主题为夫妻对坐宴饮的场景，一般用来表现墓主人夫妇的和睦与恩爱，但清代的亡堂图像更多地表现和反映的是理想的大家庭及其伦理秩序。一般观点认为，这种流行于中国北方地区中小型墓葬的图像始于唐，发展于宋，盛于金。至元代没落并逐渐消失。但从川渝地区清代的墓葬建筑雕刻图像来看，这一图式依然延续并有发展。

图 3‑32　白沙宋墓一号墓前室西壁开芳宴（采自：宿白著《白沙宋墓》封面）　图 3‑33　洛阳新安县李村 1 号墓北壁的开芳宴（采自：洛阳古代墓葬壁画（下卷））

　　两相比较，可以发现川渝地区的墓葬建筑亡堂内的群雕人物场景、空间布置等与"开芳宴"图像有诸多表现一一对应。"墓主画像在宋金装饰墓中通常为整个图像系统的中心，壁面上的其他题材围绕其展开。不同的墓葬以各种形式在墓葬空间内强调这一场景的重要地位。墓主夫妇对饮图常出现于墓室内壁上较为突出的位置……有时还以各壁图像题材间的联系凸显出墓主画像作为图像系统的中心地位。"①可见，不仅是"墓主夫妇像"，川渝地区明清时期墓葬建筑上的所有雕刻装饰图像也都与宋代墓室壁画系统大致相当。亡堂内的群雕人物场景也以餐饮的桌椅和墓主雕像为中心，但其表现的意涵更加丰富，除夫妇并坐、桌上摆满供食外，还有子孙众人伴其周围，表现的是整个家庭的美满与幸福，偶尔还会出现家畜，有儿孙满堂，其乐融融之深意，更能体现"孝亲"的情感和氛围。亡堂图像和开芳宴中的"宴饮"场景可能基于现实生活的理想化铺陈，但它在很多细节方面又与宋金时

---

①　邓菲. 中原北方地区宋金墓葬艺术研究. 文物出版社，2019 年，第 66 页。

期的"开芳宴"大异其趣。

首先,作为雕像和牌位共存的形式可以说明"雕像型"或"牌位型"亡堂有着至少类似的功能和性质。牌位又叫"灵牌",是这个牌位是属于或者代表某个具体的"灵魂"的,或者说是灵魂附寄于牌位。家族祠堂之中的牌位,或家中的"祭影像"在墓碑亡堂中变成了有特定空间场景和组合方式的群体雕像。从置于"几案"之上的阆中邵氏墓的墓主夫妇坐像的处理方式,也表明了雕像的"非肉身"性质,与灵牌有着类似的意指。

其次,群雕图像的组构形式明显地体现出传统中国的伦理秩序。正如"四世同堂祝寿碑"那样,无论是物理空间上的秩序、伦理辈分秩序还是社会身份的秩序等,都恰如其分地得到了体现。与宋金时期的开芳宴相比,墓碑亡堂的群雕更有一种"家庭"的氛围感,但以家族成员为主体构成的群体画面则更强调伦理辈分的层级关系。同时,总会有"小孩"的出现,这当然有家族繁衍和人丁兴旺的寓意。"儿孙满堂"是中国人对于大家庭、大家族最重要的诉求。

再有,亡堂内的雕像体现出时代和地方习俗的现实描绘特征。最具代表性的是长柄的烟斗、水烟壶等物件。这是当地老年长者常见的生活器用,既可以作为手杖使用,在火塘中点烟极为方便,同时,老人的拐杖,不仅是帮助行走的工具,它还有某种身份和地位的象征,如同汉以来的"鸠杖"一样。另一方面,在这一地区,晚辈为长者"点烟""端茶倒水"等意味着尊重和孝道,也有如"含饴弄孙"般的天伦之乐。我们可以在很多亡堂内的雕刻中见到这种长柄烟斗以及他人为其点烟或者手拿茶壶等图像元素,这是"开芳宴"所没有的。

对于一个由"湖广填四川"移民而构建起来的社区而言,地域中的族群经过长期的演化,构建和积累起来的这些独特的符号系统和知识观念,构成了著名文化人类学家克利福德·格尔茨(Clifford Geertz)所谓的"地方性知识"(local knowledge)。它体现了这一地区各家族内部,家族群体之间的复杂多元的关系,值得进行文化上的"深描"。"所谓'地方性知识',就是指为某一给定的文化或特定的社会所独享的知识。它是由处于特定自然与社会环境中的特定族群与地域群体,在其长期的历史实践过程中所创造,并经世代相传,不断沉淀、过滤和积累起来的,具有鲜明地域特色和独特民族色彩的物质财富与精神财富的总和,其构成并体现了特定族群和地域群体的生产、生活方式。因此,对其审查和品评就应还原到知识所根源的'地方性'语境和社会历史情境中去,而非相反。于此,才能真正发现和把握'地方性知识'的意义与内蕴。"①因此，亡堂内的"宴饮"场景，不只是一部有关墓主人现实的或寄望的生活场景的描绘，也是作为与"牌位"一样的被祭祀的祖先容像，并同时表现其时其地人们的实际生活状态和日常观念。它是"开芳宴"的丰富和发展，也是中国人对于家庭和伦理亲情的理想化表达。

李清泉对墓主夫妇"开芳宴"图式进行过专门探讨，他将开芳宴图式概括为"一堂家庆"的综合言说。认为"先人之灵及其所在的墓葬成了'家庆'的根源和积蓄地，后人则通过祭祀、行孝来获得祖灵的荫护。于是，先人的墓葬便被造成一座座掩埋在地下的是所谓'吉宅''庆堂'，成为地上家族兴旺繁昌的象征和保障。而与这类地下之'家'共存始终的墓主夫妇对坐像，其所凝固下来的死者的音容笑貌、及其与其他墓葬装饰内容共同营造的那种'一家堂庆'意象，不惟是生者对已故双亲时思不忘，永久纪念的一种体现，更是生者冀望自己和后世家族福寿康强、兴旺不衰的一种象征……"②的确，"求吉地，饰坟垄"并不完全是关于死者遗体乃至灵魂的安顿，更是关涉后世子孙乃至家族吉凶祸福的大事。通江县文胜乡的那座墓碑建筑亡堂匾额的"集庆堂"三字，也恰合"一堂家庆"的概括。尽管，四川地区亡堂雕像与宋金时期的墓主夫妇"开芳宴"之间的演变关系尚不十分明确，但是，亡堂的外在结构和内部的配置的确是围绕着"家"的观念和意象而展开的，这一点上是非常一致的。此外，我们还可以从这些墓碑亡堂中读到更多"在地化"的观念和信仰的表达。通过这些"地方性知识"的深描，我们不仅可以探寻其祖先崇拜的信仰和观念，更能够探究"湖广填四川"历史背景下的移民通过墓葬进行的"家族构建和来源地构建"来实现的"认同与整合"的诸多努力。

从大量亡堂图像还可以看出，围绕理想之家的模型来打造的图像系统，始终是围绕夫妻这一中心来建构，并展开为数代人的伦常秩序。难怪巴中南龛坡小庙内的那件雕刻被命名为"四世同堂祝寿碑"。"寿宴"或许是中国人最为完满的家庆场景了，因此，除了亡堂图像，在墓葬建筑最重要的位置——额枋上的图像往往都是以"祝寿"为主题。从这个意义上讲，亡堂也是家堂，还是庆堂。可见，不仅仅是外在形式上与宋金时期的开芳宴雷同，其基本的设计动机和观念也极为相似。在沉寂了近千年之后，这一图像居然在川北地区神奇地再现，并有诸多的新变，中华文化的传承性可见一斑。

---

① 平锋."地方性知识"的生态性与文化相对性意蕴.黑龙江民族丛刊(双月刊),2010(05),第142—145页。

② 李清泉."一堂家庆"的新意象——宋金时期的墓主夫妇像与唐宋墓葬风气之变.美术学报,2013(03),第18—30页。

## 第四节　"望山"的多重语义

众所周知，中国人有仿阳宅而建阴宅的传统，川渝地区的墓葬建筑尤为明显，尤其是那些多开间、多重檐的复杂墓碑，不仅仅从门柱开间、屋檐瓦垄上进行"还原"，更在雕刻装饰和象征语义上也完全"类比"。大型墓地更是如此，除了外围的旗杆，院墙（茔墙）、牌坊照壁完全与家宅如出一辙，多间多檐的墓碑更是相当于内院，而明间则是院落的正房，顶檐之下的亡堂则有似于正房的神龛。由此构成了一个从立体到平面，从外立面到内室，从还原到象征的一套完整建筑语义系统。

在总体上的"仿木构件建筑"趋势之下，在巴中、旺苍等川北一带的"亡堂"，在重庆的涪陵、万州等地也称为"望山"。名字有差异，其形态结构也有所不同，自然也就呈现出别样的意趣。对之进行一番考察，有助于更为深切地理解亡堂这一清代墓葬建筑的独特结构和象征空间。

### 一、望山与望柱

前文讨论过四川南部县建兴镇的宋青山墓，有两位站立在亡堂门口的人物立像非常典型。他们站立在高处，其视角正是望向远方。这种"张望"既是守候，也是在等待，同时其处于墓碑顶部的高处，让观者也需要仰望才能看到。这种在亡堂门口设置高浮雕人物立像的手法在达州、宣汉等地也比较流行，人物形象也多望向墓地之外的远方。

重庆万州等地的墓葬建筑常见墓碑与望柱整合为一的形制。望柱位于墓碑主体的两侧的次间和抱鼓之间，地方文物局表述为"栏板接望柱"。望柱的高度一般超出次间和抱鼓，而低于墓碑主体，柱顶常有石狮，从而形成富有起伏节奏而又紧凑整体的建筑立面变化。同时，左右望柱实际上也形成了一种视觉上的指向和间隔，从而将视觉重心引向顶檐之下的龛形门楼，即望山。望柱之间是墓碑的主体，在主墓碑的顶檐之下则是通行的龛形结构，而望柱的高度正指向这个被称之为"望山"的空间。这二者或许有些意义上的关联，通过重庆等地清代墓葬的"望山"的考察也有助于对亡堂结构和装饰的认识，甚至有助于理解中国传统营建观念和工艺。

万州区恒合乡的瓦屋湾黄氏墓修建于清光绪十年（1884年），墓碑主体为两柱一间两重檐歇山式造型，底层明间封门石镂刻"福""寿"变体文字作为装饰。两侧有栏板式茔墙，也可视为墓葬建筑的左右次间。次间和最外侧抱鼓之间有立柱间隔，这根立柱刻意增加了高度，与并置在墓碑左、右望柱形成一个整体，并有柱联题刻："身后依远计，德余者宏观"。望柱的高度与明间第一重檐大体相当，这实际上也形成了一种视觉的引导，即将观者的

视线引向主墓碑第二层的"望山"之内。这里是一个两柱一间的内龛，造型略方，内置牌匾，竖刻"贞静"，两旁立天官像。（图3－34）除了这种歇山顶样式，拱顶墓在万州区也比较流行。同是在恒合乡的前进村是蒲氏家族墓地，有多座形制各异的墓碑，其中蒲自熹骆君合葬墓（清光绪三年，1877年），尽管体量稍小，但其结构样式与黄氏墓类似。主碑两侧有栏板式茔墙，外侧有较高的望柱，柱顶有石狮。其茔墙和明间顶部变

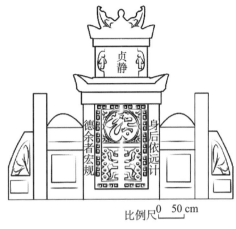

图3－34　重庆万州瓦屋湾黄氏墓（万州文物局线图）

成了拱顶，在拱顶的檐下有卷云门罩，半圆形空间内浮雕竖向牌位，刻"并受其福"，两侧还有篆书体的文字联，两侧立柱各有纹饰，内侧立浮雕天官。圆栱左右的末端还有圆形的翻卷"帽翅"，谓之"官帽"，也是一种较为成熟的民间墓葬建筑的样式。（图3－35）

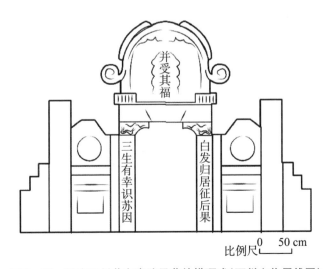

图3－35　重庆万州蒲自熹骆君墓的拱顶式（万州文物局线图）

作为亡堂的一种特殊类型，或者说与川北等地的龛形亡堂不同的是，重庆等地的望山似乎并没有刻意与家居神龛保持某种一致性，而是一种更具普遍意义的造型样式和装饰结构。为了讨论的方便，笔者从其造型和装饰出发，分为牌位望山、福寿望山、题刻望山和庭院望山等类型。

## 二、牌位望山

所谓牌位望山，即指望山内置一块浮雕牌位，并围绕牌位进行各种雕刻装饰。牌位造型各异，雕刻装饰手法也各有千秋。牌位主要以"亞"字形为基本形，顶部横长，左右外扩，底部一般带有基座，前文提及的"五龙捧圣""九龙捧圣"等就是其中最为复杂的一类。即左右分别有四条龙，顶部正中一条龙，且龙头为正面高凸，手法繁复而精美，但所见者不多，一般常见的为，牌位正中竖向刻文字曰"××神主之位"。在墓葬建筑中，这种牌位除了在望山之中出现，也可能在明间碑板上出现，牌位中书写墓主的墓志。这种被称之为"圣牌"或"牌位"的形式多用于先祖神位，也是颇具中国特色的一种基本造型样式。

重庆涪陵地区的清代墓葬建筑中这类牌位望山比较流行，其雕刻装饰手法和风格多变，其中不乏异常精美之作。

前文提及的重庆涪陵石沱镇的王用田夫妇墓，高 4 米多，宽 6 米左右，弧形拱顶之下有大致三间出檐，左右次间低矮，檐下刻"庚甲""寅申"。明间宽阔，在云纹做地的开间内左右刻"文臣武将"的立像，护卫着一块周边众多人物的浮雕牌位。其左右两边可能为八仙，顶部刻男女戏曲人物十余人，对战、教子、听曲一应俱全。牌位正中竖刻"太原郡"三字，牌位底部基座横向刻三组图像，左右有"醉仙躺卧"，正对刻字的中间稍内凹，刻一人正欲拉开镂空门户栅栏，不知是他想外出，还是开门迎接来者。该墓尺度较大，形制规范，保存状况良好，尤其是雕刻工艺繁缛复杂，望山部分尤为精湛。（参看图 2-35）

更常见的还是以多层镂刻为主要表现手法的浮雕牌位，尽管在大体造型上，尺度比例不尽相同，但基本的手法还是大体一致。如牌位左右的人物，或八仙、或文臣武将、或戏曲人物，也有世俗装束的侍者站立牌位两侧；而牌位自身的浮雕手法或简或繁，或高或低，显示出不同的艺术特色。（图 3-36）

在青羊的陈氏家族墓地中，有建于同治壬申年（1872 年）的陈荣怀余老太君墓，形制高大，线条洗练简洁，呈现出民间墓葬建筑少有的以建筑本身的造型和线条比例之美见长，而不以装饰取胜的整体风格。其"亞"字形的

涪陵老青羊扬明墓(清同治十二年)　　　　　　岳家大屋基父子合葬墓(清)

涪陵石化镇王母谭氏墓(清光绪十二年)

**图 3－36　涪陵地区三种不同类型的牌位望山**

望山也是别具一格,整体为对开的花瓣样式,造型端庄大气,沉稳大方。除了整齐而细密的錾纹别无纹饰,牌位内刻楷书文字"漆灯长明",基座和内框有莲瓣,看上去显得精致、简洁而整体。可以看出,其时的匠师对于墓葬建筑的营建已经驾轻就熟了。(图 3－37)

**图 3－37　重庆涪陵青羊镇陈余氏墓望山**

　　不仅牌位外观造型有差异，牌位内的文字也各有不同，有"寿域""佳城"，有"两世归真""风烈犹存"等等，总之表达出一种对于墓地风水、或逝者的某种赞美，而且书风俊朗，文采叠出。

### 三、福寿望山

　　所谓福寿望山，即望山内多以"福""寿"等文字为主要装饰。众所周知，福寿是中国人最为看重的人生幸福指标，对之有着特别的信仰和崇拜。因此，不管是在家居建筑的装饰，还是餐具、服饰等都常见到福、寿文字的各种变形手法的应用，或直接书写楷、行书体，再雕刻到碑石之上；抑或将之变形为一个适合纹样的图案，用线刻、镂雕等手法来装饰建筑。川渝地区的墓葬建筑的雕刻装饰也是如此，福、寿文字为主题的装饰似乎可以出现在任何位置，并辅之以花卉、蝙蝠、三星五老等图像。（图3-38，图3-39）

比例尺 0 100 cm

**图3-38　重庆万州罗田镇周清泉夫妇墓**　　**图3-39　重庆万州区白土镇石应武墓（万州区文物局）**

　　重庆地区的墓葬建筑的望山位置，也常见福、寿文字。位于万州区罗田镇的周清泉程氏夫妻合葬墓，建于清光绪二十六年（1900年），为四柱三间重檐歇山式墓葬，该墓以深浮雕为主，纹饰精美繁复，其望山（亡堂）内的一个斗大的楷书红色"寿"字成为了整座建筑的视觉中心。此外，也有常用"双福堂""双寿堂""寿域""双福寿藏"等等类似匾联横批或题刻的样式，还有选择将福寿文字加以变形和装饰的手法，莫不以福、寿为主题。其实也难怪，在民间常以"寿"替代丧葬或死亡的表达，如棺材也称"寿材"，墓地也叫"寿藏"，死者所穿的衣服也叫"寿衣"等等。寿，在这里有了特别的意指，"寿山永固""佳城永固"都是墓葬建筑的专门表述。

### 四、题刻望山

题刻望山是指望山所在的龛内镶嵌一块类似碑板墓志一类的题刻文字，主要表现为匾额式题刻和墓志式题刻。前者是以榜题大字的匾额为主要形式。这类题刻在字数、书体、书写方式及其装饰等方面都各有变化。在重庆綦江丁山镇的刘玉贵郑氏墓，建于清咸丰八年（1858年），是一座规模宏大的多开间拱顶碑。该墓在2020年修马路期间，因边墙滑坡而露出，因此保存状况较好。在该墓的拱顶之下，有扇面题刻"彭城堂"，表明其刘氏堂号。底下四柱三间，出龛较浅。立柱雕刻众多人物，顶部阑版雕刻二龙戏珠，整个样式与这一地区流行的家居神龛有诸多相似之处。正中明间上一个大大的"刘"字，文字还饰以一圈八卦边饰。四角有五福捧寿的角隅纹样，左右立柱有"二十四孝"图，左右次间各有一首七律诗文，一切都在凸显和烘托这"刘"字题刻。（图3-40）

**图3-40 重庆綦江丁山镇刘氏墓"姓氏望山"**

万州罗田镇与湖北恩施谋道镇鱼木寨接界，包括鱼木寨在内的区域，都是清末民国初年向氏家族的世居地，因属地划分，如今鱼木寨成为了湖北省恩施土家族自治州的一部分，其实与土家族关系不大。十多座向氏大型家族墓葬建筑成为这一地区的重要的历史文化遗存，是考察区域经济文化、家族变迁和民间工艺的重要遗存，值得特别关注。

以向氏家族墓葬建筑为代表的这些墓葬建筑的亡堂内，不见墓主宴饮场景的人物群雕，也少见历代昭穆神主牌位，取而代之的主要是硕大的书法文字，成为墓葬建筑装饰的又一特色。这些文字有常见的三字组合，如向志杨儿媳墓（民国）"幽且娴"（竖向书写），向志杨夫妻墓（光绪二十四年）"裕后昆"（横向排列）。更多的是只有一个字，字体硕大，笔力劲健，尽管在4、5米的高处，看上去也格外醒目美观。如向光伦周君合葬墓（民国十七年）的正面亡堂内写行书"聲"字，背面亡堂写"靈"字，前者为"家声"，后者是"亡灵"，着一字而得风流。而荣让墓（民国五年1916）的正面书单体楷书的"乾"，背面则写楷书"超然室"。尽管在亡堂内有着诸多的变化,但这些亡堂的门罩装饰、门柱上的文武天官雕刻则与其它地区基本相同,且雕刻工艺极为精湛。这些亡堂之内的文字实际上构成了墓葬建筑亡堂的一个特殊类别,但从这些文字表达的意义来看,与诸多建筑的匾联文字有着同样的意涵。(图3-41)

图3-41 万州罗田向光伦墓亡堂内文字

而另外一个极端则是,在望山开间之内,也有长篇的文字题写,多者甚至近千字,内容主要书写家族的迁徙以及墓主生前之事迹等。当然也有一些没有具体所指的诗词散句,或许是墓主附庸风雅的一种表达。重庆白涛镇的张在和墓、四川苍溪贾儒珍墓的亡堂题刻是其中的典型代表。这些题刻尽管文字字数较多,但位于建筑的高处,有些甚至还有门罩等进行遮挡,识读着实不易。这是否意味着这种题刻并非为后世观者所观看识读,甚至仅仅只是一种装饰?

### 五、庭院望山

庭院望山,即指望山位置上的雕刻装饰以亭台楼阁为主题或背景,体现出一种高门大户的宅地院落场景。

在前文"平面型"亡堂的讨论中，笔者就已经提及亡堂中的建筑雕刻，通过"缩微"和"简化"的手法来实现对理想居所的想象，是传统墓葬雕刻装饰的重要体现之一。建筑，不只是房子，在这里更是一种家庭和家族身份高贵、兴旺发达的象征。因此这些建筑就需要以复杂的形制和繁缛的雕刻装饰来表现；同时，建筑内的人群也往往以明确的尊卑秩序和其乐融融的氛围来表现出身份地位的高贵，内部成员的和睦，以及家庭的人丁兴旺。墓葬建筑是对阳宅，而且是高等级建筑的模仿，而墓葬建筑中又以理想化的建筑图像作为装饰，由此产生了"建筑中的建筑"这样的套层表达。在现实的祭祀仪式中，还流行着专门制作一套纸糊的"灵房子"烧给死者的习俗。围绕建筑展开的这种种行为，也反映出了中国人对于建筑及其象征性的独特理解。

重庆市涪陵区青羊镇安镇社区的陈敏斋夫妻墓的望山中对建筑的图像表达是庭院望山的典型代表。

该墓早前规模较大，现仅存三间两柱三重檐的墓碑主体，高约5米、宽3.5米左右。主墓碑前10余米处有两根高近7、8米高的望柱，柱顶有大象瑞兽。墓碑顶部三间两檐，顶脊有鳌鱼和福禄寿三星人物雕刻，左右次间顶檐为弧形顶，以卷云和草龙等为装饰，脊饰高凸，造型夸张。正中明间有三间两檐的建筑，屋顶瓦垄，飞檐斗栱，盘龙门柱渲染出非同一般的屋宇。次间檐下站立高冠博带的天官，身旁有侍者手捧官帽。正中明间竖刻"天休滋至"，顶部明间檐下有"诰命"匾额。左右次间雕刻更为精彩，高浮雕和镂雕的人物、房屋、山石组合出一幅祥和美好、生机盎然的画面。重楼殿宇的外观和室内家居，家中桌上的茶壶、香烛、果篮等细节完美统一，栩栩如生。（图3-42）尽管一些细节因过于纤巧已经掉落，但这种虚实结合、前后照应、人景合一的雕刻工艺实属罕见，可谓川渝地区民间石雕工艺的上乘之作。这里围绕建筑庭院展开的种种场景让我们既熟悉、又陌生，既有现实性的记录，也有想象性的表现。其实从这里也不难看出，这里所谓的庭院，与前文讨论川东北等地的平面型亡堂中的庭院结构和组合方式上有较大差异，但其象征性的内涵其实是有太多的相通之处。以整体建筑群落和人物活动为主题的雕刻装饰也是川渝地区墓葬建筑的重要手法之一，尤其是将顶部的三间当成一个系统整体来形成表现的构图，形成一种叫作"三间两檐"基本图式，以表现出复杂的场景，这需要匠师具备高超的技艺和艺术表现能力。在川渝地区，这种表达并不少见。这一方面反映出川渝地区墓葬建筑营建和民间雕刻工艺的发达，另一方面也表明了人们对于这种整体建筑场景图像及其象征语义的特别重视。

**图 3‑42　重庆涪陵青羊镇陈敏斋夫妻墓"庭院望山"**

之所以采用"三间两檐"的基本图式，一方面与墓葬建筑的整体造型结构相关，但更多的可能与观念有关。"三"也意味着多，而且明间位置最高，且左右相对较低，又恰好可以体现出一种等级关系。而在"三间两檐"之下的人都无一例外地处于"屋檐"之下，这个屋檐无疑意味着一座宅院，更是一个完整的"家"。屋檐下的众多人物依照特定的等级秩序进行排布，但他们无不为突出和烘托正中人物而存在。这也符合笔者曾经讨论过的中国传统装饰结构突出"中"、体现"多"的装饰结构特征，这或许可以追溯到中国传统观念和艺术表达的某些"原型"。

　　距离陈敏斋墓地约 2、3 公里处，也即陈家大院子的另一侧，有陈氏家族墓的另外一座特殊的"婆媳"合葬墓（民国二十四年，1935 年），为当地所称道。据传因这对陈氏家的婆媳关系成为当地的榜样，以至于陈家将她们合葬在一起并修建了一座豪华的大墓。与陈敏斋墓结构相似，该墓拱顶之下的半圆形区域内不再是常见的福禄寿三星，而是一组世俗人物的组图。在最高处的檐下匾额刻"昭明殿"字样，建筑两次间外是曲曲折折的围栏。这一构图倒是很像一个"长镜头"的特写，人物组合就在这样的背景下展开。檐下"室内"三人并坐，正中为年轻男性，左右为年轻女性，有意思的是右侧女性戴着圆圆的眼镜。不知是对墓主的某种写实性表达，还是匠师玩了点趣味。尽管这构图与川北地区流行的夫妻并坐图式类似，但也并没有表现宴饮场面，而在前面也不是身形较小的晚辈，而是三位尺度更大的人物，似乎他们才是画面的主角。画面右侧是两位老者，他们身后还有一位拉开架势的壮士，可能为侍从身份，两位老者似乎在相互谦让，居中者向右侧老者打躬作揖，很明显右侧是一位"大人物"。只见他头戴官帽，器宇轩昂，一手端着宽阔的腰带，一手捋着长长的胡须，转头回应着身后的老者。从左侧次间的一张空的椅子推测，他似乎是正在恭请这位长者入座。笔者无法确知

这图像所表现的内容，但"昭明殿"三字给人留下深刻印象。（图 3-43）

**图 3-43　陈余氏婆媳墓拱顶雕刻**

昭，即是明。昭明即显明、显著之意。《书·尧典》有："百姓昭明，协和万邦。"《国语·周语下》有："夫礼之立成者为饫，昭明大节而已。"可见昭明主要在于显明礼仪和人之品行。这座婆媳墓用"昭明殿"作匾，恰合郦道元在《水经注·睢水》中所写"乃共勒嘉石，昭明芳烈"。不知题写者是否看到这本书，但其典故应该是知晓的。

在这拱顶之下，可见一座开敞的亡堂（望山），其雕刻装饰与之前所见大异其趣，但内容丰富，组合精巧，工艺讲究。亡堂左右立柱有联曰："花落扫时风作帚，树遮月处月为灯。"颇有诗意。柱外侧还有耳朵形状的挡板，其上雕刻戏曲人物，"耳坠"出方，刻"丁""癸"二字。挡板外侧还有小龛，其内也都有雕刻，依前文所论，该亡堂也可视为多重亡堂的形制。

在门柱之内为一座多重檐的庭院造型。明间顶檐宽大，以至于两侧和下层的屋檐仅有数条瓦垄，但仍然让人感觉这座院落的高大。顶檐下的门头雕刻花卉装饰，并间插篆书文字隐约可读，有"花开富贵"等，在垂柱中央有匾额"钟灵所"。匾额下有三开间门户，明间正对，次间斜出，明间龙纹门罩之内有流苏垂帐，拉开的帐帘内透出明间门上所刻"两全归"。斜出的次间关闭，门口有男左女右立像站立，男子头部不存，但服饰、姿态完整，怀中抱一水烟壶，右侧女子身形富态，面带微笑，手中端一茶盘。在三开门的外侧是弧形的高墙，墙面用减地手法雕出上下两个弧形顶的小龛。龛内雕刻人物，二人一组，都为女性，似乎是在表现这对婆媳在世的生活日常。高墙底部有曲折围栏，与顶部建筑形成一种呼应。由此，我们发现川渝两地在处理亡堂的雕刻图像时有很多相似的手法，但也有特别明显的地域风格。（图 3-44）

**图 3 - 44　陈余氏婆媳墓拱顶雕刻**

该墓的亡堂内除了顶檐下的匾额外，最重要的文字就是明间门上的"两全歸"，"歸"即归之繁体字，本意就是"女子出嫁"，后来多用作返回、回到原处。人们相信，墓葬是人肉体的居所，埋葬就是肉体的归处，同时灵魂也回到了他该有的去处，得到了安顿，即找到了归宿，因此，归和阴宅有着强烈的意象关联。当然，两全常指"忠孝"两全，但似乎主要是对男子，此墓为婆媳墓，因此这个两全归的"归"明显有着更为复杂的意指。

山，即阴宅。望山，既有站立在阴宅向外张望，也有祭拜者的观瞻与对先辈的仰望之意。重庆等地所谓的"望山"就是亡堂的一种变化形式，有其更为灵活而复杂的语义表达。

## 第五节　"魂兮归来，反故居些"的观念信仰

亡堂除了其空间位置的显要以及内部雕刻内容的意义，整个亡堂的雕刻工艺也是不容忽视的。正如贡布里希所言："任何一种工艺都证明了人类喜欢节奏、秩序和事物的复杂性。"①通过施加复杂的"工艺"而提升对象的地位和价值是人类普遍采用的手法，民间墓碑建筑装饰也同样如此。

首先，从亡堂与整个墓碑建筑的关系来看，其比例和尺度以及建造风格都显示出匠师对于整体营建的思考和技艺的高超娴熟，宣汉县东乡镇曾学成墓（清光绪十四年三月，1888 年）便是明证。（图 3 - 45）该墓地由墓前牌坊与两侧对称的建筑合围成一个近 30 平方米的内部四合院空间。这种四

---

① ［英］E. H. 贡布里希. 范景中等译. 秩序感——装饰艺术的心理学研究. 湖南科技出版社，1999 年版，中译本序言，第 3 页。

合院式的墓地营建方式本身并不鲜见，但是很少像这座墓葬将左右两侧茔墙都建成完整高大的门楼建筑，而且对各个局部进行了精细的雕刻和彩绘装饰处理。整个主墓碑分为上下两个部分。下半部分为开敞的明间，因为是二人合葬墓，明间由中柱隔开，各有墓志。明间上半部分被分为三个空间，左右的两小龛也许承担了亡堂的功能，因为该墓更意在突出"曾氏佳城"的牌位。整个亡堂的最高处有"虽死犹生"的匾额，匾额的横枋雕刻精致的"凤凰牡丹"，下面的横枋雕刻"双狮解带"，寓意好事连连。两个横枋之间的牌位装饰复杂。牌位上部为"骑鹤仙人"，左右为八仙，另有花卉和猴子等小动物穿插其间等。外立柱有立像，头戴华冠，身穿华服，衣纹流畅，动态自然，表情庄重。（图3-46）在墓葬中雕刻中，"八仙""下棋"（赵元求寿）"骑鹤"（子乔成仙）等主题很常见，是有关身份、地位、长寿、成仙等多重语义的象征。

图3-45　宣汉县东乡镇插旗山曾学成墓园

图3-46　东乡镇插旗山曾学成墓碑亡堂

从四柱三间的正门进入，就置身于一个"四合院"的建筑空间中。举目四望，满眼都是围绕建筑及其装饰展开的图像和文字，而正面亡堂上的"曾氏佳城"则是这一切的视觉中心，而"虽死犹生"则点明了这一切的意义所在。

万源市曾家乡的马三品墓（清同治八年，1869 年）是一座开放式的亡堂，其内容和雕刻工艺可能是该地区最为复杂和精彩的亡堂之一。（图 3－47）外弧形门柱上刻对联："曲传真面目，巧绘古衣冠。"可谓是对亡堂雕刻装饰的内容和工艺的注解。

**图 3－47　万源市曾家乡曾家村马三品墓亡堂雕刻工艺**

处于左右垂花柱之间的门楣，云纹作地，上层匾额雕刻由十多人组成的戏剧人物。他们分列左右，手拿各种器物，向中间的帐案恭敬作揖，像是带着礼物前来拜见的场景，但是帐案后面的椅子上则虚位以待。人物姿态各异，造型生动，还有绿色、蓝色、黑色和红色进行了涂绘。正中无人的"座位"让人想起宋元之前的墓室中的"一桌二椅"的图式中空置的"灵坐"或"灵位"。

在亡堂外门柱和门楣之间的空间里也雕刻有人物手扶门框向亡堂内部张望，这种处理手法，与阆中市邵氏墓上看到的处理手法比较一致。在柱联底下还雕刻了门户的阑干，里面各一人。右边的女性正提桶给栏内的小猪喂食，右侧的男子人似乎因为劳累，双臂交叉胸前，面带微笑，趴在栏杆上睡着了。真是饶有趣味的画面。更为精彩的还是亡堂内的雕刻。一幅完整的"开芳宴"在厅堂之内展开，正面有夫妇二人端坐，面前大大小小的碗里面盛满了东西。夫妇两侧的座位上各有多人，而孩子似乎是画面的主角，大约 5 位婴幼儿，可以分为三组。在正中桌前有两张椅子，有三个孩子和一位成人，几位小孩显然是对桌上的食物很感兴趣，手把桌沿，试图爬上去；左侧最靠前的一位女子袒胸露乳,怀抱一小儿正在哺乳,她的肩头还趴着一位,这孩子仿佛因为母亲太喜欢怀中的孩子而心怀不满,正抓扯母亲的衣服和头巾;右侧,一位女子侧身接过前面一女子手中的孩子,那小孩也表现得似乎迫不及待,伸出小手扑将过去,这一场面逗笑了后面的两位女子……这一温馨的细节源于匠师对生活的观察和体会。整个画面的主题内容、构图形式、元素组织、人物的动态表情等都有日常生活的原型。尽管雕刻有多处风化剥蚀,但人物的造型和表情生动自然,气氛温馨和谐,其乐融融。它似乎已经偏离了丧葬和祭祀的语境,而直指现实的日常。无怪乎,人们将这样的场景与"祝寿"联系起来,而不愿意将之视为与亡者相关。

　　视线移向亡堂的上半部分,会发现多层次的建筑空间和复杂的装饰。从亡堂的狮子托起的龙柱到顶上的多层垂花柱头,一层层的帐幔,一串串的各种灯笼、串珠、挂饰等布满整个空间。其雕刻手法和处理技巧与前面的简洁不同,匠师似乎要在这里不遗余力地堆砌上所能够想象到的一切东西,甚至在帐幔上还有驾着祥云飞升的仙人。在厅堂的正中,也是墓主夫妇的头顶放置在供桌上的匾额却依然突出,依稀可见正中题写有"历代昭穆神主"几个字。整个背景雕刻减得很深,形成了较大的纵深和层次感,繁缛的装饰与前景的宴饮场景形成鲜明的对比。整个亡堂以赭红为主调的彩绘尚存,建筑造型结构严整、层次清楚、布局合理、内容丰富、工艺精巧,让人不禁想起《楚辞·招魂》的诗句:

> 魂兮归来! 反故居些。天地四方,多贼奸些。像设君室,静闲安些。高堂邃宇,槛层轩些。层台累榭,临高山些。网户朱缀,刻方连些。……经堂入奥,朱尘筵些。砥室翠翘,挂曲琼些。翡翠珠被,烂齐光些。蒻阿拂壁,罗帱张些。纂组绮缟,结琦璜些。室中之观,多珍怪些。兰膏明烛,华容备些。[①]

　　宋玉为亡魂准备了一个宏伟华丽的建筑空间,在这豪华的宅邸之内,璀璨明烛,网户朱缀,珍馐华筵熠熠生辉。"将墓地整修得美轮美奂,并提供死者各种具体或象征的生活用品,都表示死者的灵魂能够继续使用它们。而坟墓,就是死者在另一个世界的'家'(所以中国人将它称为'阴宅'),也就是冥界的'第一现场'。"[②]立于土冢之前的墓葬建筑,事实上成为了一个生—死

---

① 朱熹. 楚辞集注. 古籍出版社,1979 年版,第 37—138 页。
② 王溢嘉. 中国文化里的魂魄密码. 新星出版社,2012 年版,第 152 页。

的中介物。它通过明间之内的墓主碑志以及亡堂内的雕像或牌位提供了一个"为其所是"的家。"对于墓碑这一特殊的建筑而言，对称性是为了突出'中'；区隔性则是为了体现'多'，而立面上的层次性则加强了'深'。它们共同营造了一个对生者而言的祭拜之地的肃穆恭敬；对亡者而言，即'神主'的灵魂居所的幽微深邃。"①这是作为阴宅的家的构建的特殊之处。平昌县老鹰村苟端文墓是一处规模和形制复杂，雕刻精美，保存较为完整的墓园，其墓坊匾额上书"归魂堂"说明了墓葬的功能所在。墓葬作为"归"的表达，并非孤例，前文讨论重庆涪陵陈余氏墓的亡堂时也就其"两全归"的题刻进行了一番讨论，两相比较，发现也是非常契合。（图3-48）

**图3-48 平昌县苟端文墓坊上的"魂归堂"匾额题刻**

《中国文化里的魂魄密码》中认为："中国古老的丧葬仪式暨祭祀仪式是'墓藏庙祭'的……坟墓只是掩藏尸体的地方，而死者的魂魄是依附在供奉于宗庙、祠堂或自家庙堂的神主牌上，由阳世子孙定期祭祀。"②但是，从这一地区的墓葬，尤其墓碑亡堂的格局及其配置，我们发现，"墓藏庙祭"的传统在这里有了融合与重叠。其实，墓祭传统同样悠久。只不过祠堂或家庙之中的祭祀侧重于"家族"及其延续性，而墓祭更多的是侧重于对当下的个体，即墓主的祭祀。因此，尽管亡堂只是墓碑建筑的一块小小的构件和相对独立的空间，但是它却是墓葬建筑的重心所在，其结构、图像模式和雕刻工艺体现了人们复杂的观念和丧葬习俗。

亡堂总是处于墓碑的最高处，表明了其位置的重要，同时也是一种"距离"的表达，首先是关于"高度"的距离。此外，由家居神龛的移植到墓碑之上的亡堂，也将在家中祭祀"先祖"的方式移植到墓地，并巩固了墓祭的传统。而亡堂内供奉的不管是牌位还是雕像，都通过帷幔、建筑等表明是在"室内"，而且还有立柱间隔，或者有"门神"守护，似乎有意不让人看得那么清楚，暗示出一种"深度"的距离。距离感的存在，表明了亡堂的功能，也表

---

① 罗晓欢.川东、北地区清代民间墓碑建筑装饰结构研究.南京艺术学院学报（美术与设计版），2014(05)，第114—117页。

② 王溢嘉.中国文化里的魂魄密码.新星出版社，2012年版，第71—72页。

达了远去的"魂灵"与现实生活的距离。尽管有"事死如生"的观念,但是,人们却又实实在在地在明确这种"距离"的不可逾越。墓葬对建筑的多重言说与其说是中国人对建筑的重视,不如说中国人对于由建筑空间营造的"礼仪场所"和"空间"的重视,用巫鸿先生的话讲,即建筑的纪念碑性,其目的直指"魂兮归来!反故居些"。

亡堂雕刻的那些宴饮图,在很大程度上是宋元以来的"开芳宴"图式的延续,但又增添了"在地化"的诸多内容,匠师们熟练地将人们熟悉的道具、场景、服饰等融入到丧葬和民俗观念的表达中。这其中祖先的功德、家庭的和谐美满、家族的繁衍、子孙的孝道总是不变的主题。这一切都通过实体的建筑样式、雕像、牌位、对联、文字以及雕刻精美并施以五彩的图像营造出来。这种营造,利用建筑本身的材质和造型样式及程式化的图式体现出庄重肃穆,既向亡灵表达了哀伤,但同时又溢出"悲"的情感,反映出现实生活的喜庆快乐。

对祖先的祭拜不仅仅要体现在各个时令中的行为,更需要一种坚实而恒在的实体。这个实体的意义之重大,可以用"山"来形容,因此造墓又叫作"修山",在一些地方也称之为"世业"。它承载了先祖的功德和对后世子孙的荫蔽护佑,也彰显了后世子孙对先祖的尊奉与孝道。

从建筑艺术和传统丧葬礼仪的角度看,不管是"内龛型"亡堂。还是"平面型"亡堂,都是借助"缩微"和"简化"的手法,保留了高等级礼仪建筑的"原型的价值",以强化作为建筑的"空间",而亡堂内的图像也强调其在整体建筑空间中进行的活动场景。而伴随亡堂门、柱、匾上的除了点题性的文字,还常常有八仙、戏曲图像和人物立像,这些文字和图像既作为装饰,又有一定的象征寓意,呈现出一片热闹的氛围。

显然,"夫妇并坐宴饮图"是一幅围绕墓主夫妇而展开的代际、亲疏、尊卑的传统家庭伦理秩序。那些桌椅、灯笼、餐食、帷幔、日常用品、包括诗者在内的"道具"等,既是世俗化,同时也是理想化的表达。那些精美的雕刻、彩绘加强了祖先形象的美化和神圣化,所谓"颂者美盛德之形容,以其成功,告于神明者也"。这样,家的空间、人的栖居、社会伦理秩序和生命的轮回等在这样的空间中进行了多重往复的言说。现实的家——地下的家——理想化的家在亡堂这一特殊的墓葬建筑结构中得到了统一。

亡堂图像综合了祠堂、影堂的祭祀场景,同时又通过家庭宴饮的情节来塑造了一个理想化的、其乐融融的大家庭"全家福"图像。这种围绕"集庆""宴饮"的地方性雕刻彩绘图像也反映了近代中国平民家庭最基本的伦理观念和最普遍的信仰。从这个意义上讲,亡堂,既是庆堂,也是家堂。

从北方宋金时期的"开芳宴"到川渝地区明清墓葬建筑亡堂宴饮雕刻，有着遥远是时空跨度，而且也还存在着近千年的流播空白。但是不难看出，两者之间有着明显的形式关联和观念承接。作为地上的墓葬建筑，又处于开放的公共空间，其引人观看的预设就会在意其图像表达的叙事、美观和教化等功能。

亡堂尽管位于建筑的高处，甚至被立柱、门罩等遮蔽，但若隐若现的亡堂雕刻宴饮图像的主题和意指再清楚不过。亡堂宴饮图像以技巧繁复的雕刻彩绘，特别是用穿斗结构大瓦房、室内家居陈设、人物服饰器用甚至家庆家畜等的细节，反映出鲜活的时代性和地域特色。这可能和川渝地区"湖广填四川"的特定的历史背景不无关系。移民后裔通过重修大墓，并用大量的墓志铭文和繁复的雕刻彩绘来叙述和渲染。亡堂"宴饮图"则被置于整个结构和图像叙事的中心。这一方面是孝道的体现，同时也是对大家庭的寄望和宣扬。对于移民后裔而言，在新的迁入地，努力构建和彰显家族实力，有着族群竞争的现实需求，也是移民家族构建和来源地构建的重要手段，其图式的形成与演变也与中国社会家族变迁、家庭结构的演化是同步和同构的。

从工艺表达的角度看，亡堂宴饮图用类似圆雕的宗教造像式手法来表现"宛在"的墓主夫妇；以写实的雕刻彩绘手法来表现"此在"的孝子贤孙；以程式化浮雕手法来表现戏曲人物和天官门神，由此构成了地下、现世、天上三界"共在"的人物群雕。与有名的战国 T 形帛画的分开描绘不同，亡堂宴饮图的群雕是将他们整合在一个整体的时空之中，体现了既有现实性的基础、又具超越性的意象。

# 第四章 高台教化:墓葬建筑上的戏曲雕刻

## 第一节 戏曲演出的盛行与戏曲雕刻的流行

通过扮演、装扮另一种身份并获得某种"真实"效应的表演是从原始巫术那里开始的,它也是艺术的源起之一。因此,戏剧与丧葬、祭祀礼仪的关系是如此的近。

从汉画像中,甚至从春秋战国的青铜器上,我们已看到有关"戏"的雕刻图像。事实上,在墓葬空间中雕刻、绘制戏曲图像几乎是一部完整的历史。宋元以降,随着中国戏曲表演的逐渐成熟和普遍流行,至明清,戏曲演出达到鼎盛,即使在最僻远的乡村院落、场镇,在最平常的寿诞、祭礼都有演出。不仅有临时的"草台班子",更有固定的"万年台",使得剧目、戏曲故事、戏剧表演成为日常。戏曲图像自然成为建筑装饰、年画中的重要题材,所谓"画中要有戏,百看才不腻"。事实上,除了所熟知的年画和建筑木雕戏曲,西南地区墓葬建筑上的石雕戏曲人物和戏曲故事场景可谓有过之而无不及。其主题类型、人物造型、场景构图、雕刻彩绘工艺和艺术风格都是非常丰富而格外精彩的,更难能可贵的是,这些戏曲人物、故事的雕刻因为在家族墓地而有幸得以较为完整系统的留存。

明清是中国传统戏曲艺术最为繁盛的时期。而在四川地区更是"五腔同台",以川剧为主的戏曲演出、戏班、剧目层出不穷。甚至在偏远乡村的大户人家都有自己的戏台甚至戏班子。以"移民会馆"为例,不仅会馆建筑数量多,规模大,装饰奢华,而且"戏台"几乎是必不可少的标配。这不仅反映移民会馆建筑的状况,更道出了戏曲演出的繁盛。这里的戏曲演出甚至动辄数日,乃至"浃旬乃止""演戏匝月"。

除了会馆、庙台、祠堂有被称为"万年台"的固定的演出场所,还有难以数计的临时戏台,俗称"草台"。它们往往会在岁时节令,行业会期,佛道圣诞,婚丧嫁娶等各种时间和场合中进行演出,南北皆然。我们在鲁迅先生的作品中就常常读到他小时候关于戏曲的印象。民国时期的《合川县志》就记载：

> 至各省会馆、万寿宫江西人会、天上宫福建人会、禹王宫湖广人会、南华宫广东人会、福寿宫广西人会,清时各届会期,演戏多至半月,各街骑街搭台,演唱秋报之戏,自八月起,之至十月下旬止。城外大小河各街,亦于十一月至腊月底止。亦唱演秋报戏文,每日必有酒席,衣冠文物,共乐太平,尊酒言欢,此风犹古。又,铺户年内获利,腊底酬报神庥,谏贴迎宾,就城隍庙演戏治酌,戚友作,亦甚盛事。①

清代戏曲演出的繁盛状况由此可见,以至于有论者视之为恶俗。"出殡家祭之夕,演唱戏曲,尤恶俗之可革者。"②(《绵阳县志》十八卷·民国二十一年刻本)

杜建华,王定欧也提到"清代中叶以降,川剧即已渗透到四川民众的诸多生活领域,且各有约定俗成的演出剧目,与各地记述也是一致的。时至今日,它仍然是四川受众面最广的一种艺术形式……"③不仅演出多,剧目自然也不会少,有"唐三千,宋八百,演不完的三列国"之说,这一点我们在这一地区墓葬建筑上看到的那极为丰富的戏曲题材的图像就深切地感受到了。想当年,那是怎样一出出、一幕幕鲜活的演出和形象。在《川剧》一书中,提及到川剧的流播区域,书中写道:"川剧沿着长江在四川的四大支流逐步形成川西坝、资阳河、川北河、下川东四大流播区域,各有其知名的戏班,艺术上也受到艺术传承和方言的影响,演变为各具特色的四大流派。"而川北河一系"以嘉陵江水系贯连的地域为主,包括广元、巴中、苍溪、阆中、南充、仪陇、营山、蓬安……宣汉、渠县、绵阳、江油、罗江、绵竹等地"。④ 从目前我们重点考察的川北、重庆和川中地区看,各区域墓葬碑刻上的戏曲题材呈现出较为明显的区域性特点,无疑与戏班的流动及其演出剧目不无关系。

在注重教化的传统社会中,墓葬建筑上的戏曲图像自然是最好的教材

---

① 《合川县志》(八十三卷·民国十年本)。引自丁世良、赵放.《中国地方志民俗资料汇编》西南卷(上),北京书目文献出版社,1991年版,第219—220页。
② 《绵阳县志》(十八卷·民国二十一年刻本)礼仪民俗。引自丁世良、赵放.中国地方志民俗资料汇编西南卷(上),北京书目文献出版社,1991年版,第99页。
③ 杜建华、王定欧.川剧,文化艺术出版社,2012年版,第26页。
④ 杜建华、王定欧.川剧,文化艺术出版社,2012年版,第9—10页。

和最恰当的时机，雕刻剧目自然也随便不得。当后世子孙、族人和民众在墓前所看到的必然是喜闻乐见的福、禄、寿、喜，必然是忠、孝、节、义，有关沉冤得雪、惩恶扬善的故事总是令人振奋，而渔樵耕读总是生活的主调，读书求取功名也是光耀门庭的头等大事。尽管杨氏家族墓可能喜欢"杨家将"，而岳氏后人更可能选择"岳飞抗金"的题材，但都饱含"忠义报国"之想。总之"唐三千、宋八百、演不完的三列国"都成为人们喜欢的题材。人们会把墓葬建筑的每一个空间都当成舞台，将喜欢的、知道的，甚至是听说的戏曲、故事都搬上去。一方面营造出豪华、热闹的场面，同时也是有意地去体现主家的实力和匠师的手艺。通过这一转化，墓葬建筑成为一个随时可以观看的戏曲舞台，而作为地下之家的"永恒"的演出也得以实现。

尽管早在汉代，戏曲表演就已经在墓葬装饰图像中大量出现，也是宋元墓葬雕刻装饰的重要题材之一，但至清中后期，戏曲艺术本身的发展以及会馆建筑、戏台建筑、祠堂建筑、墓葬建筑，甚至家居房屋建筑中大量的戏曲装饰之间的关系就愈发密切了。正如我们所看到的那样，墓葬建筑上的戏曲雕刻数量之多、场面之宏大、人物组合之复杂、分布之广泛令人叹为观止。即使那些不大起眼的小型墓葬，都可能满雕戏曲图像，再不济也会雕刻多位戏曲人物以为荣耀。那些大中型墓葬往往会在建筑的梁、柱、匾额甚至不大容易被看到的构件上尽可能地用戏曲人物和剧目来进行装饰，而且特别注重将一部完整的戏剧雕刻到墓碑之上，有的甚至还雕刻"好几台戏"，生生地把墓碑变成了戏台。但是在这之前，对于民间墓葬建筑上的戏曲雕刻，并不被重视，甚至不为外界所熟知。

常常有说京剧是"听"的，而川剧是"看的"，可能是因为川剧有更多视觉性要素，如变脸。而注重热闹、花哨的民间民俗艺术更是推波助澜地将视觉性的要素加以发挥，并延续到墓葬建筑的雕刻装饰上。当然，从动态的舞台表演，到静态的戏曲雕刻，需要相当的技巧，匠师必须从动态的长时段的演出中，抓住和选择典型形象、关键场景、重点细节，并配以恰当的人物、道具、装束才能够被观者所认可和接受。我们往往会在不同的地方看到同样题材的戏曲雕刻，物品造型、场景设置、构图方式迥异，但那些关键的"细节"的呈现，使得连我们这些不太熟悉传统戏曲的现代人都可以释读出来。甚至有传说，墓葬建筑上的戏曲雕刻严重影响到县城戏班子的生意。导致不允许修墓的匠师入场，担心他们的戏曲雕刻造成剧透而影响了生意，这多像现代的影视盗版。这一故事似乎也在说舞台演出的戏曲与雕刻在墓葬建筑上的戏曲的高度相关性。不仅如此，考察发现，同一地区的墓葬建筑上的流行的戏曲雕刻居然与这一地区戏曲演出的剧目有较大的重合度。

这当中,匠师扮演了关键性角色。正是他们的选题、设计、雕刻彩绘工艺成就了墓葬建筑上的戏曲雕刻。但是,在这一过程中,匠师们也绝不只是毫无个性、毫无选择的戏曲"搬运工",他们会根据主人家的意愿和墓葬建筑的整体风格以及具体剧目的情节进行取舍和设计。这一方面是工艺材料的客观要求,另一方面就是匠师的个人主观创作和艺术表现力的发挥。我们常常会看到,同一题材的戏曲在不同的匠师手下呈现出不同的特点,自然有技艺的高下之分,但这种不同也为探讨从动态的舞台演出到静态的造型艺术表现在思路、技巧、审美趣味上的差异性提供了便利,从而可以成为对传统艺术跨媒介语言研究的一个面向。但要实现从动态的舞台的表演到静态的瞬间凝固的艺术媒介转换,不由得让人想起莱辛所提出的"要选择最富于孕育性的那一顷刻"的著名理论。我们的匠师自然没有那些理论指导,但凭借经年的积累,凭借对不同艺术之间的联系的理解,在冰冷的石头上创造出了"千军万马、景象万千"的场景,这也许和中国传统戏剧舞台的时空架构和美学趣味是相通的。

一直以来,汉代画像石、宋元墓葬美术都是艺术史家们研究的重点,而对明清时期的墓葬关注不多。这当然有厚古薄今之嫌,但另一方面确实是西南地区的明清墓葬建筑在偏远的乡野之地,有"养在深闺人未识"的尴尬。正是因为在墓地,包括戏曲雕刻在内的这些墓葬建筑雕刻装饰和彩绘才会相对完整地留存至今。这些汇集囊括了几乎全部的传统雕刻工艺、人物造型和图像观念、构图原则,不仅为我们呈现出了西南地区的民间艺术的表现手法和艺术风格,也为中国传统建筑装饰、石雕和彩绘工艺、戏曲艺术等的研究提供了新材料和新视角。

这些几乎满布于墓葬建筑上的戏曲雕刻可谓数量繁多、类型齐全、题材广泛、表现新颖。不管是个体的戏曲人物雕刻还是戏曲场景雕刻都成为墓葬建筑雕刻装饰数量最多,分量最重的题材和内容之一。戏曲人物的造型装扮、姿态表情、场景构图等等都成为墓葬建筑的一个重要看点。这些戏曲雕刻不仅仅承担着墓葬建筑装饰的功能和教化功能,同时也反映和代表着当时的石雕工艺水平,甚至是考察跨媒介艺术表达思维和技巧的极好遗存。

对此,一直存有的另一个偏颇也需要被打破。那就是相关的研究者都将"木雕"作为最主要的戏曲图像来源,那是因为走近古建筑的机会比较多,而墓地则是很少有人愿意前往的,尽管有些建筑的石头基础(柱础、石墙等)、石牌坊等也可见到一些戏曲石雕,但都比较零散,且破坏风化状况严重,没有引起足够的重视。但我们发现,清代四川等地的民间墓葬建筑则有幸保留了大量的、成系列和成规模的戏曲雕刻图像。这些重要的传统戏曲文物可以成为戏曲史，特别是川剧史研究的重要资料。更何况，近几十年来，民间木构建筑拆毁甚多，戏曲雕刻留存数量急剧减少，而在这一地区的墓葬建筑中，却可以看到有确切纪年的，情节完整、工艺精美，甚至还施加彩绘的石雕戏曲雕刻图像。这些无疑应该成为戏曲研究的重要资源，必将成为戏曲(川剧)研究的契机。

中国戏曲有悠久的历史传统和独特的艺术魅力，是表现和传承传统文化的重要载体，为满足人民群众精神文化需求发挥了重要作用。为了重振地方戏曲，2013年文化部印发《地方戏曲剧种保护与扶持计划实施方案》的通知："挖掘、整理一批珍贵的地方戏曲史料，使其成为地方戏曲剧目创作中心、地方戏曲剧种保护中心、地方戏曲艺术传播普及中心和地方戏曲资料收集整理与研究中心，逐步建立地方戏曲艺术生态保护区。"而明清墓葬碑刻中大量的戏曲场景、戏曲人物显然是难得的地方戏曲史料，在传统戏曲难以恢复的当下，莫不如好好保护和整理这些丰富生动的戏曲雕刻图像，因为它们很多几乎就是对当时舞台演出的生动记录。不仅记录了舞台布置、剧目故事、身段装扮，还有"连环画"一般的情节推进。可以说，川渝地区大量的戏曲雕刻图像可以汇集出当时戏曲演出的复杂谱系。

总之，戏曲演出的盛况与墓葬建筑上戏曲雕刻图像的流行密切相关，而这些雕刻图像为我们进行多方面的研究提供了基础，不仅仅可以直观地看到当时戏曲演出的盛况，自然也能够看到建筑装饰和雕刻工艺的发展，还有人们观念信仰和伦理教化的表现。

## 第二节　墓葬建筑戏曲雕刻的题材和内容

### 一、注重个性和神态的戏曲人像

在墓葬建筑上出现的戏曲题材的雕刻，按照其表现形式的不同，可以做出多方面的分类，最直观的则是单个的戏曲人物形象和群体的戏曲场景。

单个戏曲人物，或者说戏曲装扮的人物形象，往往是以站立的姿态左右对称，分布于墓葬建筑的侧面、门柱、左右次间或稍间，甚至亡堂、顶檐之上。作为对称装饰的一个构件，同时具有门神、天官之类的功能和象征。

从工艺上看，多以高浮雕，甚至圆雕的手法表现，人物衣着整齐，武将全副甲胄，手持兵器，表情夸张，常常伴有戏曲舞台的"亮相"造型。文官，手持笏板、如意等物，或微笑、或肃立。人物形象鲜明，个性突出，注重衣着(铠

图4-1　通江县泥溪乡梨园坝马宏安墓亡堂挡板顶的戏曲人像

甲)、持物(兵器)、面部等的细节表现,较为精致。尽管是成对而立,但往往比较注意左右的二人的年龄、身份、性别、动态的差异,绝不雷同。这种文武并立,男女对应是常见的组合,其设计和表现意图也很明确,无非是追求整全的意象。

除了站立高处和门口等的小尺度立像,在次间、稍间等开间内也往往有单个的戏曲人物形象。他们往往尺度比较大,造型和装饰更为复杂,高浮雕、浅浮雕较多。人物身旁还可能出现身形较小的仆童、副官等随从。

在明清时期,佛道造像不再像前朝那般兴盛,戏曲人物形象成为雕刻装饰艺术的重要组成部分。它们在一定程度上反映和代表了这一时期人物雕刻的艺术风格和工艺水平。尽管是民间墓葬建筑,戏曲人物的雕刻技艺也是不容忽视的。

值得注意的是,川渝地区的这类戏曲人像中常常出现一对男女将领的形象。据笔者考证,他们可能是杨宗保和穆桂英。在《四川地区清代墓碑建筑稍间与尽间的雕刻图像研究》一文中,笔者写道:"杨宗保与穆桂英这一对'青年夫妻'的形象恰恰满足了人们对于青年才俊的向往,对于英勇、豪迈、爽朗、可爱的女性的所有想象。那么,墓碑上的杨宗保与穆桂英这一对形象不但起到了门神的作用,同时,人们对于爱情、婚姻和家庭的理想概念,通过这样的图像模式也得以表现。"①阆中市邵家湾的邵万全/曹太君夫妇墓(清咸丰九年,1859年)第一层檐下有前后两柱支撑,柱间内有一个一米宽的开间结构,这本身就比较少见,开间内左右对称雕刻的杨宗保与穆桂英与众不同,是减地高浮雕书法表现的男女戏曲人物。男子手持方天画戟,动作慵懒

---

① 罗晓欢.四川地区清代墓碑建筑稍间与尽间的雕刻图像研究.中国美术研究.2015(04),第51—56页。

人物表情含笑,甚至有点妩媚。穆桂英的长刀,动态轻柔,特别是衣袖、背旗、铠甲和长裙以及头顶的长翎子摆随风飘舞,生动地表现出女子的飘逸灵动。这里没有门神的威武狰狞,也难以看出武将的英武潇洒,倒像是一对儿忸捏作态的情人,与整体墓碑雕刻风格形成强烈的对比。(图4-2)

**图4-2　阆中市千佛镇邵万全曹氏夫妇墓外侧的杨宗保与穆桂英**

这种青年男女将领的戏曲人物形象比较多见。除了在开间内出现,也往往在柱顶,甚至在匾额的两侧,一般都只是作为人物装饰的图像。前文提到过通江县松溪乡祭田坝村的罗成墓枋明间顶部的匾额(参看图2-10),在"其人如玉"的题刻文字下雕刻了多人形象,其中最外侧就是一对武将,右侧女将持长刀。从其人物的组合也可以看出,位于最外侧的武士显然有拱卫守护的指涉,但是否就是杨宗保与穆桂英等具体的戏曲人物,在这里似乎并不是太重要了。可能是人们出于对青年才俊,郎才女貌的某种理想化的想象,杨宗保与穆桂英这对青年夫妻就成为了一种象征化的符号,成为了流行的图像图式。

四川南江县石滩乡的刘岳氏墓在一座瓦房(坟亭)之内,墓坊明间门柱内侧对称分布一组接近2米高的门神,全身盔甲,双手握长柄的斧头和瓜锤肃立左右,线条娴熟流畅,疏密得宜,是难得的线刻人物佳作。但这些图像与常见的年画门神已经相去甚远。(图4-3)

而在通江云昙乡的一处张氏家族墓地中,一座不起眼的小型的四方碑侧面,雕刻的两位武士形象令人印象深刻。画幅高有米1多。浮雕人物长须,表情严肃,目光如炬。全身盔甲整齐,手持短鞭、锏,两脚一前一后,手臂外张,显得威武霸气,动态自然。轮廓线条干净利落,铠甲和衣饰纹理清晰,一丝不苟,整体感非常强,雕刻工艺相当娴熟而自信。这样的雕刻出现在这样不起眼的小型墓葬中,确实非常难得,这也说明这一时期墓葬营建和石刻工艺的整体水平比较高。(图4-4)

图4-3　石滩乡岳氏墓门神雕刻　　图4-4　通江县云昙乡张国兴杨氏墓碑亭两侧戏曲人像

　　除了武将,文官也是常见的戏曲人物的雕刻,其出现的位置和功能也大致相当。四川省通江县的谢家炳墓墓坊次间封门石上的文官戏曲人物形象非常具有代表性。两位浮雕人物,高1.5米,宽1米左右的尺幅上分别雕刻"天官赐福""一品当朝"人物组合。这是中国传统图像志中较为多见的图式,但这组雕刻却显示出与众不同的艺术美感。在大面积的素面背景上,有一位身材魁梧、身着朝服的文官,面前还有一位双手展开卷轴的孩童。官员含笑俯身,一手持长髯,一手背在身后,头部微微前探,身体稍作扭转。造型整体紧凑,简洁概括,塑造身体内外两侧的轮廓线形成一种张弛有度、繁简得当的对比关系,使得人物动态变化微妙而有张力。面前的孩童单膝跪地,伸臂展开长卷,仰头而望。两人之间形成一种自然、温馨的互动关系。匠师仅仅用略略数根线条,肯定而准确地将面部表情、衣纹、动势表现得神气活现。明显可以看出,这些人物的形象源于戏曲舞台,如髯口胡须、衣服上的暗纹、腰带,以及人物的手势、动态等都可以看出舞台形象的影子。两幅图像尽管构图类似,但在官帽、胡须、腰带、衣纹细节处均有全然不同的纹饰和手法。而两图又特意考虑到以明间为中心形成的对称关系,两人面朝明间,面前的孩童也都位于明间一侧。民间匠师以素朴的材质、概括的手法、严谨的秩序体现出较为高超的技艺和艺术品位,殊为难得。(图4-5)

图4-5　谢家炳墓坊次间的天官赐福形象

　　除了这种单人的戏曲人物立像,在墓葬建筑上的额枋,匾额的端头,或在柱顶、斗面、匾下等构件边角位置,也常雕刻有单个或二至三人一组的戏曲人物。两人或同性或异性,人物或站立、或骑马。人物之间有动态不大的互动关系,或对视,或交谈,或将兵器交错在一起对战切磋,甚至有男女间亲昵的触摸等。这些戏曲人物尽管并不在十分显要的位置上,多是一些点缀和空间的填充,人物尺度一般也不大,也难以分辨其身份以及出处,他们至多也仅仅是一种装饰。但这些雕刻在极为有限的艺术空间中,将不同的人物性格、年龄、身份地位、情感状态以及互动交流的动态举止表达得非常到位。中国传统人物雕刻艺术的这一方面往往被忽视,但是从这些墓葬建筑的雕刻中除了能够感受到匠师雕刻技艺的精湛,更能看到中国传统人物雕刻艺术在造型、情感表现等方面的一些基本特征。(图4-6)

图4-6　旺苍县张华镇郝占奎墓碑门柱戏曲人物

　　这里不得不再次提及的是站立在亡堂(望山)门口的"门神"雕刻。这些人物形象尽管并非都可以算作戏曲人物，或者说具体所指的明确剧目中的角色，但他们绝大多数是以戏曲人物中的装扮和举止出现的。这也可能就是一种惯例，这样的装扮，加上脚踩在高台或云朵之上，以显示这些人物的不同寻常。除了前文讨论的那些武将形象，在川东的达县、南充、万州等地的墓葬建筑亡堂门口，常常有一对尺度较大的高浮人物形象，其人物多为一对慈眉善目的老者，或端带，或捧笏，或展卷，而他们的背后或头顶总伴有一顶盖伞或一把芭蕉扇。高浮雕的盖伞为圆形，有多层百褶布幔和飘带作飘动状；芭蕉扇也是高浮雕，顶部稍向下翻折，形成遮盖状。伞下人物多为文官形象，复杂一点的身前常有童子协侍，身后有撑伞者。他们站立在高处亡堂的左右两侧或次间门柱外，身体稍向内侧身，或抬头远望，或看向亡堂。很明显，这两尊(组)雕像有较为明显的护卫和仪仗性质，与门神像有类似的象征功能。重庆罗田镇谷山村周清溢墓的亡堂和左右次间外都有这样的戏曲人物。亡堂外的人物为三人一组，男像一手捧三足鼎，怀抱笏板，方形冠；女像面庞饱满，表情端严，怀抱一件镶嵌宝石的云头如意，手持篆书方印，胸前有云头长命锁。他们身前各有一人双手展开类似"天官赐福"一样的卷轴，身后一女子高举盖伞。三人组合紧凑，主体突出，层次清晰，衣纹线条流畅，疏密有致。在第二层的左右次间还有尺度稍小的一对人像，左侧为一身盔甲和背旗的武将，他右手叉腰，左手高举一个大鼎；右侧为长袍紧袖的壮士，怒目圆睁，左手叉腰，右手高举一尊石狮。这二人尽管尺度不大，但雕刻工艺水平比较高，人物威武有力的动态和表情生动，浑厚体块的转折过渡自然，特别是左侧一身盔甲的武将，简洁整体的五官和胡须突出了人物的个性特征。无疑这也是比较流行的"霸王举鼎"的主题，以显示人物的孔武有力。这里的人物造型，复杂的身体扭转和转折明确的衣纹起伏浑然一体，体现出高超娴熟的雕刻工艺技巧。(图4-7)

　　不难看出，这类戏曲装扮的人物形象，比较注重人物的个性、身份等特征的表现，其动态往往类似舞台表演的"亮相"。因此，匠师比较注重细节的表现，首先是细腻的五官的刻画，以及生动的服饰道具的细节表现。如果还有多位人物，则注重主次、前后或互动的关系，并明确突出主要人物形象，从而让墓葬整体建筑熠熠生辉。但遗憾的是，他们被盗和被破坏的情况比较严重。

**二、注重主题和情节冲突的戏曲场景**

　　戏曲场景，是指由多个戏曲人物、道具或背景所塑造出来的有一定时空关系和具体情节内容的表演场面，类似于截取舞台表演的一个片段。这种

图 4-7　万州谷山村周清溢墓(清光绪)

场景性的雕刻多出现在墓葬建筑的横枋、顶层的开间、门檐板、门罩等面积较大的结构和空间之上,画面由多人组成,少者 3—5 人,多者数十人,各人物之间体现出较为明显的身份地位、主次位置、表情动作、手持道具等。一般来说,比较熟悉戏曲的观者大都能够透过这些人物和组合关系,大致能够看出这些图像是出自哪一出戏剧。复杂一些的戏曲场景雕刻往往会有建筑背景、帐案、兵器等作为陪衬和渲染气氛、提示情节之用。一方面使得画面更为丰富热闹,另一方面也努力还原故事情节或舞台表演的细节,有助于观者能够比较容易根据所表现的内容,回想起戏曲中的情节和具体的内容,从而达到"观戏"的效果。

　　文戏和武戏也是区别戏曲雕刻的重要视角。不仅表现的主题内容有明显差异,其构图组合方式和说法也是各有基本的程式。

　　文戏,以表现文臣良相的忠诚刚正、睿智明断为主题。画面常常以案帐为中心,左右分列数人为基本图式,场景平和,人物动态克制,但不失紧张与冲突。典型的有"太白醉写""文王访贤"等,最知名的则是包公戏中的《铡美案》等情节比较多见,表现形式也比较丰富。此外,还有诸如表现李白才情的《太白醉酒退蛮书》(也即《太白醉写》),表现宏大贺寿场景的《郭子仪献寿》等诸多传统剧目。

　　武戏,则以骑马对战为主题。一般为左右对称的情节,画面激烈、热闹,敌我分明、混战一处又不失内在秩序。两军对垒,主将在前,骑马交战,身后或有步将参与,或有旗手跟随,或者千军万马混战一处,或一方败走,一方穷追不舍。总体上看,人们似乎更喜欢武戏多一些,出现的频率要比文戏多。如"三国戏""杨家将""封神演义"等是最受欢迎的剧目。这类人物形象多穿战袍,头戴翎子,武将装扮整齐,姿态幅度较大。其中最为流行的场面如《战潼关》《战洪州》、《夜战马超》等激烈的战斗画面,也有类似"辕门射戟""岳母刺字"等知名的特定情节的表现。

当然,很多的戏曲雕刻同时会有文臣武将放在同一画面上,甚至出现大量的女将,如花木兰、杨门女将这类的题材也是深受欢迎的。很多女性墓,甚至男性墓葬上都有这样的题材。这一类的戏曲往往表现出紧张激烈的争论时刻的场景,尽管并没有战场的激烈打斗,但通过画面的组织,将某种动荡不安、即将生变的悬念感表现了出来。这似乎符合了所谓的"最具包容性的瞬间"的原则,对比较了解或者熟悉的观者而言,更饶有兴味。

不管文戏,还是武戏,不管是否是真实的戏曲故事情节,甚至只是些概念性或符号性的戏曲图像,其人物或写实或夸张,个性、动态、装束、眉眼间无不显得生动有趣,形象鲜明。即使那些工艺粗拙、造型怪异的雕刻也给人以朴拙粗砺的乡野之趣。人们通过这些图像或许能唤起看戏时的现场感,或者直接从这些雕刻图像中感受到造型艺术的审美愉悦。不管是文戏中的明君、忠臣良相、丑角反派的生动形象,还是武戏所表现出来的男女将领的英武勇猛、激烈打斗,都成为观者对戏曲雕刻着迷的深层动因。刚正不阿,为百姓伸张正义,使沉冤得雪的故事,以及保家卫国、英勇征战的情节往往是人们最喜闻乐见的。

至于一座整体的墓葬建筑,到底怎样安排戏曲的情节和内容,以及怎样处理这些图像之间的逻辑关系,到目前为止,我们还没有找到明确的证据。笔者倒是更倾向于一种随机的选择,或者匠师或者主家的意愿,或许在修建之前有一个基本的内容框定而已,似乎没有一个严格的清晰的"图纸",并按图施工。往往一座墓上既有武戏,也有文戏。左边是武戏,右边可能是文戏,或者同时有文戏和武戏。如四川省巴中市化城的雷辅天将军墓(清光绪三年,1877 年)主墓碑次间额枋和次间门檐板上分别雕刻了戏曲场景。额枋上表现的是一位武士拉弓射箭的场面,前面有一个靶子。后面多人观看,包括靶子后面的一位女将,而在画面的两端又各有一位文官模样的人坐在桌子后面。这倒是很符合墓主作为将军的身份和形象。但是次间门檐上又是一幅"堂审戏",包括很多的女子也在堂上,而前面下跪者又穿着清朝的顶戴花翎。这种将当朝的服饰的雕刻图像穿插在传统戏曲人物雕刻中并不多见,但这若干的戏曲人物总觉有一种堆砌之感,难以看出其所以然。(图 4 - 8)

万源市的省级文物保护单位马骧远墓(清光绪五年,1879 年),规模宏大,形制复杂,雕刻繁缛,戏曲图像占据了明间、次间阑额和门罩、垂花柱面等各个空间。这些戏曲场面尺幅不一,人数不等,内容似乎也相差甚远,左右次间阑额上的场面尤为复杂。左侧中军帐内,一位探子正在向文武官员

图4-8　巴中化城雷辅天墓次间上内外文武的戏曲雕刻

报告军情,而帐外则有8、9位女子在焦急地等候,甚至忍不住倾耳偷听,下面两位小兵正在搬运兵器,而在画面右下角还不忘雕刻一匹马的局部,以烘托气氛。画面右上方的装饰以及探子身后折起来的"地毯"等背景细节,都恰到好处地分割了画面的场景,营造了紧张的氛围感,显然匠师对于这类题材的表现已经得心应手。而在对应的右侧,只见女将已经举旗,纵马而出,使得站立在台阶上的官员们都有些惊骇。在次间门罩的檐板上,也各有场面复杂的图像,右侧一幅为常见的《太白醉写》,左侧是一幅拜谒图,两幅戏曲图像人物较多,身份也比较复杂,有男有女,有老有少,甚至还有小孩子。一位在桌前跪拜的男子,引起周边众人的纷纷议论,笔者无法确知这究竟是出自哪一出戏。在额枋的外侧垂花柱上则是一幅两位女子搀扶一位青年男子的画面,对应的右侧垂花柱面,是一幅笔者曾经考证过的"拥吻图"。画面左侧屏风前有一位头上戴有翎子的武将怀抱一位女子正在亲吻,而屏风后一位老者手持方天画戟追赶而来。目睹了这一幕,这是我们熟悉的三国戏中吕布、貂蝉和董卓的桥段。但是这些图像之间有什么必然的关联和内在的顺序,一时间也看不出来。(图4-9)

　　从四川南充市南部县的几座墓碑上,让我们感受到了当时人们对于戏曲的高度热情。该县境内的宋青山墓(南部建兴镇),李先桂墓(楠木镇)和文卓墓(窑场乡)是其典型代表。最突出特点是在长达数米的墓碑额枋上雕刻数十人的戏曲人物群像,令人叹为观止。可惜的是建于清嘉庆时期的宋青山墓风化较为严重。李先桂墓(清咸丰九年,1859年),是一座高5米,宽5.3米,四柱三间的碑楼。从上到下,凡是正面目光所及之处都雕刻各式戏曲人物图像,包括顶檐的下沿,脊饰的端头,抱鼓的圆形鼓面,立柱,门罩等等,仅仅只是给门柱的柱联留了个位置。阑额刻人物图案五组,各组人物分三排并列,采用深浮雕、圆雕等手法,共刻人物三百五十余尊,动物图案二十

图4-9　马矗远墓碑次间顶额的戏曲雕刻

余幅。除了亡堂及脊饰和顶饰,余下的全是戏文故事,文戏武戏雕刻充满了整个墓碑。(图4-10)

在建筑上装饰以大量的戏曲人物是清代建筑的普遍手法,祠堂、会馆、戏台这类建筑尤其,南北皆然,阴宅阳宅一样。这在川渝地区的石构建筑中也非常流行,在牌坊、墓葬,甚至院落的石墙、门坊、台基上也总可以看到各种戏曲雕刻的人物和场景。除了墓葬建筑本身的装饰。茔墙、抱鼓甚至开间内留出大块面积,雕刻出幅面巨大、人物众多、场景复杂的戏曲图像,非常具有视觉吸引力和冲击力。由此,墓葬建筑几乎被戏曲人物、戏曲雕刻图像所覆盖,成为了一座名副其实的"戏台",观墓悄然变成了"观戏"。

此外,好些民间故事和传说,或者是源自同名的戏曲演出被匠师改头换

**图4‑10 南部县楠木镇的李先桂墓**

面,作为戏曲场景的画面出现在墓葬建筑上。如"姜太公钓鱼"(或称为"文王访贤")"赵元求寿""白蛇传"等。这类题材因为故事内容广为人知,匠师在创作中较好地调用了故事中的特殊场景、特别的道具和典型的场景来表现故事内容。尽管画面中的人物形象多以戏曲装扮,甚至可以看出有较为明显的舞台表演的影子,但是这类画面比较容易辨认。如伴随钓鱼老人出现的官员及其随从组合而成的画面,"赵元求寿"往往表现为下棋对弈,甚至只是一个棋盘,①有似于"暗八仙"的手法。而"文王访贤"的题材在墓葬建筑雕刻装饰中时常可见,画面主要表现一位在河边钓鱼的老翁,其身后不远处还有一位带着侍从的官员模样的人在观看的情形。广元剑阁县迎水镇的何

---

① 赵元求寿的故事很多读者可能不熟悉,但"饭后百步走,能活九十九"这句话都听过,故事说阳寿将尽的赵元,得到云雾仙的指引,拿着酒食到山中找到对弈的南北二星,待南北两星斗酒足饭饱,赵元下跪求延寿,于是两位大仙一个往南,一个往北,各走了一百步,把赵元的阳寿改成了九十九岁。以这一故事为题材的雕刻流行甚广,很多时候,画面被简化为只是一张棋盘,其手法与"暗八仙"类似。因此,棋盘在这里与"娱乐"的关系并不大,而是一种长寿的象征符号。

璋墓是一座大型的石室墓，建筑规模大，形制复杂，雕刻工艺水平比较高。其中"文王访贤"图在明间立柱的高处，匠师将这一题材演绎得生动而隆重，画面人物众多，但却井然有序，重点突出。不仅突出了"文王"出场的排场和气势，也显示出对"人才"的重视；与众人簇拥的文王相对，"姜子牙"单独一人占据画面一角，姿态夸张，气定神闲。当然，画面上明显可以看出姜子牙的"故作姿态"，这一方面是为了突出特定的人物形象，另一方面也是较好地利用了舞台表演的程式化动作。此图的构图非常讲究，不仅在视觉结构和观看秩序上有精妙的设计，同时还从不同身份、地位的诸多人物之间的位置、动态、表情等方面考虑得十分周详，细读起来真是饶有趣味。与之对应的位置出现了"二十四孝"中的"大舜耕田"的主题，但其表现手法则一样采取了同样的构图手法，以体现其主题和表现形式的对称性。（图4-11）

**图4-11　"文王访贤""大舜耕田"**(广元剑阁县迎水镇天珠村，清道光十年，1830年)

按理说，这类题材和"墓葬"关系实在不大，也说不上有什么具体的吉祥寓意，之所以仍然广泛流行，其背后还是有很多较为隐秘的缘由。笔者以为，首先当然是民众的喜闻乐见，其次还是对于有能力、有本事的人的敬仰，并且为"草民"出人头地给出了希望。当然在传统社会，受到帝王垂青是最好的出路。而"文王"慧眼识人，甚至亲自寻访贤良之人的故事背后，既有对明君的歌颂，同时也是对美好社会的某种期望。说大一点，就是普通民众心中也有一种家国情怀，百姓也有一颗忧国忧民之心。更需要明白的是，在

"灵魂不灭"的信仰还根深蒂固的时代,"阴宅"对于后世家族的发达甚至能够产生更大的影响,民众的"一般知识、观念和信仰"也都保留且毫无区别地在墓葬建筑中得到体现。从这个意义上讲,传统丧葬习俗,墓葬美术的研究是一个不该回避和区别对待的话题。

当然,好些戏曲的雕刻难以看出所表现的情节内容,其题材的选择和图像的表达似乎也没有特别考虑,全凭主家或匠师的意愿。

至于图像的画面结构,多以建筑构件为基础,可大可小,或长或短,或方或圆,也没有一定之规,基本上如"适合纹样"一般,因势利导,因形作图。最突出的是墓葬建筑最重要的横枋(额枋),也是整个墓葬建筑最主要的横向构件,结构横长,也是戏曲雕刻最主要的位置。其画面或以连续长卷式展开,但更多的情况则采用与下层开间对应的间隔小画幅,或3幅或5幅,以正中一幅为中心呈左右对称布局、烘托中间人物为基本图式。而在其它的建筑构件表面,也会根据其建筑结构的外形而雕刻不同尺幅、不同构图样式的戏曲场景雕刻。大的画幅可能超出2、3米,小的也可能只有十多厘米。这种场景性的戏曲雕刻一般出自实际的剧目,匠师也常常尽力地通过人物的造型、道具、背景等等来表现出剧情,让观者能够看出来。当然,我们在考察中很多时候确实是难以辨认出具体的剧目和情节,主要原因在于笔者对戏曲不熟悉的原因所致。

当然,这种戏曲场景的表现,自然也会有好些并非出自具体的剧目而仅仅是一幅热闹的戏曲场面。比如说一些比较典型有吉祥美好寓意的场面,则属于一般性的戏曲场景雕刻,或者是戏曲人物的集合罗列,如"状元游街""骑马出行""文臣武将"的群像等等。这些图像可能只是作为装饰图像而出现,并不是实指具体的戏曲剧目,这为戏曲题材的研究提出了不小的挑战。

在好些戏曲人物和场景的图像中,楼台、城墙、殿宇等建筑占有很大的比例。它们或作为故事展开的背景,或成为图像的分割,将人物置于特定的建筑背景中。一方面是为了烘托气氛,营造一个真实场景;另一方面也有助于构筑复杂的时空环境,表现丰富的视觉内容,民间匠师深谙此道。在这些建筑和人物组合的图像中大都极力模仿真实的时空环境,围绕建筑室内外环境以及家居空间展开各种活动,但也常常可以看到如"攻城""观战"等情节的表现,常常就是将舞台表演的场景直接搬到了图像上,真如看戏一般。

不仅是大型墓葬注重戏曲的雕刻装饰,很多的小型墓葬也热衷于此,其精彩尺度甚至过之而无不及。旺苍县普济镇的杨氏家族墓地上有6座规模不大的墓葬建筑,但几乎每一座墓上的戏曲雕刻都很精彩,造型、雕刻工艺都值得关注。其中杨绥荃赵氏墓是一座单开间的神主碑墓,其明间的门罩和左右门套上满是戏曲场景。顶部檐板上是一幅人数众多的骑马打仗的场面,画面右侧的军队中个个勇武,呈压倒性优势将敌方追到河边。故军主将

图4-12　旺苍县普济镇杨赵氏墓门罩的戏曲雕刻

已经骑马奔逃到桥的另外一头,只见他水袖扬起,一边逃跑还一边回头张望,身后士兵旗子偏斜,撒腿开跑。追兵中还有好些女将,让人联想到是否为杨家将的题材。雕刻上的彩绘颜色也比较特别,而在下面左右门套上又雕刻的是西游记中的情节。画面左侧可以断定为高老庄中的情节,右侧可能为红孩儿一幕。但在这两幅图的上下又各有居家生活的场景,彼此之间似乎有一定的关联,但又彼此独立。在激烈的战斗场景中又穿插一些居室和家眷人物的画面,不知是为了区隔,抑或是让雕刻显得更加丰富。总之,整个门罩、门套的戏曲雕刻显得满密热闹、丰富多彩,让观者一时间忘记了这是一座墓。(图4-12)

　　总的来说,要在众多戏曲故事中选取安置在自家的墓葬建筑上,除了当时流行的剧目外,墓主的个人偏好和身份属性也非常重要,墓主或匠师对剧目内容的选择动机和原则现在已经很难确知,可能多是出于自己的喜好和对子孙的教化目的,或者是彰显自己的身份地位等都不得而知。

　　广泛流行的内容题材也能从一定程度上反映出该地区共同的审美风尚和价值观念。同时,对于戏曲故事本身的特殊意义与戏曲人物的功能属性,安排在墓葬建筑的何处,除墓主的喜好外,其程式化的处理方式也起到很大的作用。当然,戏曲故事雕刻在墓葬建筑上自然离不开匠师的创作手艺与灵活处理。戏曲人物和传说故事以及吉祥寓意的流行图像都成为墓葬建筑装饰的一部分。

　　墓葬建筑里的戏曲雕刻图像尽管是源自于戏曲舞台表演,抑或是将历史和传说故事以舞台表演风格来进行表现,但匠师也明确地意识到不同媒介之间的差异,意识到各自表达的优势,因此与真实的戏曲舞台表演相比还是采取了不同的策略,其中最明显就是马的表现,图像中采用了现实的马的形象。众所周知,中国传统戏曲舞台上不会出现真的马,一支"马鞭"道具即

可。除此之外还有船只、建筑、城池、道路、山石、河流、树木等都是现实中的具体形象,这和"舞台"上的演出场景有很大的不同。但是武将的造型却常常又保留了舞台上才出现的翎子、护背旗、厚底靴等行头。特别是对于人们喜闻乐见的战斗场面,尽管人物道具依然是"舞台装",但是这些"表演"则在"真实"的场景中展开,戏曲人物活动在重重的院落和家居环境的背景中,骑马对战于山野中。但中国人似乎并没有因这种戏里戏外的交叉而感到丝毫的困惑,也似乎没有带来理解的困难,这些戏曲图像因为有了"真实"场景反而变得饶有趣味。这种真真假假的戏曲场面,很能够体现中国传统艺术超时空、跨媒介的艺术特征。

### 三、注重原型、图式与文化诉求

可以看到,诸多的戏曲题材有着别样的表达方式,透过这些图像不难发现其背后也有着深刻的文化理念和心理诉求。同样,通过对大量图像的整体性观察和形式语言分析,也可以看出诸多图像之间有某些类似的基本结构和表现手法,我们可以称之为"图式"或"原型"。其实所谓的图式也是艺术表达成熟的标志,而技艺高超的匠师,其艺术表现既在图式之中,更在图式之外。如同文学的表现一样,尽管各种单独的故事有其别出心裁的一面,但其复杂的叙事背后还是可以看到其基本的结构或者说"原型"。考察川渝地区清代墓葬建筑的戏曲雕刻,似乎可以对此有更为深切的体会。不管是出于主家的经济实力、建筑本身的尺度空间等原因,还是因为匠师个人的技艺水平,那些图像总是呈现为或简或繁、或巧或拙的画面,但仔细观察就会看出,即使是简单的图像也遵循着某种原型结构,遵循着基本图式表达,不过高明的匠师更善于利用这种基本的原型来发挥其技艺,将建筑装饰得更为复杂和美观。

绵阳龙树镇的清代墓葬建筑形制丰富,雕刻精美,其中戏曲题材的表现也别具一格。龙树镇林德任夫妇墓(清咸丰十一年,1861年)是一座复式墓葬建筑,包括一座神主碑的陪碑和一座多间多檐的主墓碑。主墓碑底层的明间宽阔,柱间有镂空的四柱三间样式的门罩(封门石)。四柱面分别有纵列四格图像,这些图像包含了戏曲、二十四孝、龙凤、仙女、文武官员以及吉祥纹样等类型,可以说集合了墓葬雕刻的诸多题材和类型,几乎可以视为墓葬建筑装饰的图像标本。(图4-13)因为空间的局限,每一幅图像都不大,自然也不能太复杂,因此,这些画面无法像何璋墓的"文王访贤"那样去渲染,只能以最简洁手法进行表现。于是,匠师删除了复杂的背景、次要的人物以及非必要的道具等,如文戏的场景只有端坐的官员和左右站立的衙役,好几幅图中也只有两个人物形象，仅仅保留了最基本最核心的视觉要素。尽管如此，那些人物形象依然造型生动，题材多变，且细节丰富，匠师甚至还巧妙地用了一些镂空的技巧来突出和强调特定的场景和吉祥寓意。

**图4-13　绵阳三台县龙树镇林德任夫妇墓**

这件门罩雕刻的图像有助于我们理解所谓的图式。这是通过抽离诸多相同题材中的差异性视觉元素后，剩下"家族相似"的部分。

由此我们发现，川渝地区清代墓葬建筑戏曲图像有着好些比较明显的类型化图式，对之进行简要的辨析，有助于对中国传统戏曲雕刻艺术的题材、视觉结构、艺术观念及其文化诉求的理解。川渝地区墓葬建筑中的戏曲雕刻主题类型比较突出的有祝寿、堂审、对战、救驾、高中、女将等，其图式也相对固定，试作简要分析。

**众星拱月的"祝寿"图式**

"寿"被视为五福之首。长寿是人好运和幸福的象征，总是不遗余力地追求着生命的长久。在古代，长寿老人会获得官方特别的表彰和赏赐，并授予匾额，或允许修建牌坊或坟墓等。中国人以寿为主题的艺术作品充斥在生活中的方方面面。即使是为死者而修建的阴宅，也都被称为"寿藏""寿域"等。在墓葬建筑的雕刻装饰中，也总是可以看到以寿为主题的图像，最常见的如"郭子仪拜寿""八仙献寿""福禄寿三星""五福捧寿""五老观太极"以及各种书体和变形的"寿"字纹等等，其中场面最为复杂的就是戏曲图像"郭子仪拜寿"和"八仙献寿"。

四川南部县建兴镇的宋青山墓的额枋长 4 米多,高 40 厘米,雕刻着一幅"长卷式"的《郭子仪拜寿》图。图像雕刻了 70 余个衣饰装束、姿态各异的文武、男女形象。人物分布大致又可以分为五组,其中三间两檐对应有三组,室外两组。正中的建筑三重檐、庑殿顶、五开间,以正中开间的屋檐为中心对称分布,檐下的垂花柱装饰,两对立柱,尤其是一对龙柱,强化了对称性。其下的人物更是在这样的背景下次第分立左右,并顺着建筑的延伸直至画幅之外,表现出连绵不绝的长廊和盈门的宾客,而在正堂的几案上有一"寿"字点明主题。案后坐一人,左右侍者举扇,几案左右或坐或站一字排开各色装束的人物,动作姿态无不生动传神,都围绕正中帐前的主要人物或交谈或观望,动态自然而生动。人物分布错落有致,疏密得当。整件作品尽管有如此复杂场景,但通过对称结构和分组安排,以分组的形式体现出各自的局部关系,但同时又围绕着某个中心,形成了散而不乱、多而不杂的整体画面,而整个雕刻以正中间的人物和几案又突出了"中心"的存在,即"寿星"的存在。(图 4 - 14)

**图 4 - 14　宋青山墓坊"郭子仪拜寿"**

这样的图式不仅仅在视觉上形成烘托和强调,同时对于人物身份的选择也不难看出此图的意味深长,远不止于"长寿"之义。郭子仪乃大唐"中兴名将",于国有功,于民有德;他又是"皇亲国戚",受到皇帝的恩宠;七子八婿个个为官,人丁兴旺,二老"双寿"是为家庭圆满、多子多福。其寿辰自当热闹非凡,父荣子孝、祥和欢乐,因此被称为"五福老人"。这对于百姓而言真可谓"人生巅峰",难怪这一题材备受欢迎,成为中国建筑雕刻装饰和绘画的重要题材。众所周知,"八仙献寿"的对象是"王母",因此,墓葬建筑上八仙题材之所流行，一方面是视觉结构的便利，另一方面自然也离不开对墓主身份、地位的某种比附。

四川省南江县石滩乡的刘岳氏墓坊匾额下横枋上一幅"八仙献寿"图像人物众多，构图复杂。匠师将"王母"置于画面中心，身后有打伞的侍者，左右分别簇拥着八仙等各路神仙，甚至还有像猪八戒、沙僧、孙悟空等的形象，尽管内容和人物关系显得有些莫名其妙，但其图式结构却非常明晰。画面正中的主角端坐桌子背后，身后还有侍者或打伞或侍立，其余左右各色人等一字排开，次第延伸，形成多层次的关系，以此来突出中心人物，形成中轴对称、层层拱卫的"众星拱月图式"。在实际的表现中，这种以众多人物簇拥并突出正中一人的"众星拱月图式"，在墓葬建筑上的表现会有诸多的变化，除了常见"横长"的构图，还有拱形、左右对称分布、圆形等变化，也有类似亡堂图像那样的灵活应用，但很明显可以看出这种对居中者的凸显和强调是不变的手法。

**官员居中而坐的"堂审"图式**

升堂审案，是传统戏曲又一重要的题材。随着戏曲故事情节发展，不管是百姓的沉冤得雪，还是朝廷的"忠奸明辨"，都是通过"堂审"这一关键环节得以确认。堂审题材的画面主要结构就是一位威严的官员高高在上，居中而坐，左右还有衙役手持杀威棒肃立左右。堂前或站或跪着要么是告状者，要么是犯罪者，则是一种弱者的姿态，由此构成了一种"上下"对应和冲突的画面关系。这种堂审主题的最高规格就是"朝堂"，而居中而坐的自然就是君主，与皇家威仪对应的是跪拜、报奏、上奏等。但基本的故事模式和图式结构却变化不大。不过匠师似乎并不满足于机械的图式，在表现居中而坐的人物时，往往会创造性地表现他的情感状态，如处于愤怒，甚至起身，脚踏座椅，手指堂下等动态表情。而左右不仅仅有衙役，还有陪审，这也是我们在传统戏曲舞台和戏曲故事中常见的场面。

堂审的权威性与合法性被普遍承认，而堂审所具有的维持公平正义，辨别忠奸贤愚、惩恶扬善等功能是有着强烈的现实需求和理想寄望，是这一主题非常流行的重要原因。同时居中而坐者集身份地位、公正权威、智慧理性，不惧权贵等等形象于一身，即百姓心目中的清官或明君的形象。当然也不难发现，这种图像其实也有比附的一面，即墓主或者丧家使用这样的图像来暗示或者希望成为这样的人或者家族中有这样的人，这或许就是这种题材受到普遍欢迎的原因之一吧。

**场面激烈宏大的"对战"图式**

"人物战场"是戏曲场景表现的重头，不管是匠师还是观者都无不喜欢

**图 4‑15 张建成墓上的"堂审"和"对战"戏曲雕刻**

这样的战斗的场面，就像我们看"武打片"一样。激烈热闹是其受欢迎的主要原因。画面表现两军对垒，双方主将捉对厮杀，骑手和步兵也不甘示弱，场面激烈，宏大。这种对战图式依据战场的状况，大致可分为"对战图式""追逐图式"和比较特殊的"救驾图式"。

所谓"对战图式"，即交战双方势均力敌，暂时没有分出胜负。双方（主将）居中交战，画面两边各有兵士、城池和背景等，形成比较平衡的构图。这种图式表现的是双方针锋相对的紧张时刻，战马交错、捉对厮杀，看着实在过瘾。但很多时候，双方的实力似乎并不是平均的，也即是说，在构图上这种"对峙"并非展开在画面的中间，而是在靠近一侧的位置，即一方的人数、所占的面积要更多更大。这里或许有"邪不压正"的朴素道德观，但对于高明的匠师而言，他们懂得，相较于"视觉"的平均，"势"的均衡更具艺术张力。

"追逐图式"则表现一方胜利，一方逃遁的场景，如前面提及的旺苍县普济镇杨赵氏墓门罩的戏曲雕刻一样。胜利者一方不管是人数、气势还是在画面中占据的空间都呈压倒性优势。而失败的一方则或丢盔弃甲、或旗子散乱，显得狼狈不堪，这种图式倒是与当代影视剧中的"追逐戏"的表现和观看心理有诸多相似之处。(图 4 - 15)

"救驾图式"是中国传统戏曲中比较特殊的一类，主要表现"圣驾"受困，危机之中，斜刺里杀出一支军队，解出危局。这是在追逐图式中增加了变数，让失败逃跑者获得新的生机，从而使得故事更加紧张曲折。场面更为激烈。表明正义必胜，同时救驾者也是功臣。

如果说"堂审"图式表现的是一种视觉上的"上下"冲突，那么"对战"图式则表现一种横向的"左右"冲突，相对于文戏的"堂审"，武戏的"对战"场景看起来更为热闹激烈，而且较少带有某种价值的判断，似乎更受欢迎。

**高中状元的"游街"图式**

在万般皆下品，惟有读书高的传统观念中，读书求取功名是每一个读书人、每一个家族都十分渴望的事情，"金榜题名"是人生大喜。在墓葬建筑的雕刻装饰图像中，常常可以看到一人身穿长袍，头戴花冠骑在高头大马之上，马匹也是昂头抬腿，阔步而行，前有仪仗举牌引导，身后有乐队吹吹打打，这便是典型的高中状元之后的"游街"庆贺的场面。毋庸置疑，这样的画面并不是实指墓主及其家族就真有人中了状元，而是一种明显的祝福与愿望。就像广泛流行的"五子夺魁""一品当朝""状元及第""五桂联芳"一样，这足可以看出人们对于考取功名的高度重视。值得注意的是，伴随"游街"场景的常常伴有"送子"的内容，即在游街图内，或者旁边往往可能有一位女性(神仙)怀抱一小孩献上。此意也非常明显，那就是不仅高中，还有美好的姻缘，甚至喜得贵子，真是好事连连。穷书生高中状元之后被召为驸马，也是传统戏曲故事中的常见桥段，不足为奇，也表达了人们的美好愿望。

而与状元有关的另一个有名的故事，就是《白蛇传》的"状元祭塔"，故事说白娘子之子高中状元，回乡祭塔，救出母亲的情节。在墓葬建筑的雕刻中，往往可以看到画面中有一座高塔，塔前有戴官帽者焚香跪拜，其身后还有人为他打盖伞。从塔身或塔顶伸出人首和蛇身的女子。较为复杂的画面还会有神仙状貌的人物出现在天空。这一故事因其神异跌宕的情节而受到大众的欢迎。对比诸多类似题材的表达，可以看到，塔中人首蛇身的女子形象，以及塔前跪拜的"状元"形象是其核心元素，而其背后有着多重的复杂隐喻。一方面，"拜坟"救母，体现出一种基本的伦理和孝道观念而备受重视；另一方面诸如中状元、破禁锢、辨善恶等都是传统中国人心中最基本的道德诉求和理想化的表达。其实这一题材甚至溢出了世俗之外的诸多话题，诸如代表佛的力量的塔，代表传统戏曲正是最好的代言，而戏曲图像又是可见而经久不衰的注解。（图4-16）

**图4-16　几幅白蛇传之"祭塔"图**

如果说，"求寿"是对个体生命的关注和诉求，"文王访贤"是对国家和社会的期待，那么"祭塔"则回归到家庭基本的伦理亲情。尽管这些图像都是以"戏曲"的面目出现，但其流行则有着深刻的文化理念，所谓"夫画者，成教化，助人伦"。

中国传统戏曲图像的题材类型和表达手法远不止这些，很多其它的题材类型也颇为流行，如对花木兰、穆桂英等女将的专门表达，还有一些可以概括为送别、偷听、教子等等类型，其表现手法也都生动传神。当然并不是每一类故事都有其固定的图式，而技艺水平不同的匠师在表达时也都有诸多的创新和变化。由此，在川渝地区的明清时期墓葬建筑雕刻中呈现出丰富多彩的戏曲雕刻图像，成为民间雕刻装饰和墓葬美术的重要图像系统和文化资源。

## 第三节　独具创新意识和个性化语言的戏曲图像

### 一、独幅剧情和连环剧情

依据戏曲故事的图像演绎手法,有的是仅仅用一幅图像将整个戏曲故事进行表达,即在单独的画面中呈现出整个剧情的核心和要义,或抓住该故事的核心情节或代表性的场景,通过一幅图代表整部戏曲,倒是有点像故事中的插图。即使墓葬上出现很多的戏曲场景,他们彼此之间可能没有任何的关联。每一幅图都是不同的戏曲,这样的表现最为多见。我们可以将这类表现手法称为“独幅剧情”表达。不过也有匠师将一出戏曲的不同场景融合到同一画面的不同空间中进行连续地表现,由形式的统一性来实现内容的系列性和完整性,就像看连环画一般。有些墓葬建筑甚至将整个戏曲故事完整地雕刻在墓坊或墓葬建筑之上,将墓葬建筑打造成一个演出的戏台。比较典型的是达县宣汉的曾学诚墓,其墓上展开的“花木兰”戏曲有十余幅,据说是匠师到县城看戏后完成的。

连环画式样的雕刻图像在汉画像石中就已经比较成熟,川渝地区的清代墓葬建筑上的戏曲雕刻尤为常见,并有不同的手法。最直接的就是将故事分为不同的片段,并分别表现,让观众在这些不同的画面中看到一个完整的叙述。如剑阁县秀钟乡东山村老屋岭墓地赵氏家族墓地的戏曲雕刻就比较注重这种连环画式的表达。在一座佚名墓的明间门罩上有三幅图像,左起是一位妇人为一个年轻男子整理包裹的送行场面,中间圆形框架内表现的是男子跪地接受送子娘娘递出的小孩。从跪地男子背后有侍者撑伞的情形看,应该是新科状元,右侧表现的是男子与妇人见面的场景,可以看出,这一组画面表现的是送别、高中、重逢的完整故事。匠师有意将“高中”“送子”放置在中间并以圆形构加以强调,结构严整而富于变化,重点突出,简洁明了,可谓别具匠心。(图 4 - 17)

该家族墓地区域内的赵字中王氏墓,建于清光绪十四年(1888 年),尽管部分构件坍塌,但其墓碑上几幅风格相近的画面似乎讲述了一个完整的故事情节。大致是年轻女子被恶霸欺凌,公子出手相救,女子谢恩,公子再登门求见女子家人(求亲)的情节。四幅图各自展开不同的情节,雕刻手法简洁,人物比例准确,戏曲人物的姿态、表情很是鲜活生动。最后一幅画面上,最右边的女子在老妇人身后,尽管面部残缺,但其画面中女子见到“恩

**图 4‑17　剑阁县秀钟乡东山村赵氏无名墓**

人"登门,随即躬身掩面的姿态还是准确地捕捉到了她羞涩的情感状态。匠师的叙事能力和图像表达技巧令人赞叹!(图 4‑18)

**图 4‑18　广元剑阁秀钟乡东山村赵字中王氏墓的"连环画"**

旺苍县郝家河的郝占魁墓的墓坊左侧一组包公戏则展示了匠师利用画面叙事的高超技巧。包公戏也是这一地区墓葬建筑戏曲雕刻最流行的内容之一。这幅作品一改常规的等分构图，而根据故事情节的展开灵活地分割出不同的内容区域。画面大致还是可以看出是上、中、下三个大的内容。最下面是告状和堂审，而堂上的官员却在打瞌睡，告状者旁边还有一位趾高气扬的年轻女子摇着扇子窃笑，显然这个状应该没有告成。而在上面一层人物显得正面和蔼得多，有武将，有老年女子，坐在桌前的男子在耐心地听取旁边的人说话。事情似乎有了转机。而在画面中间一排安排了三段不同的内容，也以一条三"凸"出的平台来表现。而在凸出的最高处就是一把铡刀，前面跪着一人，一位刽子手手按住铡刀刀把，他旁边一人手指下跪者。而在旁边还有好些人在看着、议论着什么。这样的画面将所有的故事情节完整地表现在一起，整个故事一览无余。而且将最高潮的情节特意放在了画面的正中，并用构图来强调。可以看出，匠师对图形语言的掌握和调度，达到了很高的水平。（图4－19）此图的特殊之处在于，尽管是连续的故事情节，但是匠师有效地调动和组织到一个整体的场景中，并主动地构建了冲突和观看的重点。

**图4－19　旺苍县郝家河的郝占奎墓雕刻的包公戏**

通过这些戏曲雕刻图像结构和画面的组织，不难看出川渝地区民间戏曲雕刻图像的丰富和精彩，同时匠师在表现这些戏曲故事和人物、场景等方面所表现出来的卓越的能力和成熟的技巧。

## 二、对舞台程式的超越和发挥

显然,人们并不满足于单个的人物形象和画面,还是希望看到更为丰富、复杂的"大场面"。这一方面考验匠师的能力和水平,另一方面也得有合适的建筑空间和载体。在墓葬建筑雕刻中,稍间、茔墙等面积较大的空间就为这种大画幅的独立创作提供了空间。以戏曲故事和类似戏曲的众多人物场景的独幅雕刻作品就出现了。画面除了一般的文戏、武戏场面,还会有山石、房屋等作为真实的背景而出现,甚至脱离"舞台"的动态、服饰和情节内容,增加一些世俗的和生活化的内容。

位于四川省广元市元坝区太公镇大树村的仲山之夫妇墓(清咸丰四年,1854 年),建筑为六柱五间,夫妻合葬。该墓高大宽敞的明间极为少见,现存四层庑殿顶,残高近 5 米,宽 7.6 米。墓碑的左右稍间的两幅图像就显得比较复杂。(图 4-20)

**图 4-20　广元市元坝区太公镇仲山之夫妇墓稍间雕刻**

两幅画面都超过1米，图像分为上下两部分。上半部分为常见的戏曲人物图像，但所表现的似乎是一群人正在观看戏曲演出。这群人即是墓葬建筑雕刻戏曲图像的一部分，同时他们又是以观看者的身份出现的。而之外的戏曲场景似乎又是他们所观看的演出，由此构成了戏里戏外的复杂场面，超越了常见的戏曲表达程式。在川渝地区的民族建筑雕刻图像中，有不少的图像出现了"观者"，似乎那一幕幕戏曲图像就展现在他们的眼前，就像他们观看舞台上正在演出的戏曲一样；另一种观者可能为"仙人"，他们站立高处，甚至云端，密切地关注着"下界"的一切。这类图像体现出一种交错的时空和戏曲舞台与现实生活的穿插，莫不是早年的穿越剧？

万源市曾家乡的马三品墓，读者应该比较熟悉了，前文已经详细讨论过其亡堂。其实除了那个与《楚辞·招魂》描述内容十分贴合的亡堂外，其形制与雕刻装饰也非常精彩。据笔者考证，匠师是巴州籍的王怀义，距此墓不是太远的覃家坝村的覃步元夫妇墓也是出自他的手。笔者认为，他应该是清代诸多的"修山"，即造墓匠师中的佼佼者。

在墓园左右茔墙碑的两侧都有1米见方的大幅面的戏曲场景雕刻，构图复杂，情节完整，同一图中表现多个情节，完全超越了常见的戏曲表现手法。（图4-21）

**图4-21 马三品墓茔墙雕刻作品局部**

先说左边茔墙碑的内侧，雕刻了一马队浩浩荡荡入城的画面。马队从城墙下渐渐进入地势较高的城门，城头挤满了观看的人群，在画面的右上方室内有官员模样的人带着家眷也密切关注着这一队人马，左下角城墙边挑水的妇人则显得惊慌失措。画面虽然是戏曲人物的装束，但表现的内容和情节性却是现实中的场景。对应的右侧则更加复杂，也是城墙为背景，分为三层人群。最上层人数众多，似乎在城墙上面，众多的官员簇拥着中间一老者，似乎在听人报告发生的事情。左侧从城门冲出的一匹马上有一人搭箭欲射，中间是两位女将。不过，井边女子和马队人物的画面也让人想起《刘知远白兔记》中的李三娘。这一戏曲的知名戏词："贫者休要相轻弃，否极终有泰来时，留与人间作话题。"也是对后世的一种劝勉。

相对应的右侧，似乎是一个乐队。画面左侧两匹马正向前走，看到前面有小孩点燃炮仗，便回首示意后面的人马……这一场景似乎是与左侧一幅形成对照，为"庆功图"。两图人数多，人物关系复杂，但匠师却调动组合得相当有序，精彩纷呈，丰富灵活而不散乱，实在是难得的上乘之作。

广元市元坝区晋贤乡李紫龙墓（清同治二年，1863年）明间两侧板的一组被推断为《封神演义》的雕刻。（图4-22）也和常见的舞台般表演式的雕刻手法完全不同。该组图像用复杂的构图、丰富的想象和精湛的雕刻技艺展示了神话人物通过凶猛的坐骑、玄幻的兵器在云层间穿梭打斗的复杂场面。三段式的构图中展现出天、地、神、人的几个大的横向段落，表现了从地上一直延伸到天界的战场。在底层的山石树木之上镂空雕刻的云气在整个画面中穿插萦绕，连接起那些站在云端激烈斗法的各路神仙、异兽，也引导着观者的视线穿插其间。在一些看似不经意之处，细巧的镂空雕刻强化了悬空感，不时从云间透出的兵器、法器、马腿等增添了丰富的视觉层次，激烈

图4-22 广元市元坝区晋贤乡李紫龙墓明间侧板雕刻

动荡，热闹非凡，再加上那些艳丽的色彩，将《封神演义》的那种生动诡奇诠释得淋漓尽致。只可惜好些精彩之处已经被破坏，但仍然不失其精彩，算得上民间雕刻艺术的优秀作品。

在川南的古蔺、叙永等地墓葬建筑的形制与川北、川东等地有较大的差异，其多层的台阶左右常常有高大的茔墙。茔墙墙面和顶檐下的横枋为建筑雕刻装饰留下了宽阔的空间，也为匠师施展其雕刻技艺提供了便利。因此在这些茔墙上要么是大幅的诗文书法，要么就是巨幅的戏曲场景。它们还被装饰以精美的边饰，形成外方内圆的适合图案，与整体的茔墙和其它装饰浑然一体。不仅可以看到精彩的戏曲图像，还可以看出匠师的整体的营建理念和艺术处理，很是难得。

从这些雕刻作品可以看出，不管是构图形式，内容表达，还是画面的处理上显然已经超出了"舞台"的程式化表演和人们熟悉的剧目的命题创作。匠师在这里已经有了明确的个人创作创新意识。我们不仅看到了熟练的技法、完整的情节，同时也看到了匠师重新组织，大胆创新的完整形式和独立内容的艺术作品。尽管人物形象还保留了较为明显的戏曲舞台特征，但很明显，匠师们已经开始进入到自觉地创新和主动表现的层次。这些作品已经可以算得上独立创作的艺术作品，而非仅仅是建筑的装饰或戏曲雕刻图像了。

## 第四节　同一题材"成像"的差异逻辑

戏曲雕刻尽管是一种比较常见的装饰雕刻形式，在明清时期的各类建筑、碑刻墓葬建筑上被普遍采用，但这种类型的图像毕竟和戏曲舞台的表演和戏曲故事（剧目）有密切甚至直接的关系。

那么，匠师在将舞台的人物造型、动态连续的舞台表演或者一个故事转换成图像的过程中是如何进行取舍、提炼和转化，最终成为具有个性化的造型、独特视觉形象和观者可以认识和解读的内容，就成为视觉艺术或造型艺术关心的重要话题了。这一话题在莱辛的《汉堡剧评》中表述为"最具包孕性"的瞬间。这成为一个重要的一般性的美学命题。在西方古典主义绘画或宗教题材的绘画中似乎解决了部分的问题，但对于中国传统的造型艺术，中国传统的民间美术而言又是遵循着什么具体的造型手段和生成逻辑？

一方面匠师要完成材质的转换、时空的转换，视觉形象的转换才能将舞台上的戏曲转换成建筑上的雕刻或彩绘；另一方面这种转换要符合视觉逻辑和认知传统，以便于观者能够认识和接受。对于这一问题的研究一时还难以入手，但随着研究的深入我们发现，不少同一题材的戏曲人物和故事，尽管风格和工艺水平有比较大的差异，但画面所出现的结构、具体的视觉元素却让观看者一眼看出来跟戏曲的关联。或许从同一题材的不同表现中着手，通过比较其变与不变的视觉要素，可能对这一问题的解决有些帮助。

### 一、雕刻对小学课本上的年画的参照

2013年，笔者专门探访了一位地方上比较有名的匠师，叫作张李邦，70多岁，在当地还带了好些徒弟。他曾经主动要送给笔者两件雕刻作品，都涉及到戏曲雕刻人物。从他身上我们大致还是可以追踪到某些传统雕刻工艺的有价值的信息。

但这里所探讨的话题得从老人赠送的雕刻作品说起，因为他明确说，他是照着重孙小学美术课本上的一幅年画印刷品来雕刻的。这件石雕高40厘米，宽约20厘米，厚度超过10厘米左右，为当地常见的红砂石料。画面为两位武士形象，山下排列，可能与型材有关，人物形象整体感比较强，衣纹有较多的浅浅的线刻纹饰，稍显凌乱。

这件作品的原型是小学美术课本上的《中国民间美术欣赏（一）》一幅年画。老人应该对图像比较敏感，从孩子的美术课本中找到了自己感兴趣的内容。该图收藏了多年，并据此用到了自己的雕刻作品中。（图4‑23）

**图4‑23　当代匠师仿照年画的雕刻**

万源市张建成墓上的太白醉写

通江县龙凤场乡张心孝墓上的"太白醉写"

图4‑24　万源市的张建成墓和通江县的张心孝墓上的"太白醉写"

　　两相对比,发现很多颇有意思的现象。这也许是研究民间美术一个比较有意思的视角。在题材的选择上,他特别选出了"年画"这种图式,而非其它。可能年画对他的影响,或者说戏曲人物这种想象比较符合他的审美习惯,深深地印刻在他的脑海中了。

　　其次,也可能是年画图像的平面、概括性对于其雕刻而言比较便于转换和模仿。但是,可以看出的是,他在题材上也仅仅参照了这样的图式,而不是被动的临摹。在这一转换过程中,老人还是做了很多调整。材质的变化,表现手法、包括组合方式都有很大的变化,还有就是对原来图像的概括、取舍。当然,这一方面是艺术媒介的不一样,从平面的绘画转换立体的雕刻,其造型和表达上应该有些取舍,也是自然的。可以看出,人物的动态、手势乃至基本的装束还是严格依照了年画,但是,年画上丰富的线条被省略了很多,背旗帽冠直接取了直线。但是人物的面部,显然依据来自己的习惯或传统的人物雕刻手法，特别是对左边的尉迟恭的"脸谱"进行了概括和处理，舍弃了脸谱的那些元素而当成了真人的样子，并与"秦叔宝"的面部一致。衣纹和铠甲的处理没有拉开，这和传统的武士雕刻相去甚远。这可能受到画面的影响，也有可能他本人很少关注古代的那些武士雕刻。人物整体显得比较平，很多地方处理得比较含糊，确实也可以明显地感到技艺的水平其实并不是太高。

不过，这一雕刻以及匠师在这一过程中的选择，倒是为我们展开民间雕刻艺术的"成像"逻辑提供了一个案例。

### 二、"太白醉写"的家族相似性

"太白醉写"是一个流传比较广的故事。主要内容为诗人李白不惧权贵，在朝堂上戏弄杨国忠、杨贵妃和高力士的故事。但事件的起因则有多个版本。这个题材在四川清代墓葬雕刻中常可见到，但表现方式却大不相同。根据张李邦老人讲述的版本是这样的。

说番邦派人送来书信，上写"天心取米"，且态度傲慢，群臣竟然不解其意，也无人能回，皇上没有办法，只有请来李太白。李白一看便知番邦野心，但为了打击杨贵妃、杨国忠、高力士等奸臣的气焰，借回复番邦来信之机，装醉要求杨贵妃磨墨铺纸，高力士脱靴，杨国忠打扇。最终在每一个字上添加一笔，变成了"未必敢来"，有力地回击了番邦使臣。张李邦老人给整个雕刻的名字取为"太白醉酒退蛮书"，从那些雕刻内容看，感觉更为形象而准确，这可能更贴合民众的思维逻辑和表述习惯。

首先我们来看看万源市的张建成墓和通江县的张心孝墓上的同一题材的表现。（图4－24）两地相距并不太远，就传说故事而言可能相差不大。画面正中的李白长须，一手握笔，一只脚翘起，脚下有一位跪着为其脱靴子的人物。身前一位女子形象，应该是杨贵妃了，身后都有一位高举打开的折扇的人物，脚边有一人下跪脱靴。张建成墓围观者多，中间有一屏风隔出内外，还雕刻了其他多位女子在画面上。而张心孝墓除了极为关键的人物之外，在李白的对面还雕刻了一张同样的桌子，后面坐着一位似乎已经喝醉的皇上，他身后一位侍者。在两幅画面的最左边，都雕刻了一只大象并由一位长相怪异的番邦人员牵着。在《张建成石刻墓坊文化艺术特色研究》一文中也对这件雕刻进行了描述："第五人为李白，斜坐椅上，头戴方翅纱帽，穿大红阔袖长袍，左手捋着胡须，右手执一巨笔，作欲书写之态，高抬左腿让高力士脱靴。杨国忠双手捧一方巨砚。身侧一人展开一条幅，条幅上书李太白罪诗五字。渤海国使者头裹帕，上插长长单翎，拼力牵动身后一头白象，墨色勾画面部，丑陋而凶恶。其身后刻有五武士，露半身，手中皆执兵器。李太白似醒还迷、狂放潇洒、恃才傲物的个性，高力士跪地脱靴无可奈何的表情，杨国忠敢怒不敢言的神态以及番使难以掩饰的内心惊愕都刻画得栩栩如生。"[①]其中端砚台的人物似乎有误，而"李太白罪诗"是石刻上的墨书文字，"罪"字应该是"醉"，估计是匠师写错了。

画面上共同的白象和插单翎的形象则是比较统一，而张李邦告诉我说，单翎在戏曲中是表示外邦或反派。

而在另外几组相同题材的表现中也都有很多共通的地方，典型的就是"跪地脱靴""打扇""端砚（磨墨）""握笔写字""番人跪地"。其中通江张维模墓和平昌苟氏墓也出现了两张桌子，展现的内容和情节也差不多。而南江县永坪寺村吕伟新萧氏墓基座上一幅"太白醉写"的构图比较灵活，围绕中心人物李白身边而展开的是杨贵妃、杨国忠、高力士和一位跪下的番邦使臣，单翎子。（图4-25）而在李白的对面的角上，一幅巨大的屏风前端坐一位，旁边有两位侍者，那应该就是皇帝。这是一幅方形的构图，从人物组合关系以及表现手法而言，也已经摆脱了僵化的搬运而又比较自由灵活的表现了故事情节（图4-26）。

通江县张维模墓上的"太白醉写"

平昌县镇龙镇老鹰村苟氏墓上的"太白醉写"

南江县东榆卫星村张李邦刻
"太白醉写"

**图4-25 张李邦和其他匠师雕刻的"太白醉写"**

从上面的分析中，我们发现了匠师在统一提出的表现上往往都抓住了一些关键的节点，特别是围绕李白提笔而写的同时，塑造其他几位人物的核

---

① 侯典、超王平.张建成石刻墓坊文化艺术特色研究.中华文化论坛，2010(02)，第166—169页。

图 4‐26　吕伟新萧氏墓基座上的太白醉酒退蛮书雕刻

心动作而展开的场景。凝固了"握笔写字""跪地脱靴""打扇""端砚(磨墨)""番人跪地"的关键视觉要素。同时匠师在表达的过程中也会增加和减少一些可能不太必要的元素。如番邦进贡的大象,或者旁边是否有其他人物在场等等。这些共同点和不同点的交织的对比分析,倒是有点契合维特根斯坦提出的"家族相似"的学说。在这些图像中,很多相似的点彼此交叉又相互重合,但又都是在一个共同的原型中生发出来,这一现象为讨论民间图像的生成与演变提供了便利。

### 三、"战潼关"与"龙-猪"大战

在墓葬雕刻图像中,笔者经常见到一组比较奇特的雕刻作品,画面上一般都是两军对垒,其中两位主将骑马拼杀,而从他们头上生出仙气到半空中,两股仙气交汇处则是一条龙与一头猪的打斗,而在战场的远处,一人射出一支箭,正中猪身。笔者经过多番努力,始终不知这是表现的什么内容,一直困惑不已。

但从目前所接触到的资料,大致推测为"战潼关"之一出。这个故事最早也是从张李邦老人那里听说的,他的雕刻中也常有这一题材,并且也赠送了一件给我。他的版本是"李渊大战临潼山",出自《隋唐演义》。说李渊在临潼山与杨广交战的情节,这也是一段比较流行的剧目。东北大鼓《临潼山救驾》,秦腔《李渊大战临潼山》,川剧《临潼山》又名《秦琼救驾》。如果那些雕刻真的这一段戏曲的话,那么雕刻中出现的龙似乎有一定的合理性,但"猪"的形象是指哪位?

暂且放下这个内容的纠结,而专注于画面的图像形式和视觉元素的分析。首先这类的雕刻往往在比较明显的匾额、门檐板等位置,尤其是额枋为多。画幅以长方形的为主，画面核心人物为三人：败走者、追赶者和远处一位拉弓射箭者。很多画幅较小的可能没有射箭者，但一定会有云气团中的龙和猪，而且猪一定是被射中。败走者往往都是披头散发的狼狈状，发型如舞台上的"水发"。根据《戏曲的水发》介绍说："如果把头盔帽子去掉或作披头散发的样子，那剧中的人物就是处在悲愤、绝望、惊恐、焦急、败阵、遇难、受困等等情景中了，所以老艺术家归纳了一句话，'水发无喜容。'"[①]作为戏曲的基本功之一，在川剧中有"分水发""理水发""撑水发""衔水发""甩水发""转水发""搭水发"等详细的分类和表演，分别代表不同的情感情绪。真是不看不知道，一看吓一跳。匠师在这一点上还是准确地抓住了这一重要的形象特征。

这些画面中骑马败走者的水发表现比较明显，同时高举双手，甩袖子的这些动作都源自于舞台的表演动作。在这些表现中，可以看出骑马败走是出于视觉效果的创造，而超出了特定的舞台表演。除了败走者和追赶者，猪身体上的长箭还是得到了强调，还有对面的弓箭手也都表现得比较明显，也成为雕刻图像最重要的看点之一。（图4-27）

故事出于《隋唐演义》和《说唐》，叙述隋朝李渊因与杨广反目，又惧怕杨广谋害，因而辞官回乡。杨广和宇文述父子商量后，决定假扮强盗藏于李渊途经之处；后形势不妙，杨广遂亲率士卒在临潼山截杀，李渊被困重围，十分紧急。恰巧秦琼押解犯人经过山下，路见不平，打败杨广，救出李渊脱险。图中出现的败走者、追赶者以及弓箭手正符合故事情节。关于此故事中的人物还有李渊妻窦氏及家眷、宇文护父子等人，在更为丰富的画面中出现的似怀孕的女性，形象正符合故事中孕期的窦氏及千金小姐。（图4-28）而在覃步元墓"龙猪斗图"的另一幅图中，同样是水发一人在激烈的打斗，此时山林后二人私语，扮相疑似宇文述父子。综合各种信息，画中人物的身份大致可以确定下来，追赶者为杨广一方，败走者为李渊，弓箭手为秦琼。

万源比较有名的张建成墓上有大量的戏曲雕刻图像，其中也有一幅相同题材的雕刻。侯典超和王平有分析说，他们推测为三国戏中的《战潼关》："西凉马腾被曹操杀害，其子超闻讯大怒，发兵为父报仇，于潼关大败曹兵。曹操于乱军中为求脱逃，割须弃袍，狼狈不堪。画幅右面雕刻战将马超，身穿盔甲，骑战马，手执长矛。曹操居画面中间，胯下战马奔逃，头上水发长甩，双臂上举，一副惊恐逃窜状。曹操马后跌落一冠帽，帽后有一对冲天翅。

---

① 曾祥明. 川剧的水髪 翎子功 打擊樂及四卒千軍. 麻辣社区，https://www.mala.cn/thread-6625305-1-1.html。

图 4 - 27　额枋上的龙-猪雕刻和彩绘

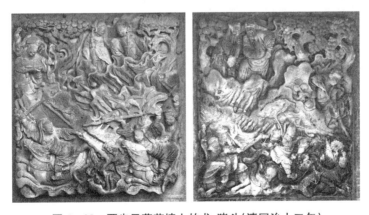

图 4 - 28　覃步元墓茔墙上的龙-猪斗(清同治十二年)

画幅左面迎来一员将官曹洪，跨骑战马，张弓搭箭欲射杀马超。"对此，笔者还是倾向于隋唐演义中的《临潼山救驾》，但文章中对人物造型的分析还是比较到位，这为我们分析匠师的表现技巧带来了启发。（图4-29）

**图4-29　张建成墓上的"战潼关"**

　　更多的表现还是在额枋上横向展开为较大战争场面。这种场面可以展开为很多人的混战，比较热闹。但不管怎样的复杂，中间的主将都是视觉的中心，同时，他们之间的龙-猪的形象都是在画面较为中间的位置，而弓箭的射击和方向性也很明显，尽管是在边沿的位置，但总是可以将观者引向被射中的猪身上，从而强调这场冲突中最紧张、最激烈的瞬间，而猪被射中的那一刻也是整个救驾得以成功的关键，也是剧情的高潮时刻。最上面一幅李登升墓民间额枋上的这一件雕刻，从造型、雕刻工艺和画面表现力上都是这类雕刻的优秀代表，人物造型、动态、马匹，特别是画面的那种紧张的氛围感表现得特别到位。不得不说的是，那一头猪表现得概括而准确，猪和箭的关系也是恰到好处。最下面一张杨国臣墓上的龙和猪则是画上去的。

　　只见一群追兵如狼似虎，占满了画面右侧多半的空间，气势强劲，而逃跑的一方人仰马翻，眼见着大势已去。正在这危急时刻，画面左侧的山头，一位弓箭手冷静地刚刚放出箭，姿势还没有收回，一支长长的箭直插画面中间猪的脖子。画面似乎就此凝固，一切似乎安静了下来，就像我们今天看电影那样，导演往往也会给竞争激烈的流动的画面一个"定格"以强调这一高潮和关键场景。

　　这种注重热闹、激烈的视觉效果的渲染已经摆脱了舞台表演情节转换的限制，而走入到几乎是现实场景的表现了。万源覃步元墓的雕刻出现在茔墙的一个独立空间内，而马鬄远墓上这一题材确实在亡堂的旁边的小龛内。前者表现了一个野外战争的场面，有大树有山石，还有掩映在丛林和旗子中的千军万马。而败走者却也是"水发"装束，人物和马匹以及其它道具比较写实生动。画面的内容和细节非常丰富，画面为方形的构图，而主要的人物并没有在中间，但匠师的构图和处理却能够牢牢地抓住观者的眼睛。特别是马矗远墓的雕刻，画面人物从左到右沿着一个 U 形的视觉动线而展开，追逐者位置较高，一只手上举，这显然是一个戏曲舞台上的"亮相"姿态，策马追赶，而逃跑者位置比较低，在马上还不时回身接招，一副惊慌失措的状态。而在他逃跑的方向雕刻了举旗的士兵，似乎已经没有逃跑的空间了，就在画面右侧的上方则是赶来的弓箭手，射出的箭正中画面右方追赶者头顶仙气中的猪。而 U 形中间的空白处，升腾起来的龙的形象很是突出。可以这样理解，下方人马从左至右的主线、实线和画面上方从右回到左的辅线、虚线形成了极好的对比，使得画面形成了一个有主有次的视觉回旋，整体的画面将完整的故事演绎得非常完整，而画幅在整个不大的龛中既充实完满，又安于其中。可见匠师不仅仅有非常成熟的建筑设计思路和高超的装饰技艺，而且在视觉艺术的造型和画面驾驭能力也不可小视。在马矗远墓的这幅图中，画面右侧的旗帜上一个非常清晰的"李"字，这无疑可以确定为《李渊大战临潼山》中的"救驾"。

**图 4-30　万源马矗远主墓碑上的"龙猪斗"**

不过，同一题材的表现常常会发生变化。这种变化一方面是匠师的主动创新，如前面所提及的那样，另一方面可能就是"以讹传讹"的误会。这在民间艺术中其实是很常见的现象。如这个《李渊大战临潼山》的表述，在南江县的两座墓葬建筑上就出现了令人啼笑皆非的变化。

如在吕氏墓上，左右次间的门罩上就出现了两幅类似的龙猪斗场面，可能是为了和下面的八仙题材形成一种对称关系。八仙位于门罩下沿，各有四位。而门罩的檐板上这两幅画就选择了同样的构图，当然是不可能雕刻两幅一模一样的画面了，于是左侧的一幅就变成了"龙虎斗"，自然也就没有射箭的内容了，不过另一幅则依然延续了大家熟悉而固定的内容。显然，匠师是知道这个戏曲故事的，他也是知道自己在做什么。不过这种生造的图画本身看上去也没有那么异样，但如果从戏曲故事题材的转换来看就比较怪异了。

更令人诧异的是南江县另外一处何元富墓上的这一题材，猪变成了一只蜘蛛，居然是"龙-蛛"斗，这种讹变就有点不好解释了。从整个画面展开的内容看，匠师对这个故事不能说不清楚，从造型上看，雕刻一只猪的形象也不会难倒匠师，为何是一只蜘蛛？莫非受了这座墓葬上诸多的西游记题材的影响，实在是无法解释。（图4-31）

南江县永坪村吕氏墓上的两幅龙-猪斗

何元富墓雕刻龙猪斗变体

图4-31　讹变的龙猪斗图像

关于龙-猪斗的题材还有好些，也比较有特点，限于篇幅不再做更多的讨论。从这一题材的分析中，我们可以看到匠师的"守正"与"创新"的基本逻辑。特别是对戏曲关键要素的提取及表现都是特别注重的，同时这种表达,匠师也是有诸多自由发挥的空间,从中也不难看出匠师的创造能力。

墓葬雕刻装饰中戏曲图像的发达与这一时期戏曲演出的普遍流行不无关系,也和人们的欣赏需求和审美趣味有很大关系,所谓"画中要有戏,百看才不腻"。而且人物雕刻比单纯的花鸟和纹饰看上去要高难一些,用戏曲人物雕刻装饰墓葬建筑感觉就要高级豪华得多,因此,戏曲图像的选择就成为必须。而匠师在这一过程中,也因有一手高超的戏曲雕刻技艺而广受欢迎,因此也会在这方面不断地提升和修炼自己的技艺、扩展自己的表现内容。正是在这种相互促进,相互推动的过程中,数量和质量都得到了提升。就匠师在这一过程中的雕刻工艺、选题思路、特别是如何从戏曲舞台和戏曲表演中成功地转换出人们喜闻乐见的戏曲图像,并获得人们的认可,这里面大致有几个关键性的原则似乎是他们表现出来的。

首先是选择人们熟悉的剧目和人物角色。这一点比较好理解,人们总是对于相对熟悉的东西产生亲切感,何况戏曲的演出和欣赏并非追求一味的创新,尤其是在信息更新较慢,生活节奏不快又相对封闭的传统社会中,匠师和主家一般不会选择完全陌生的题材和内容。

其次是选择高潮时刻。正如我们所讨论的那样,一出剧目甚至一个戏曲人物,在从舞台进入到雕刻图像的时候,都会选择最为典型的画面或动态,在场景中则是戏曲高潮的那一刻,也就是所谓的最具"包孕"性的瞬间。如太白醉写中的握笔"回信"时,李渊溃败危机时,刽子手抬起铡刀时……这样的"定格"带给观者高峰体验的同时又有余下的想象。即使是单个的戏曲人物都尽量避免僵化的站立,而给予一种动态,这种动态直接取自于舞台人物的"亮相"。我们知道,亮相是指在舞台上,戏曲人物的主要角色在上场时、下场前,或者是一段舞蹈动作完毕后的一个短促停顿。这有助于集中而突出地显示出人物的性格特征和精神状态,增加戏曲的气氛和节奏感。其实这种亮相本身就是一个雕塑式的形象塑造,这样的转换就自然而然了。

第三是强调关键道具。戏曲雕刻图像中的人物及其背景与现实的形象和造物形态有着较大的距离,这是中国传统艺术的意象性而非写实性所决定的。观者可以通过观察戏曲人物的特殊动作、道具和俱用等明显标识的物体来识别人物形象。因为人们需要的其实并不是人物本身,而是人物所代表的意涵。这就是象征性和意向性艺术的重要特征。如我们并不知也不在意福、禄、寿三星真实的形象是什么样子,也不十分清楚八仙到底长什么样,也一点不在乎李白、李渊是不是那个人。但是我可以从场景中,或者从道具中一眼就认出那个人来。因此,匠师就很好地利用了这一点,他们往往会抓住人物和故事中的典型道具、动作进行强化,使人们能够轻松地认出这个人，识读这个戏曲场景，从而进入戏曲当中。其实这里的戏曲雕刻和图像只是一个中介，正如庄子所言："荃者所以在鱼，得鱼而忘荃；蹄者所以在兔，得兔而忘蹄；言者所以在意，得意而忘言。"（《庄子·外物》）匠师们似乎也清楚这一点。

第四是注重场景互置。正如前面所提及的，匠师在戏曲雕刻图像中，往往会从舞台上跳出来，将真实的形象和事物置于雕刻的场景和内容之中，让观者看到"真实"的场景和事物，而同时也不忘将舞台上的一些人们特别熟悉的装扮、动作或道具保留在雕刻作品中。这样就形成了一种虚拟相生，交错互置的画画。这也算是中国传统戏曲雕刻的一个典型特征吧。

综上所论，一方面可以看出至少在清末，中国传统的戏曲雕刻装饰与戏曲演出一样，十分盛行，其工艺水平也很高；另一方面，正是在这种特定的戏曲观演环境中，匠师和观众无不对戏曲故事、舞台演出、服饰行头等等非常的熟悉，甚至深谙戏曲之道。这就意味着，匠师在进行戏曲题材的表现的时候，是要依据戏曲的特点、规律、演出的基本情况进行"转译"而不能想当然地随意发挥，其图像必然与实际的戏曲舞台表演密切联系。这就决定了这个时候的戏曲雕刻图像是有其戏曲故事、戏曲表演的"舞台实录"的性质。而这也让这些传统戏曲雕刻图像具备了戏曲文物、戏曲演出的文献价值。从这个意义上讲，中国传统戏曲雕刻图像与一般的装饰雕刻图像就有着不一样的意义。

从传统雕刻工艺的角度看，似乎这些雕刻图像与其它类型的装饰雕刻工艺并没有什么不同，其雕刻的难度和水平在今天也是可以复制和重现的。但事实并非如此简单，甚至可以说，中国传统戏曲雕刻工艺已经"失传"了，已经再难以为继了，因为既掌握了高超雕刻技艺，又懂得传统戏曲的匠师已经几乎没有了。即使今天可以复制出来复杂的戏曲演出场景、戏曲人物雕刻，但事实上已经可能和传统戏曲没有多少关系了，传统戏曲艺术的魅力和韵味也几乎不存。这里不只是题材、技艺和图像形式的问题。面对几乎完全失传的传统戏曲雕刻艺术，又该何为，是一个非常值得深思的问题。

## 第五节　墓葬建筑成就"永恒"的演出

### 一、墓葬建筑成就千年戏台

中国的墓葬建筑历来有祭奠祖先、倡导孝行、反映生平、宣扬功德等作用。四川地区现存的清代墓葬建筑大都是地上石质仿木结构，且规模庞大，雕刻精美，其主要形制模仿宫殿、祠堂等高级建筑或仪礼建筑的样式。与此同时，亡堂作为墓葬建筑直接雕塑墓主真身像的位置，其位置显要相当于墓主的存在，其上的牌匾多雕刻有"音容宛在""世代流芳""英气犹存""如在其上""虽死犹生"等追求永固的辞藻，两侧对联也雕刻有"二老芳容著，千秋懿范存""千古音容宛在，一生事业长留"等追求永固的词句。表达出生者和死者对死亡持有的态度，相信死后也能享受与生前相同的生活，只不过是进入另一个世界罢了。

中国"自古以来石质建筑就有着截然不同的宗教功能，多为丧葬建筑、碑碣和其他类型的纪念碑所特有。这样的观念与石材的自然属性密切相关，其坚实耐久，使之与'永恒'的概念相连"。[①] 所以他们认为石质建筑是属于神祇、先人和死者的，而木材则脆弱易损，因其与"暂时"的概念相关，所以木质建筑是属于生人的。二者之间的区分在四川地区的传统戏台与墓葬建筑上体现得格外分明。

四川南江县马氏家族墓建于清道光元年（1821 年），为马氏家族成员共同建设，与马氏祠堂共为一个整体，祠堂正中央有一处大型的木质戏台与石质墓葬建筑相对而建。虽木质戏台上也有戏曲图像的雕刻和彩绘，但因其艺术媒介的象征性，和其具有易损性，再加上年代已久的关系，风化严重，图像已经看不清，其主要为生者的审美装饰性服务。而墓葬建筑上的戏曲雕刻，因雕刻在石质上，没经过人为破坏的地方大部分保留得还是很完整的。戏台为木质建筑，主要是为生人所设，供演员进行实时表演，至于与墓葬建筑相对而设，也是满足生人希望能与逝者一同观看戏曲表演的愿望。而墓葬建筑上大量的戏曲图像，就好似匠师观看演出完毕后将戏曲如数记录下来，使其精彩一瞬固化在石头上。表演已经散场，但定格却引人长久凝视，细细回味。（图 4 - 32）

清代四川地区戏曲表演的盛行带动了戏曲雕刻的盛行。在传统墓葬观念的影响下，戏曲雕刻成为该地区石质墓葬建筑的流行雕刻题材之一。这样的现象，一方面是"事死如生"的传统观念影响下，逝者想将生前的流行文化与喜爱的娱乐方式带入死后的世界；另一方面，即时的戏曲表演通过匠师的再次创作，得以在墓葬建筑的载体之上长久地保留；最后墓葬建筑演变为一个布满戏曲故事的舞台，以供时时观看。将这座"万古佳城"变成"永恒"的演出。

---

① ［美］巫鸿，中国古代艺术与建筑中的纪念碑性.上海人民出版社，2009 年，第 154—183 页。

图 4 - 32　四川南江县马氏家族祠堂与墓葬建筑

除了戏曲图像,张建成墓不仅仅有尺度体量的宏伟高大,以显示其身份地位;其装饰也要精致美观,以表明其财力和吉祥美好的追求;还要通过碑刻书法诗文显示其文人雅士的一面;更要有道德教化的主题来表明作为家族尊长的伦理责任等等,这些诸多的考虑最终让墓葬建筑成为了一个综合的信息和观念的载体,包括戏曲雕刻在内的整座建筑以"戏台"这样一个独特的隐喻,似乎在述说着"人生如戏"的恒久主题。(图 4 - 33)

**二、妙手工匠演绎戏曲流播**

曾学诚家族墓群位于宣汉县东乡镇,墓主为清代进士,土冢呈长方形,条石围砌,土冢与碑楼相连。碑楼为石质仿木结构,三重檐歇山顶,碑楼两侧施茔墙,紧邻茔墙左右各立牌楼一座。碑楼、茔墙、牌楼上均深浅浮雕戏曲人物、动物、花卉等图案,施彩绘,规模宏大、雕刻精美。笔者在田野考察时,听其后人曾凡吉讲述过一个有趣的故事。说墓上大部分雕刻都是戏曲

**图 4‑33　张建成墓主墓碑局部琳琅满目的戏曲元素**

图像,是因为修墓时下了二十八天的大雨,工匠不能动工,为了打发时日于是跑去看戏,后来就把看到的戏全都刻在墓上了,以致后来的戏班子都不允石匠前去听戏,怕戏被学完了就不会有人来看戏了。人物雕刻本就最考验一个匠师的技艺水准如何,看完戏后能及时地将戏曲雕刻下来,并且还能抢了戏班的生意,一方面可见匠师的技艺高超,另一方面也反映出当时戏曲在民间的流播方式。(图 4‑34)

**图 4‑34　四川宣汉县曾学诚墓**

正如焦菊隐先生所言:"戏是在民间产生,在民间演唱的。"生活在民间的雕刻匠师对戏曲知识的获取往往来自舞台,他们所塑造的人物也基本是按照戏曲人物造型,因而戏曲雕刻成为了人物场面的主要内容。戏曲作为一个雅俗共赏、老少皆宜的娱乐形式,能否将戏的精髓雕刻出来并且有很强的识别性，一度成为匠师雕刻水准的试金石。当然戏曲雕刻绝不是舞台形象的机械照搬，不仅是戏曲剧目经典情节的再现，同时更大一部分是匠师的再度创作，其中不乏民间艺人对现实生活的观察体验和艺术创作，借助戏曲人物的装扮得以表达。这也是既来自舞台又源于生活的戏曲雕刻图像被广大群众所喜爱，流行程度如此之高的重要原因。

考察发现，该地区的墓葬建筑雕刻图像愈加精美，其上的戏曲雕刻也就愈多，这仿佛是当地一个约定成俗的惯例，同时对匠师的雕刻技艺也有更高的要求。同一个墓上的戏曲雕刻，雕刻工艺并不单一，越大型的墓葬其工艺更加丰富多样，通常是圆雕、透雕、深浮雕、浅浮雕等多种技法结合运用。戏曲人物因为多了戏曲的特殊装扮和表演动作，与世俗人物题材得以区分，粗略地可以将其分为独幅人物和场景两大类。独幅人物大都作为装饰构件出现。大型的独幅人物常在山门、墓室的碑板上做门神或文臣武将的形象出现，而小型戏曲人物雕刻多处于立柱和碑帽上，为墓葬建筑做装饰点缀使用。独幅人物虽然题材单一，但匠师将人物的服饰细节、面部神情、所持器物都雕刻得栩栩如生。场景型戏曲雕刻不仅将单个人物雕刻得相当精美，还代入了场景赋予其故事性，戏曲舞台表演中的一桌二椅、以桌代马等程式化表演形式，在匠师的创作之下有了新的面貌。文戏多以一桌二椅为元素组织画面，武戏将戏曲表演中不会出现的真马雕刻在画面上。对于情节的选择上，一类是选取戏曲表演的精彩瞬间，其核心在于匠师抓住了剧目的特点使之成为识图关键，同时融入匠师的理解，将舞台场景本不应出现在一个画面中的情景用雕刻语言组织形成完整的故事链。还有一类完全跳脱了戏曲故事的束缚，进入匠师的个人表达，但这种借助戏曲人物的造型表达，能够满足人们对于戏曲的欣赏需求和审美兴趣。

戏曲作为当时该地区普及性和流行性都极高的娱乐方式，戏班的地位不容小觑。与此同时，戏曲雕刻在墓葬建筑上的盛行，更是成为了重要的装饰题材之一，匠师们的努力是不容忽视的。所以掌握戏曲故事的多少和以戏曲题材进行创作的创新能力，开始成为匠师揽活的资本。掌握得越多越有能力承接越大的墓，就如同戏曲演员有实力能承演多少戏一般。墓葬建筑俨然成为匠师争相炫技的舞台，铆足了劲下次承接更大的活儿。无疑，匠师也许算得上乡村社会中见过世面的一群人了吧，尤其是那些常年在外接活的匠师，他们看到的戏，熟悉的戏曲人物和故事应该比大多数村民要多很多。而且他们往往在将脑子里记忆的戏曲故事，人物转换到墓葬建筑上，将石头变成一个个活灵活现的戏曲人物和鲜活的故事之后，实际上也相当于带给了村民一场演出，而且是持续不断的演出。现代的人们内心是比较抗拒墓葬的,认为墓葬应该距离居住区比较远,甚至怀疑除了祭祀祭拜,这些墓葬修起来之后会有人愿意经常走进去看。这一点其实没有必要怀疑,当然不排除人们对于墓葬的惧怕,但是倘若到过这一地区考察就会发现,原来墓葬如此的漂亮,与家居环境如此的近,甚至就在人们的旁边,甚至就在院子里、祠堂中,相伴在人们的生产生活中,相伴在孩子们的游戏躲藏的环境中。此时再看那些雕刻,真的就很有吸引力了。这些地上的墓葬建筑追求"务为美观"并不只是献给地下的亡灵,更是给世俗和活着的人们带来视觉的愉悦的景观。

### 三、墓主乡绅构筑人伦教化

郑岩教授研究认为:"一座大型墓葬建筑修建动辄数年,墓主通常在生前就开始筹备相关事宜,所以墓葬建筑在一定程度上是按照墓主的意愿进行修建的。"[①]确实如此,这一地区大量的"生基",就是"未死而预修"的,而且这些预修生圹的人往往都是当地有名望的乡绅阶层,他们是中国封建社会一种特有的阶层。这部分人多是一些经济条件比较好,有一定文化知识的中小地主,其中大部分人参加过科举考试,或者还有一些退休、赋闲在乡村,他们成为乡村中的文化传播者、教化组织者,利用家族和宗族的力量实施着一定侧面的乡村治理,成为封建社会统治末端的重要力量。实际上,这种力量在当代社会中也逐渐开始看到其积极的一面。

因地处偏远,朝廷严格的封建等级制度在这个地方显得没那么严苛,当地乡绅们为了尽可能地展示自己的财力与学识,将自己墓葬建筑的规模扩大到完全僭越于封建等级制度的规定,将"皇恩赐宠""圣旨旌表"等号称皇帝御赐的牌匾以复杂的装饰与工艺悬于墓碑或山门牌坊之上。有的甚至在墓葬上大量雕刻龙的形象,与封建社会龙为皇帝专用纹饰的规定有所背离。在修建墓葬建筑时,邀请当地有名望和学识的人为自己题字并雕刻上去,开始作为墓主从另一个角度展示自己威望的方式,墓葬建筑俨然开始成为当地名家书法的字帖得以流传。而戏曲作为当时最为流行的娱乐方式,自然也少不了乡绅阶层所作的贡献。(图 4-35)虽然戏曲普及度较高,但一场大幕戏演下来差不多需要一天的时间,支撑其演出的人力物力自然不是一般乡村百姓所能负担得起的,所以更大程度上还是为乡绅阶层服务。

---

① 巫鸿、朱青生、郑岩主编,古代墓葬美术研究(第三辑).湖南美术出版社,2015 年,第 260—296 页。

图 4-35　四川巴中雷辅天墓坊及局部雕刻

　　在中国封建社会，百姓普遍都有"万般皆下品，惟有读书高"这样的思想。他们认为通过读书，参加科举，就基本可以保证做官，有机会进入上层社会。在那个年代，权力是远超金钱的，就算靠着经商获得万贯家财，但家中无人做官，也是会受到各级权力者的压榨。所以，官员、读书人以及教书先生在乡村社会都是具有很高的地位并且受人尊重的。该地区大型墓葬建筑的墓主，或多或少都有读书人的背景。

　　四川宣汉县白果村的郑光武墓，建于清宣统元年（1909 年），为父母子三人合葬墓。该墓由山门和茔墙共同围合成墓园，形制比较庞大，其上也雕刻有"三国戏"等戏曲图像。据访谈村民讲，说郑光武的儿子考取了状元，后来用考取状元的赏赐修建了此墓，多不足信。但也由此可以看出，墓主在修建墓葬建筑的时候不仅在碑文和牌匾上极力地炫耀自己的功勋和生平建树，戏曲雕刻的图像和内容也常常攀附故事以作为墓主独家珍藏的剧本，而成为炫耀的资本之一。（图 4-36）匠师和主家，特别是这些很有经济实力和社会地位的乡绅阶层带动了在墓葬建筑上雕刻大量的戏曲雕刻的潮流，在剧目的选择上除了自己的喜好之外，大众中最流行的内容也是选择的原因之一，因此也能从一定程度上反映出当时戏曲的流行趋势。墓葬建筑上的戏文雕刻，一方面作为固化的戏曲舞台存在，保存了大量的戏文雕刻，从一定程度上起到反映墓主生平和教化子孙的作用；另一方面就民众心理来说，雕刻的戏文越多，越迎合大众，就能吸引更多的人来观看，起到炫耀和展示家族实力的作用。

## 四、戏曲背后的观念意识

　　在这一地区，至今都有在人去世后到埋葬之前这段时间请川剧班子唱

**图4-36 四川宣汉县郑光武墓**

戏的传统,其实这种戏曲与丧礼的关联早已注定。"早期戏曲的生成与'巫'密切相关,是作为一种宗教仪式在祭祀环境中进行表演的行为,集功效与娱乐于一体,将不在场的神灵、仙道与在场的死者、生者相连。"①墓葬建筑上的戏曲雕刻虽然酬神的仪式性减少了,但人们也将升仙求寿的美好祝愿融入其中,同时其娱乐性又能起到冲淡亲人悲伤的作用。

从民俗学的角度来看,俗乃中华戏曲的本性所在,活跃在市井乡村的戏曲更是具有浓厚的民间气息,故从中能体现一定的民间观念信仰。戏曲作为当时最为流行的民间娱乐形式,雅俗共赏是其广为流行的重要原因。上至官员乡绅,下至普通百姓。在民间,老人去世后,子女一般都会给老人点戏。大户人家会根据自己的财力尽可能多地请戏班来表演,说是给过世的亲人点,实际上也是请乡亲们观看,感谢乡亲们在亲人在世时给的照顾。墓葬上的戏曲雕刻盛行的原因也同样如此。戏曲表演与丧仪密切相关,但表演具有其即时性,匠师们只好通过雕刻这一技艺将其记录在墓葬建筑这一载体之上,实现永续地观看。这一做法既能满足丧仪中"敬神"的需要,又能满足人们在祭祀过程中的审美娱乐。神灵仙道、生者、逝者作为观众而存在,只是所产生的效用不同。

从丧葬观念的角度来看,清代墓葬建筑由传统的地下转到地上,并形成一定的规模,其观看的观念已然发生改变,由给死者独享的地下宫殿逐渐演变为给活人观看的墓碑建筑,丧葬观念无疑变成了墓主家族实力与学识的一种展示与炫耀。戏曲与墓葬建筑的交叉碰撞,其本身就是戏台的另一种转化,使得墓主死后也能永远欣赏到生前最喜爱的戏曲。不仅能从一定程

① 陈友锋,从"神圣祭坛"到"世俗歌场"——人类学视野下的宗教仪式在戏曲生成中的作用.
戏曲研究,2010(02),第107—128页。

度上反映出墓主生平，还能对墓主起到一定的心理寄托。同时墓葬建筑作为家族的社会活动中心，其上雕刻的一些神道仙人、忠孝节义、文武双全、倡行孝道等题材的戏曲故事，也蕴含了逝者求道升仙、福寿安康、子孙教化等美好祝愿以及追求永恒的心灵向往。对于生者来说，除了后代祭奠先辈的时候能在一定程度上冲淡悲伤，读取先人遗留下的教诲与生活印记之外，也能享受先辈留给子孙的荣光。

戏曲雕刻图像作为清代四川墓葬建筑雕刻最普遍的装饰内容之一，其丰富的题材、复杂的造型、饱满的故事性无不体现出当时戏曲的繁盛和工匠的高超技艺。同时借助墓葬建筑这一特殊载体来实现实体与精神、实用和欣赏、教化与娱乐、现实寄望与祖先德行等的统一。从陈民安墓坊这件精美繁复的雕刻可以看出，图像的罗列和堆砌总是不遗余力的，不管是戏曲、杂要，还是打擂、演武，只要能够带来视觉感官愉悦的图像、符号、纹样都一股脑地添加上去，直到填满每一个空间。（图4-37）先占有，再慢慢地欣赏，先拿来，再细细地品味。我们已经很难在这个墓坊上找出其表达的图像逻辑和叙事结构，或者这些根本就无关紧要，戏曲的雕刻其实早已超出了戏曲表演和戏曲故事本身，而成为人们追求的一种图像和符号的占有和表达。

**图4-37 宣汉县凤鸣乡陈民安墓坊上的精美戏曲雕刻**

无疑，这既是当时人们对于当地流行文化的追崇，也是匠师借由演剧者的表达对于戏曲这一艺术的重新转译与创新表达。该地区戏曲雕刻在墓葬建筑上的盛行，从一定程度上反映出当时的戏曲在民间的传播方式以及戏曲舞台表演的流行程度；无不体现出匠师处理图像的写实性、创新性、结构性等特点和匠师高超的技艺，也是墓主财力的一种宣扬方式；同时墓葬建造者的喜好和对子孙的寄望教化很大程度上可以通过对戏曲故事题材的选取得以传播，而借助石材这一原材料进行雕刻，能够相对"永恒的"将墓主所承载的观念和喜好保存下来。对于"观众"来说，无外乎就是生者和死者，可以"永远"欣赏到墓碑建筑上演的戏曲表演。

看戏，首先是人们的一种娱乐方式，作为一种舞台表演的观看活动，人们其实更在乎是不是好看，而墓葬建筑中发达的戏曲雕刻正是因为戏曲是那个时代最好看的艺术形式了。匠师们将这种不可持续保留的舞台表演用另外一种方式给记录下来，把这种好看给留下来，是当时最先进也是最有效的办法了。因此民间艺术所喜欢的热闹、丰富、繁缛都在这戏曲雕刻中得以充分的体现。从这个意义上讲，人们似乎不太在乎雕刻的内容，而更在乎其形式、其技法，在乎是否是戏曲或像戏曲，像戏曲的热闹，丰富而变化万千。因此，在雕刻之外，还要施加彩绘，使之更像舞台上的那些花花绿绿的色彩、动作和场景。这种热闹其实也是一种调和剂，不管是缓解劳作的辛苦，还是释放对逝去亲人的思念之情，抑或是化解对生老病死的忧惧心理都是需要的，在民间美术这热闹的背后还有着一份生命不能承受之重。

在娱乐中可以获得教化、获得知识是中国传统艺术的重要功能，特别是对于乡民而言，看戏、听戏是获得知识、习得观念、养成审美判断的重要渠道。比起诗书来说，有着"入人也深、化人也速"的神奇效果。因此，戏曲在人们获得审美娱乐和精神享受的同时，所承担起的儒家道德宣传、宗法礼教、感化人心功能及其优势，也是备受重视的。这一点从墓葬建筑戏曲雕刻的图像内容上也不难看出。不管是文戏还是武戏，不管是正面颂扬，还是反向讽喻，都无不强调忠孝报国、惩恶扬善、耕读传家等优良传统和观念。"传统戏曲社会教化功能的发挥机制大致包含三个层面：1. 文以载道，助成教化；2. 异质言说，传承民德；3. 戏谑讽喻，化郁制序。"[①] 这既是中国戏曲在传统社会中普遍的功能和意义，也是明清时期中国传统戏曲雕刻繁盛的最主要动机之一。特别是在家族祠堂、家族墓葬建筑上的戏曲雕刻，高台教化的用意就更为明确和直接。不仅希望以热闹的戏曲演出、精美的戏曲雕刻来装饰，实现"万年的演出"，更希望通过哪些戏曲的演出和戏曲故事以更为直观的形式实现"恒久地教化"，实在是"维持风化者警醒愚蒙一大助也。"[②]（《广安州新志》(四十三卷·民国十六年重印本)

观戏，也是观人生，观社会。所谓"戏上有，世上有"，戏曲的演出和讲述

---

① 贺宾. 传统戏曲的社会教化功能作用机理探微. 西北第二民族学院学报(哲学社会科学版)，2008(01)，第119—123页。

② 《广安州新志》(四十三卷·民国十六年重印本)，引自丁世良赵放等编《中国地方志民俗资料汇编》西南卷，北京书目文献出版社，1991年版，第309—310页。

的故事莫不有现世生活的源头，人世百态和理想愿望都在其中。在戏曲作为最主要、也是最受欢迎的时代里，这些戏曲"维持风化者警醒愚蒙"的作用比我们今天所想象的要大得多，更重要的是这种"高台教化"是在潜移默化的过程中完成的，用我们今天的话来说，墓葬建筑所构筑的空间既是一个祭祀空间，也是教化空间，还是一个审美或者说是美育空间。

# 第五章　报先贻后：乡绅与地方文人的 碑刻书写与文化生产

> 万物本乎天，人本乎祖，不追远无以溯木本水源，不启后无以报春禴秋烝。盖祖籍湖广长沙府湘乡县，本姓谢，前代祖祥钦公入赘梁氏，因姓梁，由始祖宗绅公入川落业杜家嘴，旋失。至兴美公由困而亨，复置业巴南。咸丰二年湖广送谱至，还宗姓谢，志此以示子孙云。署南江同宗　谢元瀛　题（**谢元瀛印章**）①

此段文字见于恩阳区玉井乡玉女村谢兴美墓志铭，时间是"大清咸丰十年岁（1860年）庚申十二月廿二日"。题写者谢元瀛时任南江县令。此段文字信息量很大，不仅清楚地交代了这一支谢氏家族的家族变迁，还原了"湖广填四川"生动的历史细节。同时也反映了川渝地区的墓葬营建过程中碑刻墓志撰写刊刻的基本情况。尤其是请到了时任县令亲笔题写，对于墓主谢兴美及其家人来说，不仅仅是一种荣誉，在乡村社区也是家世背景和身份地位某种宣示。

但在这里笔者想强调的是，谢县令所写的开头那一句话："万物本乎天，人本乎祖，不追远无以溯木本水源，不启后无以报春禴秋烝。"这句提纲挈领的话反映了中国人普遍的观念——追远报本。即通过修建墓葬祠堂、竖立碑石牌位，以彰先祖之德业。通过春祀秋尝以告慰祖先，并获得在天有灵的先祖的庇佑。故此，墓志碑文的题写、刊刻一直以来就备受重视。川渝地区的清代墓葬建筑，事实上就是作为公共空间中供人观看的纪念性、礼仪性建筑，尤为如此。本书试图以这些碑刻文字为对象，从碑刻内容、撰写者身份、刊刻技艺以及书法艺术、乡村文化生产与传播等多角度加以初探。

---

① 碑文引自巴中市友人谢学程《南江县令谢元瀛》一文。谢学程，巴中市电力局工作人员，在整理编辑地方历史文献方面颇有建树。

## 第一节　墓葬碑刻与书法艺术

书法产生于契刻。古人对纪事表功极为重视，常常会将重要的事件刻于金石之上，确保长久流传。最晚在秦时期，石刻书法作为一种纪功记事的重要载体，就已经成为一种成熟而普遍使用的手段。碑刻，又叫石刻，碑铭。《宋书·裴松之传》有："碑铭之作，以明示后昆，自非殊功异德，无以允应兹典，大者道动光远，世所宗推；其次节行高妙，遗烈可纪。"①碑文最主要的目的就是"明示后昆"。历时数千年的石刻碑文成为了历史文化研究的重要"石刻档案"和书法艺术宝库。为此还产生了中国所独有的学问——金石学。这种以访碑、传拓、考鉴为基本内容的活动始于宋代，至明清达到鼎盛。以黄易为代表的"访碑"活动更是成为中国近代文化史上的重要事件。

陆和九的《中国金石学》一书把石刻统分为四个大类：碑碣、志铭、石画、刻经。马衡《中国金石学概要》又把石刻细分为碣、摩崖、碑、造像、画像、石经、释道石经、医方、格言、书目、文书、墓志、谱系、地图、界至、题咏题名、桥、井、食堂神位、黄肠、石人石兽、器物、石阙、柱、浮图等等，而这些内容和题刻样式在川渝等地的清代墓葬建筑碑刻上几乎都可以找到其传承和发挥。毫不夸张地说，四川明清时期的墓葬建筑作为综合的石构建筑群，几乎囊括了前面提及的所有传统石刻类型，而且因民间匠师的灵活创造，呈现出极为丰富的形式。

这些碑刻文字或为显亲扬名、或为传世信后、或为抒发哀情、或为劝世励俗，都决然不会随意为之，往往会请"善书者"甚至名家来撰文、书丹，还要请技艺高超的石匠精雕细刻在墓葬建筑之上。如今，它们已经成为乡村社会史研究的重要历史文献资料，具有文学艺术价值和书法艺术价值。

从类型上看，主要包括以叙述墓主身世，家族历史、乡村社会为主要内容的墓志、碑铭、族谱、四至界畔、争讼等实录性的内容，还有以赞颂、表彰、昭示为主要目的的匾额、对联、诗文词句等文学性的内容，还有那些为吉祥寓意或单纯为了"好看"而变化出来的图像化、装饰性文字等，构成了墓葬碑刻丰富的内容和诸多形式。

值得注意的是，这些文字的撰写者都来自于地方的读书人和文化名人，甚至不乏书法名家。尽管这些人大都是底层的读书人和乡绅，但他们作为

---

① 《宋书·裴松之传》。

一个群体,曾经在乡村社会和乡村治理中扮演着主要的角色。这些碑刻包含真、行、隶、篆等各种书体,甚至还有道符文字和少数民族文字等。文字书写大者如榜书,小者似小楷。数百年来,已然积累出了蔚为大观的民间墓葬碑刻文献以及书法艺术资料,构成了一部散落在乡野的民间书法艺术史和文化史。总之,这些书法碑刻既是独立的书法艺术作品,也是作为墓葬建筑雕刻装饰的一个不可或缺的部分,构成了墓葬建筑的视觉形式和审美形象。碑刻书法与雕刻图像一起服务于墓葬建筑的整体视觉印象和审美感知。

此外,这些碑刻书法作为区域性、长时段的历史遗存,也在一个侧面上生动地反映了乡绅、底层文人的活动和乡村文化的状况,更能够从这些碑刻书法中看到,至明清时期"文字""书法"相对普及背景下,书法文字的广泛应用。更重要的是,从这些落款中,我们发现了一个由乡绅、地方官员、文化名人、底层文人组成的文化群体,在僻远的乡村中,他们扮演着文化生产者和文化传播者的角色。在观念信仰、伦理道德、文化知识等生产、传承、传播中起到了重要的作用。仅从这一地区的墓葬建筑碑刻文字就可以看到,这些书者所写的墓志、柱联、碑记、诗文等不仅数量可观,而且颇有文采,其中不乏具有深厚的文学修养和书法艺术功底的"老夫子"。考察过程中,笔者发现好些地方名家,很多的碑文都请他们来撰文书丹。如万源通江地区的蒲敏、阆中的知名书家许磐、古蔺高笠村的王廷元等,其影响至今。其中王廷元为清同治五年进士,时任叙永丹山书院院长,还是当地著名的中医。其诗文和书法作品存世至今,倒是为我们进行墨书和碑刻书法的对比研究提供了极好的素材。

不过,碑刻书法的研究一直存在着厚古薄今、远亲近疏的现象。对宋元以前的格外重视,明清以降的则似乎不那么重要,其原因很多,最直接的原因可能一是书法作为书写越发的普及,作为"精英"的艺术沦为日常书写,其艺术和审美价值确实降低;另一个当然就是晚近时期的资料丰厚,可以信手拈来。尽管如此,我们在川渝地区的明清墓葬碑刻中也常发现碑刻书法的佳作。

其实,即使在偏远的山区乡村,中国传统文化的传续,特别是中国书写、书法艺术形式在民间还是非常活跃。地方文化人乃至普通百姓对于书法的重视、甚至敬畏实在令我们感动。哪怕是一座没有雕刻装饰图像的最简单的墓碑,其上的柱联、匾额题刻乃至碑文是断不能少的。因此数百年来,这一地区积累出了蔚为大观的、处于原生状态的民间书法艺术资料库,势必也累积出了一部完整的民间书法艺术史和文化史。在此,仅仅能尝试性地对之进行初步的考察、梳理和研究。

## 第二节　碑刻文字是墓葬建筑的有机组成部分

　　作为墓葬，或阴宅，首先得表明墓主的所在。几乎自有文字以来，它就承担着这一功能。不管是封泥印章、还是后来埋入地下的墓志都是如此。其次作为仿木结构的建筑，也将现世建筑的装饰一并移植到了墓葬建筑上，中国传统建筑中用匾额、柱联、诗文装饰建筑及其空间大致在明代已经比较成熟，几乎成为一种规制。当然，几千年来中国人喜欢的刻石纪功记事的传统也在墓葬建筑上找到了空间。

　　清代四川地区明清地上墓葬建筑将这一切都继承下来并加以发挥，由此形成了形式丰富、内容广泛的墓葬建筑碑刻文字，甚至书法碑刻成为了墓葬建筑不可或缺的一个部分。

　　如果从建筑空间的角度看，墓葬建筑上的文字可以分为室内部分和室外部分，墓葬的室内就是开间内。中国传统建筑两柱一间的墓葬建筑中并没有多少改变，只不过它压缩了进深而使得开间里面只是一个象征性的"开间"，这个空间中有图像、有文字，而最重要的就是墓志。当然，这和前代埋入地下的墓志差异较大。清代四川地区的墓葬建筑的明间碑板都是镶嵌一块刻上诸多文字的碑板，其上刻有墓主信息、家谱、碑序等的文字。这些文字字数不等，字体一般都为阴刻楷书，写作有比较严格规范的格式要求。

　　一般墓志被正中竖行的墓志所分成左、右两部分，右边书写墓主或墓主夫妇的身世、在世的品性、功绩，包括家世，一生的事业，养育子女、置业等等，相当于是对墓主的一个总结和评价。左侧为家谱，即家庭成员的罗列。视家庭成员的多少而有疏密的排列。最左边则是墓修建的时间，包括匠师等信息。其中最重要的信息是碑版正中的那一行文字，抬头是"明故"或"清故"。到了清中晚期多用"皇清待赠""皇清待诰"等开始，接着是墓主的一个四个字的评价，如男性的"孝友端方""德隆望重"，女性"温恭淑慎""贤良温恭"等等，然后才是墓主的姓氏、讳称等，最后是老大人（男指性），老孺人（指女性）之墓（志）如：皇亲待赠/诰/雄中著美/淑慎温恭享八十一/七十八寿周公讳登科/姚岳/老大/孺人正性之墓①。碑文应该读为："皇亲待赠雄中著

---

① 注：墓葬碑版上均为"老大人""老孺人"之称呼，老孺人指女性，男性称为老大人。在这一地区，祭祀祖先的纸钱包封面上也有同样的称呼。

美享八十一寿周公讳登科老大人正性之墓""皇亲待诰淑慎温恭享七十八寿妣岳、老孺人正性之墓"。这正中一行文字字体相对较大,比较显眼。很多时候,由于墓门被门套或门罩挡成半封闭状态,碑板上的文字只有这一行能够被清楚地读取到,而左右的正文尽管字数不少,但却被遮挡,不便观识。但在川南等地,门罩只是碑板顶部的浮雕装饰,碑板镶嵌在开间立柱之间,显得开敞,其文字就比较便于观看,但这造成文字风化比较严重。

从整体版式上看,右起关于家族迁徙和墓主身世的文字比较多,而左侧部分主要是家谱姓氏内容有限,排版则相对自由和宽松一些。在川南等地,开间碑板更为敞露,可见左右次间文字较多。(图5-1)

图5-1 四川古蔺县桂花乡刘氏家族墓的碑刻文字

也有好些并不太遵守固有的规范,如清光绪二十五年(1899年)的贾氏墓的墓志就显得很特别。没有对墓主进行任何的介绍,只有子、孙、侄儿、侄媳的等名字,文字都比较大,书写简单,率性,排版紧凑,难得一见。(图5-2)

至于多开间的墓葬,次间的文字一般就相对灵活一些,有可能是墓主家族世系的族谱,也有可能是关于墓葬风水、墓主及其家族的诗文,或者治家

图5-2 简率的贾镇昆墓志(60×49)厘米

格言等文字。书体多为楷书，也有行书，包含丰富的内容和大量的信息。

阆中市枣碧乡的伏钟秀墓的左次间碑板上不仅安排了两个不同的内容，而且以两种不同的字体来书写。右侧罗列了从远祖、高祖、显祖、显考以至于胞兄及他们的妻妾、后代的姓氏，以及他们的坟墓所在地。左侧为行书，行笔流畅、节奏明快，风格隽永，也算得较好的民间书法作品。碑文写道：

因叔卜吉于此，乃爰笔而歌曰：楼峰高兮发脉长，灵气含结兮福道旁。虎豹远迹兮，蛟龙遁藏。鬼神守护兮，麟趾呈祥，愿叔婶分福兮寿而康。宜家子孙兮衍庆无疆。无□足兮奚所望，终天年兮以徜徉。

"虎豹远迹兮，蛟龙遁藏，鬼神守护兮"，出自唐代韩愈的《送李愿归盘谷序》，原文为："嗟盘之乐兮，乐且无央；虎豹远迹兮，蛟龙遁藏；鬼神守护兮，呵禁不祥。饮且食兮寿而康，无不足兮奚所望！膏吾车兮秣吾马，从子于盘兮，终吾生以徜徉！"这段文字一方面模仿楚辞的语调；另一方面又化用了韩愈的诗文，由此也可以看出书者在文学上也是有相当积累的。这样的诗文词句出现在僻远乡野的墓碑上，多少还是令人有些意外，这至少让我们对传统乡村的文化水平和文化层次有了新的认知。(图5-3)

如果说位于建筑开间之内的"室内"的文字属于比较如实地记录和反映墓主相关信息的话，那么处于建筑梁、柱、枋等

图5-3 阆中市伏氏墓次间的碑刻(119×60)厘米

242

实体构件上的"室外"文字则比较倾向于意向性和艺术性的表达。首先就是柱联，这是墓葬建筑必不可少的构成要素，即使最简单的墓葬建筑，只要明间有碑文，就一定柱上有联，额上有匾，这几乎成为了必须的"标配"。柱联和匾额会根据墓葬建筑的尺度、体量、建筑风格特征、墓主的性别、身份等等诸多的原因而选择书体、字数、文字的大小和内容等。简单的墓葬仅有5、6字的上联，和一个简单的横批。复杂一点的就可能有长达2、3米十余字的长联，或超过1米多的匾额。以模仿高等级礼仪建筑为基本路径的墓葬建筑，只要梁柱系统存在，那么就必然有与之共生的柱联和匾额题刻。正如当我们去看宫殿、庙宇或园林建筑，甚至是稍微有点地位的传统古建筑的时候，如果没有看到柱联，也不见匾额，实在不可想象！更何况，很多墓葬建筑的匾额还是显示其地位、昭示其身份的重要标识。因此我们往往会看到一些大中型墓葬建筑上的匾额都有官方的圣旨、题写和印章。不管是主动求取，还是官方给予的荣誉，一定会高悬其上。我们知道，明清时期官方会出钱或给予荣誉赐建牌坊，如节孝坊、贞节坊、百岁坊等等，实际上这一地区的很多墓葬建筑往往都有着官方的加持，不仅修建大墓，更在墓前建墓坊，并将"圣旨""皇恩宠赐""钦赐耆老"等匾额文字刻意凸显。实在没有，那也得尽力请一位地方官员来题写匾联文字，正因为这样，这些匾额成为了一种符号，不仅可以为家族带来荣耀，更可以让家族或后人在社区、家族之间的竞争中取得一定的优势。这样的匾额既可以是柱联的横批，也可以单独作为一种特殊的存在而高居墓葬建筑的视觉中心。

四川省南江县长征乡的何元富墓（清咸丰十年，1860年）是一座五开间五重檐的牌楼式墓碑建筑，其墓葬的一层次间甚至专门设双柱，并各自题写了对联，多达8副。明间匾额之上还有一块立匾上书"钦赐耆老"，而匾额"庆衍椿萱"是由："特授四川保宁府南江县正堂陆为"，并用鲜艳的红色为底，金色填字，使得墓葬的匾额和柱联显得格外突出，端庄厚礴的书法与墓葬建筑的谨严庄重相得益彰。（图5-4）

而一些墓葬建筑更是刻意设计出更复杂的建筑结构，其目的是为书法碑刻和雕刻装饰留出更多的空间。四川南江县吕氏家族墓中的吕新萧墓尽管是一座单体的"二升官"式墓碑，但下层打破了常规的平直造型，通过抱厦和内凹的变化而增加了两对立柱，共三副对联（图5-5）：克刚克柔寿添海屋，同室同穴瑞祧泉台；马鬐阴封辉含山水，牛眠叶吉馥吐桂兰；伉俪情谐荣寿域，瞻依念切乐天伦。它们共用一个横批，即顶部的匾额：夜台春永。用词紧扣墓葬、阴宅、风水等，各联也非一人完成。而旁边的一座更大型的墓葬，为五间四檐楼阁式庑殿顶样式，檐下还有石雕斗拱，装饰繁复，采取的则

图5-4　南江县长征乡的何元富墓民间和次间的柱联和匾额

图5-5　吕氏家族墓葬建筑上的柱联

是增加外立柱的手法,不仅让建筑看起来更为复杂可观,也是为书法碑刻文字以及雕刻装饰图像提供了更多的书写位置。

在川渝地区的大型墓地,除了土冢前的墓碑,还有好些附属建筑,如墓前牌坊、陪碑、字库塔、茔墙等,这些也成为了书法碑的重要载体。墓坊上的长文、陪碑上的诗文、联句、家族记述等文字;尤其那些宽阔的茔墙上,则有可能专门请当地的读书人甚至名家来撰写十多篇诗文刊刻其上;更令人惊叹是还有高达6、7米的桅杆(望柱)上数十字的长联,在四川省南江县胡氏家谱中有一首诗这样写道:"墓地约有四十方,桃园五栋高三丈。拜台天井青石面,两侧石壁刊华章。"①就是对该墓葬两侧茔墙上的石刻文字的描述。

四川泸州古蔺高笠村的王张氏墓(清道光二十三年,1843年),书法和

---

①　胡正溢.《四川南江胡氏族谱》,胡氏族谱编辑委员会,第3页。

雕刻纹饰丰富。在其主墓碑的两侧另建一个两柱一间的门枋，高约 6 米，侧向而立，两柱之间有线刻"芝园""鹿圃"的匾额，构成了侧门。在朝向正面的外柱上刻有一联："水聚山环懿范千秋长不朽，兰芳桂秀孝恩万古永维新。"书者为"候选学正堂□□堉　陈国颢"。字体硕大，笔画饱满厚润。这种特别的形制除了展示这一书法对联外，似乎并没有什么特别的意义，当然这可能和书者陈国颢的身份有一定的关系。事实上，这位陈国颢题写的碑文遍及周边很多乡里。可以看到，书法、文字在川渝地区的墓葬建筑中扮演着极为重要的角色。

图 5 - 6　古蔺县王张氏墓

结构的复杂化是让建筑本身获得丰富精美视觉效果的有效手段。中国传统建筑一贯注重功能与装饰的完美统一，建筑构件既是功能构件，又是装饰构件。特别是像墓葬建筑这样的纪念性、礼仪性建筑则更加重视。

文字，是中国人一直尤为重视的信息载体和符号，明清以降，书写的普及让书法艺术与建筑的联系越发紧密，书法日渐成为建筑装饰不可或缺的重要元素，这背后是有中国文字的间架结构与传统建筑梁柱结构之间的内在一致性的原因，作为仿木结构建筑的石质墓葬建筑一方面承接了书法与建筑的这种关联，另一方面有中国久远的刻石契书传统的加持，使得川渝地区明清墓葬建筑中的书法碑刻才如此丰富、深邃和精彩。

总之，以墓葬建筑作为载体，文字作为墓志的必要叙事、纪功的工具必不可少，而作为观看的礼仪性和纪念性墓葬建筑，其文字的书写和刊刻也成为重要的艺术形式和表现手段而被重视，甚至不遗余力地增加其显示的空间、位置和场所，碑刻文字成为墓葬建筑上不可或缺的存在要素和有机组成部分。

## 第三节　墓葬碑刻的内容及文献价值

以墓葬建筑为载体的碑刻文字包含着极为丰富的内容,几乎涉及到当时人们生活的方方面面而极具历史文化价值。这不难理解,从事多年清代墓碑石刻普查和整理保护工作的彭高泉对此有更深的体会。他在《遂宁市中区清代墓碑石刻的艺术价值》一文就从墓碑形制,雕刻艺术技法等角度探讨了该区墓碑的石刻艺术和碑文价值。他说这些碑文:"虽不如地方史文献荦荦大端,但为卷帙浩繁的地方史文献所不载有。遂宁市中区清代墓碑碑文,保存了不少清代遂宁地方政治、经济、文化活动,及墓主人的生平和社会活动简况史料,既可与地方史相印证,又可补正地方史之阙漏,特别对研究遂宁地方历史,具有不可低估的史料价值。……对其作一整理,可以使我们从一个侧面窥见当时社会的礼仪制度、生活习俗、经济政治、字词书法、雕刻艺术、建筑装饰艺术、宗教哲学、地方历史名人等方面的一些情况,有时还可补充和校正地方史书的缺误。"[①]对此,已经有些学者在这方面做了些努力,并由此推出了有价值的研究成果。

通江谢家炳墓陪碑所刻墓志全文 400 余字,较之于主墓碑明间的碑文,又更加翔实了。

藏以寿名不易举也,盖必有寿,然后可言藏,亦必有德有福而后可言寿藏。观兹谢公烺轩夫妇兼而有焉迹,公生平袭祖宗余业,知稼穑艰□,诗书难,未罗胄? 于父母前能竭其力,人称以孝者有之,手足虽无有,几于宗族内谦尊而光,人称以弟者有之,至其赋性敦厚,立心□谨,凡晋接亲朋闲公正无欺,语言不苟,恂恂然善气迎人,人咸乐于公交,用是克俭克勤,积居富有田畴,因之弥望轮奂,且以峥嵘,人称之也能有为焉者。又有□,今公年近古稀,蒙皇恩之宠赐,列盛世之耆英,而谓不贤而能之乎?

配 李孺人生子升联,中岁下世。继娶 程孺人,习姆训娴敬戒甘□,当寔赞成夫子之德,则古称贤内助者……余不敏,聊撮其畧以志是叙。

邑西庠太学生薛祝三拜撰(碑上写为"言巽",笔者注)并书。

---

① 彭高泉. 遂宁市中区清代墓碑石刻的艺术价值. 四川文物,1994(06),第 66—67 页。

这段文字如本章开始引谢元瀛题谢兴美墓志铭一样，提纲挈领地提出了"寿""藏"即墓葬的意义所在，并对墓主的身世、德业进行了记述，文笔简括精当。

而四川省南江县孙家山的孙懋功何氏墓前陪碑内是一段长长的自叙，前面一大部分写了其父母和六子二女的现状，后半部分涉及田产，及其粮食的分配处理等信息。

> 绩臣自叙，予乃祖父国珍廖君之孙严父思颖董君张君之子也，自幼束发受书，听亲教训。所配何氏生于嘉庆己巳/丙寅年，道光丙申游泮，庚子于帮增。生子六，女二……除岳家洞田地，毛观子田地，耳山后又置买压房冢田地三处地方。在生养老，殁后世作祠堂会地。况吾父生前自壬戌立有约，据所定成规，言及此地应年所出粮石聚积出售，其钱后世子孙执掌。每岁七月会集祠堂清算，一同祖父墓前面立簿据，烧纸一石，所积之钱成就大小功名者，弟兄一同商议帮费，毋得妄用。子孙恪守遗言，庶无负前人勤俭持家置业之深恩也。予于乙亥三月夫妇建立碑志共为操心使殁后有所考证，不至代远年湮而无徵也，是为序。

稍加对比可以发现，两则文字各有侧重，前者遣词造句颇具文采，引经据典论证充分，俨然一篇有文学、艺术水平的完整文章。而后者则比较写实，尤其是关于祠堂和分配粮食的文字，是研究家族史和经济史的很好材料，同时也较为完整地反映了家庭关系和家教家训之内容。这些文字得来实属不易，笔者多年考察也收集整理了一些，假以时日也几乎可以勾勒出一部社会生活史料。孙懋功何氏墓的碑文字体工整规范，结构美观大方，也是较好的碑刻书法作品，题写者为"南江县进士姻再晚李锦春拜提"。可见民间碑刻不只是文字内容上的历史文化价值，更有书者身份和书法艺术研究的价值。

万源曾家乡马三品墓前的四方碑，因四面门罩和雕刻构件被盗，让我们可以有机会看清碑亭内方柱四面的文字。内容与一般墓志大同小异，包括墓志、族谱、家族源流、墓地风水等内容。应该是将主墓碑上的部分内容移到这里，而主墓碑内的碑板则较为简单，为避免过多的重复，仅留下竖向排列的那一行墓主名讳墓志，周边则装饰以复杂的圣牌式的纹样，这也是较为流行的制式。四方碑正面有联曰：本支绵百世，谱牒系千秋。横批：敬宗睦族。方柱竖向刻大字：皇清待赠/诰封/君讳三品马/王老大/孺人二位之墓。两边分别有数行文字，交代马家世系。而与之相对的背面则有联：瓜绵椒□

衍,葛庇桂还生。横批:既安且固。柱面竖向刻:四川东道绥定太平县七乡三甲黑山子山下地名石高堖。其碑文显示了其堂兄弟、堂侄等家族人的名

字罗列。两侧内的似乎是夫人王氏族人的部分姓名。而在柱子的内侧除了雕刻,还可见几首诗词。其中两首我们比较熟悉,其一为高适的《别董大》:十里黄云白日曛,北风吹雁雪纷纷。莫愁前路无知己,天下谁人不识君。首字"十",应该为"千",不知当时是否有这样的版本流传?另一首是李白的《山中问答》:问余何意栖碧山,笑而不答心自闲。桃花流水窅然去,别有天地非人间。可见,墓葬建筑上不只是关于墓葬自身相关的文字,一些传统的诗词歌赋也成为其书写内容,让我们看到了中国传统文化在偏僻乡野间的传播状况。(图5-7)

图5-7 万源市曾家乡马三品墓前四方陪碑刻匾联墓志

字库塔,又称"敬字亭""惜字塔",是乡间场镇、路口常见的小型建筑,是焚化"字纸"所用,体现了古代对书写有文字的字纸的尊重以至敬畏。在清代四川地区民间墓地上,字库塔也常常成为墓葬的附属建筑而出现,其功能正如旺苍县柳溪乡袁文德墓碑(清同治十一年,1872年)右侧"西库"(西库二字为墓碑尽间的匾额题字,也为对联横批。)上的对联所说:"纸帛化在□□内,香烛焚于金库中。"这些字库塔常常有雕刻图像和文字。旺苍县九龙乡杨安仁夫妇墓(清道光八年,1828年)前的字库塔上的文字比较有代表性。在靠主墓碑的一面,开门洞,有对联:冥资连心输,信香带性烧。横匾:库常盈。侧面一首《戊子赋》曰:墓库层层秀石挑,蛟龙鸠起瑞云开。春秋报享焚楮后,宝马钱龙燦教名。菊月题。另一首《赞墓库》写道:宝库新成列坟前,外直中通就里圆。禴祀还期亿万载,蒸尝匪懈百千年。(图5-8)可以看到,墓地中的字库塔承担着焚化"字纸"和"纸钱"的双重功能,文字在这里起到说明解释和美化的作用,其象征意义更为明显。

四川平昌县老鹰村的苟希文墓是一座宣统年间的墓,占地近百平方米的大墓,现存土冢挡墙,右侧茔墙、陪碑、石狮和一座六角攒尖五重檐的高大字库塔。墓地不下三十块不同书体、不同规格、不同刊刻风格的题刻文字。

图 5-8　旺苍县杨安仁墓园字库塔书法

墓右前方尚存一座四层六角字库塔，其第二、三、四层的塔身六面均刻楷、行、隶书体的诗文。顶层有"文光射斗"几个大字。第二层内侧一面开拱形门洞，顶部匾额刻"泉府"，左右还有人手持算盘坐等在门口，似乎在计算收入。在一座字库塔上汇集如此多的诗文实不多见，那些高处的文字甚至都难以看清。距此不远的苟端文墓地，也是苟氏家族的一座大墓，其主墓碑、墓坊、陪碑和左右茔墙上也都刻了很多的文字，尤其是茔墙左右几幅长文大字是地方名家所书。民间对于在墓葬建筑上刻写书法文字的热情可见一斑。（图 5-9）

图 5-9　苟希文墓前字库塔

除了前面提及的明显可观看的文字，墓葬内还有一些文字似乎并不是为了让人读取的。如在开间内侧板，亡堂内等书写的部分文字，明显有为"地下"世界告知的意味。作为墓葬，这不难理解。有时候，我们还会在一些犄角旮旯等不起眼的地方发现一些文字，显得比较随意和随机，或者是后面补刻上去的。在旺苍县柳溪乡一座已经倒塌大半的墓葬建筑，在明间侧面的石壁上发现一段文字：

　　奉告上下两房以及弟兄子侄大小男妇老幼尊卑已生未生人等知悉，为碑工暗坏事情因袁恩福（健）之母马氏青年守节预修寿藏于斑竹湾。祖茔右侧苦心孤诣，历年□五尚未告竣，并无异□，岂料去岁，代卖茔树上下两房攘成讼端，因此事出偶□，于本年三月初八日忽见佳城之侧狮耳处铃铃被人打坏，马氏母子心血难甘，当即请凭房族约证点验实属可恶，今有族长约证同心苦劝，虽无指正情节可疑，意□鸣官究治，恐抱累左右房族人等，□保一□子孙，特将族内□文赔□一千六百文以补缺，□谨戒下次俟后查访，若有人异日后复为损坏践踏速将此人公出，不得隐匿家族，心甘意悦愿将族内钱文凭约证与里邻之人送官究治，今垂公白于佳城之侧，晓谕示众云。（图5-10）

**图5-10　已经面目全非的马老太君墓**

此碑刻显然是墓葬修好之后再补刻上去的，由于祖上的墓碑被毁坏而引发的官司，并获得赔偿的事情经过。这场"讼端"包含了很多的信息，包括祖坟的保护、社区关系、赔偿背后的经济水平、人们处理争端的方式等等。

在四川南江的长赤镇一座嘉庆年间的何绍宗家族墓前牌坊明间左侧立柱有《何氏先祖墓旁封山碑记》，也有一段类似的文字：

挨葬无寸余隙地，光绪十九年，有裔孙于祖妣后起柩鬶葬，凭众自起，恐后复有不肖子孙知亲忘祖，再来掘葬此，即灭祖忘本。生民等窃念本固枝荣是以协恳。仁天批饬永禁有犯，必然起并治，以应得之罪殁存均沾，伏乞。

县主旷批　淮　为恳立案被查。光绪二十年十二月二十日五房子孙奉案公刊。

这些文字也是因墓地而起的"讼端"，记述了后人对先祖茔地的保护。也反映了家族墓地少有人知的一些历史事实。这样的文字并不常见，但也不乏生动具体,足以反映区域性的社会历史状况。

**图 5‑11 贾儒珍墓上的"家训条规"**

值得重视的是,墓葬建筑上的这些题刻,很多都涉及家风、家训、家教、族规等道德教化的内容,这些文字内容与其家族的族谱、祠堂碑刻等文字有诸多相同之处。由此,墓地不仅仅是一个家庭对逝去先祖的缅怀和祭奠之所,通过文字和图像显示墓主的身份地位,寄托哀思,表达愿望和理想,同时也通过这些内容丰富、形式新颖的文字实现了道德教化,实现了知识、观念和审美的传承。

从这些文本中,我们可以获取到多方面的信息。事实上,墓上几乎可以刻上任何的内容,如四止界畔,家教教训,诗词格言乃至争讼传说等,它们构成了一个丰富、复杂的历史写本,为研究区域历史文化和乡村社会生活、家族变迁等提供了直接的材料。

## 第四节　碑刻的主要书体和刊刻

墓葬建筑的碑刻书法从书体上看,楷书是最主要的字体,也最为常见,往往在明间、次间之内用于书写比较正式的内容,形式端庄大方,容易识读。还有一些超过常规尺度的匾额,往往用行书,也显得比较隆重而有气势。总体上看,楷书体的选择有内容上客观要求、也有艺术形式和视觉效果上的主动选择。

如果从内容变化和形式上看,匾联书写和刊刻应该是墓葬碑刻中形式最为丰富的,尽管字数不多,但从较为自由的题材选择和对其文学艺术性的注重而成为被关注的重点。一般人们看碑的时候也往往较多去看看匾联文字,其文句的对仗,意义的美好、切题,以及文字的美观和刊刻的装饰都是首先考虑的。匾额更是如此,往往会重金聘请地方名家,甚至特意求得地方官员的书法墨宝并刊刻在显要位置,以达到"光耀门楣"之用。正因为如此,匾联、墓志、纪事等书写也就各显神通。不仅出资人慎重考虑书者的身份地位、社会影响力、文化水平等因素,受邀者也明白"书如其人"的道理,明白这些文字将会刊刻在碑石之上,供百代品评,也不会马虎从事,自当尽力展现最拿手的本事。因此墓葬碑刻呈现为多样的书体和多元的艺术风格。有楷体的端庄厚润,有行书的潇洒灵动,也有隶书的古雅娴静,还有篆书的浑朴苍劲。在艺术风格上有注重严谨雅正者,亦有追求自由放逸者,既有文人格套,也有朴拙野趣,可谓精彩纷呈。(图5-12)

**图5-12 贾儒珍墓前陪碑上的隶书横批(92×24厘米)**

行书应该也是最受书者或观者欢迎的一种书体。其流畅的行笔,灵动的姿态和书写的自由洒脱总是会引来喝彩,而且也显得书者似乎有更高的水平。因此行书一般多在非正式的空间中出现,如在墓葬的附属建筑,特别是茔墙、墓坊等非主要空间和位置上,以增强墓葬建筑的丰富性和文化气息。其书写的内容多为对联、诗词等。匾联上的行书虽然并不多,但似乎凡用者皆为佳品。(图5-13)

在一些墓葬碑刻上,我们也会见到古雅的篆书、端庄的隶书写成的对联和匾额。尽管并不常见,但敢于用者往往还是行家里手。很多时候,同一座墓葬建筑可能采取不同的书体来书写相关的内容。这里除了书者自己决定,还有可能是墓主、主家或匠师有意识地设计和安排。阆中市的伏中秀墓明间立柱的篆书联笔划方圆并用,疏密得意,秀雅端庄。(图5-14)而在苍溪县贾儒珍墓前的陪碑上两副柱联分别用到隶书和篆书为联,用笔讲究规范而注重变化,结体大气开张,笔划挺劲,方圆并重,疏密得宜,可谓难得的篆书作品。(图5-15)

图 5‑13 四川省南江县岳中河墓行楷柱联

图 5‑14 阆中市伏钟秀墓明间门柱
篆书联（208×203 厘米）

图 5‑15 贾儒珍墓前陪碑上的篆书联
（91×13 厘米）

253

除了正常的笔墨书写，还对文字进行装饰变形，或取其象形，追求图案化、形象化的视觉形式，或会意，突出文字的象征和寓意。这或许是汉字作为形象文字的天然优势，同时也是民间最为喜闻乐见的一种装饰手段。通江县松溪乡的祝三泰墓（清光绪三十三年，1907年）稍间的柱联："骨骼同秋江月，文章如春海波。"文字全是用花卉、枝叶和鸟等元素来组合完成，有点字谜游戏的感觉，颇费了些心思，反映了民间将文字图像化、装饰化应用的一些倾向。（图5‑16）类似的更为普遍的做法就是将"寿""福"等吉祥文字变形和装饰化的应用，这在川渝地区的墓葬建筑和石刻装饰中非常流行。特别多见的是上下出头"长寿"纹、适合纹样的"圆寿"纹，以及将笔划变形为花卉、云纹的"花寿"纹等。这类文字多用在基座、次间、抱鼓之上。在重庆涪陵等地，"寿"字纹多出现在顶脊上，与宝瓶、鳌鱼等组合出精美的镂空脊饰。而在南充、蓬溪等地则流行用镂空"寿"字变形作为封门石，在前文装饰一节也有提及。这些文字的应用更侧重于图案和装饰纹样的设计和应用，也是一个值得关注的方向，此处不再赘述。（图5‑17）

图5‑16　通江县松溪乡的祝三泰墓的花卉字（通江文物局提供）

总体上讲，墓葬建筑上的文字的书体选择，还是以人们习惯的阅读为主要出发点，同时考虑到文字的内容和在墓葬上的空间位置。特别是在立柱

图5-17　蓬溪县境内的镂雕门罩上的装饰文字（金婷婷整理、描线）

和匾额之上的文字,注重其可读性追求的同时对文字的艺术性,即书法水平和雕刻的方式。

就刊刻而言,匠师对文字的处理方式比较多。首先在雕刻手段上就有阴刻和阳刻之分。但实际上阳刻的文字相对少些,可能一是与阴宅相匹配,另一方面也是因为从工艺上讲,阳刻需要减地,凿平,工作量和技术难度要大一些,不太适合文字太多的长篇,所以在川渝地区的墓葬碑刻上的阳文多是在匾额文字上用到。但尽管这样,还是有一些比较巧妙的类似阳刻的手法,即是将文字周边的部分减地,使文字形成稍稍高出,或从文字笔划边沿下凿,以突出有似阳文的效果。

阴刻最为常见,但在具体的使用中,也演变出多种的表现技巧。最直接手法的就是双勾文字外框,在石材上沿文字边缘向笔划内斜切至中间交汇,这样文字就形成截面为三角形的雕刻技法。这种办法最为直接快捷,也最为通用,当然,刊刻中也视倾斜的角度不同,文字呈现出或开敞或促狭的效果，开敞者柔和大度，促狭者锐利硬朗。

另一种比较常见的形式就是沿字口直切，到一定深度后再平移动，并将文字的底部磨平或处理成弧形的面。这样文字显得含蓄圆润、给人以严整厚实之感。一般平地的碑刻文字稍浅，而弧形底的文字刻入更深。此外，一些大号字体因点划壮硕，多将笔划处理得平整、圆润，一般较大的文字和隶书文字就多用这种平底阴刻的技法。

还有一种刊刻形式介于前几种办法之间，这就从文字笔划之内开始下刀，向外斜切至文字的外边沿线，由此形成一个楔形的面，最终文字呈现为一个带有边框的清晰轮廓，这种技法也比较适合比较大型的文字。在一些墓葬建筑上，还偶尔可以见到一种"线刻双勾"的技法，即围绕书写文字的边缘刻线，这种技法所刻文字容易显得绵软无力，所见者不多。

事实上，在一座墓上，匠师会刻意选择多种不同的手法来刊刻文字，以获得丰富变化的视觉效果。如通江县松溪乡的罗成墓（清同治十二年，1873年）是一座带有主墓碑、四方陪碑和墓坊的大型墓葬建筑群，其主墓碑的明间和次间的多副柱联和匾额就分别使用了不同的刊刻技法。次间匾额"百世流芳""名播千秋"，柱联"鸾翔凤煮启文人"等为内斜切，显得干脆利落。而明间门柱的"瑞耀漆灯教千年若旧，祥徵石椁蒸尝万代维新"则为平口直切，文字开阔圆润，比较亲近可人。明间匾额的"燕翼诒谋"则为外斜切边线的技法，丰富多变。（图5-18）

**图5-18　通江县松溪乡的罗氏家族墓的明间次间柱联和匾额**

在将墨书转换为碑刻的过程中，匠师起到了重要的作用。历代刻工的研究也不少，在川渝地区墓葬建筑的碑文刊刻，一般都由负责造墓的匠师完成。他们也会在建筑上留下自己的名字,常常有石工、匠师、石匠等自称,其水平和工艺直接影响了碑刻铭文的书法艺术水平。

　　阴刻碑文的切口大多呈三角形截面,雕刻深浅则与文字大小和刻工技艺相关。切口干净利落者,文字显得硬朗爽利;切口圆钝者,则有厚实扑拙之感。匾额、墓联上的较大文字有些比较讲究,底面往往会雕琢平整,或呈现弧形,显得厚重工整。也有些仅仅将笔划外缘刻线,形成斜面逐渐过渡,笔划中间部分则与子版面齐平,也颇有一番味道。平昌县灵山乡的张友先墓(清同治十二年,1873 年),墓碑、陪碑、墓坊、茔墙等建筑上有多达数十幅书法题刻。墓坊上的一幅行书题刻,因为在龛内,保存得很好,稍加留意便可以看到这些文字的边缘有"双钩"的墨线痕迹,应该是匠师将墨书用某种办法转移勾勒到石面上,然后再用錾子刻出文字。可以看出錾刻时也并不十分严谨,没有严格按照墨线来走,但整体上对于行书书写的把握还是很到位的。文字结体端正大方,行笔干净利落、整体流畅、动态感十足,仍不失为精彩,甚至表现出了书写过程中的轻重缓急和笔划的转折等。这一作品让我们对碑刻文字的刊刻过程有了一个基本的了解。(图 5 - 19)碑文显示,匠师为李春荣、李恩荣两人,看来,匠师对于书法艺术的理解和把握能力还是比较强的。

**图 5‐19　平昌灵山乡张友先墓坊上的刻书墨迹**

　　在一些碑刻上,我们明显地可以看到,刻工对文字的修整。一方面处于刻写的方便,也有可能对个别写得不太好的字进行调整,或刻意地对其进行一番多余的"修饰",但对整体书写的尊重和保留是基本的原则。这种处理对于一个技艺高超,经验丰富的匠师而言,应该没有什么问题。正是这些匠师,让那些古代文人的笔墨文字被长久地留在了石头上,成为历史、文化的见证。

　　广元市元坝区紫云乡的田大成墓,其碑刻上将撰文、写书和石工都记录

于碑文,让我们能够明确地看到这种合作。碑文云:

> 道光乙未恩科举人广元县儒学教谕候補知县刘骥拜撰。邑庠生子壻赵近颜沐手敬书。石工蒋朝富。咸丰贰年岁□壬子季春月上浣吉建。

文人和匠师的这种合作,有一种莫名的默契,那是源于数千年的中国碑刻文化传统,古代著名书家甚至有自己专用的刻工。这样,主人或丧家的理想、家族的历史、文人的意趣、匠师的技艺在此交汇,使得一座墓碑变得丰富、厚重起来。民间匠人的手艺与文人的意趣走到了一起,使这种民间的丧葬习俗和中国传统的礼教、信仰得以传续。匠师将文人的单纯文字赋予了特殊的质感和结构形式,并使之成为建筑的重要组成。

## 第五节　乡绅、地方官和底层文人的文化生产与传播

墓葬碑刻的撰写是一件严肃而重要的事情,往往都会请到地方上有名、或有一定身份地位的人来写。如《万源县志》所载:

> 碑志联语,皆请名手撰书。此死后之坟墓,子当尽孝,自可如此,更有其人尚存,自营寿藏,俗称"生基",亦请人撰述志联,率多过失之誉,识者讥之。(《万源县志》十卷·民国二十一年铅印本)[1]

在传统乡村,读书人可能并不是很多,但因科举考试对书写的要求颇高,甚至有"抑文重字"的倾向。因此,大凡读书人都会在书法上用心用力。因此,他们的"墨宝"便会有机会留在墓碑上。名家撰写墓志和碑文自汉唐以来就已经非常盛行,书法大家柳公权就写过大量的墓志。有记载说,当时的大臣死后,如果碑文的字不是柳公权所写,子孙甚至会背上不孝的名声。可见《万源县志》所载"碑志联语,皆请名手撰书",似乎成为了自然选择。这种对于墓碑书法的看重的观念延续至今,这是中国人骨子里对文字、对书法的那种喜爱和信仰使然。

---

[1]　《万源县志》(十卷·民国二十一年铅印本),引自丁世良　赵放等编《中国地方志民俗资料汇编》西南卷,北京书目文献出版社,1991年版,第320页。

万源市曾家乡覃家坝的覃占龙墓（大清光绪三十一年己巳岁仲春月望日）左侧明间侧墙上，一段碑文记述了墓主请人写碑文的情形：

> 惟二月之望，伯请燕席，间谓余曰，吾与尔伯/母年俱七旬，余为身后潜形计，鸠工琢石将落成。子与我书，鸡□□碑。闻言愀然，应曰，子鲜学问，荒笔砚，落纸□文。伯/曰，不过述水平大略也。于是握管退思，□□德伯/考公讳⋯⋯

这则生动具体的叙述，讲述了身为长辈的墓主，以正式宴请的方式慎重地提出书写碑文的要求，而书者自然是客气一番，但最终还是答应了下来。可惜的是落款已经不太完整了。

苍溪县东青镇的贾儒珍墓地一块石碑，刻《贾公预修佳城记》一文曰：

> 吾乡有贾公，泽仁。其性直，其貌古，而其行最洁。一日晤予曰："吾与君相居日久，相得甚欢，凡吾生平所历之境，所行诸事宜，其闻之，熟知之悉矣。今欲预修寿藏，得君一敍□，不失吾本来面目耶。予固辞不许，特援笔以应之⋯⋯落款为：本邑儒学文生愚眷弟王家桢拜撰敬书。

两段文字都生动地回顾了接受请托写墓志时的情形，特别是题写者都会在客气并谦虚推脱一番后，便欣然应允了。这反映出题写墓志是一件非常严肃正式的事情，对所托之人来说，也并非轻松随意而为之，应该有一定挑战性，但也确实有感到荣幸的一面。

从这一地区碑文的落款看，一般多是请自己的亲属，或子侄儿、孙辈，也有外姓人，或地方官员等。撰文和写碑者有同一人完成者，也可能另外找他人来写。但书者一般都以身份加姓名加"拜撰""撰书""沐手"等格式结尾，以示谦虚和敬重。同时书者还表明自己的文人身份，因此落款常见文生、廪生、庠生、贡生为多，举人、进士等撰写的碑文也不难见到。如巴中市化成镇的雷辅天将军墓的碑序落款为："巴州正堂雷尔卿撰。保宁政学南江文生雷泽荣书。大清光绪。"另外两首五言律诗分别为"丁卯科举人即补县正堂雷文渊题""甲子科举人，候补县正堂雷正溶题"等，在川渝地区的墓葬建筑中也常见到有进士书写的匾联文字。在考察中还发现同一文人在不同时期的不同墓葬上留下举人、进士的不同身份落款，表明他功名的晋升历程。

苍溪县三川镇龙泉村的程思猛墓，是一座规模巨大的拱山墓，其雕刻工

艺也算上品,其书法虽算不上突出,但墓前的一块圆首碑的起始刻四列文字,可以看到,为完成一篇墓志出现了4个人的名字:

> 征侍郎程公字字山暨猛儒人合墓 志铭;花翎同知衔补用知府署四川中江金堂成都县沈炳荣撰;岁贡生试用知县见任警视厅警务长愚弟杜凌云 书;癸卯 恩科举人拣选知县同里杨 桢 篆额。

图 5-20 张之洞题联(旺苍县文物局提供)

观看其高大的墓碑会发现,除明间上部匾额"受天之佑"几个大字以及顶部明间外的"福"装饰字引人注目外,其余的都是常规的柱联和匾额。因该墓明间和两个次间碑板早已被破坏,门洞大开,我们如今只能猜测应该有与雕刻相匹配的精彩碑文。一位七十多岁的程氏后人还记得已经丢失的明间柱联,生怕后人忘记,就用石块为笔,写在了墓碑上。联为:"九龙捧寿逍遥台,五凤围绕吉祥地。"但如今也比较模糊了。

在这些民间碑刻中,也发现了名家之作,如张之洞所写墓联:"望重圭璋特树典型贻后代,芳腾兰桂咸修俎豆报先灵",落款为:"四川学政探花及第张之洞敬题"。书体庄穆古雅,笔划奇正得益、疏密有致,真不失学政风范。(图 5-20)另外,还有发现邓石如的五体书帖碑刻。[①] 相信,随着考察研究的深入,或许会有令人惊喜的发现。

可以说,墓葬无意中成为了保留乡绅、地方官员、底层读书人,甚至地方文化名人参与文化活动、文化生产的平台。南江县的马氏家族墓中是一座墓—祠一体的综合性建筑,其中至少有 20 多位不同身份、级别和层层的官员、读书人写下的族谱、墓志、对联、匾额,还包括

---

① 李蚊蛟. 邓石如五体书帖碑刻. 四川文物,1985(03),第 11 页。

《训耕要语》《课读格言》等多篇数百字的长文,更不要说那些长长短短的诗词、题记了。可以看出,一座墓葬往往会有多人撰写匾联和碑文,因此,一座大型墓葬,或家族墓地往往就是一个书法碑刻的汇集之处,也是文人文化生产的交汇之地,是一种文化的荟萃之地。在偏远的传统山乡,无疑是难得的文化景观,足以产生重要的影响。

由此看来,墓葬建筑的营建不只是个别家族请来民间匠师修建的一座座祭祀先祖或者为自己的归宿而打造的石头建筑,也是乡绅、地方官员、底层读书人、地方文化名人都参与其中的——文化生产活动,至于那些受赏赐的名义而来的匾额,至少也是县级以上的朝廷官员所书。毫不夸张地说,在川渝等地的墓葬建筑上,可能汇集了大多数的地方读书人、乡绅、地方官员等撰写的文字和书法作品。数百年来,所囊括的官员、乡绅、底层文人的数量真是不小,如果能够详加考察整理,很好地探察他们的身世、活动、作品,及其在乡村社会中的影响,让这一特殊的文人群体可以形象鲜明地从历史中走出来,真是一个重要的文化视角。

有充分的证据表明,举凡有一定经济基础的家庭,或者中等收入的家庭,往往都会修建墓葬,也都会请至少是在这一地方的读书人来撰写墓志、匾联。而他们的这些书写自然也是他们的学识的反映,是他们或创作、或改编、或转抄并被刻写在墓葬建筑之上的。而这一地区的地上墓葬建筑的一个重要的功能就是观看。不仅仅是后世子孙在祭祀的时候观看,也是族人、社区民众包括外来的人观看的一个重要景观。因此墓葬建筑就是一个综合性的文化载体。实际上我们经常看到,墓碑上的文字被用粉笔、墨笔描画过,也常常听到小儿照着碑文上的字句学习的故事。事实也真的如传说那样,很多距离住宅较近的墓碑常可见到墨迹和粉笔描画的痕迹。而墓葬上的那些家谱、宗支谱序、教化格言等等也无疑承担着这样的功能。无疑在我们今天看来似乎缺乏"文化"的僻远乡村,正是这些出于公共开放空间的墓葬建筑上的图像、文字承担着乡村的文化传播的重要功能。我们甚至在一座看起来不显眼的墓碑上发现一首唐诗、一段名句,甚至是儒家经典的字句,这些东西对于文化的普及和于乡村的文化传播是不可或缺的。

## 第六节　墓葬碑刻的艺术特征

中国传统建筑到明代,其形制和装饰手法趋于成熟稳定。书法的介入,不仅丰富了建筑的视觉意象,还可以提升建筑的文化内涵,而作为建筑装饰和室内陈设的书法、匾额、楹联等都已经非常成熟，并形成了相对固定的程式。这一过程也是书法艺术民间化的过程，书法艺术与民间的世俗生活关系也越来越密切。"明代书法在宅第园林、家居摆设、民风民俗、科举仕进、商品经济发展中发挥了不可忽视的作用。这种民间化的倾向，使得书法更加普及，书法艺术的发展也更具生命力。"①这一世俗化和民间化倾向也延伸到明清墓葬建筑上。倘若对比一下大量的川南宋墓，就会发现，宋墓题刻并不多，更不要说在书法上的要求和讲究了。显然，由于墓葬营建的重心从地下移植到地上，从封闭的墓室注重陪葬物，到开放的建筑注重建筑实体"务为观美"的花碑，书法在墓葬建筑中就有了更为广泛的使用。因此，墓葬建筑上的书法甚至比宅邸有了更多的形式和内容，并逐渐形成其自身约定俗成的规范格式。而随着建筑形制、体量、配置等的变化，建筑上的字体、字数、文字的大小也呈现出丰富的变化，几乎绝无雷同，也因此为我们呈现出了民间书法碑刻极为丰富的表现样式，展现出民间匠师、乡绅和底层文化人的无穷创造力。

墓联和匾额往往被视为建筑的脸面，其形式和内容往往反映出建筑的属性、地位和所有者的个人处世哲学和审美观，墓葬建筑也有着同样的路数。前文提到的杨安仁夫妇墓实际上是两座墓，这种夫妻分开埋葬并分别修建大墓的情况比较少见（清道光八年，1828 年）。（图 5 - 21 上）其中杨安仁墓是一座桃园三洞碑。该墓一层正中三间均配双柱联，共有 8 副墓联，多者 11 字，少者 7 字。对仗工整，排布有序。其上各有四字横批，端庄大气。稍间内的碑版上是对墓主的颂词。字体、大小和字数随石柱的尺度而定。石柱多为平面，也有将柱子打磨成弧形面，并雕刻装饰线框或纹饰，还有的会雕刻模仿出木构建筑上悬挂的木牌，甚至将钉头装饰得格外精美，为文字的呈现提供了一个艺术化的背景，用心颇多。

匾，古也作"扁"。《说文解字》说："扁，署也，从户册。户册者，署门户之文也。"是悬挂于檐下和门顶部的装饰用牌匾，上书大尺度的文字，反映建筑物名称和性质，主人的志向、意趣等，悬挂方式有横匾和立匾之分。墓葬建筑立柱间的顶部往往会雕刻成倾斜挂起的匾额的样式，外形都会浮雕出向外斜挂的方形、扇形等，下部还雕刻出门钉，以尽可能地模仿出木构建筑上的匾额。尽管很多时候墓联的横批和匾额是一体共用的，字数有 2、3、4 字不等，但是总会用造型加以特殊的区隔，其意图也是非常明显的。而在墓坊上或者是大型墓葬的亡堂上方，会将匾额装饰得格外精美豪华，用云龙纹、

---

① 高文涛. 明代民间书法述略. 北华大学学报（社会科学版），2016(08)，第 92—96 页。

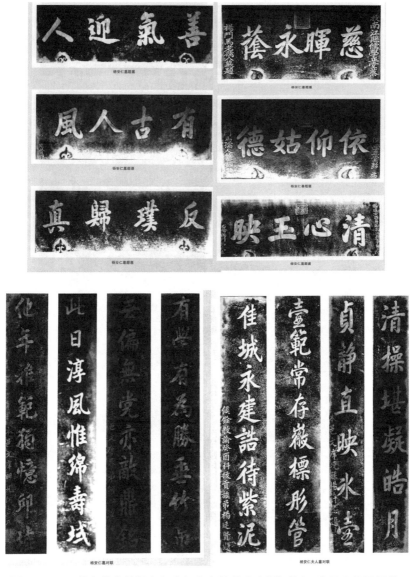

图 5‑21 旺苍九龙乡的杨安仁夫妇墓上的书法碑刻拓片（旺苍县文物局提供）

缠枝花卉纹或回纹等衬托匾额上的文字。为文字配上相应的纹饰图案，或者将文字置于显眼的位置，为其腾出开阔的空间等是中国人表达对于文字的尊重的重要手法。相较于木构建筑形制都比较规则的匾额，墓葬建筑的匾额从外形到装饰都要丰富得多，尤其是匾的形状除了常见的方形，还有很多的扇面，书卷和折页等多样的造型变化。更有甚者，在墓葬建筑匾额的底部，有着更为夸张的装饰，从抽象纹饰，到动物花卉，再到戏曲人物，不一而足。但这一装饰明显可以追溯到木构建筑匾额的"钉头"，由此比较，可以对仿木构建筑的墓葬营建和装饰手法有更为清楚的了解。

从匾额的碑刻文字和书法角度看，平昌县的任存万墓令人印象深刻。该墓形制复杂，尺度高大，墓前陪碑曾经位于堂屋之内，其上的隶书文字多，书法水平高。特别是主墓碑两个三折页书卷造型的门罩上，居然刻有甲骨文、篆书、隶书、草书和道符文字 12 条，每条 3—12 条字不等，文字排列或横、或竖、或弧形、或斜置，但总体看上去并不乱。从隶体的"郑羌伯鬲铭""伯东鼎""右伯鼎铭五字"，其中左侧匾额的左折页上有一段"董昌洗铭刻有羊形，盖取吉羊之义"等文字看，这些文字似乎出青铜铭文，至少与之相关，但实在不知其何以如此。但至少证明墓主对于书法文字的特别兴趣，也为川渝地区的墓葬碑刻书法提供了一个特别的样本。（图 5 - 22）

**图 5 - 22　平昌任存万墓门罩匾额书法**

这一地区，常常还可以看到高悬于墓碑和墓坊上的匾额文字竖向书写，与常见的横向书写文字的匾额不同，姑且称之为"立匾"。上书"皇恩赏赐"

"恩赐耆老""圣旨旌表""节昭百代"等,字体硕大,厚重,并饰以繁复的纹饰,代表性的有龙凤纹,镂空的花卉纹等,形成了墓葬建筑书法文字题刻的另一种艺术表现手法。在川渝地区的墓葬建筑上,常见本县父母官、县教谕等题写的匾额、对联等文字,笔者不知道,清代的地方官员是否有"题字"的义务或任务,但这种题字,显然可以让"官员"出现在无法到达的偏远乡村,实现某种教化、治理的功能。而对于墓主之家来说,亦可以因攀附上官家而自傲。而从书法碑刻的角度而言,这些官员的题刻也是当时书法艺术流行和普及的表现。

梁柱上的文字字形较大,但字数不多,书写格式也比较固定。而墓葬建筑开间内、柱间侧板,以及茔墙等上的书体就灵活得多。除明间或次间的碑志相对固定,均采用阴刻楷书,其它部分的文字则多以行书或草书写就,内容关涉墓主的身份、生前的事业德行、墓地风水、家族荣耀等,多以叙事性的散文或诗赋的形式来表达,同时比较注意文字的章法布局。

苍溪县张家河村的张文炳墓,属夫妻合葬墓,也是一座雕刻和书法艺术均非常出色的墓葬,尤其是一层额枋雕刻和三个直径超过 60 厘米的石雕圆盘装饰,曾经遭到多次盗劫而有幸留存。明间有中柱隔出两开间,内有享堂。柱间门罩的设计更显匠心,下刻三段式流畅曲线的边框,其内有精美的瓶花装饰,托起弧形展开的条幅,其上写十余行行书文字。左右门罩条幅分别赞美墓主及其夫人的德行,"叹君德兮⋯⋯""终温且惠兮⋯⋯"其句式有楚辞之风,有古雅之气。整个门罩那方圆曲直的线条节奏,高低错落的装饰构件,疏密有致的纹样布局无不让人感叹民间匠师高超的技艺和不凡的品位,竟然能够将墓葬打造得如此精美,如此令人心动,以至于每次到现场都不得不为之担心其留存!

享堂内壁满是题刻,正壁顶部还有三联卷轴,其上刻关于墓主的诗文,但因雨水侵蚀,大都模糊不清。但其中一句还很熟悉:"人生有酒须当醉,一滴何曾到九泉。"这是宋代高翥《清明日对酒》中的诗句,在川渝地区的墓葬建筑上时常被引用。①

享堂侧墙也满刻文字,字板顶也有浮雕匾额,分别为三颗寿桃和三颗石榴组合的三联样式。其实分别刻多首诗句,这种左右对称而有变化的造型自然而有意趣,似信手拈来,足见民间匠师们的灵活意匠。其上刻行书文字

---

① 高翥《清明日对酒》全诗为:"南北山头多墓田,清明祭扫各纷然。纸灰飞作白蝴蝶,泪血染成红杜鹃。日落狐狸眠冢上,夜归儿女笑灯前。人生有酒须当醉,一滴何曾到九泉。"在川渝地区的墓葬建筑上,这一首诗常常被引用,或截取两句作为对联,或作为典故简单化用,最常见的是"纸灰飞作白蝴蝶,泪血染成红杜鹃"一句。

数行。石榴上的前半截是："胜日寻访泗水滨，无边光景一时新。"这是朱熹《春日》中的名句。后面两句为"若待上林花似锦，出门俱是看花人"。出自唐代诗人杨巨源的《城东早春》。寿桃上为程颢《春日偶成》："云淡风轻近午天，傍花随柳过前川。时人不识余心乐，将谓偷闲学少年。"（图5‑23）可以看出，题写者特意集合了有关"春日"的诗句题写在这座墓葬建筑上，表明其不一般的文学视野，其行书用笔洒脱流利，应该是一位饱读诗书者所写。由此，这些墓葬建筑及其诗文也成为乡村重要的文化资源，成为传播传统文化的重要载体。

**图5‑23　苍溪县张家河张文炳墓上的书法作品**

可以看出，墓葬建筑上的碑刻书法，一方面遵循着规范的格式和特殊的讲究；另一方面却也大胆突破固有的模式而呈现出自由随意的一面。一方面极力通过模仿"高大上"的官式和文人的"雅"，但同时也不拘陈法，或因势利导，或即兴发挥，甚至临时增补，表现出明显的民间文化的"俗"。规范与自由并重的书法碑刻形式就同时呈现于建筑之上，形成了丰富多元的民间碑刻艺术。

墓葬建筑的形制规模，雕刻装饰和碑刻铭文是营建墓葬必须考虑的三个基本要素。文字在这里不仅是提供可识读的必要信息，而且也有意识地通过对文字大小、书体、位置、装饰图像、书写者身份等的选择和呈现实现语义的多义性。在实现墓葬自身所需文字内容和功能的适当、得体与完整性的基础上，有着对文字的视觉形式和艺术表现力的明显看重。正因为如此，也就形成了该地区分布范围广，形式内容极为丰富、艺术水平较高的清代民间书法碑刻艺术遗存。墓葬碑刻书法因建筑形制、雕刻工艺以及书写风格的差异而呈现出不同的视觉效果。碑文也因内容、位置、尺度、刊刻的分别而呈现出不同的面貌。它们或厚重肃穆，或平实雅正，或轻盈飘逸，或浑朴粗粝，俨然一部清代民间碑刻书法艺术的资料库。如果说，碑志、序文等主要在仅承担叙事、纪传的功能，那么在梁柱上的匾、联更多的则是作为装点建筑的形式符号，借以提升建筑的品位、档次甚至级别。这时候的书法文字，不仅仅具有记录和表彰的功能，也有明显的装饰甚至宣扬的味道。文字本身成为了重要的符号，不仅具有象征和吉祥的语义，其形式和结构也成为墓葬建筑整体的有机组成，与建筑的体量尺度、风格特征，甚至地位身份相得益彰。这时候，文字的书写、刊刻，内容等都成为全面考虑的内容。知名的雷辅天将军墓是川渝地区大型的清代墓葬建筑，其体量、尺度、装饰和题刻内容都非常具有代表性，也因此很早就被纳入到省级重点文物保护单位名录之中。墓前高大的墓坊次间用石板封闭，高近两米的次间门板石正面刻天官人像，背面刻"积厚""流光"几个斗口尺寸的大字，笔划流畅，笔力强劲，为减地平雕手法。文字整体高出平整的底板数毫米，字面平整，字口整齐，转折硬朗，有似于剪贴在底板之上，并用色彩涂绘装饰，显得浑厚醒目。（图5-24）

**图5-24 巴中化城镇雷辅天将军墓次间门板题刻**

很多时候，书法文字并不具有绝对的独立性，而是被视为建筑装饰的重要组成部分，与诸多的造型、图像、纹饰一起共同呈现出墓葬建筑的整体的美。这一点匠师是非常清楚的。当然，这也是墓葬营建经过了数百年的演进之后成熟的标志。因此，首先我们看到的是一座造型美观、尺度合宜的墓葬建筑，然后在建筑上有各种雕刻、彩绘装饰图像，还有依附于建筑的匾联和文字。绵阳三台县是川中地区重要的历史文化重镇，自汉以来的墓葬留存甚多，明清墓葬建筑也颇有特色。在龙树镇的林德任夫妇墓为我们展示了极为成熟的墓葬建筑装饰技艺。在该墓主碑的明间立柱外侧分别是一块宽大的碑石，顶上为横枋，外侧是抱鼓，中间等分为三个部分，两侧是浮雕图像,中间则是一块行楷书法碑刻,书者左侧落款为"梓邑文生薛先封挽赠",右侧为"眷晚武生王文选"。字体娟秀流畅,书写工整,显得很是精美,与周边的雕刻装饰浑然一体。(图5-25)

**图5-25　绵阳三台县龙树镇林德任夫妇墓上的碑刻书法作品**

我们看到极为复杂的造型和繁复的装饰元素却又能够非常有序地融入到整体之中,书法作为装饰性的要素在墓葬整体的造型和艺术中表现得如此的恰如其分,看似不经意的处理却蕴含着成熟的巧思和巧艺。

四川仪陇县的范公坟是一座大型的拱山墓,拱门之前的墓坊高达5、6米,高大门柱和宽阔的柱间阑额就为书写留下了空间。其中有长达3米,每联11字的长联,次间立柱上的一副8个字的长联,文字都如铁画银钩一般刻于平整的立柱上。柱间匾额上"万笏遗踪"四个超过70厘米的榜书文字,次间阑额上的"千秋月""万里云"也是字体硕大,浑厚凝重,令人叹为观止。这种榜书大字现在已经很少有书法家写了。(图5-26)

如前所提及的杨仁安墓,柱联较多,为多人写就。又可细分为门联(即

范公坟墓坊匾额题刻 217×83厘米

范公坟墓坊二层左右次间题刻 113×50厘米×2

**图 5‑26　仪陇县范公坟墓前牌坊次间上的榜书文字**

开间门套上的对联)和柱联，其中门联书法笔划圆润，字形饱满，结体端庄，给人以率真大度之感。而明间柱联则相对正式，笔力劲健，结构方正，次间的一联则飘逸疏朗，笔划流畅，共同营造了丰富的书法展示效果，可读性和艺术性俱佳。

四川南江县大河镇郑氏墓（清）上就集中出现了楷书、行书和篆书三种书体的墓联，这种情况其它墓葬也常可见到。该墓联文字硕大，字形端正，笔划开张，但却严谨有度，特别是三个横批行书，笔法娴熟流畅，几乎让人能感觉到书写者当时的神情动态。（图 5‑27）

**图 5‑27　南江县大河镇郑家墓上的多样书体**

通江的陈俊吉夫妇墓（清光绪二十一年，1895 年），以建筑形制和雕刻装饰而成为四川省级重点文保单位。该墓的建筑形制、雕刻装饰乃至碑刻书法等都给人以素洁雅致，内敛平正的感觉，其风格特征和艺术水准在川渝地区清代墓葬建筑中独树一帜，民间艺术有如此整体的设计和效果非常难得。

初步统计，该墓的文字题写者近10人，分布于主墓碑、陪碑、墓坊、字库和望柱上。其中墓前一对高度超过4米的石方柱，顶部一对石狮（后被盗），柱面刻一副48字的长联：

棠太君女中君子冯夫人贤内丈夫得此而三元□□□□□；小由基技美荆南后山集文行海内今能为继不愧金□□□。壬午科举人　浦敏题

在碑坊上部的"圣旨旌表"牌位及柱联："抱琳珉志环天地；留满芹香贻子孙。"还有碑坊上的一块序文也是这位举人浦敏所书。这位蒲敏可是一位地方名家，川东北地区的平昌、通江、万源等地好些墓葬碑刻都发现有他的题记。像这样的地方文化名人留下大量的书法题刻的现象还比较常见。为了确保墓坊的稳固，常常会在立柱的前后用宽大的抱鼓支撑，其高度往往会占去立柱的大半。剩余的空间就很短了，因此墓坊立柱极少有联。但陈俊吉夫妇墓却在明间立柱上部正面和背面分别刻有十多字的长联，正面为：

□□居子亦是丈夫壶范坤维尊一代；为节妇复为慈母松心兰性聪千秋。

墓坊正面柱 特授教通江教喻 恩科癸巳举人陈德馨 题

背面为：

抱一片真心母以节显子以寿闻；得两间秀气山如城环水如郭卫

辛酉选拔进士 主讲东皋书院 陈元良题

因立柱下半截被抱鼓所占，这副柱联分为两行，相较于常规的柱联，文字稍小，字体楷书带隶风，秀润劲挺，沉稳工致，显示出非同一般的艺术水平。确实配得上题写者举人、进士的身份，放在墓坊上也是理所当然，让我们能够有幸领略到晚清读书人的书法造诣。而该墓主墓碑的墓联也分别是不同的人所书，也都尽显端庄大气。而该墓的左右次间内的行书也非常值得一观，可惜大半已经风化剥落。（图5-28，图5-29）

该墓的工师叫谷现忠。正如前文所讨论，工师碑刻的意义非常重要，从墓坊立柱那些文字的雕刻可见细小的字口棱角分明，笔划转折交待得清清楚楚，刻线气韵贯穿，阴刻平底深浅一致，打磨光滑平整，与书写文字相得益彰。不难看出，这位谷现忠工师对墓葬的整体设计和细节把握的能力让我们不得不佩服！其时，有一批这样技艺高超的民间匠师活跃在西南乡村，如今我们所看到的这些清代墓葬建筑正是他们的作品。

图 5 - 28　陈俊吉墓墓坊明间立柱书法

图 5 - 29　陈俊吉墓的柱联碑板文字

　　除了喜闻乐见的墓联,匾额当属最引人注目的书写题刻了。一来匾额的位置较高,横置于柱、枋之间,比较突出;二来其字数不多,但字体硕大,文意练达;另外,很多匾额题刻来之不易,甚至是官方的赏赐,自然会对其加以特别的装饰,同时也能够提升建筑的品位或档次。因此,匾额也有建筑之眼的说法。

　　匾额的文字常常切口很深,底部会打磨凹陷平滑,或者强调边线以突出文字的层次和效果,也有涂色、描金等方式。不管是作为墓联的横批,还是门枋之上的匾额,都会对之进行造型样式上,或雕刻纹饰上的繁复装饰,文字环绕其间,较之木构建筑的匾额,实在是有过之而无不及。无论在匾额的造型样式上,还是从匾额的装饰雕刻上,都成为了一个值得重视和专门探讨的独特艺术样式。匾额文字不仅在此承担起"点题"的意义功能,也有与纹饰和图像一样的装饰功能。

　　中国人对于对称总是非常地重视,尤其是在礼仪性建筑中,强调中轴线和对称性总是不变的主题。但是不要忘记了,中国的这种对称左右两边是势的均衡,而不是两边的绝对相同。而对联是中国式对称形式的典型实例,如果把与对联伴生的"横批"或"匾额"考虑进去,就会发现中国人对对称的强调还有一个隐藏至深的目的,那就是对"中"的突出和强调。也就是说,这种礼仪性的对称是为了突出和强调中间的那个"一",这样为何中国文化中以阳数,即奇数为重,是因为奇数总会在对称之余,有一个中的存在。① 如此看来,墓葬对墓联的强调和装饰,也是为了加强整个建筑的对称性,以及凸显正中的开间。因为开间内的墓主牌位、雕像、文字才是最重要的。

　　如果说墓联和匾额的字数都比较少,书写要求有严格的规范和墓葬建筑整体风格的束缚,那么开间内的碑板文字和茔墙、陪碑等建筑体上的内容和形式就自由随意得多。内容上一般都属于完整的诗歌乃至一篇完整的文章,而书体也全凭写者的兴趣,行书为多,也有见楷书和草书,这些书写和碑刻文字则表现了更为自由和率性的一面。

　　四川省达州市万源市石窝乡的房万荣墓是晚清民国初年的一座墓葬建筑,形制复杂,雕刻精美自不待言,其书法雕刻尤其值得重视。民间、次间的墓志浑厚,整肃,笔力劲健,观之,敬慕之情油然而生! 墓前为石质庭院,进深6米,面阔8米,高1.35米,园内四周为条石砌成的围墙,其上的多幅文字则个性鲜明,风格放达,逸兴盎然,引人驻足!(图5-30,图5-31)

---

① 罗晓欢. 川东、北地区清代民间墓碑建筑装饰结构研究. 南京艺术学院学报(美术与设计),2014(05),第114—117页。

图5‑30 万源房万荣墓明间书法

图5‑31 万源房万荣墓茔墙书法

作为仿木结构的墓葬建筑，其中的书法呈现当然不能只是简单地刻写在石头上，因此，可以看到有用匾额、柱联牌、折页、扇面这样的形式来展现。一方面凸显建筑的高贵精美，另一方面也凸显出书法艺术的"正式"。从保存完整的墓葬碑刻中可以看出，如在纸上的书法作品一样，有对布白、章法、款识等的完整要求，而匠师也并非只是被动地将书家所写文字转移到石头上，也要根据墓葬建筑的整体设计或局部的构件的样式进行调整，并同时符合"书法艺术"的篇章布白依样雕刻。明间或次间内的墓志一般比较正式，书写规范而工整，因为文字较多，往往有数十字到数百字不等，要求书者一气呵成，也确实考验书写者的功力。墓葬建筑的其它空间和建筑体面上，对文字内容的要求要相对自由，书者可以比较自由的"填写"，如果是"生基"或"自营寿藏"，墓主就可能全凭个人交往、爱好来写出若干的书法文字。

墓葬建筑有传统的礼仪性的一面，也有生活日常的一面，诸多的文字在满足墓葬礼仪的功能书写之外，有着明显的审美、个性化和艺术性的追求。因建筑的结构和位置的不同，它们呈现出不同的艺术旨趣。大致可以概括为：大气富丽的匾额，厚重肃穆的墓联，端庄平实的墓志，自由洒脱的铭文，朴拙粗砺的序文以及随意率性的日常书写文字。

挂轴，是中国书画重要的展陈形式。所谓"三分画七分裱"一幅字画必须要经过精心的装裱，并装上卷轴才能彰显其风范和品位，也才能登大雅之堂，在墓葬建筑中也常常模仿这种书画挂轴的样式，多在柱联，或在建筑的侧壁，甚至整个开间的碑面都以仿卷轴或挂轴的手法来碑刻文字。既是独立的书法艺术和碑刻艺术作品，更是作为墓葬建筑雕刻装饰的一部分。也就是说，碑刻书法与雕刻图像共同服务于墓葬建筑的整体视觉印象和审美感知。不管是匾额、折页，还是卷轴，都在模仿现实家居环境布置的同时，也刻意提醒和强调这些文字在内容上和形式上的重要性。

万州分水镇八角村的金唐老太君墓（清咸丰十年，1860 年），是一座多人合葬的拱顶式墓葬建筑，其高大精美的雕刻装饰别具特色。其明间和左右次间立柱宽阔，内侧壁切削出向外展的斜面，使得开间更为开敞。这样的设计实际上就是要让侧壁上的六幅挂轴看起来更为方便，不至于探身墓葬建筑开间内就可以方便识读。此外，顶部的钉头和挂绳以及上、下的卷轴都极力模仿现实中的样子，不仅规范了文字的排版，也增加了平展效果，看上去美观大气。（图 5-32）

川渝地区的这些墓葬建筑碑刻文字和装饰，无不吸引着人们上前观览识读。它们可远观，亦可细读，既有环视，还有驻足……与前代埋于地下的密闭墓室空间不同的是，这些地上墓葬建筑本身就是为了让人"观看"而修

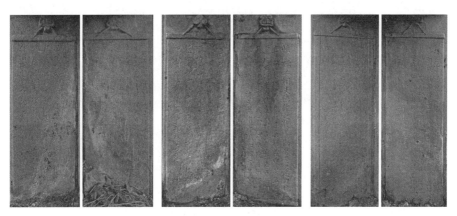

图 5‑32　重庆万州区金唐氏墓开间侧壁挂轴

建的，观者最直接的可能是族人，但更多的却是指向社区附近居民，甚至他乡来者。它不仅仅用位置、造型、规模、尺度等营造"远观"的效果，更是通过大量的图像、纹饰、书法文字营造出让人停留品味的丰富细节。既从空间上给观者以氛围，也在时间上给人以触动。

作为乡村社会的文化精英和知识分子，正是通过参与这些丧葬习俗和礼仪活动，展示着自己的文化面貌，传承着千年的传统文化和观念信仰，并实施着乡村的教化。在这一时空过程中，后世子孙完成了对先人的缅怀、交流和纪念，同时，通过这些视觉的图像符号和文字完成了文化传承和伦理教化。周汝昌先生说："中国人爱字，是民族的天性。老百姓也知道珍重字迹。农民父老不识字，过年也讲究贴大红'年对'，还得找位会写的，不肯'凑合'。"①或许从仓颉造字开始，中国人对文字的那种神秘感和魅力就写入骨髓，即使在乡野之地，也常常可以见到那些惜字塔，并常有"敬惜字纸"的告白。

在有清一代，一般读书人的书法水平应该不会太低，因为科场对考生的书法要求极高。有记载说，乾隆就曾对阅卷者太看重"书艺"而"不留意"内容甚为不满："今士子论、表、判、策，不过雷同剿说，而阅卷者亦止以书艺为重，即经文已不甚留意。衡文取士之谓何？ 此甚无谓也。"②无疑，这从一个侧面反映出了当时对书写的高要求，自然会影响读书人用心于书法。当然，这些碑刻上的文字大多由普通的读书人所写，算不得高水平的书法艺术，但

①　周汝昌. 中国人爱字，是民族的天性. 2011 年 1 月 5 日，https：//www. douban. com/group/topic/16845451/？ _i＝2625829L3Sqkfg。

②　《清高宗实录》卷之五百二十六·乾隆二十一年十一月辛丑。

它们却是中华文化数千年深层文化的积累，反映了当时人们对于文字、书写的基本观念和现实操作，自然也与其观念信仰、教化与审美风尚密切相关。如今，这些处于荒野之中的碑刻风化剥落严重，保存状况堪忧，对之进行著录整理和数字化保护势在必行，本文仅做此基础工作。

碑刻首先是一种功能性的文字，作为记录、记载墓主有关的信息，其中最重要的莫过于墓志，家族的变迁、族谱等。这些文字的书写要求正式、严谨，要求遵照一定的规范和格式，因此一般采用楷书来完成，要体现出正式、规范、端庄大气的美感。其在墓葬建筑上的位置也往往处于明间、次间这样的空间之内，被很好地保护和珍藏。在一些大型的墓葬建筑中，它们又可能独立出来而成为碑序和长篇的铭文。

同时墓葬碑刻的文字还有一种表彰、昭示的功能，正如建筑的门脸一般，要通过书法、文字等体现墓葬建筑的身份、地位，表现实出墓主或家族的文化品位。这种带有表彰、宣誓甚至光耀门庭的文字则在很大程度上超越了记录和识读的基本功能，而成为一种视觉的象征符号。因此文字的书写、刊刻就变成了一种制造和刻意的设计。因此书体的选择、字体字号的使用就遵循着美观和象征性的逻辑。柱联是建筑的重要组成部分，既承担着组成建筑实体的结构性和对称性职责，更要承担着提升建筑文化品位和视觉美感的职能。只不过这里的书写要自由灵活得多，而被置于大众视野下的柱联要在家族成员、后世子孙和社区民众的品评之下，因此作为书写者自身也是要认真对待。这不仅为建筑添彩，还得为主家挣得脸面，同时还得展示出自己的能力和水平，看起来并非写几个字那么简单。自然少不得一番冥思苦想、字斟句酌，也少不得凝神静气，悬腕挥毫。行书的流利婉转，楷书的浑厚大气，隶书的端庄秀美，篆书的古雅凝重等等艺术特征和审美感知就凝聚在墓葬碑刻之上。

至于稍间、茔墙或者是其它并不太显眼或主要的地方，也是文人、乡绅施展其文采和书法才能的地方，一首诗、一段话、一副联也都或自由洒脱、或闲适放达，或质朴粗砺，成为整体墓葬建筑空间中的有机组成部分。这些书法碑刻文字大致可分为：其一，记录性的书写。即墓葬碑序、家族世系、争讼、界畔史实性的内容；其二，文学性的书写。即匾联、诗词、散文等；其三，艺术性的书写——书法艺术、装饰文字、建筑装饰。

这些文字的撰文者和书写者则是一个个有名有姓的地方官员、地方文化人、乡绅等。在崇修墓葬的有清一代，这些乡绅、地方官员乃至底层读书人都参与其中，有意无意地进行着文化的生产和文化传播。在较为封闭和文化积累不多的乡村，他们的工作是重要的，正是他们在这样的行为中传承信仰和观念、普及着传统的文化和知识。尽管我们看到的大多数撰书者都只是庠生、廪生、增生等底层文人，但是他们的身份在注重功名的社会中应该是受到尊重和关注的，他们所写的东西也一定是受到重视的。因此，我们可以看到的墓葬碑刻文字可以是"石刻档案"，也可以是"碑刻书法"，而在这些可见的文字背后还有着一个未曾被专门关注过的群体。而在"修山"的过程中，他们的作用不可或缺，而在乡村的文化生产、文化传承和文化传播过程中他们的作用更是不可或缺。四川地区的地上墓葬建筑是作为公共空间的建筑景观而出场的，这些墓葬建筑是为了"观看"而被建筑起来的，那么除了建筑上的雕刻图像，文字自然是被观看和读取的重要部分。今天我们再回头来看这些文字当然更多了一种距离感，也自然多了一分艺术的和审美的眼光。

最后，也不无遗憾地说，这些出于荒郊野外的墓葬碑刻文字实际上已经非常脆弱了，很多都已经严重风化、脱落，漫漶不清了，需要抓紧时间进行搜集整理和著录。

# 第六章　阴阳互酬：见微知著的
## 墓葬相关口传故事

　　口述史作为一种研究范式，从理论、方法到实践层面已经引起了越来越多的关注。通过对口传故事、口述历史的收集整理，从而展开深度的历史文化研究一时成为学术研究的热点之一。这种发端于 20 世纪 40 年代的研究方法在我国也日渐成为民俗学、非物质文化遗产研究、民间美术研究的重要方法，不可否认，不断地涌现出自觉运用口述史研究方法来解释发生在历史时空中或当下情境中的社会事件和文化现象已经取得了卓有成效的结果。

　　笔者对川渝地区的明清墓葬建筑进行了深入系统的田野考察，主要涉及建筑形制、雕刻装饰、乡村聚落形态、观念信仰等。其中除了对墓葬建筑实体进行了测绘、拍摄等，但也有意识地记录了一些与墓葬相关的口传故事。其主要类型有：墓主人生平传说故事、修墓过程及其灵异现象、官方给予修墓的赏赐以及因修墓僭越被罚的故事、匠师身份及其技艺的传说、雕刻图像演绎、家族成员与墓葬关系故事、墓志挽词等碑刻题写及其撰文故事，等等。直到今天，在乡村中仍然还有很多关于墓葬的种种传说故事，甚至围绕一座墓有多个不同版本的故事，这些故事反映了乡间社会的不同面向，更透露出其时的经济文化状况和人们的观念信仰、道德判断。

　　因此，这些故事也成为笔者尝试从一个侧面来研究这一地区墓葬建筑艺术的另一个角度，试图通过对这些关于墓葬的口传故事的著录和粗浅分析，揭示关于修墓、关于墓主及其家族、关于匠师、乡村文人等的活动及其社会关系、观念信仰、民俗传统等问题。期待这一尝试为我们的研究打开一个更宽阔的视域，发现很多看不见的事实，触及很多不为人知的细节。

　　本章摘选的几则故事主要涉及家庭成员关系、女性身份与地位、官方的在场、匠师及其营建技艺等内容。尽管大多数故事简单短小，听起来也不那么富有传奇色彩，并多有雷同，但在"慎终追远""丧不哀而务为观美"的社会背景下,这些口传故事还是可以成为我们了解当时的乡村社会状况、家族变迁以及人们崇奉的观念信仰等的重要材料。

# 第一节　兄弟之间的明争暗斗

## 一、黄氏兄弟修墓攀比反目成仇

万源市玉带乡太平坎村的黄受中家族墓群,占地超过千余平方米,明显可见的墓葬不下数十座,至今仍然有新的坟埋入其中。较大规模的清代墓葬建筑5、6座,最前面的两座规模最大,雕刻也最为精美。居于整个墓园前面正中位置的一座墓建于同治己巳年(1869年)仲秋月,墓主黄受中。该墓为三级台阶布局,石板铺地。主墓碑为正面内凹,四间五柱,为多人合葬墓。两侧面还有两次间,碑前正面立有高大的四方碑亭,巨大的须弥基座,正面匾额刻"世代宗祠",主墓碑和碑亭都雕满各式动物、植物纹饰、戏曲人物和文字。碑亭前还有一个拜台,外形又像是一张方桌,其下有焚烧香烛的孔洞。整体开敞、肃穆,装饰讲究,且保存完好。

而紧挨着的一座墓则似乎是遭到严重破坏,只剩第一层额枋及其下面的部分。其格局与黄受中墓类似,为多人合葬墓。主墓碑建于两层厚重宽阔的石块之上,其整体尺度明显要比黄受中墓要大,装饰雕刻工艺也似乎好些,尤其是墓前歪斜放置的基座,比黄受中的四方碑亭的基座大了许多,近看可以发现,该墓明间内的碑文名字也有被磨掉的痕迹,绕到墓碑后面,发现坟圈之内没有堆土,故事就从这里开始。

据自称黄受中第五代后人的黄文周和黄文测两兄弟说,他们祖上是地主,生前就修建了这座墓,几十个人,耗时三年才完成,吃了100头猪的肉。旁边那座墓主人为黄学昌,二人是兄弟关系(可能是旁系)。他们几乎同时建墓,两家修墓的时候就有攀比之心,并请来不同的匠师团队。而黄学昌更有钱,眼看黄学昌修的墓比自己的墓规模要大,心有不甘的黄受中便愤然告上朝廷。皇帝闻之,派钦差大臣来用"量天尺"来测量墓的尺寸,一番测量下来,尺寸的确是超过了规定,逾越礼制,于是下旨不许再继续修建。自然,黄学昌及家人也就不能埋葬于此,成为了一座空坟,湮没于荒草丛中。(图6-1)

图 6-1　被拆除的黄学昌墓和黄受中墓

## 二、平昌吴氏兄弟各建阴宅与阳宅

而位于平昌县灵山乡的吴氏族兄弟则采取了不同的策略，从而避免了直接的竞争。吴家昌墓是四川省级文物保护单位，建于清光绪十年（1884年），坐南朝北，为吴家昌及夫人合葬墓，占地面积 101 平方米。高度超过 6米，宽 5.8 米的帷幔式圆拱形门厅格外显眼，这是一个享堂，约 10 多平方米。主墓碑与拱壁相连，三间四柱，碑板均被盗，后世用条石封闭，高高的亡堂在圆拱之下。造型独特，结构精巧，装饰工艺讲究。因里面雕刻着许多精致的图案花纹，被称为花墓。其墓前约 10 米开外的菜地里，还残留着巨大的石柱础，应该是墓前的桅杆所在。（图 6-2）

村主任吴主承讲述说，该墓为吴家昌生前所造。吴家昌年轻时在一户人家当长工，为人忠厚老实。这家有一个智障的女儿，无人敢娶。主人见他忠厚老实，告知说只要他愿娶她女儿，就把所有财产给他。吴家昌就此继承了丈人的财产，同时也做一些盐米、丝绸等生意，经过多年经营，成为当地的

图6-2　吴家昌墓外景和吴家衡宅院局部

大财主。墓葬修建了3年,工匠吃饭的碗,都是从巴中、汉中用了3条大船运输而来,可见所用匠人之多。

据说,吴家昌墓早先还有坟亭子①保护起来的,其建筑为五滴水,外八字型。房子在1974年文化大革命期间被毁,同时很多的雕刻头像被打掉。后来又因为修建公路,又把墓前的一个石供桌、石牌坊、11步阶梯、两个大狮子、两边建的仪墙、桅杆等拆除,打成碎石用来铺了两公里多的路,目前只剩下我们可以见到的拱形门厅部分。听上去实在有点难以令人接受,如此大规模的人工建筑被人们一拥而上地毁掉,砸成碎石,也没有人敢出来说句话。

吴主任接着说,在吴家昌墓竣工后,吴家昌来墓前验收,并在墓前发下毒誓:"谁毁我山,必吐血而亡。"这个毒誓在1978年修路期间,一位名叫康正地的会计身上得到了应验,正是他,年轻气盛,不信封建迷信,指挥炸碑取石,但没过几天,果然吐血身亡……

吴主承继续说道,吴家昌还有一个弟弟,名叫吴家衡。弟弟要比哥哥聪明狡猾。不过,兄弟二人情谊深厚,互帮互助,一起做生意。最重要的是,弟弟吴家衡不像哥哥把所有钱拿来修墓,而是建造住宅。房子规模宏大,雕满了精美的图案和花纹,在当地称为"花房子"。所以,在当地一直流传着"哥哥修山,弟弟修屋"。兄弟二人生前相约好,两人无论怎样都不能相距超过800米的距离。而吴家昌的墓到吴家衡的住宅,直线距离刚

① 坟亭子,即建于墓上的木架瓦房,与当地民居一样,被称坟亭,或坟罩,用于保护墓碑建筑。如今这样的建筑留存已经较难见到,但从留下的建筑可见,坟亭子往往也会雕梁画栋,墙壁上还有很多粉壁画,而受保护的石碑建筑上的彩绘色彩如新。

好 800 米，不多一米，也不少一米。这让当地人百思不得其解，怎么会有如此巧合？

至于"花房子"，也有幸被部分保护了下来，为一座典型的穿斗式四合院建筑，格局不凡，更难得的是大量的梁柱，门窗的雕刻依然保存完好，工艺细致讲究，是进行"阴宅""阳宅"对比研究的绝好例子。可惜正房的神龛早已被盗，只留下零星的细小雕刻构件。不过现在有幸的是，墓葬和花房子都被政府保护了下来。平昌县灵山乡是四川省为数不多的几个拥有多处省级文物保护点的乡镇，在新的历史时期，这些传统的遗存成为了乡村建设的重要资源。

明里和暗地里的竞争和攀比，是中国农村社区最为常见的"交往"方式。这种方式在移民社区之间可能更为激烈，即使在兄弟之间也在所难免。这一方面表明修墓之风浓厚，同时在阴宅的修建上的较劲可能不止于"争口气"那么简单，更不是为了自己的祖先能够在地下世界享受高门大户，一定是有现实的目的。墓葬修建也是财力、物力甚至权力的高下较量，竞争的胜利涉及到长远的话语权或更为直接的利益。

关于修墓葬引发的明争暗斗远不止这两起，也并不只发生在兄弟之间。在南江县八庙乡有一座墓葬被称之为"红碑"，为五间五檐庑殿式的墓葬建筑，但是该墓除了第一层的尺度和比例比较正常之外，上面的几层比例极不协调。我的一位朋友王略，也是这座墓葬所在家族的后代，他讲述了一个故事似乎解释了个中缘由。

原来，该墓原本比现在要高大很多，而且再加上雕刻彩绘一时间成为十里八村有名的墓碑。但是，因为该墓朝向对面燕山，而那里有一位官员觉得这个碑名气如此之大，尺度如此之高，心里不是滋味，再加上风水先生告诉他说，这个碑朝着他家的方向，把他给"压"住了。于是这位官员就找借口强行要求该墓降低高度，没有办法，该墓碑就被迫降下了两层。

不过就那位官员来说，可能确实不愿意看到在他的视线范围内有超过一般规模和尺度的墓葬。在等级严明的古代社会，建筑的"高度"是个比较敏感的概念，尤其是涉及礼仪性和纪念性的建筑，因为这跟身份地位密切相关。不管是黄氏兄弟举报墓葬超高，还是距离很远的官员认为远处一座很高的墓会"压到自己"无不表明了即使在偏远的乡野之地，等级观念和官方的尺度总会触及得到。

## 第二节　女性墓的独特叙事

### 一、蔡氏机智度饥荒受到尊敬

化成镇武圣村一处坡地上，并排有三座墓葬建筑，正中一座三间四柱四重檐庑殿顶样式，造型稳重平正，装饰简练工整，保存状况较好。碑文显示修建时间为"大清道光二十□□"，亡堂顶部有匾额，上书"妥云轩"三字。（图6-3）

**图6-3　蔡氏墓妥云轩**

根据村民（姓名不详）讲述，墓主家是几十口人的大家族，田地不少，但家族日渐衰落，又遇到天灾，全家人生活难以为继。于是商议决定，如果谁能让家族中的人吃得上饭，不再饿肚子，就能当家①。蔡氏，本来是没有什么地位的小妾，站出来挑起了养家重任。她带领家人将打过水稻的稻草又再重新打一遍，就这样又打下来了很多别人浪费掉的粮食，让家人维持了三个月的温饱，渡过难关。蔡氏由此得到家族的拥戴，这座墓就是为她修建的。

但是，从墓碑的结构看，是一三人合葬墓。碑文也显示："皇清待赠/谥懿德清声张母蔡老孺人墓"，而墓联也比较贴合女性的身份："柔顺利贞人文

---

①　当家，即当家长，实际上意味着拥有一种权力和身份，当然也是一种能力和责任。一般而言，家长应该是家中的长辈男子充当。

蔚,温恭淑慎甲地长。"但蔡氏的排名在正室张氏之后,倘若不是这个故事,谁都不知道这位蔡氏为家族做出的贡献。

## 二、刘岳氏受官方表彰独享大墓

四川南江县石滩乡有刘岳氏墓,掩藏于岳家院子后面,有坟罩,远看与一般民居无异。该墓造型上较为独特,最前面为墓坊,五间六柱五重檐,墓坊高大直抵瓦屋顶,高悬一个五龙捧圣的匾额,上书"圣旨旌表",而在墓坊的正中,一块石雕匾额,正对坟亭大门,非常显眼。细看之,匾额左右还刻有文字,左边写:署理保宁府南江县补用直隶州即补正堂加五级记录五次阮为;右边写:同治八年岁属己巳八月上澣日,右给刘母岳氏立。在"节昭百代"几个大字的正上方刻一枚印,并涂金色,但字迹迷糊难辨认。这些匾额和官员的题刻以及金印等,都透露出该墓的修建获得了官方支持的背景信息。

墓坊正面三开间立柱宽阔方正,并连接一个拱形享堂,享堂里壁再建一个常见的工字碑。但这个碑的处理就只是一个浅浮雕的外形,结构和装饰与常规墓碑相同,只是明间不再置碑板,而是雕刻"夫妇并坐"像。而在墓坊上部的亡堂内也出现了夫妇二人并坐的雕像,与此相仿。(图6-4)

据刘家后人(村书记,女性)讲,该墓为女墓,即为刘岳氏而建。刘岳氏丈夫早亡,独自一人,承担家庭重任,并含辛茹苦将7个子女养大成人。因教子有方,其中还有子女入朝为官。家族后人感念其节孝,请示官府表彰,并赏赐钱粮,为其建了这座墓。

这是少有的一人独享大墓,尽管墓碑和墓坊都出现了"夫妇并坐"像,但其丈夫并未合葬在一起。在刘岳氏后人,刘书记(女)的指引下,在院子前面的田坝边,找到了刘岳氏丈夫的墓。尽管也是一座"桃园三栋"碑,但规模和雕刻远不能与之相比,其明间之内同样雕刻了"夫妇并坐"。刘岳氏能够独享大墓,这似乎并不符合常理,而多次重复出现的"夫妇并坐"雕像在这个系统中到底有什么所指,也让人猜测。

以上的故事,从一个侧面反映了女性在家庭和社会中的地位身份。凡大型墓葬,多为合葬墓,而女性都只能是与丈夫、儿子等合葬于墓中。也就是说,极少有为女性专门修建大型墓葬的,刘岳氏和蔡氏则因生前的功劳得到子女或族人的尊敬和长久的祭拜。

值得注意的是,该墓主刘岳氏作为刘氏家族的母亲得到了家族可以给予的最高礼仪,但该墓的拱形侧壁则是刘氏家族的"履历堂"。这不由得让我想起了郑岩在《庵上坊》一书中就讨论了究竟是谁的牌坊的问题。书中写

岳刘氏墓全景、
墓坊、圣牌

岳刘氏墓享堂里
间墓碑和坐像

岳刘氏丈夫墓

**图6-4　刘岳氏墓其丈夫墓**

到:"许多高门大户缺乏在科举或仕途上成功的才能,却有足够的财力让孀妇继续留在家族中,并以她的名义向朝廷申请立坊旌表。也正因为如此,这些富家大户才有可能通过修建牌坊来炫耀他们在当地的显赫地位,而那个可怜的节妇不过是一个幌子而已。修建牌坊的真实动机是为整个家族涂脂抹粉,而不是给那位苦命的女子树碑立传。"[1]尽管,该墓据传是其儿子为母亲所建,但明显可以看出,刘岳氏也同样淹没在刘氏的家族叙事之中了,这与庵上坊的王氏何其一致。

---

①　郑岩.庵上坊:口述、文字和图像.生活·读书·新知三联书店,2017年,第60页。

## 第三节　官方的在场

### 一、乾隆为墓主祝寿送匾

在苍溪程氏家族墓，我们听到一个离奇的故事（讲述者程姓老人，77岁）。说乾隆隐瞒身份化装成生意人，路过此地，因为感冒受风寒，在程峰庭家足足养了一个月的病。程家对其照顾得很周到，乾隆病好离去，到达成都，并告知了成都的府官。一日，程峰庭做寿，忽然来了很多士兵，送来圣上赐予程家一块金匾"奉旨恩人上寿"，以报当日恩情。（图6-5）

**图6-5　程氏墓上"奉旨恩荣上寿"的牌匾**

故事有些荒唐，且不说乾隆不可能到过此地，更不可能住上一月。"恩人"当是牌匾上"恩荣"的误传。"恩荣上寿""奉旨恩荣"的匾额倒是不难见到，其实就是指皇帝对子民的褒奖，包括各种敕书、诰命、题写匾额等等。恩荣是指皇帝下诏，地方出银建造，但在如此偏远的乡村，能获得这样的荣誉确实比较难得，也难怪被无限地拔高，以至神乎其神。

不过笔者在网友的一篇《一座墓的前世今生》①中看到关于这个故事的另外一个版本。说的是乾隆的钦差而不是乾隆，似乎更靠谱一些。故事说当年乾隆皇帝派出的大臣微服私访到九龙山一带，因水土不服突发疾病，被身为赤脚医生的程逢延救了。但他并不知道所救的是钦差大臣，所以使用了一些不入流的土方子，结果反而收到奇效。钦差大人回到保宁府（今阆中）之后，差人送来钱财并鼓励程逢廷赶考，后来程家开始发迹。不过在该文的结尾也

---

① 卓君. 一座墓的前世今生. 2015年4月2日，http://www.cangxi.ccoo.cn/forum/thread-8568740-1-1.html.

提到了我们听说的救皇帝的版本。据该文的作者说，这个传说的版本在当地知道的人特别多，有些人甚至说救的是皇帝，可是无论从哪个地方来说，皇帝亲自到这一带的记录确实没有，而保宁府下派的官员倒是很可能。不管这些传说是否可信，但个人觉得这也就是善报的典型吧。确实，关于好人好报这个在老百姓心中的美好愿望，往往会化作一种道德驱动力，引导人们的善行。

其实关于"恩荣上寿"这个匾额，也并没有多少神秘之处。在清代往往会对高寿的人给予一些荣誉，我们比较熟悉的康熙和乾隆都办过"千叟宴"，为的是显示自己与民同乐，尊老敬老的明君姿态。不仅如此，官方还出钱建"百岁坊"，有些牌坊上还把"圣旨"二字雕刻其上。而在四川地区很多的墓葬建筑上都有类似的牌位，有些甚至更大、更豪华的雕刻装饰，比较而言，程家这块牌子就寒酸很多了。在五龙捧圣牌匾内刻"皇恩宠锡""恩赐耆老"其实与"恩荣上寿"应该是差不多的意思，但是民间往往会以讹传讹地形成一个个近乎荒诞的故事。

### 二、私刻官印致墓葬被毁

关于通江县松溪乡祭田坝村罗氏家族墓也有一个有趣的故事，说墓主罗成建墓期间，拟到官府去求一方印，刊刻于匾额上，但是没有得到，便私自刻了一个。不想被人告发。最终不仅碑坊被强行扒掉，还受到了处罚。（图6-6）现在观之，这处清代的罗氏家族墓群，共三座，占地约200平方米。其中罗成、向氏及孙罗荣宗、孙媳何氏四人合葬墓（建于清同治十二年，1873年）规模最大，组合最复杂，雕刻也最为精美。整个墓地保持状况算是非常好了，结构完整，雕刻也几乎都没有被破坏，唯独墓前牌坊顶部不全，从跌落到地上的雕刻构件似乎也不能完全对上，基本可以判断不是自然倒塌。可见，传说并非空穴来风，但是惩罚似乎也并不重。

**图6-6　通江县松溪乡小井坝罗氏家族墓**

"官印"象征着权威和许可，它在偏远的乡村分量就更为厚重。在川渝等地的很多墓葬建筑的匾额都是由时任地方官员所题写，并常常在匾额正中刻篆书印，并涂金色。笔者不知这种官员题写墓碑匾额或对联等文字是与其职责有关，还是凭墓主的社会关系或某些交情，但不管这样，正如这则故事所表明的那样，官方的字和官印对于乡村而言，应该有着相当的分量。

是不是可以这样理解：在移民社区，充满了各种利益和地位的竞争，与官方拉上关系，便得到了授权，可以在社区中得到相当程度的话语权，而官方也常常用这样的手段将意志和权力渗透到偏远之地。在川、渝等地的很多墓葬建筑上，常常可以见到墓坊或墓碑上有装饰精美的"圣牌"，都有着官方的影子。我们比较熟悉的是，官方，或者以官方的名义建牌坊，而这一地区我们发现，常常也会支持和民间修建墓葬。上面的故事从正反两面反映了官府在民间墓葬修建中，扮演着较为重要的角色，通过支持或控制也是实现乡村治理的有效途径之一。

但是，另一方面也不难看出，这一地区崇修墓葬之风甚隆，往往会像前文所提及的那样，超越规制。如一般地主家，连捐个功名都不需要，但也建大墓，并以龙凤等图案装饰之。平民百姓修建七开间、九开间的多人合葬大墓，也不只是"合葬"的需要。对于"阴宅"修造方面的"僭越"行为，官方似乎很少主动过问，像黄氏墓和罗氏墓，也只是拆除了之。这是否助长了耗费大量资财修墓的风气亦未可知。

## 第四节　圣化先祖和神化匠师

四川仪陇县的高冠庙有一处范氏家族墓葬群，处于范家老屋后的一片竹林中，共有大小墓葬建筑 10 多座，其中最大的一座被称为"范公坟"是在一座拱山墓，规模巨大，拱门前一座高大的牌坊格外引人注目。(图 6-7)

范修行(该村村长)讲述说，这整个墓地都是范家的。最老的那个墓挨到房子那一边，是个坟亭子，是拱山墓的老汉儿(父亲)，叫范昌秀。拱山是范昌秀的儿子范国仪，他有八个儿子，其中二儿子范正轩为他修了这山。墓室分为三行，正中是范国仪，左边稍矮的是范正轩，右边是屋里的老婆婆(母亲)。墓主是个国学，听上辈人讲，他当的官相当于现在一个国家副总理，一个省级干部。

范国仪告老还乡回来后，每一年都要办 100 桌讨口子(乞丐)(宴)席，招

图 6-7 仪陇马鞍范公坟

待他们,还赏穷人钱,救苦救难! 我听老年人摆(讲),他本人辛勤(勤劳),对后生很好,冬天里还常带娃儿背上背起,怀里抱起,还做纺线等活路(事情)。

从高冠庙石梯子上顶那一段路,文官下轿,武官下马,马要必须牵着走。从那边环(音 huan,横向的道路)路过来也是这样。因为他官位要高些,路过的官就得拜访他。

他的钱比较多,但舍不得用,一般也很少用来买田地。所以,最后决定修个山。听老一辈人说起,原来那座山修了四年零七个月。据传说修那座山最大的掌墨司(匠师中的师傅,工头)叫张每奇,(设计)图起了一个月,起不起,都不如意,直到在建那一年的冬月十一,三个月都还是起不起(画不出来)。

最后来了一个老头,人看上去褴褛,又本分的样子,他背着一个笼笼儿(口语,小的圆筒装竹篓,内装铁錾、锤等工具。当地过去石匠常用的简易工具包),里面仅有几苗短的錾錾儿(描述錾子的量词,意为根,支。)和一把木锤。他走过来说是要找一个活路儿。张每奇这个大掌墨司就看不起他,就不甩(不搭理)他。但主人范国仪见他可怜,而且天气也很冷,就把他留了下吃了早饭再走。老头一开始还是决定离开,但最终还是把他留下来吃饭。他们俩就坐一桌攀谈,并问老人做了有好多年的手艺,做得怎么样,老头也问范国仪打算将山修成个什么样子。

最后老人说,那我起个图你看像不像,满不满意。于是,他们来到旁边的拐子大田(冬水田),让人把水放了。放了水后,田里面还是稀泥巴,一脚下去就陷入好深。可奇怪的是,老头靸着鱼板鞋①下去却没有陷脚,

---

① 靸鞋,即无跟之鞋,即拖鞋。此处为动词,穿着拖鞋之意。

他提着石灰小桶在田里扬（撒）出线，共用了三十三斤石灰，画了个图。主人家非常满意，决定就照这个修。掌墨司尽管提出异议，但主人坚持按照老人的图来修。老头还告诉老板说，修这个还需要多少木料，这个木料不能损坏，最后，将这些木料用来修一座房子，名字改名为"新房子"，以后家中出能人。

范国仪就把老头留下不让他走，说你每天就耍，我照样给你同样多的工钱。老头又告诉张每奇，三队那边王家匾才有合格的石料。前去查看，果然那里的石块大整体，且为高白绵石，又硬。

当这个老头耍了有一百来天，就说要走了，还有其他事要做。但走之前，为你主人家做一件事，替你打造一件小的石头构件。于是他花了三天时间打制了拱山中间吊起的一个尖尖石（即拱心石，范家后人称之为夜明珠）。一开始，张每奇等人就把这个石头随意扔在了桥底下。老人便让把石头捡回来放在家中，并嘱咐说你把这个留着，待以后松架的时候，必须要用到这个，否则就放不下架。到时，他就必须拿钱来买，比如像你修这个山总共要一百万，少了五十万你不要卖这个东西，必须拿一半的价钱，你才能拿给他。

当拱山修好，开始拆木架的时候，丢不得手，要别（音 bie，崩塌、炸裂等意），松了一个月都把架松不下来，要垮。张每奇实在没有办法了。这时，范国仪告诉他说，上次那个老掌墨司给我打了一个东西，丢到里面就不会垮了。但是价钱得要工价的一半，张每奇只有试一下，便从锁着的仓库拿出来，由两个人抬起出来，丢进去，恰好合适，就像生就的一样，不垮了，料架就此拆下来。

然后那些木架就用来修了旁一座房子（现已拆完了），就是新房子。后来人们才知道，这个老头是鲁班老师化身而来。鲁班老爷后来又到不远处参与了龙桥新拱桥的修建，那座桥拱中心的支支石头就是他打的。打起后，便站在那个石头尖尖上，向上河方向作了个揖，就离开了，这座桥到现还在使用。

修桥期间，他住在吴应根屋里，现在我也不知道吴应根还有哪些后人。临走时，就从他屋角选了一块圆乎乎的石头，打了一个猪槽。并说在你家吃了三天饭，我也没有钱给你，送你这个猪槽做个纪念。以后你但凡看到人家扔掉的病猪，你可以捡回来，病猪成好猪，小猪长成大猪，瘦猪长成肥猪，可保你发家，说完走了。

这年我们搞"四清"到他家里看到，这个猪槽底部几乎都磨穿了，只剩边沿一个圈圈，底部用块石板垫着还在使用，他们家就是靠这个猪槽发的家。

就在范家拱山快要完工时，鲁班老爷又转回来，提醒说切记切记，那块石头你只要一半就行了……（此处没有听清楚——笔者注）告诉范公说，那位掌墨司在你这里可顺利完工，但下一场活路就要归西了。果然，不久新寨梁上扎寨（修山寨——笔者注），开山第三天，拉石头，一块过梁石，很多人都拉不动，大掌墨司亲自去，一搭手，便轻松拉动了，不想扑倒在石头下压死了……

　　关于造墓匠师的故事还有很多，如前文提到的吴家昌墓的修建，就有竞选工头的故事。即通过比赛，从所有修建墓的人中找一个技术高强，负责管理的领头人。为了夺得比赛，大家都互不相让地展现出自己的绝活。比赛接近尾声，匠师们拿出雕刻的作品，唯独有一位匠师拿了一条直线，在墓地拉了一条直线，一条直线就规划了墓的整个框架结构。结果选他当上了领头。这故事让人想起柳宗元的《梓人传》中那位善度材，视栋宇之制，高深圆方短长之宜，指使而群工役的梓人。

　　另外还有一个关于工匠的传说。吴家昌修墓之前，广大招募匠师，奇了怪无一人应征。直到招募的最后一天，来了两个匠师揭下告示，说只需三年时间，即可把墓修好。同时，只要供他们衣食住行，至于工钱，没有要求。直到吴家昌墓完工以后，二人便消失离开了。从吴家昌墓建造的规模和精雕的图案来看，大家都说是鲁班派弟子下凡所建。

　　在范公坟的这则故事有多重的意涵和解读空间。仅仅从范氏家族而言，其实也是对这座建筑的称颂，对墓主人身份的抬高和神化。做官尤其是做大官，富裕、勤劳、友善等等都是中国古代理想人格的化身，故事自然将范公塑造成为了这样的人。而这样的好人自然有好报，鲁班爷都会来帮助他。这是民间故事典型的叙述模式。

　　从故事中的诸多细节看起来，当年的修建过程应该并不是那么一帆风顺的。直到今天，当我们现代人面对这座墓葬，也不由得为其规模尺度、建筑结构和雕刻装饰而赞叹不已！因此，当年这一工程对于这一地区的人们的影响应该是巨大的，离奇的故事便有了丰富的素材。自然，越是神秘离奇，墓葬及其墓主人的身份也就越神秘高贵，这是范氏后人乐意看到的。

　　传统社会中的匠师，因为掌握着一些特殊的技能和技巧，加上他们常常又是"游方"人士，来自远方，总有一种神秘感。倘若他们确实身怀绝技，那么在一般民众的心目中就会充满敬畏，主人也小心谨慎地给予礼遇。就在墓葬建筑修建过程中，匠师往往在选址、下圹、时辰、样式、图像等的选择方面有较大的决定权，好些时候还扮演着"巫师"的角色。因此，人们也宁愿将宏伟、精湛的建筑神化，并最终将营建技艺归因给鲁班爷。但在这里我们也可以看到，在民间，匠师们之间的竞争也是非常激烈的，好的技艺是他们能够游走于各地并获得主人赏识的关键。

## 第五节　风水信仰与因果报应

风水信仰在中国有着悠久的历史，其表征各有不同，但是相信风水在住宅和墓地选址中的至关重要性却是没有人去质疑的。小到普通家庭，大至国运都建立在"风水"之上，因此从普通百姓到达官贵人甚至皇家贵胄莫不重视之。《万源县志》有载："又惑于风水之说者，柩停不藏，延堪舆，术士到处寻觅吉壤，有不尽合古人不为城郭道路之意，直欲以先人遗骸为子孙求富求贵之资，呜呼，谬矣。"[①]尽管如此，清代风水之术大盛于前朝，是不争的事实。这里摘取一二以管窥明清之际民间关于墓葬风水的一些观念和信仰。

### 一、"天鹅抱蛋"与因果报应

在南江县高塔乡的黄家沟，有一座乾隆时期的贾伦墓。在 2018 年春节期间前去考察，该村书记为我们讲述了一个生动有趣的墓葬风水的故事。(图 6 - 8)故事说，该墓主非常有钱，为了能够找到一块风水宝地，多方寻找

**图 6 - 8　南江县高塔乡贾伦墓**

---

① 《万源县志》十卷，民国二十一年铅印本，第 320 页。

到一位阴阳先生,即风水师——地仙。主人家也知道,找到真正的宝地不易,但是能够在入葬时找到精准"穴位"的更难。很多法术高明的风水大师,担心泄露天机而遭受天谴,而有意错开位置。于是主家请到了这位风水师,并给以优厚的待遇和诚恳地承诺,最终风水师被感动,为他选择了这块名曰"天鹅抱(孵化)蛋"的墓地。主家凭此财富源源不断。风水师还主持了下葬仪式,但换来的是自己眼睛瞎掉了。

一开始,这家人对待这位风水师还很好,并请了专人照顾,但随着风水师年龄的增长,身体状况越来越不好,主家也从怠慢转向了抛弃甚至虐待,风水师的生命日渐油尽灯枯。一天,从外地来了一位年轻人,据传法术高明,到了这家看了一圈后,说这家祖坟确实选得很好,但要守住这个宝地不易,倘若拿出钱粮在对面山梁上修建一座寺庙,可保你家世世代代大富大贵。对于这家人来说,修建一座寺庙也并没有太多的困难。很快寺庙建成了,而且香火旺盛、钟鼓声不断。但是,主家的状况却急转直下,败落了下来。那位瞎眼的风水师也不知所踪。

后来,一位当地的风水师终于看透其中的玄机。就告诉他们说,寺庙香火旺盛,但烟熏火燎、钟鼓喧嚣惊扰了孵蛋的天鹅,离巢而去,所以这块风水宝地就此被破了。

### 二、"朴地蛾"风水宝地

类似的故事还在巴中市罗必玩编写的《罗氏族谱(续)》中也有讲述。这本族谱一段《许氏婆迁坟遗闻》,[①]就记载了在中群乐场乡八家沟(龙头寺村,县八村四社)罗氏家族的一个关于风水先生看了真的眼睛瞎了的故事,几乎是同样的"模型"。故事说,多年前一位风水先生见大禄公一家兴旺并厚待他,就用心给选了一块风水宝穴,由此,大禄公七个儿子个个发达。但后人不知其渊源,没有被善待,甚至让他做苦力。一天,风水先生的两个徒弟见到了这个情况,心生一计,对主人说,许氏太君葬的坟地下面是一坑水,且棺材已经侧身了,说对后人不利,应该迁坟。主人不知是计,同意迁坟,开墓那天,果然看到棺木没有放平,棺下一汪清水,且有几条红鱼游动,但一敞风,鱼就消失不见了。后来,家道逐渐开始落败,决定再次迁坟,就举家连坟地迁到了三蛟镇,找了一位年轻的风水先生选了一观"朴地蛾"宝地,罗氏家族再次人丁兴旺了起来。

这两则故事短小而玄虚,不难看出,两段故事有诸多相同之处。如风水

---

① 主编罗必玩《罗氏族谱(续)》,第222页。

先生看了真的眼睛会瞎掉，就应该得到主家的善待，否则会遭到报应，风水确实能够左右家庭的兴旺发达，风水有很多象征性的标识物，等等。

这些都充满了人们对于天地之神秘力量，对人世之善恶报应的信仰。一方面人们对于墓葬风水的笃信，认为墓葬的风水对于子孙后代的富贵发达有着重要而直接的影响，这种信仰和观念持续了数千年，已经深入到人们的骨子里，因此，愿意不惜代价地希望墓地葬在风水宝地；另一方面，故事也告诉了人们信守承诺、善待他人的重要性，否则就会遭到惩罚和报应。这些可能仅仅流传于本乡本土的小故事，却有着基本的"原型"，各具特色的地方化的变体版本则为这个原型赋予了新鲜而生动具体的言说，成为发生在听者"身边"的故事，从而增强了故事的真实性和感染力和可信度。

关于笃信墓葬风水的故事很多，令人记忆深刻的是贾儒珍墓的弃葬。贾儒珍是苍溪县的一个知名乡绅，酷爱书法，为地方文化教育做出了很大贡献。平生结交并收集了很多书家的作品，并耗费了数年时间，为自己修建了一座冠绝西南，几乎再无来者的书法墓葬建筑群。除了高大的主墓碑正面和背面的数十幅书法碑刻和装饰雕刻图像，另外还有 6 通不同样式的书法石碑。在主墓碑的顶檐下雕刻了三个圆盘状构件，分别刻"子、午、向"三字，作为墓葬建筑的风水坐标。但考察发现，该墓是一座空墓。当地老人才告诉我们说，后来，另外一位风水师说他不宜在此埋葬，贾儒珍最终遗憾地放弃了经营多年的墓葬，而在距离此墓较远的地方重新修建一座普通的墓并葬在那里。可见，即使这位开明的乡绅，耗费了巨量的财富建成了"生基"，但因为风水师的一句话而决然放弃。

# 第六节　围绕杨氏祖茔的"斗法"

《川北杨氏家谱》有一篇《一腔赤忱护祖茔》的文章，记载了一则关于墓地搬迁及争讼的故事。

故事说杨氏先祖禄祖的坟墓原址在南江县城的"宝获堂"（即今天的大堂坝，之前是县府所在，如今已经变成了商圈）。明万历年间因新修县衙选址，认定这个位置最为理想，于是决定在杨氏祖坟所在地修县衙，杨氏只得迁坟，另外选址迁坟。几经比较，决定在几水河东的梓潼山下的文殊院（即后来的文昌宫，文庙，今县委党校所在地）附近。迁葬开墓取棺时，只见一团紫色雾气从墓穴中腾空而起，直飞梓潼山下的新墓地。不想在清中期，文殊院扩建,杨氏先祖禄祖、遇春祖的坟墓被迫再次迁移到现在太子洞菖蒲涧,即现在的位置,据说迁坟时再次出现紫雾腾飞的异状。

经历这两次迁坟,杨氏子孙对祖坟倍加珍爱,精心守护。但是在清晚期却发生了一件事让杨氏子孙非常气愤。当时崇庆的张××(人称黄胡子)来南江做县令,任期未满被贬回乡,半年后官复原职再次来到南江。听信了县城里一些妄图打压杨氏家族的人传播的流言,说:"县太爷位置不稳主要是因为,县衙原本是杨氏祖坟,现在迁到县衙北侧位置居高位,威杀太重,压了大堂,而且占了龙脉,因此要设法制住,才能安稳。"于是张太爷就请了风水师在遇春祖的墓碑基座下面掏开一条沟槽,并烧铸了五寸粗的铁柱一根,以此来扼杀杨遇春的威灵。这一举动让杨氏家族义愤填膺,更加重了杨氏后人对墓地的敬重。于是杨氏后人每逢春秋祭祀就鸣放 28 响礼炮以反抗。最终县太爷因贪污和作弊而丢官,而那个主持浇注铁柱的风水师也在两年后暴毙。墓碑下的铁柱也由杨遇春的 15 代孙杨椿劳,16 代孙杨建光取出。这段故事由杨建光、杨建康整理并收录在族谱中。[①] 同时作者之一杨建光还写了一首《护茔——杨氏子孙齐心协力保卫遇春祖墓》的诗:

> 施财济民誉集州,敕封寿相马鬣候。辞世魂归宝获堂,七曲回抱环境幽。
>
> 土角流金星体贵,天开地闭钟灵秀。立县被迫迁坟地,梓潼山下埋灵柩。
>
> 兴学再迁菖蒲涧,几度惊魂始未休。先有县令浇铁柱,后来采石伤坟丘。
>
> 九泉之下不安宁,祖魂受辱子孙忧。杨祥结庐守墓旁,"白瑞"佳话传千秋。
>
> 继承传统扬美德,护茔义务担肩头。不屈不挠斗邪恶,依法义依理拔顽猴。
>
> 终有县府红头文,阴阳两界乐悠悠。[②]

迁坟,一般来说是比较忌讳的事情,一般不会贸然动迁。像杨氏家族墓

---

① 《川北杨氏族谱》川新出南内 2007[12 号],南江县胶印彩印厂,2008 年第一次印刷,172—173 页。

② 《川北杨氏族谱》川新出南内 2007[12 号],南江县胶印彩印厂,2008 年第一次印刷,第 221 页。

这样多次迁徙，甚至被施以"法术"的情况并不多见。但是风水师的"法术"则是人们普遍相信的一件事。这里倒是有一个比较普遍的民俗信仰，那就是相信匠师，包括修墓的石匠、建房的木匠，甚至建灶台的泥瓦匠等等都或多或少地懂得一些法术。尤其是对于来自外地，并不熟悉的匠师一般都心存敬畏，担心他们在建造过程中施法而导致不良的后果，因此，一般都会对他们加以优待。这一方面是寄希望于那些身怀绝技的手艺人为主人家好好地干活，另一方面当然也对其身份以及掌握的技术保持一种神秘和敬畏。就修山的这些匠师而言，他们有些人也常常充当"风水师"的角色，并实际控制着墓葬修建的过程、进度，并主持墓葬的安装、竣工的典礼和仪式。这其中包括良辰吉日的选择，风水朝向甚至图像、文字内容的细节都是有一定发言权的。当然，在职业的风水师面前，他们可能只是"业余"的，不过他们可能因为经常与风水师合作完成相关的活动，也部分知晓其流程和关键的环节，包括咒语、仪式等。

那么这里面自然还有一个"斗法"的问题了。正如这则故事所表现出来的那样，那位"主持浇注铁柱的风水师也在两年后暴毙"应该是杨氏家族后人对其憎恨而注定的一个预期，并将这个结局赋予了一个神秘的斗法模式。如果说官场对杨氏祖坟的打压是明争，那么风水师参与其中的则是暗斗。这个故事正是利用了这种看不见的神秘力量，最后是一个正义必胜的结局。这其中，几经迁坟的杨氏先祖杨遇春在天之灵似乎仍然具有某种神秘的力量。故事其实也表明了人们相信祖先的神灵的存在，并具有相当的力量。这种力量足以给后世子孙以庇佑，相应的后世子孙也应该孝敬祖先，这就是所谓的"互酬"。

## 第七节　匠师看戏到墓葬雕刻内容的选择

宣汉县东乡镇插旗村有一座曾学诚墓（清光绪二十四年，1898 年）（图6-9），现在已经是四川省级文物保护点。该墓的规模宏大，雕刻精美，特别是那些戏曲雕刻，不仅数量多，场面也比较复杂，当地老百姓无不都说墓葬建筑上雕刻的是几台戏。

而关于这座墓的戏曲雕刻就有一个小故事。说曾学诚墓在修建期间连续数月下雨，以至于没有办法施工，于是匠师们无事可做，只有去不远的县城里面去看戏。看得多了，熟悉了，县里戏班子的拿手剧目都被这些匠师们烂熟于心，于是回去就把看的戏曲雕刻到墓葬建筑上，（图6-9）以至于当地

图 6－9  曾学诚墓全景

的人们不再到剧场里面去看戏了。如此影响到戏班子的生意,匠师们以后
再去看戏都被拒绝了。故事的原意可能是想表达该墓戏曲雕刻的精彩,或
者匠师们的技艺高超。但这个故事所说也并不夸张,在很多的大型墓葬建
筑上,几乎都是满雕的戏曲人物和戏曲场景,当然也有好些戏曲可能并非一
定就是关于某一处戏曲的再现,但是正如前文所讨论过的那样,在戏曲演出
极为繁盛的清代,人们对于戏曲的热爱和熟悉程度应该不亚于我们今天对
某个热播影视剧的了解。墓葬建筑上雕刻戏曲人物和戏曲故事也有数千年
的传统,而在清代四川地区的地上墓葬建筑确实以其精美繁复的雕刻而成
为被反复观看的对象,而雕刻中最引人注目和最精彩的地方自然就是那些
戏曲雕刻。尤其是那些人们熟悉的戏曲雕刻更能够引起人们的谈资。墓主
或匠师们自然也会选择人们喜闻乐见的内容雕刻在上面,甚至完整地表现
在上面。在南充市南部县,广元市剑阁县,万源市等地考察过程中,我们不
止一次地听说起墓主家里住着一个戏班子的说法,表明了当时戏曲演出的
盛况。不仅如此,人们不仅要看真实的演出雕刻在墓葬建筑上,还要将这些
演出带到另一个世界。将之雕刻在墓葬建筑之上,为的是能够看到"永恒的
演出"。(图 6－10)

图 6‑10　曾学诚墓几组戏曲雕刻

## 第八节　护墓故事三则

### 一、老妪护墓

绵阳市三台县龙树镇的林德任冉老太君墓（清咸丰十一年，1861 年）是一座带陪碑的大中型墓葬，其规模和雕刻在川中地区都比较少见。墓地位于山地前一个平台上，位置相当不错，但也就只能埋一座墓的位置，而在这座墓的侧后方的一座小墓则显得很特别。林氏后人告诉我说，这是一位老太太的墓，之所以被允许埋葬在林德任墓的旁边就是因为她多年拼死保护了这座墓。

原来，在"破四旧"期间村里来了一伙人，拿着钢钎、二锤等工具要把这座墓给掀掉砸毁。这位林家的媳妇赶到墓地，阻拦这些人，但这伙人根本不听，于是老太太就不顾身份，不顾形象躺在主墓碑和陪碑之间，那些人便不敢动手。无奈，这伙人就到距离这座墓不远的另外一座墓地上把那座同样规模的墓就给毁坏了。当老太太从地上爬起，拄着拐，迈开小脚跑到那里时，那座墓已经成为了一堆乱石。为了不让那些人再回来破坏林德任冉老太君墓，她又只有返回。就这样老太太累得半死，终于把这座墓给保护了下来。（图6-11）

**图6-11　林德任夫妇墓全景，画面左上为护墓老人的墓**

她去世之后，林家人觉得老太太护墓有功，就在林德任冉老太君墓的旁边给她安排了个位置，可惜的是，这座墓没有立碑，看不到任何相关的信息。老太太的动机应该比较单纯，就是祖坟不能动。其实我以为，还有一点那就是老人家至少明白，墓上的雕刻图像非常好看，比较难得，应该留下来。其实林家或村里应该将这个故事刻出来放到这座墓前。

林家后人说，其实这个墓能够被保护下来，还有一个重要的原因，就是老太太的儿子好像是部队里的一位职位还不低的军官，那些人还是比较忌惮。但不管怎么说，这座建筑形制和雕刻工艺非常不错的墓葬建筑就这样被老人家给完整地保护下来了，上面的那些装饰雕刻，包括人物形象都很完整，确实非常难得。如今，该墓前面已经修了一条马路，过往观看的人也不少，但几乎很少有人知道，这是一位老太太倾力保护下来的。

**二、"舍车保帅"的策略**

通江县洪口镇的刘其忠与夫人李氏、杜氏等家族合葬墓（清光绪丙子年，1876年）是一个占地近200平方米的大型墓园。墓葬前的墓坊，和主墓碑的二、三层都被掀翻在地，但整个墓葬保存得很完整，几乎看不出有破坏的痕迹。我们一开始以为是自然的倒塌。

后来，刘氏家族后人告诉我们说，是破四旧期间，刘家人自己组织掀掉的。我们很吃惊这样的做法。原来是这样的。在那个时期，刘家人看到附近好多的祖坟都遭受到较为严重的破坏，雕刻被凿平，文字被铲除，大墓被拆毁。预感到自己祖上这座在当地还是比较有名的墓在劫难逃，很是着急，但当时谁也不敢出面阻拦。没想到这一天真的很快就到来了，刘家人听说来拆他们刘家祖墓的队伍已经快要到了。情急之下，有人提议，我们自己拆除一部分，还可能保护一部分，如果那些人来可能就难说了。刘家人觉得这个办法可行，于是抢先到墓地就慢腾腾地干起来，他们先拆除了主墓碑上面的两层。这时，那支拆毁的工作队赶到后，为了显示决心，他们还当作工作队的面，把墓前的顶子也给推了下来。看到刘家人积极主动，态度鲜明，还是挺高兴的，就离开了现场。就这样。墓葬建筑的主体部分就被保留了下来，那些雕刻细节也没有遭到破坏。

这还真有点壮士断腕的感觉，刘家人采取牺牲局部利益而保存主体的策略终于为我们留下了石构建筑和雕刻工艺。在考察的现场，我还真翻出了被埋入土中的亡堂、门罩的雕刻构件，色彩如新。当时我就告诉了文物局的工作人员，希望他们能够收到博物馆里保存。也不知事后如何了。

### 三、老人的控诉与期待

四川省南江县赤溪乡岳中河墓也是一座规模巨大，雕刻精美的墓葬建筑，特别是墓前牌坊上的雕刻精美复杂。

但是本来是墓地的旁边却修建了一圈住房，将墓葬整个都给围起来了，原来主墓碑到墓坊前的青石铺地，最终变成了几家人的天井。按理说，该墓就应该比较安全才是。但是在 2000 年之后，该墓的雕刻构件多次被盗，不仅主墓碑上的"滚龙抱柱"被盗，就连墓坊高处的几尊石刻雕像也被盗走。村民口中流传着这样一个故事。

说一晚将近凌晨，住在墓坊旁边的一家人仿佛听见外面有异常的响动，于是披衣起来，点着油灯到外面察看，一手护着油灯避免被风吹灭，一边左右巡视察看，前后出去看了两次都没有发现什么异常。第二天天一亮再出去看，最终发现，墓坊高处的人像雕刻被盗走了。村民推测，当老人察看期间，盗贼说不定就在他头顶，眼看着他拿着灯晃来晃去……真是有电影场景一般的画满感。

就在我们考察中，一位老人过来，对我们讲起他因为墓葬构件被盗而写的材料和报告，并希望我们能够出出力帮助找回那些被盗的雕刻构件。

在一张已经略微变黄的纸上老人写道：

我祖坟墓三次被盗（中河祖墓）

2003 年 10 月 15 日晚，盗走守门将军秦叔宝尉迟恭浮雕。2004 年 3 月 14 日晚，盗走滚龙抱柱狮子座一对。2004 年 4 月 23 日晚，盗走凤凰柱一对。由李勇盗窃文物古墓集团所为，被旺苍县公安局所破获。

2004 年 8 月 11 日，旺苍县公安局与南江县公安局押着盗窃犯人来实地我祖坟前调查对证。旺苍县公安局马铭警官，南江县公安局王警官、陶警官。由岳俊明与他们接洽和履行材料并签字画押。

另：付家乡四村阴历 4 月 17 日晚，盗走观音神像关圣神像碑帽子一顶。现已经恢复。（图 6‑12）

老人之所以郑重其事地给我们看这张纸，就是希望像最后一条所写的那样，期待那些被盗走的构件能够让公安局给追回来，并放置到原有的位置上，让墓葬恢复原貌。

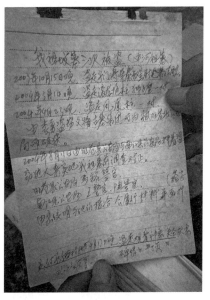

图 6‑12　老人手中展示的岳中河墓被盗记录

类似于这样的保护墓葬的故事，其实还有很多。好些不知名的人士，特别是一些老人们，他们凭借着朴实的情感和常识性的认知，凭借着自己的那一点点老年人的尊严，对这些文物的保护做着不求回报的贡献。

总之，与墓葬相关的故事还有很多，没有办法一一讲述。好些故事其实有着类似的结构，如对于墓葬的修造时间上，往往都会说修三年，并以吃多少头猪，吃多少粮食来描述其耗费的资财。或者是请来的匠师一开始都因为不了解主家的经济实力，而不愿意放开手脚，拿出真本事，主家就在院子里"晒银子"，还说什么，怕它时间久了长霉之类的话。听上去煞是有趣。而对于墓主何以有如此多的钱财，很多传说就是开荒挖到一锅"银子"，这部分地反映了"湖广填四川"移民早期的一些状况。而另外的一种状况则是"入赘"有钱人家而发达起来，这种情况也可能在一定程度上有一定的事实根据。在人口不多，而又需要男子劳动力的时代，迁徙而来的人口通过联姻的方式结成姻亲关系，以增强合作与竞争。在这一地区常常有类似"向罗二姓是一家""王李不分家"等等的说法，估计与此相关。

至于，还有一类常听说的故事就是墓葬本身具有的神秘力量，对于侵犯的人或动物实施的惩罚和报复。尽管多不可信，但在村民口中"有鼻子有眼"地讲出来，还是多多少少有些让人害怕。

其实，以上这些故事，实在算不上精彩，传播也比较有限，甚至在当地中年以下的人群中都已经失传了。但这些口传故事构成了该地区民间故事的一部分，也形成了明清墓葬研究的一个重要面向，这诸多故事中的一些基本的叙述模式和价值诉求还是比较明显。从这些甚至有些荒诞的情节中，依然可以看到关于家族、家庭、祖先崇拜、社会关系、伦理道德、民间信仰和乡村教化等的共同框架。正如王溢嘉在《中国文化里的魂魄密码》中所说："在这个过程中，它们企图塑造的是既有人类普同性又有文化独特性、既能符合意识信念又能满足潜意识需求的灵魂信仰结构与故事结构。"①而在这里则是通过精心营建的墓葬建筑这一实体，也是通过墓葬建筑上精美的雕刻、彩绘图像而展现出来了。罗伯特·达恩顿(Robert Darnton)相信民间故事具有相同的风格，通过它们可以"寻找普通人的世界观与心态"②。但是家族墓葬的口传故事有着不太一样的语境，因为这些故事似乎只是关于"本家族"的，与本家族的盛衰荣辱密切相关，而主要讲述者也往往是家族的后人，自然听众最主要的也应该是家族中的年轻人。杰克·古迪(Jack Goody)认为："民间传说的听众主要的少年，目的是取悦他们(尽管也有一定的教育性)。"③那么围绕家族墓葬的口传故事就与建筑、装饰雕刻一起构成了一个对年轻一代的教育场。不过，如今这样的故事已经再难以讲下去了，备受冲击的传统文化已经支离破碎，年轻人不仅离开了乡村故土，也远离了故事所在的语境。这些故事到底还有怎样的价值和意义，笔者也无从知晓。

---

① 王溢嘉. 中国文化里的魂魄密码. 新星出版社,2012 年,第 5 页。
② [英]杰克·古迪,李源译. 神话、仪式与口述. 中国人民大学出版社,2014 年,第 67—68 页。
③ [英]杰克·古迪,李源译. 神话、仪式与口述. 中国人民大学出版社,2014 年,第 12 页。

# 第七章　阴阳杂处:聚族而葬的乡村聚落形态

"聚族而葬""阴阳杂处"是川渝等西南山区乡村聚落形态的典型特征。在"丧不哀而务为观美"的观念下,"湖广填四川"的移民后裔修建了大量高大精美的地上墓葬建筑,使得传统家族墓地成为一个多维度、多层次的地理、文化和精神空间,并在这样的空间中实现了审美娱乐、礼俗教化、乡村自治与社会整合。在我国大力推进乡村振兴的当下,对这些具有历史文化和艺术价值遗存的保护、研究和利用,可以在传统乡村聚落形态改造、乡村文化延续和乡风文明重塑等方面发挥应有的作用。

## 第一节　从传统丧礼空间到乡情纽带

墓地,也即阴宅的营建不仅是为亡者营建一个"地下之家",更是关涉家族兴衰福祸的大事,阴宅、阳宅同等重要。"事死如事生"和祖先崇拜等传统观念使得人们对待先祖、对待墓葬修建相关的一系列活动格外重视,所谓"慎终、追远,民德归厚也"。因此,家族墓地及其墓葬建筑造就了独特的乡村聚落形态、空间格局和独特景观,这在西南地区的乡村中格外典型。墓地这个对生者而言的肃穆恭敬的祭拜之地,对亡者而言的幽微深邃的灵魂居所,也因此有了复杂的文化逻辑和艺术呈现。"至元日,清明,必祭于墓。均出于孝子追慕之心,虽非礼经,已蔚然成俗矣。"①正是在这祭祀和观看的过程中,后世子孙完成了对先人的缅怀、交流和纪念,同时,通过这些视觉的图像符号和文字完成了文化传承和伦理教化。也正是在观看的愉悦背后,反映了人们对于由建筑营造的"礼仪场所"也是一个关于观看的"艺术空间"的特殊理解。在"相对封闭的长江上游地区,尤其是中国西南山区实际上保留了有关中国古代社会对于图像及其观看、制作技艺、表达模式、展示方式、认

---

① 袁寿昌,喻亨仁,廖士元,张国柱.合江县志.四川科学技术出版社,1993年。

303

知观念的最后传统。随即而至的现代文明很快会将它们撕扯为碎片。物理形态上的毁损和观念层面的遗忘,使这些记忆碎片越来越远离我们。"①如今,那些即使被纳入到不可移动文物序列的墓葬建筑及其所在的家族墓地,也面临着越来越严峻的考验。除了自然风化损毁,新农村建设,住户搬迁,还有盗劫雕刻构件等人为事件,对这些历史文化遗存形成新一轮的破坏。

刘尊志提出,早在东汉时期就形成了以封土表层为界形的墓葬内、外两重空间体系,以及地下空间、墓外设施、现实世界的三维世界。此后"墓祭设施在墓外设施中的核心地位亦愈来愈得到加强,同时还体现出较多的丧葬内容和社会内涵"②这一传统从未中断。至明清时期,川渝等地更是演化为地下只有简单的土坑棺木,而在地上修建高大精美的石质墓碑的丧葬习俗,墓葬建筑便是墓地这个双重空间与三维世界的墓祭设施。因此,墓地既是家族成员的最后归宿,也是后世子孙祭祀先祖、回忆乡愁的重要载体,更是远离故土的人们"回乡"的终极理由。而在一些历史久远的乡村,古代精美的地上墓葬建筑,也就成了乡村独特的历史遗存和文化景观。

当代社会对墓地、对逝者遗体的"工业化""标准化"处理,甚至不惜采取扒坟、烧棺等伤民心、背民俗的极端措施,导致尸骨难安,祖坟无存。这既不符合乡村聚落形态的客观现实,也是对乡村坟地生态的误读。北京大学吴飞教授甚至说:"现代中国人和传统中国礼乐文明唯一一个具有实质性的联系就在丧礼上面。如果传统文化彻底消失了,中国传统文化也就很难有希望。"③因为他看到丧礼中蕴含着中国五千年的文化传统,看到了丧礼最能体现的就是我们优秀传统文化的"爱"和"敬"。

面对现代乡村社会薄养厚葬、大办丧事、修建豪华大墓等不良风气确实需要大力反对,抵制。民族要复兴,乡村必振兴。乡村治理和乡风文明是农村现代化的重要工作。但正如在《关于进一步推进移风易俗建设文明乡风的指导意见》中指出的那样,应该"坚持因地制宜的原则。'十里不同风,百里不同俗',推进文明乡风建设,要与当地经济社会发展水平和文化传统相适应,充分尊重当地习俗,充分考虑群众习惯和接受程度,不搞强迫命令,不搞'一刀切'。"④可以说,《意见》是客观而可行的。因为这里面不仅各地有延

---

① 罗晓欢.四川地区清代墓碑建筑稍间与尽间的雕刻图像研究.中国美术研究,2015(04),第51—62页。

② 刘尊志.汉代墓葬的双重空间与三维世界.南开学报(哲学社会科学版),2020(01):第108—116页。

③ 王淇,吴飞.没有传统丧礼 中国文化就彻底没了希望.2018年2月3日,https://www.sohu.com/a/220694834_492772。

④ 《关于进一步推进移风易俗建设文明乡风的指导意见》。

续久远的传统习俗和观念信仰，而且其中不乏中华传统文化中的优秀部分，不乏与社会主义核心价值观相契合的部分。习近平总书记在党的二十大报告中提出"全面推进乡村振兴"，强调"建设宜居宜业和美乡村"。这是新时代新征程背景下，以中国式现代化全面推进中华民族伟大复兴，全面推进乡村振兴、加快农业农村现代化的重大战略部署。其中在"加强农村精神文明建设"这一部分，专门提到："积极探索统筹推进城乡精神文明融合发展的具体方式，大力弘扬和践行社会主义核心价值观，加强农民思想教育和引导，有效发挥村规民约、家教家风作用，培育文明乡风、良好家风、淳朴民风。"[①]我们从川渝地区的这些墓葬建筑的雕刻图像和碑刻铭文中，不难看到，中国传统的礼仪教化，包括孝亲敬老、睦邻友好、耕读传家、族群认同、家国情怀等表达实际上已经深深地印在中国人的内心，这些文化心理和观念认知是涵养社会主义核心价值观和精神文明的良好土壤。如果真正能够正确认识和妥善处理并有效梳理阐释这些传统家族墓葬建筑中的有价值部分，对于"加强农民思想教育和引导，有效发挥村规民约、家教家风作用，培育文明乡风、良好家风、淳朴民风，无疑是可以起到事半功倍之效果。

但如今，当我们把先辈的遗体当成"工业废料"一般的处理方式，让这种爱和敬失去了依托和载体，而载体的消失也让情感无所依归，认同感也就无法建立，这实在是对中国数千年来形成的血脉相续的传统观念的一个极大的挑战。从现实中的一些现象也确实让我们看到，强制火葬在一定程度上使得本就被撕裂的乡村社会关系更趋离散，既不利于维系乡村有机和谐的社会关系，也难以传续乡村道德传统和民风民俗，更难以构建社区民众，家族成员之间的认同感和凝聚力。尽管，崇修墓葬充斥着迷信和攀比、浪费等不良观念，但孝悌忠信、礼义廉耻、孝老爱亲、敬业乐群等传统美德却是中华民族向心力、凝聚力的基础，联系着民众的精神命脉。如《孟子》所言："养生丧死无憾，王道之始也"中共中央国务院印发《关于加大改革创新力度和加快农业现代化建设的若干意见》中提出加强农村思想道德建设的问题，提出"以乡情乡愁为纽带吸引和凝聚各方人士支持家乡建设，传承乡村文明"[②]，这是针对目前广大农村渐趋"空心化"，包括人口流失，伦理价值丧失，传统文化断层的严峻现实而提出来的应对策略。"以乡情乡愁为纽带"，确实是抓住了问题的关键，但是倘若家乡再也没有什么值得挂念的，如若是祖坟都

---

① 习近平.高举中国特色社会主义伟大旗帜　为全面建设社会主义现代化国家而团结奋斗——在中国共产党第二十次全国代表大会上的报告。

② 中共中央国务院.关于加大改革创新力度和加快农业现代化建设的若干意见，2015 年 2 月 1 日。

看不到了,根脉已经不存了,那纽带又在哪里去寻找呢? 毕竟"回乡""祭祖"是中国传统孝文化的基本情结,也是中国人最重要的精神寄托之一,"地缘、血缘、史缘"恰恰是增强中华凝聚力和促进祖国统一的重要纽带。坟地,在当代人看来是避之不及的场所,因此在很多乡村社会的调查和研究中并不愿意提及,甚至在当代美丽乡村建设过程中它们都是被有意无意地忽略了。而殊不知在中国传统社会中,墓地就是家族的主要财产之一,也是社区竞争和显耀门庭的重要资源。阴宅与阳宅同等重要,"事死如事生"和祖先崇拜等传统观念使得人们对待先祖、对待墓葬修建相关的一系列活动格外重视,所谓"慎终、追远,民德归厚也"。因此,家族墓地及其墓葬建筑造就了独特的乡村聚落形态、空间格局和独特景观,这在西南地区的乡村中格外典型。

家族墓地是乡村聚落形态的客观存在,并经过历史演化,形成了其相对合理的空间分布和持续更迭的演化历程。阴宅作为"归宿"本身具有的相对稳定状态,在某种意义上更是人们持久的情感寄托之所在。人们可以不断地搬家,从一个地方到另外一个地方,但中国人"落叶归根"的想法也使现代人始终有一个"回乡祭祖"情结。

祖坟尚在,是现代人回乡的最后理由!

## 第二节 "聚族而葬""阴阳杂处"的时空秩序

在西南地区的乡村,家族墓葬群是常见的人文景观。但由于种种原因,墓葬,家族墓地往往又是不被重视,甚至避之不及的所在。但在这里,乡村家族墓地和墓葬建筑的时空秩序所呈现出的不同情状,以及家族墓地及其墓葬建筑形制、装饰等历史变迁与乡村社会的发展、乡村聚落形态的演变、家族的历史变迁演化密切关联。可以说,西南地区常见的那些延续百余年十余代的家族墓地立体化地凝固和呈现了一个"长时段"的家族和社会发展的历史状况,或者说是一部乡村社会经济和家族历史的立体书写,倘若详加探究,想必可以成为历史文化研究的一个有趣面向。(图 7-1)

首先,"聚族而葬"是西南地区家族墓地的典型特征。从"湖广填四川"以来,乡村聚落形态的演化变迁来看,从移民各自"插占为业"开始就有了祖屋、祖坟的分别。继而随着各移民家族逐渐发展壮大,往往会有自己的家族祠堂和形成相对集中埋葬的家族墓地,家族墓地也成为家庭和家族财产的一部分。家族成员一般都会埋葬在自己的家族墓地,从而形成"聚族而葬"。这一方面是出于经济上的考虑,随着社区人口的增加,土地资源有限,加上

古蔺县石屏镇王氏家族墓地

古蔺县桂花乡骆氏家族墓地

**图 7-1　历时十余代的传统家族墓地**

其它地方有可能属于他人的土地;另一方面作为家族成员能够埋葬在家族墓地也是一种心理归属,同时,祭祀起来也方便许多。众所周知,传统社会常有将拒绝死者埋入家族墓地作为惩罚的情形,这说明"聚族而葬"与"聚族而居"一样,是中国传统社会的基本模式。

　　川渝地区的乡村聚落,一般都是在"湖广镇四川"这一特殊历史背景下演化而来的,从"插占为业"开始到"五方杂处",逐渐形成了同姓家族聚居为主,多姓杂居为辅的基本形态。一个村落往往会有多处规模不等的家族墓地散落于房前屋后,田边地角,路旁林下。一些历史较为久远的村落常常可见到阳宅与阴宅毗邻,其至"出门见坟"的状况也都比较普遍。在一些地方先祖的坟茔就在院落或祠堂之中,就在人们生活的环境之内。这或许是现代人难以理解的,但这对于传统乡村聚落而言,太正常不过,由此形成了"聚族而葬""阴阳杂处"的乡村聚落常态。在乡村,家族墓地会世代使用,并沿着遵循一定的秩序埋葬。尽管数百年下来,坟墓的密度会逐渐增加,顺序也不是那么清晰，但是那些有一定规模并在墓前有较大墓碑、墓坊等建筑的墓就会得到更好的保护。另外，大墓的位置往往也被认为风水更好而引得后人愿意挨着埋葬，于是就形成了相对集中的墓地。但是这种墓规模不会无限制的扩展，一方面墓地的选择还是会考虑到土地的使用，一般会选择不太适宜耕种的土地，大规模占用耕地、林地的情况并不多见。在移民后期，人口增加，集中埋葬的情况也越来越少。移民后裔逐渐积累起了财富，也逐渐分家成为新的大家族，家族墓地也开始向新的地点迁移，这样就会形成相对分散的家族墓地。事实上，这些墓地也并非我们想象的那样是令人恐怖的乱坟岗子。可能因为南方的植被发育较好，墓地的植物比较茂盛，墓地常常也是放牧牛羊之地。很多古老的墓地，因无人看管而逐渐又演变为可耕种的土地，甚至在旁边建起居住的房屋。因此，这种土冢和青石垒砌的墓地可以形成林地、耕地、设置宅基地的生态循环。

"阴阳杂处"是川渝地区家族墓葬空间形态的典型特征。有主动选择将墓建在房前屋后，也有后人将家居住宅修建在原有的坟墓旁边，即开门见坟，还有整个院子就在早先家族墓地上建起来的，有的墓葬甚至就在院子的堂屋之中。还有为了生活的方便，把茔墙拆掉，以拓展出更开阔的生活空间等等。

对于移民而言，家族也是一种社会力量，在社区、资源等的竞争更有一定的优势。在这一地区甚至还有"向-罗二姓是一家、安-岳不分家"等的口头语言的流传。这其实也就是早期移民"抱团取暖"的一种策略，这极有可能是通过联姻等方式来实现的。此外，该地区常常有对"入川世祖"的祭拜，很多族谱中都有对入川一世祖、二世祖、远祖的记录，有些还能够找到入川始祖的祖坟并加以培修。

一般而言，家族墓地的埋葬应该是有一定秩序的，这种秩序多半是以辈分关系而埋葬。这种秩序当然是自发形成了。在可以记忆的数代之内，这种秩序是明确的，但在三五代之后，这种秩序就可能比较乱了。一方面，时间长久之后，或数百年下来，前代墓或者成为无主墓，或者湮没殆尽，正如前文所见，新坟就会见缝插针式地埋葬到久远的家族墓地之中去，古老的墓地慢慢被耕地所蚕食。如今我们依然可以在一些家族墓地中看到这样的秩序，并大致可以归纳为像南江县高塔乡子美湾、旺苍县何斐家族墓这类的"一"字排列，或者像前面家族墓地上的那种"品"字排列，还有就像以某一座大型墓葬为中心，环绕排列为"回"字字形等。

当然，这其实只是家族墓地秩序的一种理想化的概括，实际状况并不完全如此。由于墓葬规模形制的差异，或者地形本身的限制或者风水的微小调整，都有可能使得家族墓地中的墓葬秩序发生改变，这一点当地乡民似乎并不那么在意。另外一种情况就是某家发达了，或积累了财富、或有了功名身份，可能在家族墓地之外另选址建墓，随后家族成员就可能以这座墓为中心，陆续埋葬形成新的家族墓地。而原来的那些坟墓就可能再次变成林地、土地，甚至宅地。巴中市杨天锡墓地所在的地方原来就是家族墓地所在，要不是铺地石板偶尔见到是墓葬的碑刻文字，早已不见了墓地的踪影。而好些时候，在乡村的菜园周边，或牲畜圈里都可以发现原本是用于墓葬的石材，墓葬最终又回归到了土地，自然地完成了一个持续的循环。如此看来，传统的埋葬方式其实远比现在所谓的火葬，然后再建一个水泥坟丘更生态、更环保。

不过总体上看，"聚族而葬"的埋葬方式一直谨慎且完整地坚持了下来，那些高大的、雕刻精美的墓葬也总是被视为家族的骄傲而备受尊重，并得到家族后人的长久祭祀。在特殊的日子里，祭祀自己直系亲人的时候，也不忘在他们的坟上添点土、烧点纸钱，以示对远祖的缅怀。因此，很多早期的大墓反而能够得到较好的维护，为我们今天所看到。

所谓阴阳杂处，就是墓葬往往与家居环境距离很近，甚至就在民居建筑的环境之中。这似乎很难理解，但是对于这一地区的人们来说，确实很常见。类似于四川南江县赤溪乡岳中河墓（清嘉庆二十五年，1820 年）、旺苍县曾家山家族墓地这样（如图 7-2）的情形比较常见。墓地的前后左右都可能是民居院落，几乎将墓地包围了起来，墓前空地成为人们日常生活的必经之路，或为晾晒农作物，聚集休息之地。不过这种情形越来越少。2015 年笔者再次去该村时，发现墓地周边的民居已经拆迁，只留下了墓葬建筑。

位于巴中清江镇石燕村的杨天锡墓是一座祠堂与墓葬一体的建筑（图 7-3）。如今祠堂和位于室内的墓碑主体完好。考察发现，这院坝原来就是杨天锡墓前牌坊和桅杆所在地，铺地上的石板好些都是家族墓地的碑版，其上的文字和花纹还隐约可见。在川渝地区的乡村，这种情况并非罕见。好些有幸被保留下来的大型的墓葬建筑，就是因为在民居的附近，甚至紧挨着人们聚居的院落才得以基本保全。如今它们已经成为偏远乡村不可多见的历史文化遗存，并被家族后人引以为傲，时常都会有人前来观看。

阴宅和阳宅这种"左邻右舍，毗邻而居"的空间关系，这种"阴阳杂处"的乡村聚落格局在外人看来或许难以理解，但在当地人看来确自然而然。人们对于墓地，对于逝去的先祖，甚至对于死亡的态度，表现得更为灵活变通，更为亲近平和。

这一地区的墓葬建筑与民居建筑的这种关系与人们所想象的那种阴阳两隔，见坟墓唯恐避之不及的观念大相径庭。墓地似乎与周遭的其它东西

图 7‑2　南江县赤溪乡岳中河墓地边的民居

图 7‑3　巴中市清江镇杨天锡墓(民国)

并没有太大的差别，衣服可以晾晒在上面，农具物件可以摆在那里，甚至可以在墓地吃饭睡觉，开办学堂。也难怪人们愿意将墓葬建筑修葺得如此高大精美，并引人注目。这些高大精美的墓葬建筑着实成为了乡村重要的景观，那一出出激烈冲突的戏曲场景，那一副副或工整或舞动的墓联、铭文常常成为人们观看品评的对象，也成为僻远的乡间文化艺术和人文教化的场所。墓葬建筑在民间日常的生活中不止于埋葬逝者身体的土丘，而是一个具有多重意涵的文化空间。

## 第三节 从历史文化遗存到乡村教化空间

考察川渝地区的墓葬群，就极少有"千年孤坟"的凄凉感，相反显得特别的热闹，村民似乎并不害怕这些墓。呈现在我们眼前的景象是小孩们会在家门前，绕着墓碑玩捉迷藏，衣服鞋袜晾晒在墓碑上，墓地前方空地上晒满了谷物……这种特殊的空间关系，使得这些墓葬建筑成了乡村聚落中一道独特的文化景观。墓葬就在人们日常生产生活空间中，与生者，与后世子孙有着较多的联系。墓地在乡村聚落中不仅仅是环境空间中的客观存在，对于传统乡村聚落而言，它也有着重要的文化意义。

在这一地，好些家族墓地和大型的墓前建筑，首先就是乡村伦理道德和家族遗风等的教化之地，其作用和祠堂一样。倘若对这些家族墓葬的形制规模、装饰雕刻、碑刻铭文、口传故事等进行一番考察，就会明白这一地区的乡村之所以崇修墓葬，以及墓葬建筑与家居住宅成为"左邻右舍"的空间关系和文化意义了。

对于"湖广填四川"的移民而言，需要经过几代人的努力，才有可能积累出一定数量的家族人口和财富，修建祠堂才变得必要和可能。而墓葬却是等不得的，传统的孝道观念、家族历史的表达和书写便转移到墓碑上。加上移民社区竞争和攀比，这股崇修墓葬建筑的新风愈演愈烈，最终留下了我们今天所能见到的这些已经被视为地方主要文物的碑坊建筑。在清季，地下不再是阴宅的重点，地上部分则越来越复杂精美。这就与前代那些极力避免外人打扰的地下封闭墓室不同，墓葬建筑因此而成了引人"观看"的公共景观。可以说，这些尺度高大，组合复杂、雕刻丰富的墓葬建筑部分承担了祠堂的叙事和教化功能。

四川省南江县马氏墓就是一个祠堂与墓葬一体的建筑群，始建于清嘉庆二十五年（1820 年）。整个建筑位于坡地上，是一座共三层平台的三进四合院，最高一层平台则是墓地，包括墓前石牌坊、享堂式主墓碑，从石坊到主墓碑以茔墙连接。中庭竖立一对巨大的石桅杆，最前面为带有戏台的祠堂前殿，整个建筑再以左右厢房合围而成封闭式院落。整个建筑就是一个集合雕刻、彩画、书法于一体的综合文化艺术空间。墓葬建筑的书法文字、雕刻图像、空间布局都围绕着家族荣耀、宗教礼仪、道德教化为叙事逻辑，甚至还不忘有"官方的在场"。由此可见，"生、养、死、葬"对于民间文化重建和乡村社会治理也有重要的现实意义。（图 7 - 4）

**图 7 - 4　四川省南江县朱公乡白坪村马氏家族墓祠建筑群**

　　家族成员往往会竭力打造一座"花碑"（在墓碑上雕刻各式图像和文字），以承载家族的历史和子孙的孝道。于是，墓葬空间也成为了一个充满了故事、图像、文字的综合文化艺术空间，也是一个道德教化的空间。在这样的空间中，礼俗与禁忌，便在家庭日常中完成了潜移默化、言传身教。进入这样的空间，无论是远观，还是近看；无论是游赏，还是细读，戏台上演出的剧目，建筑上雕刻的图像，匾联碑刻上的文字都在共同地述说着忠孝节义、渔樵耕读、吉祥寓意，传授着忠君为国、家族荣光、人情世故、道德伦理。严谨布局的建筑、精美热闹的图像、庄重富丽的书法共同营造出了一个传统乡村教化重地。

　　"至元日，清明，必祭于墓。均出于孝子追慕之心，虽非礼经，已蔚然成俗矣。"①正是在祭祀和观看的过程中，后世子孙完成了对先人的缅怀、交流

---

① 袁寿昌，喻亨仁，廖士元，张国柱. 合江县志. 四川科学技术出版，1993 年。

和纪念,同时,通过这些视觉的图像符号,也正是在观看的愉悦背后,反映了人们对于由建筑营造的"礼仪场所",也是一个关于观看的"艺术空间"的特殊理解。在"相对封闭的长江上游地区,尤其是中国西南山区实际上保留了有关中国古代社会对于图像及其观看、制作技艺、表达模式、展示方式、认知观念的最后传统。随即而至的现代文明很快会将它们撕扯为碎片。物理形态上的毁损和观念层面的遗忘,使这些记忆碎片越来越远离我们"①,研究保护迫在眉睫。

## 第四节　"乡村振兴"视角下的空间价值重塑

在"美丽乡村"建设背景下,家族墓地,特别是拥有历史文化价值的古代墓葬建筑如何安置、保护成为一个需要认真思考和研究的问题。家族墓地一方面是家族成员的归宿地,也是乡村聚落形态中不可忽视的存在,直到今天都依然延续其功能;另一方面,墓地中那些具有历史和艺术价值的墓葬建筑需要更为有效的保护措施。目前看来,保护是孤立的,也是有限的。自然和人为的破坏时常发生,即使是省级保护单位,雕刻构件也常遭破坏和盗劫。不仅村民对这些墓葬建筑不太在意,即使职能部门也鞭长莫及。

中共中央国务院印发《乡村振兴战略规划（2018—2022 年）》中提出:"统筹保护、利用与发展的关系,努力保持村庄的完整性、真实性和延续性。切实保护村庄的传统选址、格局、风貌以及自然和田园景观等整体空间形态与环境,全面保护文物古迹、历史建筑、传统民居等传统建筑。"②这是针对目前乡村中出现了"照搬西方""盲目跟风"的问题所提出的策略。其实,这不仅仅是保护我国乡村传统文化,更重要的是保护文化的多样性,防止地域乡土文化的流失。乡村聚落在城市化浪潮中逐渐丧失了乡村的特色,因此,我们要留住乡村文化的原真性和特殊性。这为这一地区的家族墓地和古代墓葬建筑的保护提供了政策依据和方法论指导。万源市石窝乡的走马坪村碾盘湾组的张家院子和土龙场村是比较具有代表性的多维空间聚落。

万源市石窝乡的走马坪村碾盘湾组的张家院子和土龙场村是比较具有代表性的多维空间聚落。该村 2 组 51 号是以一座独特的五角形四合院,院

---

①　罗晓欢.四川地区清代墓碑建筑稍间与尽间的雕刻图像研究.中国美术研究,2015(04),第51—62 页。

②　中共中央国务院印发《乡村振兴战略规划(2018—2022 年)》,2018 年 9 月 26 日。

子的石基上还有当年红三十三军政治部留下的红军石刻标语,也是县重点文物保护点。围绕院落的周边散布5、6座木结构瓦房、土墙瓦房和现代砖混楼房,特点鲜明,各有看点。周边是竹林、菜地和田地。在民居后面的坡地就是张氏家族墓地。一条马路从中间穿过,将村落分为两个部分。聚落开阔,景观别致,布局合理。在院落背后的菜地和竹林间保留了明代墓葬一座,清乾隆至民国时期的大中型墓葬建筑10多座。菜地中的这座明代墓尽管只剩下洞开的石室,但石室内的雕刻工艺很精美,保存状况也比较好。村中一座张登绥墓(清光绪二十六年,1900年)形制完整,雕刻精美,包括桅杆、石狮、四方碑亭和牌楼式的主墓碑,雕刻图像和文字保存得还比较完好,一点都不亚于好些省级重点文物保护点。在院落前的田坝中还有字库塔、石马等文物古籍,距离村子不远处有一座知名的节孝坊……总之,该村是一个有着诸多文化文物古籍的传统村落,也非常值得重视和保护利用。(图7-5)

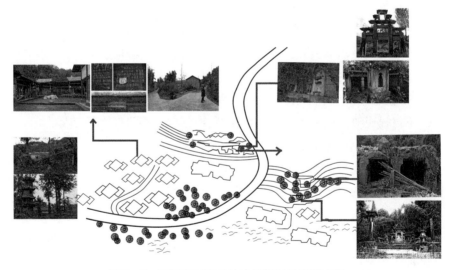

**图7-5 万源市石窝乡的走马坪村的聚落空间**

河口镇土龙场村的马氏家族墓则是另一处典型代表。沿马路一字排开十余座造型各异,雕刻丰富精美,代际关系清晰的家族墓葬建筑。据笔者初步考察统计,该村约有清代至民国时期大中型家族墓葬建筑20余座,都值得一观,其中最重要的一座马矗远墓,是一处省级文物保护单位。院落前的竹林中还隐藏一座高约6米的清代字库塔,塔上铭文丰富,书法颇有特色。距离字库塔不远还有造塔主人马矗远后人的一座牌,造型奇异的"甑子坟",坟前有墓坊建筑、石狮、供案等附属建筑。可以毫不夸张地说,该村简直就是一个特色鲜明的家族墓葬建筑博物馆(图7-6),真是集传统石构建筑、传统石雕工艺、乡村聚落形态为一体的难得的传统村落。

**图 7‑6　万源市土龙场村家族墓群和马路对面的民居**

随着我国"乡村振兴"战略的推进,乡村家族墓葬与乡村聚落之间的关系成为了一个无法回避的问题。但若从尊重传统乡村聚落形态和空间以及传统历史文化积累的角度,以及重振乡风文明的角度看,它们不仅不是累赘和需要祛除的对象,反而因为它们的存在而颇具特色和魅力。应在乡村改造中改变观念,处理好墓葬群所伴随的文化问题。如果慎重考虑,从保护家族墓地,特别是精美的古代墓葬建筑的角度,让它们在乡村景观中体现出独特的视觉性和文化性,成为具有乡村特色历史文化景观和乡村旅游的独特看点。这样不仅可以利用好乡村的自然资源优势,更能够展现其历史和人文魅力,更能够通过对家、家族、民间文化和乡村教化的传统进行有效的讲述和传播,事实上,这一地区的乡村已经开始注意到这一点。

湖北恩施州鱼木寨也是一个以祠堂、祖坟、匾额等文化遗存为特色的传统村落,村中的清代墓葬建筑曾经引起极大关注,有 10 余篇文章进行专题讨论。其中《文化整体性视角下传统村落保护策略研究——以恩施州土家族传统村落鱼木寨为例》的论文也由此提出"文物式"保护的路径,认为:"将传统村落作为'文化遗产'的承载,重塑村民的文化自信,吸引村民的回归,只有满足传承主体——村民的意愿,保障村民日常生活和经济收入,才能吸引村民的回归,让村民自觉保护'家园';然后便是挖掘传统村落的独特文化,让'老树发新芽',成为村民自身再生产的有力凭借,实现村落的'活态'

保护与现代化可持续发展。"①尽管将鱼木寨视为土家族传统村落实在是个误会,但此文作者的观点与笔者不谋而合。朱启臻在《乡村振兴中的生态文明智慧》中说:"建设乡风文明,不是要另起炉灶建设一套新文化,而是要在遵循乡村文化生态体系及其发展变迁规律的基础上,沿着乡村文化谱系实现传统与现代的融合……不顾乡村文化生态系统而简单复制城市文化或想当然地引入外来文化,往往难以融入乡村原有文化系统而成为项目'孤岛'——这也是当前众多乡村文化项目成为摆设的重要原因。"②他认为,乡村价值体现为生产价值、生态价值、生活价值、社会价值、文化价值和教化价值。但当代对于乡村的认知则较少甚至忽略其社会价值、文化价值和教化价值。但从本文的视角可以看出,后者对传统乡村社会而言似乎更为内在。因此,我们有理由对于这样的乡村聚落需要认真调研和论证,提出综合性的规划保护和合理利用方案,不仅从自然地理环境,更应该从传统乡村聚落形态、家族历史叙事、传统伦理教化以及乡村治理经验的角度去思考。

"失礼而求诸野",传统乡土社会是中国农耕文明最重要的实存形态和精神空间,其源远流长的历史长河中蕴藏着中华文明生生不息的基因密码,彰显着中华民族的思想智慧和精神追求。在中国式现代化的语境中强调"赓续农耕文明"其实有着大智慧的。正如《中共中央国务院关于实施乡村振兴战略的意见》所提出的那样:"要切实保护好优秀农耕文化遗产,推动优秀农耕文化遗产合理适度利用。深入挖掘农耕文化蕴含的优秀思想观念、人文精神、道德规范,充分发挥其在凝聚人心、教化群众、淳化民风中的重要作用。划定乡村建设的历史文化保护线,保护好文物古迹、传统村落、民族村寨、传统建筑、农业遗迹、灌溉工程遗产。支持农村地区优秀民族、民间、民俗文化等传承发展。将乡村自然资源和人文资源有机结合,在深入挖掘乡村特色文化符号的基础上,通过盘活特色文化资源,大力发展乡村特色文化产业,推动乡村生产、生活、生态协同发展,推动乡村振兴。"③其实,从2013年到2023年,每年的中央一号文件几乎都会就乡村优秀传统文化的传承与保护作出具体部署。

习近平总书记指出:"我国农耕文明源远流长、博大精深,是中华优秀传统文化的根"。乡村振兴,既要塑形,也要铸魂。所谓铸魂,就是要在文化观

---

① 邱晨.文化整体性视角下传统村落保护策略研究——以恩施州土家族传统村落鱼木寨为例.西安建筑科技大学,2020年。

② 朱启臻.乡村振兴中的生态文明智慧.2018年2月24日,http://news.gmw.cn/2018-02/24/content_27779827.htm。

③ 中共中央、国务院《中共中央国务院关于实施乡村振兴战略的意见》,2018年1月2日。

念,道德规范、礼仪教化等方面进行价值引导和精神文明塑造。这一过程就是要注重对优秀传统乡土文化进行梳理、挖掘,保护和传承,把传承保护和开发利用有机结合起来,让优秀的中华农耕文明和传统物质和精神文化遗产和当代文化、文明要素结合起来,赋予其新的时代内涵,从而助力全面推进乡村振兴,助力农业强国。川渝地区的这些家族墓葬建筑,是这一区域重要的历史文化遗存,其有关耕读传家、父慈子孝的祖传家训到邻里守望、诚信重礼的乡风民俗等内容是当代乡村文化振兴的重要资源。在《让农耕文明展现新的魅力和风采》一文中,作者指出:"在道德规范上,注重家庭和睦、邻里相助、诚信重礼,强调勤劳、节俭、孝悌等美德,弘扬向上向善的道德观念。在社会治理上,强调综合运用礼乐、教化、政制等多种手段,形成情礼法相结合、自治与他治相结合、道德与利益兼顾的综合治理模式。我们要坚守中华文化立场,深入挖掘优秀传统农耕文化蕴含的思想观念、人文精神、道德规范,将其经济、社会、文化、生态等方面价值与现代文明要素结合起来,提炼展示农耕文明的精神标识,不断丰富人民精神世界、厚植民族基因、提振精神力量,更好培育文明乡风、良好家风、淳朴民风,提高乡村社会文明程度。"①从这些意义上,笔者甚至认为,在一定限制的条件下,可以允许从乡村走出去的"乡贤"在家乡有一块墓地,让他们及其后人有一个可以回乡的理由。这不仅可以在很大程度上解决城市周边墓地拥挤的问题,而且还可以带动一定的文化、经济交流,特别是加强家族、亲友之间的情感联系和交流。总之,在心中留下关于家乡,关于美丽乡村的文化记忆,是缓解人口空心化,文化空心化的可能路径之一。当然,不得不提及的是,近年农村修墓之风愈演愈烈,不仅马路边不时可以见到大量的墓碑工厂,样式和雕刻越来越复杂,而新建墓地规模也越来越大,占地也日渐增多,此风实不可长,也需要一定的管理和引导。

民间艺术总是以民众集体参与的整体性活动事项而存在的,正是在这整体的艺术语境中,民间艺术通过审美娱乐、礼仪教化等完成观念、习俗和信仰的传承,实现社会治理与整合,将中国传统社会"黏合"为一个有序稳定的有机社会。对于川渝地区的乡村而言,墓葬建筑就是这样的载体之一。它们与会馆建筑、祠堂建筑一起,共同构成了一个多维度、多层次的物质、文化和精神空间。它们与村落中的其它元素共同展开为一个既是历时性,也是共时性的多维空间,并在这样的空间中实现了审美娱乐、礼俗教化和乡村自治。在当代中国"实施乡村振兴战略"的背景下,这些墓葬建筑不仅是有

① 国承彦.让农耕文明展现新的魅力和风采.人民日报,2023年4月6日,第9版。

价值的历史、文化遗存，也是当代基于乡风传统，构建新型乡村文化、乡风文明的整体资源，对之进行保护、研究和利用，可以在传统乡村聚落形态改造、乡村文化延续和乡风文明重塑等方面发挥应有的作用。

# 第八章　民德归厚:中国人慎终追远的观念信仰

　　南开大学齐善鸿教授说:"中国人是把历史、现在与未来,自己和他人,活着的人和死去的人,都建立了联系的这么一个民族。"①所言极是。如明清以来四川地区民间勃兴的"修山"活动,正是试图建立起一个现在与未来,自己和他人,活着的人与死去的人彼此之间的联系。修山,既完成了家族叙事和来源地构建,也构造出一个地下、现世、天上三界"共在"的家的意象。而大量的清代墓葬建筑的展开是以孝为名、以教为用、以寿为重、以戏为乐、以花为美、以官为贵的独特地域性民俗艺术,无不反映了"慎终追远,民德归厚,惟丧与葬"的中国传统观念。

## 第一节　以孝为名

　　自汉以降,孝便是传统中国的核心观念之一。历代统治者都以此作为重要的治国之道,清代更是将孝道作为治道之本,历代皇帝对此用心颇多。顺治亲注《孝经》,康熙帝还颁布了《圣谕十六条》,雍正御定《孝经集注》,乾隆开设"千叟宴",设孝廉方正科等,都是尊崇孝道的体现。而康熙帝大力推行的《圣谕十六条》的首起便是:"敦孝弟以重人伦,笃宗族以昭雍穆。"②这无疑推动了对于宗族、祖先的尊崇,这种尊崇伴随着"慎终追远"的传统自然而

---

① 齐善鸿. 这才是祭祖文化的真正意义所在. 2022 年 11 月 26 日,https://quanmin. baidu. com/v/3816143906979969516.

② 谕曰:"朕惟至治之世,不以法令为亟,而以教化为先。盖法令禁于一时,而教化维于可久。若徒恃法会而教化不先,是舍本而务末也。朕今欲法古帝王,尚德缓刑,化民成俗,举凡敦孝弟,以重人伦;笃宗族,以昭雍睦;和乡党,以息争讼;重农桑,以足衣食;尚节俭,以惜财用;隆学校,以端士习;黜异端,以崇正学;讲法律,以儆愚顽;明礼让,以厚风俗;务本业,以定民志;训子弟,以禁非为;息诬告,以全良善;诫窝逃,以免株连;完钱粮,以省催科;联保甲,以弭盗贼;解仇忿,以重身命。以上诸条,作何训迪劝导,及作何责成内外文武该管各官督率举行,尔部详察典制,定议以闻。"(《清圣祖实录》卷三四)后来有影响更为深远的《圣谕广训》。

然地延伸到对先祖墓葬的格外重视，因为崇修墓葬也许是更为直观和更能彰显子孙孝道的手段。这种风气一直延续至今，而明清尤甚。

忠于君国，孝于父母是中国人的尊崇的重要价值观。之所以受到官方的一贯重视，其中的核心便明人袁可立概括出的"移孝作忠"，即在家与亲处，则为孝；出则不负君，则为忠。这是中国儒家伦理政治的基本逻辑，它在"家"和"国"两级之间建立起沟通桥梁，同时建立起了"家国一体"的关联和认同，从而把个体、家和国凝结成一个有机整体，这一体系已成为维系中国大一统的基础。官方的推崇、倡导，自然促进了民间种种"孝行"。萧放在《中国民俗史：明清卷》中讲道："从通都大邑到偏僻乡村，均以丧事为至大之事，竭力措办。"①而在西南山区的广大地区，这一民俗从大办丧事更是延续到崇修墓葬，以至于延续至今此风不息。

所谓"慎终追远，民德归厚，惟丧与葬"，即为死去的先辈立一块碑，并铭刻墓志、墓联和装饰图像，表彰先辈之德行。这不仅仅是后世子孙祭拜之需，更是"子当尽孝"的重要任务。不管是"子当尽孝"还是"自营寿藏"。建墓都是家庭，乃至家族的重要活动，在一些地区称之为"世业"，尽管不明白具体意思，但通过这一用语能不难感觉到这件事的重要意义。笔者在考察中甚至见到有人干脆就搬到自己墓室生活的极端例子。这里面当然有寻求好的"归宿"之意，但通过修建高大的墓葬，并用繁复的雕刻图像，大量的铭文来为后世子孙表明墓主的身世、塑造一个"高大"的形象也是其目标之一。除了墓志记载了墓主人的身世、生前的功业德行，当然多是些溢美之词，但是这无疑是要突出甚至"神化"先辈的地位，以让后人恭敬之。一般较大型的墓葬建筑或家族墓地往往会专门辟出一个独立的空间，或在匾额上题写"本支堂"，以凸显其家族的特征，这种刻写了家族谱系或"字辈"的墓葬建筑，往往成为后世共同的祖墓，成为续写家族历史的重要记录。

中国人自古就有"求吉地，饰坟垄"（《绵阳县志》十卷·民国二十一年刻本）②的传统，甚至不惜耗费大量的财力、物力和人力而为之。对于孝子贤孙而言，这些墓葬建筑有着多样的功能和多重的意义。除了显示子孙的"孝道"，对先祖墓地风水可以影响后世子孙吉凶祸福的观念也是重要的动机之一，是谓"求吉地"。

广元苍溪县三川镇的一处家族墓中的一对墓联就明确地表达了这样的

---

① 萧放. 中国民俗史：明清卷. 人民出版社，2008 年，第 278 页。
② 民国《绵阳县志》，十卷·民国二十一年刻本，引自丁世良赵放等编《中国地方志民俗资料汇编》西南卷（上），北京书目文献出版社，1991 年版，第 98 页。

意思："不忘祖德铭碣石，要识总支近墓堂。"而在墓葬次间内嵌碑刻则追溯了先祖入川之迹："文通公之嫡系，溯祖籍湖广，国初入蜀。"其次间内镶嵌一块"亲族胞兄弟外戚一派源流碑"，书写家族世系之名字。这样，原本只是属于一个小家庭的墓葬，可能演变成为服务于一个"宗支"，即一个家族的共同载体和象征。这实际上部分地扮演了祠堂的功能，可以说"墓祭"的所在实际上是另一种意义的祠堂，正如《合江县志》所言："至元日，清明，必祭于墓。均出于孝子追慕之心，虽非礼经，已蔚然成俗矣。"①

可见，墓地是后世子孙表达哀思，展示孝心的重要场所，而人们对这一场所的营造往往也不遗余力！以至于让墓葬建筑、祠堂建筑、会馆建筑形成了一个家、家族、家（同）乡"三位一体"的礼仪教化的系统场域，以承载移民家族构建和来源地构建的物质载体和精神功能。

除了整体性的场所空间，还在一些具体的细节上为孝道的表达提供了实际的功能结构和象征意象。如墓前往往配置有专门的供案，以备祭祀之用，有些墓园之内还有多层石塔，称为字库塔，为"坟前化纳"纸钱所用。有些讲究的字库塔的每一层塔身雕刻了复杂丰富的图像。与一般的字库塔不同的是，墓地上的字库塔的雕刻图像对"纸钱"有特别的强调，不仅有"东仓""西库"的实体设置，还有划着船、推着车走向库门的浮雕图像，而在旁边或库门的另外一侧，居然还有账房拿着册页记账点数，看起来非常有趣。这种东仓、西库以及账房的图像早在宋代北方的蒙元和金墓的墓室壁画中就比较常见。袁泉在《生与死：小议蒙元时期墓室营造中的阴阳互动》一文中，专门探讨了"东仓西库"的问题，文中提到："东仓西库是中原北方蒙元墓葬中的重要装饰题材，在晋东平定、陕西西安、河南尉氏、河北平乡和山东济南等地的砖雕、壁画墓中均有不同形式的表现。"②可以看到，这些壁画中的很多元素在清代字库塔上都能看到，最典型的是"记账的文史""银铤"等。可以看出，尽管蒙元与金代北方的东仓西库有诸多复杂而写实的描绘，但总体上都是"谷仓""钱库"的或直接或隐含的表达，也就是袁文认为"实仓廪而宜子孙"的概括，笔者深以为然。这也让我们看到川渝地区的清代墓葬建筑雕刻装饰与北方宋元时期墓葬装饰传统的关联。

正如笔者所讨论的亡堂图像，即以墓主夫妇并坐为中心的宴饮场景，更是直接地延续了宋元时期的"开芳宴"图像。这种主要流行于川东、北地区

① 《合江县志》（六卷·民国十八年铅印本），引自丁世良赵放等编《中国地方志民俗资料汇编》西南卷（上），北京书目文献出版社，1991年版，第158页。

② 袁泉.生与死：小议蒙元时期墓室营造中的阴阳互动.四川文物，2014(03)，第73—82页。

的清代墓碑亡堂中的图像，是以怎样的模式从"地下"走到了建筑的"高处"，其流传和演变实在是一个难解之谜。但明显的是，至清代这些亡堂"宴饮图"在保留了开芳宴的核心图式的同时，增加了很多反映当地的生活习俗的图像内容。而亡堂之内的"历代高曾远祖"以及"如在其上""音容宛在""世事如生"等题字，无疑地点明了这一图像在墓葬建筑中的意旨和象征，即表明了祭拜和行孝的对象的在场。

此外，墓葬建筑的装饰也不会忘记作为墓地的特殊载体。雕刻的诸多图像则表现出了一种多元而复杂的叙事。其中最常见的也许就是"二十四孝"了。这种汉代以来的关于孝心、孝行的故事在墓葬建筑之上的演绎不难理解。此外，还有大量的戏曲题材的雕刻和墓志联语，也常常不离忠孝主题。"状元拜坟"则是一种常见的题材，常常表现为塔里探出的"人首蛇身"白娘子和塔前跪拜的许仕林形象，为人们喜闻乐见。可以说，该区发达的墓葬建筑及其雕刻民俗是以孝之名而展开的。

在长江上游"湖广填四川"的移民社区，外来人口众多，且多是根基不深，家业积累尚薄的散居移民。远离故土，世系难追，家族祠堂并不如南方世居家族发达，而墓祭或许成为一种暂时的替代。在《四川清代墓葬建筑的亡堂及雕刻图像研究》一文中，笔者写道："对祖先的祭拜不仅仅要体现在各个时令中的行为，更需要一种坚实而恒在的实体。这个实体的意义之重大，可以用'山'来形容，因此造墓又叫作'修山'，在一些地方也称之为'世业'，它承载了先祖的功德和对后世子孙的荫蔽护佑，也彰显了后世子孙对先祖的尊奉与孝道。"[①]时至今日，四川、重庆等地这种造墓之风有愈演愈烈之势，在主要的公路边常常可以见到利用现代化的工具进行雕刻的碑厂及其打印的墓碑样品的广告。尽管政府在不遗余力地倡导和推行火葬，看来"移风易俗"实在不易。

尽管传统文化中的部分孝道的观念和内容在今天已经不合时宜，但中华传统孝道文化中的优良品质，历代王朝"以孝治天下"是很有道理的。中华传统孝文化的现实意义已经逐渐被人们认识并展开多方的研究。中国人民大学教授龚群在《人民日报》发文写道："孝的伦理观念是中华民族生生不息的重要精神基因，是中华文化的价值内核之一。任何一个民族的发展都不可能割断历史。孝文化作为中华传统文化的重要组成部分，固然有'父为子纲''不孝有三，无后为大'等需要批判和摒弃的东西，但其积极方面对于

---

① 罗晓欢.四川清代墓葬建筑的亡堂及雕刻图像研究.美术研究，2016(01)，第60—67页。

我们今天的精神文明建设和社会建设仍然具有重要价值。"①面对保留了大量传统孝文化主题的图像、文字的墓葬建筑装饰,也是在新时代传承和创新中华传统孝文化的重要资源。

## 第二节 以教为用

作为"湖广填四川"移民地区家族的墓葬建筑,多位于房前屋后,田边地角,供家人祭拜,同时族人和远近乡民也都能够走近观看,因此成了一种乡村公共景观。这些墓葬建筑一方面以其高大的体量、繁复的工艺,显示墓主人及其家族的身份、财富甚至权力;另一方面,墓葬建筑上大量的碑刻文字、装饰图像大都围绕着道德教化的内容而展开,特别是关于勤俭持家、修身立德、忠君为国、和睦乡邻、因果报应、惩恶扬善等有关传统家教、家训和家风的内容。不难理解,作为礼仪性和纪念性建筑,文字、图像,乃至整个环境空间就是一个以传统道德教化的言说和传承的空间。按照中国艺术研究院的吕品田教授的话来说,都是满满的"正能量"。因此,墓地并非只是为了祭祀逝去的先祖,表达哀思,显示孝行,还有通过细读碑刻文字、观看各类图像或者听长辈讲述家族故事。祭拜的过程也即观看的过程,在这一过程中不知不觉地接受了日常的观念,习得了种种的规范,成为社会和家族的一员。

唐人张彦远在《历代名画记》中就写道:"夫画者,成教化,助人伦"明确地道出艺术的社会功能和价值。有传顾恺之的《女史箴图》也是通过图像表达所谓对女性容貌、体态的审美关照,更是对德行的注重,这也是中国艺术自古以来的重要传统。

所以从墓葬碑刻文字来讲,当然首先是要请"名家所书",要有工艺美感,但这些文字无不追求其意义深远的内容表达。不仅有对于个人、家族吉祥美好、幸福美满的期望和祝福,更有通过勤俭持家、耕读传家、忠厚清白、忠君为国、劝善乐助等等的劝诫和教诲。

在这些文字中,字数最多的当属墓志。墓志主要包括三方面的内容,正中一列文字粗大显眼,是对墓主人的介绍,名字前还有各种称号,如皇清待赠/待诰用孝友端方/温恭淑慎,贤德忠厚等褒扬墓主的用语。左起正文为墓主身世,其内容不仅有家族迁徙的历史,更是一个以墓主人为代表的家族

---

① 龚群. 传统孝文化的现实意义(专题深思). 人民日报,2015 年 4 月 29 日,第 7 版。

的奋斗、发家的历史，其中还有对逝者勤俭持家、不畏辛劳、不惧艰苦、乐善好施等品质的称颂；右边为祖孙三代的家谱。除了家谱，墓志文字的表述纵然多有"过誉"之词，但这也是对后世子孙的一种激励和提示。

如果说这些文字尚且存在于"内室"，即开间碑板之内不便于识读，那么墓葬建筑上的匾联文字就显得更为明了。这些匾联文字所表达的内容主要有对墓地环境、风水、墓葬建筑规模形制的赞扬。匾额常见"虎踞龙盘""佳城永固""寿域宏开""山清水秀"等；另外就是对墓主生前事业、德行的表彰以及对家族绵延，子孙兴旺发达的祝福等。匾额常有"瓜瓞绵绵""百代馨香""芳型永驻""品重金兰""克绳祖武""德垂后裔"之类，将先祖塑造为千秋"懿范"，值得后世一直学习和敬重。至于柱联，则各有新意，教化意图更加明确，如"谦和受益多，勤俭持盈久""修身完父母、明德教儿孙"（四川省苍溪县贾儒珍墓，清咸丰）。"为子孙谋，宏开基业；体父母志。丕振家声。"①（平昌县镇龙镇何宗先梁氏墓，清光绪三十三年，1907 年）这一类表述不难看出，墓葬建筑上的匾联文字除了颂扬祝福，劝诫、警示、说教的内容也占有相当的比例，而且占据着建筑显眼的位置，成为观看的重要内容之一。平昌县江口镇廖纶墓（清光绪十八年，1892 年）一联："阴地不如心地，后人须学好人。"横批"在德"②此联极为平实，甚至有些口语化，但对仗工整，含义深刻，且简明易记，着实高明。据考证，廖纶为晚清举人，还是一位书法家，其用心良苦，但又举重若轻！

在一些形制比较复杂，规模较大的墓葬建筑上，除了常见的匾联文字，还有很多的诗文，这些诗文的内容与匾联一样，其中大量有关劝诫、警示和说教的部分。有的更是将家风、家训、家教条规直接题写在碑石和茔墙之上。四川省南江县何绳武墓为一座清嘉庆时期的大型墓葬，墓园茔墙题刻为一组"五宜五戒"的内容。五宜为：一宜勤耕，二宜苦读，三宜孝友，四宜忠信，五宜俭约。可惜五戒只能看清"一戒兄弟相争……"③在苍溪县东青镇贾儒珍墓次间碑板刻有《敬义斋训家》和《敬义斋训家条规》两篇长文。前者从理论上阐释家训的价值和意义，后者便是做人做事的基本规则以及近二十多条戒条，如戒争讼、戒妒人、戒奢华、戒嫖赌、戒酗酒、禁吸洋烟等等，可谓谆谆教诲。这些诗文词句，都是地方读书人，甚至地方的名家所书写。在墓

---

① 廖国宇编著.民间墓碑文化.达州文欣彩印，四川鹭洲传媒，2018 年 7 月，第 101 页。（此书为四川省平昌县镇龙镇退休教师廖国宇老先生耗费多年心血，走访川东北各县乡的明清墓地收集整理完成的一部讨论墓碑文化的著作。笔者注）

② 廖国宇编著.民间墓碑文化.2018 年 7 月，第 13 页。

③ 这则训诫题写在墓园左右仪墙上，五戒的内容已经不全。笔者注。

地留下的不仅仅是他们个人的墨宝和诗意才情，也是对乡村文化艺术的奉献。其诗文联句中的内容和观念无疑也是一种文化的普及、观念的传承和教化的浸染。看起来，墓葬建筑就是一座类祠堂一般的建筑。如果说祠堂是整个同姓家族的教化场所，那么墓葬则是个别家庭的教化场所，但有其相同的属性、功能和作用。

文字对于不识字的乡民而言，还有些距离，但尽管不识字，正如对惜字塔的敬重一样，这些文字本身就具有一种高级、正式的叙述，有着神奇的力量。尽管不能一一识读，但文字的表达内容和意思他们显然是知道的，所以对于一座墓碑来说，文字是绝不可少的。

图像是更直接的语言，墓葬建筑上大量的图像属于与道德教化相关故事和内容。"二十四孝"题材的广泛流行就是最好的证明。尽管，二十四孝有很多不合时宜，甚至糟粕的内容，但其中也不乏中国传统美德和优良品质。在传统社会中，这些内容几乎成了一种合理的观念和高尚的道德要求，影响着一代又一代的人。除此之外就是"渔樵耕读""教子图""状元游街"图等等体现辛勤劳作、儿孙教育、诗书获得功名等的内容。

最喜闻乐见的则是戏曲雕刻，从选题到画面的表达更能体现出对"忠孝节义""忠君为国""惩恶扬善"等传统道德教化的重视。

戏曲，在中国传统社会中一直被视为高台教化，有"明道立教、辅民化俗"的功能。墓葬建筑作为一个家族的礼仪和教化空间，自然是少不了的。戏曲雕刻的装饰美化功能和道德教化功能在这里找到了存在的合理依据和完美土壤。在这些戏曲题材中，可以看出，武戏流行"救驾"题材，多以郭子仪、杨家将、花木兰等忠臣良将的"忠义救国"之义为主；文戏则多为"堂审"，多是沉冤得雪、惩恶扬善的故事。前文讨论过的"太白醉酒退蛮书"的戏曲故事之所以能够流行，可能并不只是因为李白是一个伟大诗人，而是百姓心目中的"家国与外邦"之间的"外交胜利"，以及"奸臣""权臣"受到嘲弄甚至惩罚的故事，让百姓获得一种释怀。所谓文以载道，助成教化；异质言说，传承民德；戏谑讽喻，化郁制序。这些图像内容演绎出来的是一个教化空间，那些"花碑"成为一个充满了故事、图像、文字的综合文化艺术空间，用我们今天的话来讲，简直就是一个"美育空间"。

在这样的空间中，礼俗与禁忌，便在家庭日常中完成了耳濡目染、言传身教。进入这样的空间，无论是远观、还是近看；无论是游赏，还是细读，戏台上演出的剧目，建筑上雕刻的图像，匾联碑刻上的文字，都在共同地述说着忠孝节义、渔樵耕读、吉祥寓意，传授着忠君为国、家族荣光、人情世故、道德伦理。严谨布局的建筑、精美热闹的图像、庄重富丽的书法，共同营造出了一个传统乡村教化重地。

党的十八大以来，党和国家尤为重视"加强家庭、家教、家风建设"。党的十九届五中全会对提高社会文明程度作出全面部署，强调要"加强家庭、家教、家风建设"。习近平总书记也高度重视领导干部的家风问题，在许多场合作出一系列重要论述，并汇集成《习近平关于注重家庭家教家风建设论述摘编》。中共中央政治局委员、中宣部部长、中央文明委副主任黄坤明在"深入开展'注重家庭、注重家教、注重家风'建设工作座谈会"上强调，要以《习近平关于注重家庭家教家风建设论述摘编》出版为契机，深入学习贯彻习近平总书记重要指示精神，大力加强家庭文明建设，广泛弘扬社会主义家庭文明新风尚，汇聚亿万家庭的力量奋斗新时代、奋进新征程。

2021年7月22日，中宣部、中央文明办、中央纪委机关、中组部、国家监委、教育部、全国妇联又印发《关于进一步加强家庭家教家风建设的实施意见》，指出："以培育和践行社会主义核心价值观为根本，以建设文明家庭、实施科学家教、传承优良家风为重点，强化党员和领导干部家风建设，突出少年儿童品德教育关键，推动家庭家教家风建设高质量发展。《意见》要求，要加强习近平总书记关于注重家庭家教家风建设重要论述的学习宣传，让新时代家庭观成为亿万家庭日用而不觉的道德规范和行为准则。要以社会主义核心价值观引领家庭家教家风建设，升华爱国爱家的家国情怀、建设相亲相爱的家庭关系、弘扬向上向善的家庭美德、体现共建共享的家庭追求。要围绕落实立德树人根本任务开展家庭教育，引导家长用正确行动、正确思想、正确方法培养孩子养成好思想、好品行、好习惯。要把家风建设作为党员和领导干部作风建设重要内容，引导党员和领导干部筑牢反腐倡廉的家庭防线，以纯正家风涵养清朗党风政风社风。可见，重提和重视家教家风建设，对于弘扬优秀传统文化，培育和践行社会主义核心价值观的意义和影响深远。

墓葬建筑中记录和表达的内容，尽管有一些已经不合时宜，但其中绝大部分关于传统道德教化、优良家风家训的表达，显然是对中华民族传统优良家风、家训等的内容和形式的传承。中国传承久远、形式内容丰富的传统家风、家训文物和优良家风文化是中华民族宝贵的传统，是中华民族传统优秀文化的重要组成部分，也是当代"加强家庭、家教、家风建设"的重要资源，也是当代基于乡风传统，构建新型乡村文化，乡风文明的重要资源。

## 第三节　以寿为重

追求现世的长生不老是中国人根深蒂固的观念，因此"长寿"就被视为人生五福之首，围绕寿而展开的信仰渗透到生活的每一个角落。对所愤恨之人往往用"短阳寿"来咒骂。而在四川民间，这种对寿的信仰延续到丧葬习俗之中，尽管阳寿有尽，但阴寿永存。甚至可以说，四川地区的墓葬建筑及其雕刻装饰也是围绕"寿"而展开的。

人们似乎不愿意面对或者直接说到"死"，而常常以"寿"代之，所以棺材称之为"寿材"，死者所穿到服为"寿衣"。"葬者，藏也。"那么墓葬也就称之为"寿藏""寿域"，为自己修造的墓地就叫作"自营寿藏"。墓葬建筑就不止一个墓碑，而是"一座城"，而且是"万古佳城"。对于墓葬，也就是阴宅，追求的就是永恒性，因此，在建筑的匾额之上我们常常可见的就是"佳城永固""千秋俎豆""山河并寿"，至少也是"片石千古"。

在这一地区不仅仅是名义上将死后的墓葬称之为寿藏，还以匾额和墓联的形式进行言说，诸如"寿并松龄"等类似的话语，合葬墓的亡堂匾额也会有"双寿同茔"这样的表达。

此外，在墓碑之上常见刻写的"寿"字或寿字纹样的装饰，这些装饰往往福寿并用，体现"福寿双全"之意。寿字，不仅仅有书法撰写的直接刊刻，更多的则是装饰变形手法而雕刻的寿字纹饰，几乎可以用到建筑的各个位置，包括作为正脊的大型寿字纹，以及作为瓦当的小小寿字纹。纹饰本身也有诸多的变化，如"长脚寿字""圆形适合纹样寿字"，以及笔划变形的"花寿字"等。可以说，这些寿字纹饰汇集成为中国传统文字装饰的一个丰富的资源库。

川渝地区围绕寿的主题展开的装饰和表达几乎无所不用其极，而借助具体的人物、动物、象征的物件及其组合则又是一个蔚为大观的一类。这当中，八仙算得上是最为普遍流行的装饰主题，这一点前文也有所提及。我们不禁要问，为何"八仙"图像在川渝地区的墓葬建筑上如此丰富？

罗楠在其硕士学位论文《川东、北地区清代墓葬建筑八仙雕刻装饰图像研究》中对川北地区上百座清代墓葬建筑中的八仙装饰图像进行了较为系统和深入的考察，分析了八仙图像的位置排布、造型组合、雕刻工艺及其背后的观念和审美趣味。文中写道："川东、北地区墓葬建筑雕刻装饰出现如此普遍的八仙图像，充分的融入了该地区对八仙崇拜的心理，以此来满足该不同层次、不同背景的民众对于'寿'的重视和对'仙'的向往，这也是八仙信仰和象征系统隐喻表达的习惯性手法。"[1]这些八仙图像在构图组合方式上既有严谨对称的一面，也有灵活创新的一面，多在门柱、门套上呈纵向左右对称单个分布，也有在碑帽、匾额上呈一字排列，还有在一个整体的构件上以相对自由灵活的构图组织的独立画面。川渝地区的墓葬建筑上的八仙主题尽管表现手法极为丰富，但背后始终围绕着的一个核心理念就是"寿"，即"八仙拜寿"。当然从艺术表现来看，也是值得讨论的。首先是八仙雕刻图像出现的位置和方式，一般是在建筑明间或次间的门柱上，左右各四位，对称排列；或则置于门楣之上，或聚或散的组合。人物造型各异，多为单人手持法器，摆出各式的动作，有的脚下还有云彩、水纹等，也有分别带着一位仆童的。在民间有"旱八仙"和"水八仙"之说，可能是民间匠师对表现题材的一种分类。所谓水八仙即八仙脚踩鱼鳖螺蟹等水族动物，并有海水、水纹波等类型的八仙形象。

除了单独的人像分立的常见手法，八仙群像也是比较多见的。一般是在门罩、匾额、中柱等较大面积的构件上，将八仙人物按照一定的情节或场景的设置，配以复杂的云纹背景，并配以仆童组合，云气缭绕，衣袖飘飘，看上去热闹非凡。

从审美风格而言，有粗率朴拙者，有精雕细刻者；有些显得流畅优美，和颜悦色，也不乏概括利落，刚劲有力；工艺手法多为浮雕，也有线刻和镂空，还有些近乎圆雕。造型各异，形式和组合丰富多变，绝无雷同者。从这些图像的选题、布局、组合、造型、工艺及其与整体建筑的有机统一性等各方面，也都无不体现出民间匠师们的巧思与技艺。可以说，四川地区明清墓葬建筑上的八仙是民间关于八仙图像最为集中，也是最为丰富的图像表现，也是研究这一地区八仙信仰和民间民俗艺术的重要材料。

"八仙的传说，之所以成为家喻户晓、喜闻乐见的故事，切中了中国人心中的基本文化心理：一是人可以修道成仙，一是祝寿（为王母庆寿）。"[2]八仙题材在墓葬建筑装饰的发达，一方面是家喻户晓、耳熟能详的八仙故事给人们带来了亲切熟悉的理解和观看的愉悦；另一方面是墓葬建筑门柱装饰的对称性格局与八仙有着天然的对应。因此，八仙就成为墓碑门柱上最为普遍的装饰题材。其实这里面还有着更为内在的隐喻和深层的信仰，那便是

"寿"。一般而言，对于八仙，人们更多的似乎是其"各显神通"的认知，但是在这里却更侧重于"献寿"这一诉求。八仙过海的缘由是为"王母拜寿"，而王母又是长寿、地位和权力的象征，这些是传统中国民众心中长久的向往。而一群神仙都为之"拜寿"而来，那么主人也自然不是泛泛之辈。这是中国民间信仰和象征系统的隐喻表达的惯用手法。当然，八仙大都是一些底层的凡人，甚至是女人，他们得以修道成仙，这件事对于普通百姓而言也是一种有效的心理安慰。因此，八仙题材在墓葬建筑装饰中如此突出也就不难理解了。八仙信仰在这一地区墓葬建筑中受到格外的重视。除了一般意义上的信仰之外，更可看出中国人对于"寿"的独特理解，特别是对于死后这一恒久状态的特殊文化心理。

八仙还常常与"福、禄、寿"三星、"骑鹤仙人"等共同出现，形成一个人物众多的大型的神仙图卷，莫不是围绕寿和祝寿而展开的。当然也有暗八仙这样的手法。而八仙与骑鹤仙人共同组成的图像被放置在明间之上的门楣之处，作为最引人关注的建筑装饰图像。这位骑仙鹤拿长笛或肩扛系着葫芦拐杖的老者，据传是太子王子乔。他无意王位，一心学道，最终在家人眼前披鹤氅，骑白鹤，用拂尘向家人致意后，从缑氏山巅飞升而去。在该地区的墓葬建筑装饰中，图像模式为子乔骑鹤，一般处于正中，两边分列八仙。有时候为了突出这位骑鹤仙人，往往从尺度上进行区分。这位骑鹤者有时候也变成类似寿星的光头老人，或者穿道士装束，所骑之物也可能变成了鹿。但不管怎样，其语义总是可以辨识的。

另外一个常见的关于寿的主题便是"赵颜求寿"（一说为赵元求寿）。故事说一位孝顺父母的少年赵颜，从术士管辂处得知自己阳寿将尽，哭求延寿之法。管辂告诉他，可以带上酒、食去南山找到南、北二斗。赵颜依计在神仙下棋正酣时递上酒肉，两位神仙吃人嘴短，最终答应赵颜加寿请求。两人分别往南，往北，各走了一百步，把赵颜的阳寿改成了九十九岁。这也是俗语"饭后百步走，活到九十九"的来历。这一故事也是民间较为熟悉的关于"延寿"的传说。在墓葬建筑装饰中，常常表现为二人下棋，一人旁观的场景。但很多时候如暗八仙一样，只出现棋盘和棋子。

除了神仙可以长寿，借助神仙来表达长寿的向往，世俗的人们也能在现实的生活中真切地感受到寿的美好，宏大的场面也许就是"郭子仪献寿"图像了。从前面的讨论中也可以看到，这种以"三间两檐"的屋宇为背景，以正中端坐的"双受"人物为中心，形成的多层次人物群像，不仅场面宏大，工艺复杂，而且人物的动态举止、身份地位、场景烘托都非一般工匠所能为之，足见其重要性。在旺苍县杜氏族谱中有一首杜氏后人杜荣洋歌颂本家祠堂碑

的诗,向我们展示了在关于先祖的祠堂碑①的图像内容,其中一首诗歌这样写道:

> 九龙捧寿铭祖先,无功无德难碑传。八仙英姿列两旁,寿星驾鹤坐中央。黄绿金色九条龙,寿字镶在圆圈中。草堂地僻诗难尽,夔府天高后厥昌。②

可以看出,八仙、九龙捧寿、寿星驾鹤、寿字等图像元素以及寓意在墓碑上也是常见的,其实在一些祠堂中,祠堂碑与墓碑并无两样。对祠堂的重视与对墓碑的重视也是出于类似的心理,彼此承担着类似的功能,只是居于不同的层次罢了。

在土冢之前的墓葬建筑,即阴宅之上处处体现的"寿"的信仰和观念,让我们看到了民间关于寿的另一种表达。它是在知道人必将"寿终正寝",也就是"阳寿"终结之后如何安顿自己的灵魂。中国人对长生不老的追求以一种独特的方式进行了转换。这种转换是通过模糊生-死的界限,并用"寿"的不同阶段进行连接,使得这种在世的信仰延续到死后世界,给生命得以恒在的理由。有学者提出墓葬的修建是以"互酬"为动机展开的,即亲族,代际之间的,即子孙通过厚葬先祖,并神化祖先的功业,而从祖上那里获得荫蔽。即"不惟是生者对已故双亲时思不忘、永久纪念的一种体现,更是生者冀望己身和后世家族福寿康强、兴旺不衰的一种象征"。③ 的确,中国人一直相信,祖先的阴宅的选址、修建的位置、朝向、结构乃至时辰都关乎后世子孙的吉凶祸福。所谓"互酬",其实也就是这一地区墓葬建筑上常常出现的题刻"光前裕后"。但是,从这里我们似乎更多的是看到了另外一种更为直接和重要的观念,那就是"归宿"。"生基"的修建更是这种对于归宿的强烈表达。时至今日,灵魂不灭,死后世界的信仰仍然存在于民众的心中,而关于"寿"的主题在墓葬中的强调,其实正是这种相信灵魂不灭和死后世界的心理诉求,而这种诉求以一种浪漫乐观和审美化的方式得以表达。

---

① 祠堂碑,即竖立在祠堂正壁上的高大石碑,其造型和装饰与这一地区的墓葬建筑基本一样,只是碑体上是家族昭穆神主牌位,稍有雕像。
② 旺苍县木门镇杜氏族谱,彩页。
③ 李清泉."一家堂庆"的新意象——宋金时期的墓主夫妇像与唐宋墓葬风气之变//巫鸿、朱青生、郑岩.古代墓葬美术研究(第二辑).湖南美术出版社,2013年版,第337页。

# 第四节 以戏为乐

明清之际，戏剧演出空前繁盛。如鲁迅先生在其作品中常常回忆的浙东密集的戏剧演出那样，在西南地区的偏远的乡间，各种名目的戏剧演出也是层出不穷。《广安州新志》对此做了较为详细的记载：

> 凡开筵宴客，俗必以戏贴，曰"彩殇"焉。……其色目有生、旦、丑、净四名，其腔有丝弦、高腔二派。晨有早戏，上午、下午有正本戏，晚有夜戏。客上席时有"垫台戏"；伶人进酒，又请客点戏，曰"唱旧戏"。……至城乡民乐戏会多矣；春日有春台戏，庙观新成集资有彩台戏，城隍、紫云宫诞、祭日有神会戏，祭祀酬神曰愿戏，祈雨泽有东窗戏，驱逐疫厉有目连戏。鼓乐填咽，更唱叠和，连旬累月，昼夜不休。四方观者云集……。谚曰"高台教化。其入人较诗书为易"，亦维持风化者警醒愚蒙一大助也。（《广安州新志》（四十三卷·民国十六年重印本）①

鲜活的戏剧演出，确实起到了"维持风化"和"警醒愚蒙"的作用，在当时，不仅丰富了人们的文化生活，在密闭、偏僻的乡村，民众戏剧几乎成为开阔眼界，了解历史、文化知识，懂得道德教化的最主要途径。这一地区也是川剧的主要流播地。尤其是川剧沿着长江的四大支流，形成了川西坝、资阳河、川北河、下川东四各流播区域。这一流播区域所涉及的地方也正是笔者考察明清墓葬及其雕刻艺术的主要区域，墓葬建筑上的戏曲人物雕刻极为发达。此外，在这一地区的祠堂、会馆、民居等清代建筑上也同样有大量的戏剧雕刻，形成阴宅、阳宅，石雕、木雕互为彰显、互为映照的明清戏剧图像。它们尽管不是忠实的演出记录，但是作为川剧演出的历史研究而言，无疑是极为珍贵的戏剧史档案。如今，随着戏曲演出的没落，戏曲雕刻工艺和戏曲图像艺术也日渐淡出人们的视野。

墓葬建筑上的戏剧图像多雕刻在墓葬到横梁、额坊、门楣等横向的建筑构件上，因为这些部分面积较大，便于展开。也有很多的雕刻在门柱、檐下以及享堂或者茔墙之上，一些较大型的墓葬建筑甚至在次间、稍间内也雕刻

---

① 《广安州新志》（四十三卷·民国十六年重印本），引自丁世良赵放等编《中国地方志民俗资料汇编》西南卷，北京书目文献出版社，1991年版，第309—310页。

整幅的戏文人物或战争场面。

从构图表现上看，文戏多以帐案为中心展开，武戏则以策马对战为主要图式。其雕刻手法以浮雕、高浮雕为主，并施加彩绘，有些保存得较好的墓葬建筑雕刻上的彩绘色彩依然艳丽如新。从雕刻技艺上讲，戏文人物的雕刻属于难度较高的技艺，更何况有些大型墓葬建筑雕刻不下数十幅不同的场景和故事，有些尺幅长有 4 米多，高 50 多厘米狭长横幅为多，部分以长方形或圆形的图幅也很常见，画面中多者甚至超 100 余个不同姿态表情、装束的人物，还有建筑的室内外的空间、山石等背景的表现，工艺难度很高，让人不得不相信"高手在民间"。

不过，建筑上独立的巨幅戏曲雕刻图像并不多，反而是连续的小幅画像成为主要的图像形式。那些出现在大额枋上的戏曲雕刻往往被分割出 3、5 副的单独图像进行分段式表达。这似乎是中国民间建筑雕刻装饰的普遍手法，笔者称之为"区隔性"。这种处理手法一方面是为了工艺的方便，而一方面是民间艺术对热闹、丰富、满密、完整的崇尚。"这种对满密、对丰富的追求实际上就是中国人的特殊文化心理。通过这种'密集'以占有更多的东西，以显示自己及其家族在财力、收入、人口等等方面的发达，才是重要的动机。"[①]因此，这些戏曲雕刻不仅仅在数量上，更是在题材内容和空间分布上显得丰富多彩、热闹非凡。

与宋元以前的那些埋藏于地下的墓室拒绝外人搅扰的目的不同，这些处于地上的墓葬建筑，位于家族墓园、也位于祠堂和社区的房前屋后，有的甚至还在墓葬上建房屋，与阳宅一般无二。在民众看来，这些逝去的先人并没有走远。他们花费巨大的人力、物力和财力修建的这些墓葬建筑又因为布满彩绘、装饰而也被称为"花碑"。其目的就是希望被看到，不只是被家族后人在祭拜之时观看，也欢迎社区的人前来观看。那些精彩的戏剧雕刻将墓碑变成了一座正在演出剧目的"戏台"。

"观墓"在这里悄然地变成了"观戏"，"谈戏"和"敬祖"合二为一。"死亡"以及随之而来的悲伤在这里隐退和弱化，而在这观看之中完成了"高台教化"。在观看的愉悦背后，反映的是人们对于由建筑营造的"礼仪场所"同时也是一个关于观看的"艺术空间"的特殊理解，在"成教化、助人伦"的中国传统艺术观念下，这种观看实际上也是一个教化的过程。用我们今天的话来讲，这实在是一个礼仪空间。

---

① 罗晓欢.川东、北地区清代民间墓碑建筑装饰结构研究.南京艺术学院学报（美术与设计版），2004(05)，第 114—117 页。

此外，戏剧在这里事实上也起到了"献祭"的功能。中国戏剧史的研究也证明了戏剧起源于宗教和祭祀的密切关系。"至今中国舞台上的一切均应理解为对宗教的狂热礼拜，故戏剧的目的就是每逢宗教节日，特别是新年、丰收感恩、春季或爆发瘟疫时对众神的尊崇。首先要让神明欣喜感奋，而非让观众，观众的快乐或观众本身是第二位的。"[①]而在该地区，直到当代，依然还有办丧事请唱戏的习俗，尽管少有人看，但演出绝不含糊，此刻，观众是否观看似乎并不是最重要的。

## 第五节　以花为美

"丧不哀而务为观美"是明人谢肇制对其葬俗的质疑，因为这明显有悖墨子所言的"丧虽有礼，而哀为本"的惯例。而明清以来的长江上游地区，民间勃兴的"修山"即造墓活动，就实实在在地突出了"务为美观"的取向。正如前文所引《绵阳县志》所说，人们不惜"动辄数白金"以"饰坟垄"，就是利用雕刻、彩绘等方式来装饰墓葬建筑。在《川东、川北地区明清墓葬建筑艺术》一文中，笔者从造型的高大、装饰主题内容的丰富、雕刻工艺的华美精致等角度概括了墓葬建筑之美："形制以高大为美、配置以复杂为美、题材以丰富为美、内容以热闹为美、敷色以华丽为美、刻画以细腻为美。"并认为"华丽精致的外观是社会民众的普遍喜好。墓碑建筑修造规模又是地方家族乡绅之间权力和财力的体现，基于互相之间攀比的心理，也会不惜花费大量人力财力打造，追求气派、华丽、美观的效果"。[②] 事实上，如此多的概括并不能准确表述这些民间墓葬建筑及装饰艺术，而当地人则形象而高度概括地以"花"字来表达。人们常常将那些造型高大，雕刻各种纹饰的墓葬称之为"花坟""花碑"或"大花坟"，而有的村子里的地名干脆就是"花坟山""花坟湾""花碑梁"等，可见人们对于墓葬建筑装饰的看重。花，即是对墓葬建筑造型，特别是彩绘雕刻的一般性描述。正如我们所见，很多墓葬建筑上几乎是无处不"花"，满眼的雕刻彩绘，令人目不暇接。

从墓葬建筑雕刻装饰主题来说，几乎无所不包。

首先，最普遍的则是平面装饰纹样，包括"卍"字纹，回纹等几何纹饰和各式花卉装饰。它们或作为背景纹样、边框，或者成为独立的图案，甚至组

---

① 顾彬著，黄明嘉译. 中国传统戏剧. 华东师范大学出版社，2012 年 3 月，第 30 页。

② 涂天丽、罗晓欢. 川东、川北地区明清墓葬建筑艺术. 寻根，2016(04)，第 62—75 页。

合成为具有吉祥寓意的表意图像系统。常见的如折枝、团花图案以及大量的瓶花雕刻。或者与其它物件组合出"瓶升三级""凤凰牡丹""喜鹊闹梅"等。

其次，就是大量的人物图像，特别是戏曲人物、戏曲场景、二十四孝、传说故事、世俗场景等人物。八仙、福禄寿、二十四孝、文武天官、魁星点斗、状元游街等等民间喜闻乐见的图像以不同的构图组合、不同的造型样式，不同的表现技法出现在墓葬建筑之上。而更多的戏曲人物和戏曲场景更是将墓葬建筑变成了戏台，让当时流行的戏曲在墓碑上定格，为墓主的地下之家实现永恒的演出，所谓"画中要有戏，百看才不腻"，在戏曲作为最重要也是最受欢迎的艺术形式的时代，戏曲图像自然就成为最重要的装饰主题了。

再次，以龙、凤、狮子等的各种吉祥瑞兽，或者是与人们生活相伴的猫、狗、牛甚至蔬菜瓜果等，都频繁出现在墓葬建筑之上，那些以"二龙抢宝""双凤朝阳""双狮解带"为主题的装饰雕刻更是格外显眼，造型生动，变化万千，技法高超，最受百姓的喜欢。在精美繁复的雕刻之外，还要添加彩绘，让石头的表面呈现五彩的颜色。直到今天，很多墓葬建筑檐下、开间、石室之内还留存有比较完整的精美壁画，非常难得。

最后，不得不提及的是墓葬建筑上的那些碑刻铭文，一方面作为墓志，记载并反映墓主及其家族的基本信息，另一方面那些墓联、匾额、诗词歌赋等文字也是建筑装饰的重要组成部分。它们很多都是出自地方名家之手，书体涵盖真、草、篆、隶，再加上讲师的转换刊刻，成了墓葬建筑的重要看点之一。更有甚者，一些诸如福、寿等文字常常被变换为各种装饰和图案化文字，以获得意义与图像的双重价值。

毫不夸张地说，它们是我国难得的传统纹样和图形图像资源库，也只有在墓地这样的特殊的空间环境中，才有可能有如此原生性地、相对完整地得以保留至今。不仅如此，这些主题纹样和图像内容，无不是人们审美趣味和观念信仰的艺术化表达。

从艺术技巧来看，这些"花碑"的装饰以雕刻为主，主要是浮雕，镂雕、线刻为多，也有不少的大型圆雕作品。彩绘也是装饰的重要技法，最主要的是以雕刻为基础的涂绘，以大色块为基础，然后在人物的眉眼、花卉的枝叶等细节处再加点染。也有部分直接在石壁的表面进行处理之后的彩绘壁画作品，也是相当精彩。这些雕刻和彩绘主要在墓葬建筑的横梁、立柱、门罩等建筑的实体结构上。而由梁柱构成的"空间"内主要是嵌背板，刻写碑文，但在次间或稍间内往往会有大画幅的人物或复杂场景的雕刻彩绘作品，这些作品"相较于墓碑建筑实体结构上的雕刻图像而言，作为开间之内'虚'空间中的雕刻图像，无论是主题的选取、图像的尺度及其表现技巧都有较大的自由度和灵活性。它们在很大程度上已经脱离了墓葬建筑装饰本身的功能和象征意义，成为艺术家的'独立创作'。"①不管是实体结构上的装饰、文字还是"虚"空间中的图像，都构成了一幅幅精彩纷呈的图像，装点着墓葬建筑。

这似乎有点不可接受，因为在一般印象中，墓地、墓碑总是有些令人畏惧，避而远之的，如此的装饰和雕刻究竟何为？其实，中国人一直都有厚葬的传统，看看历史上那些出土的精美墓葬建筑。如汉代画像砖石、唐代的墓室壁画、宋金时期的建筑雕刻也不难理解。当然，这一地区的清代墓葬建筑有它特别的地方，就是与前代那些被封闭在幽暗的地下墓室之中的情况不同，这些建筑及其装饰是在地上，有些甚至就在家门口，在祠堂中，在家族墓地之中。这些墓葬建筑不仅属于家庭，也属于家族，还属于村落社区，一座高大豪华的墓葬甚至成为乡村主要的建筑景观。可以说，这些墓葬的修建首先就有了一个明确的"观看预设"，也就是为了观看而修建。如此，造型、尺度、配制、雕刻装饰就自然而然地成为重要的"指标"。因此，但凡能够承担的家庭，自然会不遗余力地打造出令人惊艳的"花碑"来引起关注，当然这背后有着复杂的社会和文化心理。

从审美趣味的角度看，这些墓葬建筑的装饰，以数量的杂多、题材的丰富、工艺的繁缛、构图的满密、色彩的喧闹等特征，这当然符合我国民间美术的基本特点。花，就是错杂的意思，《说文》解释"文"为"错画也，象交文"，两者意思很是相近，看来百姓的口语也是相当精炼准确的。从这些墓葬建筑的图像中，我们看到了多、杂、满、密，他们称之为"花"。关于中国民间美术的中的多，笔者曾有专门的讨论，认为："一方面，民间艺术对热闹、丰富、满密、完整的崇尚，当然与厚葬奢靡的传统相关，但是这种对满密、对丰富的追求实际上就是中国人的特殊文化心理。通过这种'密集'以占有更多的东西，以显示自己及其家族在财力、收入、人口等等方面的发达，才是重要的动机。"②这可能和中国农业社会的生产生活密切相关。在有限的土地上获得尽可能多的收获，往往会采用"密植"和"轮作"的方式，尽管到了二十一世纪的今天，这种对"多"的追求和占有依然深深地影响着我们。当然也如贡布

---

① 罗晓欢. 四川地区清代墓碑建筑稍间与尽间的雕刻图像研究. 中国美术研究, 2015(04)，第51—62页。

② 罗晓欢. 川东、北地区清代民间墓碑建筑装饰结构研究. 美术与设计(南京艺术学院学报)，2014(05)，第114—117页。

里希所言："任何一种工艺都证明了人类喜欢节奏、秩序和事物的复杂性。"①这里的花也正是如此。但是我们一定不要忽略了"花"在百姓的口中也有"好看"的意思，花碑除了形式上的"花"，还有审美意义上的花，即好看。

# 第六节　以官为贵

"万般皆下品，惟有读书高"，这句话除了对知识的尊重，其背后更是对读书做官的追求。当官是传统社会获得社会身份和地位的唯一途径，一人得道鸡犬升天，由此形成了浓厚的"官本位"思想，当官成了人们的美好愿望。为了满足这样的愿望，甚至还颁布了法律条文。"庶人婚，许假九品服。"(《明史·舆服志》)，就是普通百姓在结婚时，可以租借官服，这大致就是"新郎官"的由来。《大清会典·礼部·昏礼》也有："士，昏礼，得视九品官。"新郎"得视九品官"不仅满足了普通人"当官"的愿望，让婚礼更显隆重喜庆，何乐不为？在这样的社会氛围中，官方的授权就成了权威和地位的标识。

我们比较熟悉"牌坊"的修建，常常是努力向官方求得哪怕是一个名义上的支持，获得一种表彰的符号或载体，这座牌坊才会获得承认或尊重。其实除了牌坊等，清代还对民间墓葬的修建有过类似的官方介入。在该区一些大型的墓葬建筑的显著位置，或者墓前牌坊的正中，往往有高悬的匾额，上书"旨恩赐者""皇恩宠赐""圣旨旌表"等字样，匾额四周均以精美的纹饰进行装饰，其中以龙纹为多见。如四川通江县陈俊吉墓，为一带有石狮、桅杆、墓坊陪碑和七主六间五层主墓碑的大型清代墓葬建筑。前牌坊正中便有一块这样的匾额。整体雕刻成"五龙捧圣"的"亚"字型牌位形式，高浮雕和镂空雕技法相结合，底部还有双狮承托。尽管多有破损，但是其图像讲究的布局和精细的线条足见其雕琢工艺的精巧。匾额之中竖向有端庄的"圣旨旌表"四字，外围以火焰纹，匾额在墓坊明间之上，位置显要。该墓为多人合葬墓，从次间碑文中可知，墓主因其德行而"皇恩下逮，旌表建坊，良促潜德之光矣"。这"圣旨"来源尽管无从查考。墓主陈俊吉似乎也没有什么官方的身份，但是从该墓上有从状元、举人到庠生、增生等十多位文人的题刻文字可以看出，及其良苦用心。除了修建一个地下之家，更拟通过墓

---

① ［英］E. H. 贡布里希，范景中等译. 秩序感——装饰艺术的心理学研究. 长沙：湖南科技出版社，1999 年，序言。

葬,特别是墓前牌坊、望柱等的设置,通过借助圣旨、官员的题刻文字来体现其不凡的身份,同时也向世人昭示其交往。

这并非个例,该地区的很多墓葬建筑的明间匾额上,都有地方官员题写的匾额,并在匾额的正中位置,刻写出篆书打印,还要特别用金粉仔细描画凸显出来。四川省通江县毛裕镇草帽村的程大盛墓,距离前文提及的谢家炳墓不远,他们两家还是姻亲关系。该墓的形制、规模与谢家炳墓相当,尽管雕刻工艺不及谢墓,但题材、内容和题刻文字相当丰富。尤其是墓坊的明间正反两面的门额上各雕刻了一幅“圣旨”,由两位官员模样的人执卷轴左右展开,其上密密麻麻地刻满了文字。程氏后人言之凿凿地讲述说,这是皇帝给他们先祖下旨,并修建这座墓。仔细察看上面的文字,写道：

> 钦加川省塘务府　　刘　　为。抄奉钦命承宣布政使司吴,兵部尚书徐　　表。部本部同王公大臣酌议奏请新主恩诏,命下赏放各条例。钦准予寿民,年登古稀七十以上,一千五百十二名八十以上九百四十六名。九十以上,三百六十二名,各有品级培至建坊。该部抄录发给部□,来川省督藩司礼核准,转回文。该州县遵照发给俸银。两该寿民,每年承领仰塘务。专差临门饬送者,民俟文到之日,遵照承领绢一□,米一石肉十斤,养廉钦赐顶戴,不负终老之意也。毋得抗廷致干须至部□者。咸丰二年二月初一日,省扎。

这分明就是一份“公文”,而程家则将之打扮成为“自家”获得的圣旨。在官本位思想深重的传统社会,尤其是僻远的乡间,这种高悬于墓葬之上的这些匾额及其上面的文字和印章,甚至成为官方“在场”的一种标志,有足够的权威性,反映出官方对地方的控制与管理,也自然会给逝者及其家族带来荣光,甚至提升其身份和社会地位,而官方也乐意它们也成为民间治理的某种手段。因此,这些匾额上的文字,已经超越于书法之外,成为某种象征性的信物。

当然通过这类题刻也可以看出,除了牌坊,墓坊、墓碑等建筑也成为表彰长寿、德行、节孝、忠诚的载体。该地区也有不少高大的官员墓,除了形制的复杂、尺度的高大,雕刻装饰的精美,其对于其官员身份的塑造和凸显更为明显,圣旨牌位、桅杆望柱、轿子陪碑、石狮、字库塔等总不可少,而诸多同僚官员的题刻也是助力的因素。巴中的雷辅天将军墓坊上的圣旨牌匾似乎级别更高,为七条龙环绕。墓主在光绪六年任陕西固原右营游府,即补参将,诰授武功将军,实有官员的身份。另据雷氏后人说,墓地旁边的那处尚存部分的高大四合院,还曾被用作"衙门",当不足信,但在古代社会,百姓对于朝廷官员的迷信和敬畏是显而易见的。

但是,官方的出场无疑助长了地方越来越奢靡的墓葬修造之风,个人、家族内,甚至不同家族之间的攀比与竞争使得对"阴宅"的重视甚至超过了"阳宅"。这种背景之下,民众其实并非"不自知其僭",而是有意为之。民国《安县志》有写到:

> 至嘉、道以后,海防例开名器,滥膺葬仪,则视财之多寡,奢简不一,而僭分越礼,在所不惜。民国则更失其礼之本,而葬礼之逾分者铺张过甚。"(《安县志》六十卷 民国二十七年石印本)①

在偏远的乡村,尤其是移民社区之间不同家族之间的竞争愈发的激烈,墓葬的修造不仅仅是孝子的作为,还有着更为重要的"竞争"意味,墓葬修造也是财力、势力乃至话语权的体现。在传统中国的官本位的语境下,获得官方的支持显然是家庭、家族的最大荣耀,同时也是一种宣示。而官方的出场往往是获得某种依靠的重要暗示,也表明了官方权力对基层的渗透、对乡村治理的措施。

"丧不哀而务为观美"是明人谢肇制对其时葬俗的质疑,因为这明显有悖墨子所言的"丧虽有礼,而哀为本"。惯例,但在明清以来的长江上游地区,民间勃兴的"修山"即造墓活动,就实实在在地突出了"务为观美"的取向。该地区的崇修墓葬建筑的习俗是在以孝为名、以寿为义、以戏为乐、以官为贵的观念下展开的特殊区域性民俗传统,并由此留下了大量珍贵的历史文化和民俗民间艺术文献资料。

"湖广填四川"地区的移民后裔,在移入地进行家族构建和来源地构建的过程中,逐渐形成了以家族墓地为中心的地上墓葬建筑的营建,并通过雕刻装饰实现多方面、多层次的现实功用和精神需求。墓葬建筑作为一个重要的载体,在以孝为名、以寿为义、以戏为乐、以花为美、以官为贵的观念下展开的特殊区域性民俗传统,并由此留下了大量珍贵的历史文化和民俗民间艺术文献资料。这些墓葬从形态结构,空间组合、雕刻装饰等各方面,通过极力模仿高等级礼仪建筑,借助"置换与替代"的手法来实现其作为家、宅、堂的综合功能和象征意义。我们知道中国人对于"宅"的想象和营造实

---

① 《安县志》六十卷·民国二十七年石印本),引自丁世良赵放等编《中国地方志民俗资料汇编》(西南卷),北京书目文献出版社,1991年版,第126页。

践的途径有三：其一曰家；其二曰园；其三曰墓。川渝等地现存的仿木结构石质墓葬建筑就是存在于地上的"地下之家"。这种独具地域文化特色的阴宅不仅是中国传统建筑的特殊发展，也是中国传统建筑史不该遗漏的部分。

# 后　记

截稿于"五一",颇为感慨。

自开始关注川、渝地区明清墓葬建筑及雕刻装饰艺术,不觉已有 10 多年的光景。这一研究几乎与我国文物"三普"工作同期展开,基层文物工作的辛苦和成效让我有了诸多的便利。

一路走来实在不易,研究开始的动机也不免好笑,莫非只是想写两篇小论文,评个职称啥的,但不想一头扎进去就根本停不下来,时常做梦见到雕刻精美的大墓,似乎在告诉我,又该去走走了。

多年来,尽管获得了大量的一手资料,但个人能力、水平、时间等原因,总也拿不出什么像样的成果。一拖再拖,好不容易才攒成了这本书,也算是有个交代。很多的问题并没有说得很清楚,也无力说得很清楚,只希望这一拙著能够把川、渝等地的民间墓葬建筑及其雕刻装饰艺术引介给学界,并期待有识之士的进一步考察和研究,也算是为墓葬美术研究以及民间民俗研究做出自己的一点贡献。

其实,在中国大地上,墓碑本就是寻常之物,晚近时期的民间墓葬似乎更不值得耗费心力,但笔者确实从川渝等地的墓葬建筑及其雕刻图像、碑刻铭文中发现了太多值得关注的东西。原本只是关于建筑和雕刻图像的研究,无法抑制地扩展到了关于家族墓地、乡村聚落形态和乡村精神文化空间的思考;原本只是对物的考察,也不可抑制地扩展到对墓主及其家族、社区民众、匠师、题写碑刻的乡绅文人的讨论;原本只是从丧葬习俗的考察,也不可回避地触及到观念信仰、历史文化、乡风文明和乡村治理等问题。因此,笔者发现,先祖墓葬似乎是从家乡走出的人们最重要的乡愁、乡情的载体之一,"祖坟还在,是回乡的最后理由"。文化振兴是我国乡村振兴的重要方面,这当然要移风易俗,但也应该看到,川渝地区的家族墓葬建筑曾经在建构家族历史、增强凝聚力、获得认同感方面起到的重要作用。

在我国正大力"殡葬改革"的当下,笔者的这一研究甚至一些观点似乎不合时宜。其实,笔者多年的乡村社会田野调查也发现移风易俗,简丧薄葬的必要性。但应该看到,这些墓葬营建传统也是中国礼乐文明重要的组成部分,其内含着中国文化最重要的优秀传统文化价值观——"爱"和"敬"。因此,在强力改变甚至消除载体的同时,这种"爱"和"敬"的培育是万不可少的。

　　家人的支持是我坚持的最大动力,也让我有了说走就走的勇气。几乎每个节假日,都是老婆独自在家陪着孩子们。即便回老家南江考察,也只是挤出一点时间匆匆看望一下年迈的父母。老父亲总是最热心的读者,不善电子阅读的他,总会把每一部分文字都打印出来,并一一批注纠错,视之若珍宝。

　　正是众多师友的支持和鼓励,让我的这一研究不仅持续推进,而且有了较为清晰的学术目标和研究视野。在与他们的交往和交流中,也获得了前进的动力,更看到了诸多的不足。

　　当然,还有那帮学生,近乎残忍地拉上他们陪同考察,并要求他们完成诸多的工作。好在这些孩子们都特别尽心尽力,认真投入,进入状态也很快。

　　在并不算艰难的考察中,还得到了各地职能部门领导、工作人员的支持和协助,特别感人的是善良淳朴、热情友好的村民给予我们很多的帮助。从他们身上,我和我的学生们都深切地感受到了中国乡村社会的那份温情。

　　是为记。

2022 年　五一假期

# 附录一:墓葬建筑田野考察区位地点和线路简图

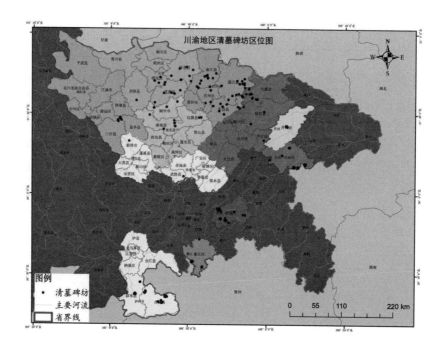

# 附录二:本书提及主要墓葬建筑信息简表
## (以章节为序)

| 序号 | 墓葬建筑名称 | 基本形制 | 营建时间 | 所在地点 | 备注说明 |
|---|---|---|---|---|---|
| 第一章 | | | | | |
| 1 | 程伯山夫妇墓 | 地下石室墓 | 明万历二十八年 1600 年 | 四川省巴中市巴州区大和乡双河村 | |
| 2 | 刘万鄂墓 | 地下石室墓加地上墓碑 | 明一清年间 | 四川省通江县龙凤场乡 | 明墓,清代另建墓前石碑 |
| 3 | 明代无名墓 | 地下石室墓 | 明朝年间 | 四川省宣汉县走马坪村 | 仅存石室两间 |
| 4 | 明代无名墓 | 地下石室墓加地上墓碑 | 明朝年间 | 四川省旺苍县木门镇 | 明墓建墓前石碑 |
| 5 | 邵氏"本支堂"墓 | 石质四方亭加内庭享堂、墓碑 | 清道光二十四年 1844 年 | 四川省阆中市千佛镇邵家湾 | |
| 6 | 吴三策墓 | 墓祠加享堂 | 清嘉庆十七年 1812 年 | 四川省南江县 | |
| 7 | 马氏祠堂 | 墓祠建筑 | —— | 四川省南江县朱公乡白坪村 | 四合院 |
| 8 | 清无名墓 | 地上墓碑 | —— | 四川省雅安市 | |
| 9 | 清无名墓 | 地上墓碑 | 清咸丰年间 | 四川省巴中南龛石窟旁 | |
| 10 | 清无名墓 | 地上墓碑 | —— | 川东地区 | |

| 序号 | 墓葬建筑名称 | 基本形制 | 营建时间 | 所在地点 | 备注说明 |
|------|------------|---------|---------|---------|---------|
| 11 | 胡老孺人墓 | 地上墓碑 | 清乾隆二十九年1764年 | 四川省南江县大河镇 | |
| 12 | 清无名墓 | 地上墓碑 | 清乾隆二十三年1758年 | 四川省南江县大河镇 | |
| 13 | 邓昌华墓 | 墓葬建筑加碑、碑亭四角攒尖样式 | 清乾隆二十九年1764年 | 四川省绵阳市三台县 | |
| 14 | 李登州墓 | 复合墓葬建筑 | 清光绪八年1882年 | 四川省广元市普贤乡 | |
| 15 | 邵万全墓 | 复合墓葬建筑 | 清咸丰九年1859年 | 四川省阆中市邵家湾 | |
| 16 | 吕氏墓 | 复合墓葬建筑 | 清道光二十二年1842年 | 四川省南江县永坪寺村 | |
| 17 | 程仕猛墓 | 拱山墓 | 清末民国初 | 四川省广元市苍溪县三川镇龙泉村 | |
| 18 | 吴家昌墓 | 拱山墓 | 清光绪十年1884年 | 四川省平昌县灵山乡 | |
| 19 | 徐氏墓 | 塔墓 | 清乾隆六十年1795年 | 四川省苍溪县陵江镇 | |
| 20 | 何璋墓 | 享堂式墓葬建筑 | 清道光十年1830年 | 四川省广元市剑阁县迎水镇 | |
| 21 | 李飞云夫妇墓 | 群组墓葬 | 清同治五年1866年 | 四川省叙永县安居镇 | |
| 22 | 谢家炳墓 | 复合墓葬建筑,六柱五间、五重檐庑殿顶 | 清光绪二十九年1903年 | 四川省通江县毛裕乡 | |
| 23 | 孙思颖墓 | 群组墓葬 | 清道光十八年1838年 | 四川省南江县大河镇孙家山老屋 | |
| 24 | 陈民安墓 | 群组墓葬 | 清光绪十五年1889年 | 四川省宣汉县 | |

| 序号 | 墓葬建筑名称 | 基本形制 | 营建时间 | 所在地点 | 备注说明 |
|---|---|---|---|---|---|
| 25 | 何元富墓 | 坟亭,主墓碑六柱五间五重檐 | 清咸丰十年1860年 | 四川省南江县长征乡 | |
| 26 | 袁国清墓 | 坟亭 | 清光绪六年1880年 | 四川省旺苍县柳溪乡 | |
| 27 | 胡江墓 | 地上墓碑 | 清道光二十九年1849年 | 四川省南江县月儿院 | |
| 28 | 张文炳墓 | 地上墓碑 | 清道光二十二年1842年 | 四川省苍溪县张家河 | |
| 29 | 无名墓 | 地上建筑,墓碑歇山顶 | —— | 四川省绵阳三台县龙树镇 | |
| 30 | 杨天锡墓 | 地上墓碑 | 民国年间 | 四川省巴中市 | |
| 31 | 贾儒珍墓 | 地上墓碑 | 清咸丰七年1857年 | 四川省苍溪县 | |
| 32 | 袁文德墓 | 地上墓碑 | 清同治十一年1872年 | 四川省旺苍县柳溪乡 | |
| 33 | 何斐墓 | 地上墓碑 | 清嘉庆二十五年1820年 | 四川省旺苍县化龙乡 | |
| 34 | 杨遇春墓 | 地上墓碑 | 明朝年间 | 四川省南江县太子洞 | |
| 第二章 | | | | | |
| 1 | 姚万明夫妇墓碑 | —— | —— | 四川南江 | |
| 2 | 张正芳墓 | 地上墓碑,主墓碑六柱五间四重檐 | 清宣统三年1911年 | 四川省通江县云昙乡 | |
| 3 | 陈俊吉墓 | 复合墓葬建筑,主墓碑八柱六间五重檐 | 清光绪二十一年1895年 | 四川省通江县云昙乡 | |
| 4 | 岳氏墓 | 坟亭 | 清道光三十年1850年 | 四川省射洪市双溪乡三房沟村 | |

| 序号 | 墓葬建筑名称 | 基本形制 | 营建时间 | 所在地点 | 备注说明 |
|---|---|---|---|---|---|
| 5 | 王文氏墓 | —— | 清咸丰二年 1852 年 | 四川省广元市青龙乡 | |
| 6 | 伏氏墓 | 复合墓葬建筑,主墓碑六柱五间五重檐 | 清光绪九年 1883 年 | 四川省阆中市枣碧乡 | 有外置坟亭院落保护 |
| 7 | 罗氏家族 | 复合墓葬建筑群落,有墓坊、神主碑、四方碑,主墓碑四柱三间四重檐 | 清朝年间 | 四川省通江县松溪乡 | |
| 8 | 任祖寿墓 | 四柱三间三重檐 | —— | 四川省蓬溪县高升乡 | |
| 9 | 王氏墓 | 地上墓碑 | 清嘉庆十五年 1810 年 | 四川省蓬溪县文井镇 | |
| 10 | 冯苟氏墓 | 地上墓碑 | 清嘉庆十三年 1808 年 | 四川省蓬溪县鸣凤镇 | |
| 11 | 谢家炳墓 | 复合墓葬建筑群落,主墓碑六柱五间五重檐 | 清光绪二十九年 1903 年 | 四川省巴中市通江县毛裕乡草帽村二组 | |
| 12 | 任述墓 | 地上墓碑 | 清同治八年 1869 年 | 四川省蓬溪县高升乡 | |
| 13 | 墓群 | 地上墓碑 | —— | 四川省蓬溪县三凤镇何家湾 | |
| 14 | 胡氏夫妇墓 | 地上墓碑 | —— | 四川省蓬溪县吉星乡王家坪村 | |
| 15 | 王文学夫妇墓 | 复合墓葬建筑群落,神主碑样式 | —— | 四川省旺苍县长乐村 | |
| 16 | 无名墓 | 地上墓碑 | —— | 四川省旺苍县榆钱村 | |

| 序号 | 墓葬建筑名称 | 基本形制 | 营建时间 | 所在地点 | 备注说明 |
|---|---|---|---|---|---|
| 17 | 王文学妻子墓 | 复合墓葬建筑群落,神主碑样式 | 清道光七年1827年 | 四川省旺苍县长乐村 | |
| 18 | 何氏墓 | 地上墓碑 | 清光绪二十五年1901年 | 四川省南江县黑潭乡芋子湾 | |
| 19 | 马矞远墓 | 地上墓碑 | 清光绪五年1879年 | 四川省万源市河口镇土龙场村 | |
| 20 | 袁文德墓 | 主墓碑四柱三间六重檐 | 清同治十一年1872年 | 四川省旺苍县柳溪乡 | |
| 21 | 谭氏家族墓 | 七开间六重檐 | 清光绪二十五年1899年 | 四川省南江县黑潭乡芋子湾 | |
| 22 | 邵万全夫妇墓 | 主墓碑六柱五间四重檐 | 清咸丰九年1859年 | 四川省南充市阆中市千佛镇邵家湾 | |
| 23 | 冯氏墓 | 地上墓碑 | 清咸丰三年1853年 | 四川省宣汉县胡家镇 | |
| 24 | 陈民安墓 | 主墓碑六柱五间四重檐 | 清同治十一年1872年 | 四川省宣汉县 | |
| 25 | 王用田墓 | 地上墓碑,拱形顶 | 清光绪三十四年1908年 | 重庆市涪陵区石沱镇富广村 | |
| 26 | 王文胤夫妇墓 | 地上墓碑 | —— | 重庆市涪陵区石沱镇 | |
| 27 | 吴金宇文氏墓 | 地上墓碑,拱形顶 | 清光绪二十一年1895年 | 四川省广安武胜县武胜县乐善镇观音寨村 | |
| 28 | 邓母何氏墓 | 神主碑样式 | 道光二十八年1848年 | 四川省绵阳市三台县 | |
| 29 | 林仕雄曹牟氏墓 | 地上墓碑 | —— | 四川省绵阳市路明村 | |
| 30 | 洪国器墓 | 地上墓碑,拱形顶 | 清光绪十五年1889年 | 重庆市涪陵区 | |

| 序号 | 墓葬建筑名称 | 基本形制 | 营建时间 | 所在地点 | 备注说明 |
|---|---|---|---|---|---|
| 31 | 张心孝墓 | 四方碑样式 | 清光绪十五年1889年 | 四川省通江县云昙乡 | |
| 32 | 刘岳氏墓 | 复合墓葬建筑群落，主墓碑六柱五间四重檐六角攒尖 | 清同治八年1869年 | 四川南江县 | 坟亭倒塌 |
| 33 | 杨如赞墓 | 墓和墓葬建筑，有墓坊，主墓碑四柱三间三重檐 | 清咸丰元年1851年 | 四川省古蔺鱼化乡 | |
| 34 | 李映元墓 | 复合墓葬建筑群落 | 清道光六年1826年 | 四川省平昌县 | |
| 35 | 赵世春墓 | 复合墓葬建筑群落 | 清同治四年1865年 | 四川省通江县洪口镇 | |
| 36 | 黄受中刘氏及其子媳合葬墓 | 地上墓碑 | 清同治年间 | 四川省万源县玉带乡 | |
| 37 | 王思级墓 | 主墓碑六柱五间四重檐 | 清道光十五年1835年 | 四川省平昌县 | |
| 38 | 邓绍芳墓 | 地上墓碑 | 清光绪十九年1893年 | 四川省平昌县镇龙镇 | |
| 39 | 孙思颖墓 | 复合墓葬建筑，有墓坊 | 清道光十八年1838年 | 四川省南江县大河镇 | |
| 40 | 王氏家族墓 | 地上墓碑 | —— | 四川省南江县八庙乡 | |
| 41 | 余氏 | 地上墓碑 | —— | 重庆市城口县红军村 | |
| 42 | 吕锡康刘氏墓 | 主墓碑六柱五间四重檐 | 清道光二十二年1842年 | 四川省南江县大河镇永坪寺村 | |
| 43 | 何元富墓 | 主墓碑六柱五间五重檐 | 清咸丰十年1860年 | 四川省南江县仁和乡 | 有外置坟亭院落保护 |
| 44 | 黎纯墓 | 地上墓碑 | 清乾隆五十一年1792年 | 四川省达县石桥任家山 | |

| 序号 | 墓葬建筑名称 | 基本形制 | 营建时间 | 所在地点 | 备注说明 |
|---|---|---|---|---|---|
| 45 | 李静观墓 | 神主单碑样式 | 清道光辛卯年1831年 | 四川省平昌县 | |
| 46 | 吴三策墓 | 复合墓葬建筑,有墓坊 | 清嘉庆十七年1812年 | 四川省南江县侯家乡广教村 | |
| 第三章 | | | | | |
| 1 | 南龛石窟药王殿 | 石窟 | —— | 四川省巴中市南龛石窟管理所 | |
| 2 | 邵万全、曹太君合葬墓 | 主墓碑六柱五间、四重檐庑殿 | 清咸丰九年1859年 | 四川省阆中市千佛镇 | |
| 3 | 谢家炳墓 | 主墓碑六柱五间、五重檐庑殿顶 | 清光绪二十九年1903年 | 四川省巴中市通江县毛裕乡 | |
| 4 | 覃步元墓 | 主墓碑三柱两间、三重檐 | 清同治十二年1873年 | 四川省万源市曾家乡 | |
| 5 | 朱庭俸墓 | 主墓碑四柱三间、四重檐 | 清道光七年1827年 | 四川省仪陇县茶坝口村 | |
| 6 | 张文炳墓 | 地上墓碑 | 清道光二十二年1842年 | 四川省苍溪县龙王镇 | |
| 7 | 袁文德墓 | 地上墓碑 | 清同治十一年1872年 | 四川省旺苍县柳溪乡 | |
| 8 | 谭怀训墓 | 主墓碑八柱七间、五重檐 | 清光绪二十六年1900年 | 巴中市南江县侯家乡 | |
| 9 | 宋青山墓 | 地上墓碑 | 清嘉庆十六年1811年 | 四川省南部县建兴镇 | |
| 10 | 范金华墓 | 地上墓碑 | —— | 四川省仪陇县高观庙 | |
| 11 | 吴家昌墓 | 地上墓碑 | 清光绪十年1884年 | 四川省平昌县灵山乡 | |
| 12 | 姚成三与妻龙氏合葬墓 | 地上墓碑 | —— | 四川省万源市柳黄乡 | |
| 13 | 牟氏墓 | 地上墓碑 | 清光绪三十二年1906年 | 四川省阆中市东兴镇 | |

| 序号 | 墓葬建筑名称 | 基本形制 | 营建时间 | 所在地点 | 备注说明 |
|---|---|---|---|---|---|
| 14 | 郑光武墓 | 三开间 | 清宣统元年 1909 年 | 四川省宣汉县胡家镇 | |
| 15 | 文卓墓 | 主墓碑四柱三间、五重檐 | 清同治六年 1867 年 | 四川省南部市窑场乡 | |
| 16 | 伏钟秀墓 | 主墓碑六柱五间、五重檐庑殿顶 | 清光绪九年 1883 年 | 四川省阆中市枣碧乡 | 有外置坟亭院落保护 |
| 17 | 周登科墓 | 三开间神主碑 | 清光绪三年 1877 年 | 四川省巴中市南江县燕山乡 | |
| 18 | 罗宗元夫妇墓 | 三开间神主碑 | —— | 四川省巴中市巴州区大罗镇 | |
| 19 | 冯玉魁墓 | 多开间墓葬 | 清光绪三十四年 1908 年 | 四川省通江县九层乡 | |
| 20 | 马心平及袁氏墓 | 地上墓碑 | 民国年间 | 四川省万源市河口镇土龙场村 | |
| 21 | 马心安墓 | 三联式样的复式墓葬建筑 | 民国十二年 1923 年 | 四川省万源市河口镇 | |
| 22 | 马应昌墓 | 地上墓碑 | 清咸丰十一年 1861 年 | 四川省万源市河口镇 | |
| 23 | 朱氏及妻妾郭氏和张氏的三人合葬墓 | 地上墓碑 | 民国年间 | 四川省万源市河口镇 | |
| 24 | 张粹培墓 | 地上墓碑 | 清光绪二十九年 1903 年 | 四川省通江县火炬镇 | |
| 25 | 苟维模墓张氏墓 | 主墓碑八柱七间六檐 | 清咸丰三年 1853 年 | 四川省巴中市平昌县龙镇老鹰村 | |
| 26 | 刘其忠墓 | 地上墓碑 | —— | 四川省通江县洪口镇 | |
| 27 | 房万荣墓 | 地上墓碑 | 民国六年 1917 年 | 四川省万源市 | |
| 28 | 黄氏墓 | 两柱一间两重檐歇山式 | 清光绪十年 1884 年 | 重庆市万州区恒合乡 | |

| 序号 | 墓葬建筑名称 | 基本形制 | 营建时间 | 所在地点 | 备注说明 |
|---|---|---|---|---|---|
| 29 | 蒲自熹骆君合葬墓 | 拱顶墓 | 清光绪三年1877年 | 重庆市万州区恒合乡前进村 | |
| 30 | 王用田墓夫妇墓 | 地上墓碑 | 清光绪三十四年1908年 | 重庆市涪陵区石沱镇 | |
| 31 | 陈荣怀余老太君墓 | —— | 清同治壬申年1872年 | 重庆市涪陵区青羊镇 | |
| 32 | 周清泉程氏夫妻合葬墓 | 主墓碑四柱三间重檐歇山式 | 清光绪二十六年1900年 | 重庆市万州区罗田镇 | |
| 33 | 刘玉贵郑氏墓 | 多开间拱顶碑 | 清咸丰八年1858年 | 重庆市綦江区丁山镇 | |
| 34 | 向志杨儿媳墓 | 地上墓碑 | 民国年间 | 重庆市万州区罗田镇 | |
| 35 | 向志杨夫妻墓 | 地上墓碑 | 清光绪二十四年1898年 | 重庆市万州区罗田镇 | |
| 36 | 向荣让墓 | 地上墓碑 | 民国五年1916年 | 重庆市万州区罗田镇 | |
| 37 | 陈敏斋夫妻墓 | 主墓碑三间两柱三重檐 | 清光绪三十年1904年 | 重庆市涪陵区青羊镇 | |
| 38 | 陈氏家族"婆媳"合葬墓 | 地上墓碑 | 民国二十四年1935年 | 重庆市涪陵区青羊镇 | |
| 39 | 曾学成墓 | 地上墓碑围成内部四合院 | 清光绪十四年1888年 | 四川省宣汉县东乡镇 | |
| 40 | 马三品墓 | 复合墓葬建筑群落 | 清同治八年1869年 | 四川省万源市曾家乡 | |
| 41 | 苟端文墓 | 单碑样式 | 清光绪六年1880年 | 四川省平昌县老鹰村 | |
| 第四章 | | | | | |
| 1 | 马宏安墓 | 地上墓碑 | 清同治八年1869年 | 四川省通江县泥溪乡梨园坝 | |
| 2 | 邵万全/曹太君夫妇墓 | 主墓碑六柱五间四重檐 | 清咸丰九年1859年 | 四川省阆中市邵家湾 | |

| 序号 | 墓葬建筑名称 | 基本形制 | 营建时间 | 所在地点 | 备注说明 |
|------|------------|---------|---------|---------|---------|
| 3 | 罗成墓 | 复合墓葬建筑群落 | 清同治十二年1873年 | 四川省通江县松溪乡祭田坝村 | |
| 4 | 刘岳氏墓 | 复合墓葬建筑群落,六柱五间四重檐六角攒尖 | 清同治八年1869年 | 四川省南江县石滩乡 | |
| 5 | 张国兴杨氏墓 | 地上墓碑 | —— | 四川省通江县云昙乡 | |
| 6 | 谢家炳墓 | 主墓碑六柱五间、五重檐庑殿顶 | 清光绪二十九年1903年 | 四川省通江县 | |
| 7 | 郝占奎墓 | 复合墓葬建筑群落 | —— | 四川省旺苍县张华镇郝家河 | |
| 8 | 周清溢墓 | 地上墓碑 | 清光绪年间 | 重庆市万州区谷山村 | |
| 9 | 雷辅天将军墓 | 单碑样式 | 清光绪三年1877年 | 四川省巴中市化成镇 | |
| 10 | 马耆远墓 | 地上墓碑 | 清光绪五年1879年 | 四川省万源市 | |
| 11 | 宋青山墓 | 主墓碑四柱三间四重檐 | 清嘉庆十六年1811年 | 四川南充市南部县建兴镇 | |
| 12 | 李先桂墓 | 主墓碑四柱三间四重檐 | 清咸丰九年1859年 | 四川南充市南部县楠木镇 | |
| 13 | 文卓墓 | 主墓碑四柱三间五重檐 | 清同治六年1867年 | 四川南充市南部县窑场乡 | |
| 14 | 何璋墓 | 复合墓葬建筑 | 清道光十年1830年 | 四川省广元市剑阁县迎水镇天珠村 | 地上石室 |
| 15 | 杨绥荃赵氏墓 | 地上墓碑 | —— | 四川省旺苍县普济镇 | |

| 序号 | 墓葬建筑名称 | 基本形制 | 营建时间 | 所在地点 | 备注说明 |
|---|---|---|---|---|---|
| 16 | 林德任夫妇墓 | 地上墓碑 | 清咸丰十一年1861年 | 四川省绵阳市三台县龙树镇 | |
| 17 | 张建成墓 | 复合墓葬建筑群落 | 民国二年1913年 | 四川省万源市 | |
| 18 | 曾学诚墓 | 复合墓葬建筑群落 | 清光绪二十四年1898年 | 四川省宣汉县东乡镇 | |
| 19 | 赵氏无名墓 | 地上墓碑 | —— | 四川省广元市剑阁县秀钟乡东山村老屋岭 | |
| 20 | 赵字中王氏墓 | 地上墓碑 | —— | 四川省广元市剑阁县秀钟乡东山村 | |
| 21 | 仲山之夫妇墓 | 地上墓碑 | 清咸丰四年1854年 | 四川省广元市元坝区太公镇大树村 | |
| 22 | 马三品墓 | 复合墓葬建筑群落 | 清同治八年1869年 | 四川省万源市曾家乡 | |
| 23 | 覃步元夫妇墓 | 地上建筑 | 清同治十二年1873年 | 四川省万源市覃家坝村 | |
| 24 | 李紫龙墓 | 主墓碑四柱三间三重檐 | 清同治二年1863年 | 四川省广元市元坝区晋贤乡 | |
| 25 | 张心孝墓 | 四方碑样式 | 清光绪十五年1889年 | 四川省通江县 | |
| 26 | 吕伟新萧氏墓 | 单碑样式 | —— | 四川省南江县永坪寺村 | |
| 27 | 李登升墓 | 主墓碑四柱三间三重檐 | 清光绪八年1882年 | 四川省广元市元坝区晋贤乡中山村 | |
| 28 | 杨国臣墓 | 复合墓葬建筑,六柱五间四重檐 | 清光绪三十年1904年 | 四川省巴中市通江县云昊乡穿石梁村二组 | 有外置坟亭院落保护 |

| 序号 | 墓葬建筑名称 | 基本形制 | 营建时间 | 所在地点 | 备注说明 |
|---|---|---|---|---|---|
| 29 | 吕氏墓 | 地上墓碑 | —— | 四川省南江县永坪寺村 | |
| 30 | 何元富墓 | 主墓碑六柱五间五重檐 | 清咸丰十年1860年 | 四川省巴中市南江县长征乡观音井村 | 有外置坟亭院落保护 |
| 31 | 郑光武墓 | 复合墓葬建筑群落，有墓坊 | —— | 四川省宣汉县白果村 | |
| 32 | 陈民安墓 | 复合墓葬建筑群落，有墓坊 | 清同治十一年1872年 | 四川省宣汉县凤鸣乡 | |
| 第五章 | | | | | |
| 1 | 谢兴美墓 | 地上墓碑 | —— | 四川省巴中市恩阳区玉井乡玉女村 | |
| 2 | 刘氏家族墓 | 地上墓碑 | —— | 四川省古蔺县桂花乡 | |
| 3 | 贾镇昆墓 | 地上墓碑 | 清光绪二十五年1899年 | —— | |
| 4 | 伏钟秀墓 | 主墓碑六柱五间、五重檐庑殿顶 | 清光绪九年1883年 | 四川省阆中市枣碧乡 | 有外置坟亭院落保护 |
| 5 | 何元富墓 | 主墓碑六柱五间五重檐 | 清咸丰十年1860年 | 四川省南江县长征乡 | |
| 6 | 王张氏墓 | 复合墓葬建筑，有墓坊 | 清道光二十三年1843年 | 四川省泸州市古蔺县高笠村 | |
| 7 | 谢家炳墓 | 主墓碑六柱五间、五重檐庑殿顶 | 清光绪二十九年1903年 | 四川省通江县 | |
| 8 | 孙懋功何氏墓 | 地上墓碑 | —— | 四川省南江县孙家山 | |
| 9 | 马三品墓 | 复合墓葬建筑群落 | 清同治八年1869年 | 四川省万源县曾家乡 | |

| 序号 | 墓葬建筑名称 | 基本形制 | 营建时间 | 所在地点 | 备注说明 |
|---|---|---|---|---|---|
| 10 | 袁文德墓 | 主墓碑五柱四间六重檐 | 清同治十一年 1872 年 | 四川省广元市苍溪县柳溪乡 | |
| 11 | 杨安仁夫妇墓 | 地上墓碑 | 清道光八年 1828 年 | 四川省旺苍县九龙乡 | |
| 12 | 苟希文墓 | 单碑样式 | 清宣统年间 | 四川省平昌县老鹰村 | |
| 13 | 苟端文墓 | 单碑样式 | 清光绪六年 1880 年 | 四川省平昌县老鹰村 | |
| 14 | 马老太君墓 | 地上墓碑 | —— | | |
| 15 | 何绍宗家族墓 | 地上墓碑 | 清嘉庆年间 | 四川省南江长赤镇 | |
| 16 | 贾儒珍墓 | 复合墓葬建筑群落,六柱五间四重檐 | 清咸丰七年 1857 年 | 四川省苍溪县东青镇 | |
| 17 | 岳中河墓 | 复合墓葬建筑,有墓坊 | 清嘉庆二十五年 1820 年 | 四川省南江县 | |
| 18 | 祝三泰墓 | 复合墓葬建筑群落 | 清光绪三十三年 1907 年 | 四川省通江县松溪乡蓬溪县 | |
| 19 | 罗成墓 | 复合墓葬建筑群落 | 清同治十二年 1873 年 | 四川省通江县松溪乡 | |
| 20 | 张友先墓 | 复合墓葬建筑,有墓坊 | 清同治十二年 1873 年 | 四川省平昌县灵山乡 | |
| 21 | 田大成墓 | 复合墓葬建筑群落 | —— | 四川省广元市元坝区紫云乡 | |
| 22 | 覃占龙墓 | 地上墓碑 | 清光绪三十一年 1905 年 | 四川省万源市曾家乡覃家坝 | |
| 23 | 程思猛墓 | 地上墓碑 | —— | 四川省苍溪县三川镇龙泉村 | 拱形石室 |
| 24 | 马氏家族墓 | 地上墓碑 | —— | 四川省南江县 | |

| 序号 | 墓葬建筑名称 | 基本形制 | 营建时间 | 所在地点 | 备注说明 |
|---|---|---|---|---|---|
| 25 | 任存万墓 | 复合墓葬建筑 | 清光绪二十年1894年 | 四川省平昌县 | |
| 26 | 张文炳墓 | 墓葬建筑群落,主墓碑五柱三间三重檐 | 清道光二十二年1842年 | 四川省苍溪县张家河村 | |
| 27 | 雷辅天将军墓 | 单碑样式 | 清光绪六年1880年 | 四川省巴中市化成镇 | |
| 28 | 林德任夫妇墓 | 地上墓碑 | 清咸丰十一年1861年 | 四川省绵阳三台县龙树镇 | |
| 29 | 范公坟 | 地上墓碑 | 清光绪二十九年1903年 | 四川省仪陇县 | |
| 30 | 郑氏墓 | 地上墓碑 | 清朝年间 | 四川省南江县大河镇 | |
| 31 | 陈俊吉夫妇墓 | 复合墓葬建筑,主墓碑八柱六间五重檐 | 清光绪二十一年1895年 | 四川省通江县 | |
| 32 | 房万荣墓 | 复合墓葬建筑,主墓碑八柱七间七重檐 | 晚清民国初年 | 四川省达州市万源市石窝乡 | |
| 33 | 金母唐老太君墓 | 地上墓碑,拱形顶 | 清咸丰十年1860年 | 重庆市万州区分水镇八角村 | |
| 第六章 | | | | | |
| 1 | 黄受中家族墓群 | 地上墓碑 | 清同治己巳年1869年 | 四川省万源市玉带乡太平坎村 | |
| 2 | 吴家昌墓 | 地下墓室,地上墓碑拱形顶 | 清光绪十年1884年 | 四川省平昌县灵山乡 | |
| 3 | 红碑墓 | 地上墓碑 | —— | 四川省南江县八庙乡 | |

| 序号 | 墓葬建筑名称 | 基本形制 | 营建时间 | 所在地点 | 备注说明 |
|---|---|---|---|---|---|
| 4 | 蔡氏墓 | 地上墓碑 | 清道光二十年1840年 | 四川省巴中市化成镇武圣村 | |
| 5 | 刘岳氏墓 | 复合墓葬建筑群落，主墓碑六柱五间四重檐六角攒尖 | 清同治八年1869年 | 四川省南江县石滩乡 | |
| 6 | 陈氏家族墓 | 地上墓碑 | —— | 四川省苍溪县 | |
| 7 | 罗氏家族墓（罗成、向氏及孙罗荣宗、孙媳何氏四人合葬墓） | 复合墓葬建筑群落 | 清同治十二年1873年 | 四川省通江县松溪乡祭田坝村 | |
| 8 | 范氏家族墓 | 地上墓碑 | —— | 四川省仪陇县高观庙 | |
| 9 | 贾伦墓 | 地上墓碑 | —— | 四川省南江县高塔乡黄家沟 | |
| 10 | 贾儒珍墓 | 复合墓葬建筑群落，主墓碑六柱五间四重檐 | 清咸丰七年1857年 | 四川省广元市苍溪县东青镇 | |
| 11 | 曾学诚墓 | 复合墓葬建筑群落 | 清光绪二十四年1898年 | 四川省宣汉县东乡镇插旗村 | |
| 12 | 林德任冉老太君墓 | 地上墓碑 | 清咸丰十一年1861年 | 四川省绵阳市三台县龙树镇 | |
| 13 | 刘其忠与夫人李氏、杜氏等家族合葬墓 | 地上墓碑 | —— | 四川省通江县洪口镇 | |
| 14 | 岳中河墓 | 复合墓葬建筑，有墓坊 | 清嘉庆二十五年1820年 | 四川省南江县赤溪乡 | |
| 第七章 | | | | | |
| 1 | 岳中河墓 | 复合墓葬建筑，有墓坊 | 清嘉庆二十五年1820年 | 四川省南江县赤溪乡 | |

| 序号 | 墓葬建筑名称 | 基本形制 | 营建时间 | 所在地点 | 备注说明 |
|---|---|---|---|---|---|
| 2 | 曾家山家族墓地 | 地上墓碑 | —— | 四川省旺苍县 | |
| 3 | 杨天锡墓 | 主墓碑六柱四间五重檐 | 民国二十八年1939年 | 四川省巴中清江镇石燕村 | 有石室，坟亭院落保护 |
| 4 | 马氏墓 | 地上墓碑 | —— | 四川省南江县 | |
| 5 | 甑子坟 | 地上墓碑 | —— | 四川省河口镇土龙场村 | |
| 6 | 清代墓葬 | 地上墓碑 | —— | 湖北省恩施州鱼木寨 | |
| 第八章 | | | | | |
| 1 | 陈俊吉墓 | 主墓碑七主六间五重檐 | 清光绪二十一年1895年 | 四川省通江县 | |
| 2 | 刘岳氏墓 | 复合墓葬建筑群落，六柱五间四重檐六角攒尖 | 清同治八年1869年 | 四川省南江县大河镇石滩乡 | |

**图书在版编目(CIP)数据**

修山:川渝地区明清墓葬建筑艺术研究/罗晓欢著.
一上海:上海三联书店,2023.12
ISBN 978-7-5426-8216-1

Ⅰ.①修… Ⅱ.①罗… Ⅲ.①墓葬(考古)-建筑艺术
-研究-四川-明清时代 Ⅳ.①TU251.2-092②K878.8

中国国家版本馆 CIP 数据核字(2023)第 158828 号

# 修山:川渝地区明清墓葬建筑艺术研究

著　　者 / 罗晓欢

责任编辑 / 郑秀艳
装帧设计 / 一本好书
监　　制 / 姚　军
责任校对 / 王凌霄

出版发行 / 上海三联书店
　　　　　(200041)中国上海市静安区威海路 755 号 30 楼
邮　　箱 / sdxsanlian@sina.com
联系电话 / 编辑部:021-22895517
　　　　　发行部:021-22895559
印　　刷 / 上海颛辉印刷厂有限公司

版　　次 / 2023 年 12 月第 1 版
印　　次 / 2023 年 12 月第 1 次印刷
开　　本 / 710mm×1000mm　1/16
字　　数 / 400 千字
印　　张 / 23.5
书　　号 / ISBN 978-7-5426-8216-1/K·732
定　　价 / 88.00 元

敬启读者,如发现本书有印装质量问题,请与印刷厂联系 021-51652633